Problèmes Physiques dans les Systèmes Biologiques

Physical Problems in Biological Systems

Université de Grenoble
Ecole d'été de Physique Théorique
Les Houches

Publications

1951   Mécanique quantique. Théorie quantique des champs. (Polycopié) Epuisé

1952   Quantum Mechanics. Mécanique statistique. Chapitres de physique nucléaire. (Polycopié) Epuisé

1953   Quantum Mechanics. Etat solide. Mécanique statistique. Elementary Particles (Polycopié) Epuisé

1954   Mécanique quantique. Théorie des collisions; Two-Nucleon Interaction. Electrodynamique quantique. (Polycopié) Epuisé

1955   Quantum mechanics. Non-equilibrium Phenomena. Réactions nucléaires. Interaction of a Nucleus with Atomic and Molecular Fields. (Polycopié) Epuisé

1956   Quantum Perturbation Theory. Low Temperature Physics. Quantum Theory of Solids; Dislocations and Plastic Properties. Magnetism; ferromagnétisme. (Polycopié) Epuisé

1957   Théorie de la diffusion; Recent Developments in Field Theory. Interaction nucléaire; interactions fortes. Electrons de haute énergie. Experiments in High Energy Nuclear Physics. (Polycopié) Epuisé

1958   Le problème à N corps. Dunod, Wiley, Methuen

1959   La théorie des gaz neutres et ionisés. Hermann, Wiley

1960   Relations de dispersion et particules élémentaires. Hermann, Wiley

1961   La physique des basses températures. Low Temperature Physics. Gordon and Breach, Presses Universitaires

1962   Géophysique extérieure. Geophysics: The Earth's Environment. Gordon and Breach

1963   Relativité, groupes et topologie. Relativity, Groups and Topology. Gordon and Breach

1964   Optique et électronique quantiques. Quantum Optics and Electronics. Gordon and Breach

1965   Physique des hautes énergies. High Energy Physics. Gordon and Breach

1966   Hautes énergies en astrophysique. High Energy Astrophysics. Gordon and Breach

1967   Problème à N corps. Many-Body Physics. Gordon and Breach

1968   Physique Nucléaire. Nuclear Physics. Gordon and Breach

1969   Problèmes physiques dans les systèmes biologiques. Physical Problems in Biological Systems. Gordon and Breach

En préparation

1970   Physique mathématique

Université de Grenoble - Ecole d'été de Physique Théorique
Cours donnés aux Houches en 1969
avec des subventions de l'OTAN
et du Commissariat à l'Energie Atomique

PROBLEMES PHYSIQUES DANS LES SYSTEMES BIOLOGIQUES

PHYSICAL PROBLEMS IN BIOLOGICAL SYSTEMS

édité par **C. DeWitt**
Faculté des Sciences, Grenoble et
University of North Carolina, Chapel Hill
J. Matricon
Faculté des Sciences, Paris

GORDON AND BREACH SCIENCE PUBLISHERS

New York   London   Paris

Editorial office for the United Kingdom:
Gordon and Breach, Science Publishers Ltd.
12 Bloomsbury Way
London W.C.1

Editorial for France:
Gordon & Breach
7–9 rue Emile Dubois
Paris 14^{e}

Library of Congress catalog card number: 71–111894 ISBN: 0 677 14020 7 (*cloth*); 0 677
14025 8 (*paper*)

IN MEMORIAM

John A. Matuska

11 Mai 1943–9 Août 1969

QUEENS COLLEGE

of THE CITY UNIVERSITY OF NEW YORK

FLUSHING · NEW YORK 11367

DEPARTMENT OF CHEMISTRY   TELEPHONE: 212-445-7500

March 8, 1969

Director of Studies
Summer School of Theoretical Physics
Les Houches, France

Dear Sir:

This letter is in support of the application of Mr. John A.
Matuska for the Summer School of 1969.

Mr. Matuska is currently a graduate student in Chemical Physics
at Columbia University, New York, and will have completed his work
for the Ph.D. degree by June, 1969. I am very well acquainted with
his abilities because he has done his doctoral research under my
direction. He is, in fact, one of the most outstanding students
to have done graduate work in the Chemistry Department at Columbia
during the past ten years. He has made an outstanding record and
has won several awards. He has held a NSF fellowship for four
years. He is exceedingly well-grounded theoretically and his
doctoral research has included both theoretical and experimental
work in molecular magnetic anisotropy and spin-orbit coupling
effects in paramagnetic complexes. As the major part of his
experimental work he constructed and developed an extremely sensitive laser polarimeter and used it to make a series of very
difficult measurements. He has a remarkable versatility, ranging
from the theory of molecular structure to the design of electronic
circuits.

Mr. Matuska's work is essentially the chemical physics of
biological systems or of molecules of biological interest. He
shows very great promise to be an outstanding researcher in the
years to come and I consider him to be a very strong candidate
for study at the Summer School. I recommend him in the strongest
possible terms. The postdoctoral work which he has planned entails
studies of molecular dichroism as a tool for the elucidation of the
structure and configuration of biologically important molecules.
This work is both sound and exciting, and I am certain that he
will achieve a great deal in it. The Summer School curriculum
is ideally suited to his goals and will afford him the prospect
of increasing his knowledge of the applications of physics to
biological problems.

Yours sincerely,

Raymond L. Disch
Associate Professor

(Formerly Assistant Prof. of Chemistry,
Columbia University)

LES CONFÉRENCIERS

H. CHANTRENNE
Université Libre de Bruxelles

M. HOFFNUNG
Institut Pasteur

L. H. PEREIRA da SILVA
Institut Pasteur

H. EISEN
Institut Pasteur

J. P. CHANGEAUX
Institut Pasteur

V. LUZZATI
Centre de Génétique Moléculaire, C.N.R.S.

P. RIGNY
Centre d'Etudes Nucléaires de Saclay

J. CHARVOLIN
Centre d'Etudes Nucléaires de Saclay

E. J. A. LEA
Centre de Génétique Moléculaire, C.N.R.S.

D. M. BLOW
M.R.C. Laboratory of Molecular Biology

R. G. SHULMAN
Bell Telephone Laboratories

G. FEHER
University of California

G. WEILL
Centre de Recherches des Macromolécules.

S. LIFSON
The Weizmann Institute

C. KITTEL
University of California

P.-G. de GENNES
Service de Physique des Solides, Orsay

PREFACE

Dans le petit livre qu'il publiait en 1944 *"What is life?"*, Erwin Schrödinger posait deux questions: les phénomènes de la vie peuvent-ils s'expliquer entièrement à l'aide des lois de la physico-chimie, et, dans ce cas, les
physico-chimistes ne seront-ils pas amenés à découvrir d'autres lois fondamentales nouvelles inhérentes aux phénomènes biologiques. Répondre à
ces questions constituait un programme de travail excitant et un grand nombre
de physiciens se sont du coup intéressés à la biologie et ont cherché à y
répondre. Après vingt-cinq ans, on peut dire sans ambiguité *oui* à la première
question et *non* à la seconde. Tout le monde est convaincu maintenant que
tous les mécanismes biologiques, actuellement connus depuis le fonctionnement d'un enzyme jusqu'à l'évolution à l'échelle des temps géologiques ne
posent pas aux physiciens d'autres problèmes que ceux qui leur sont déjà
posés par la physique. Par contre, l'expérience de ces mêmes vingt-cinq
années nous a montré que ces mécanismes étaient d'une extraordinaire
complexité et que la description que nous pouvons en donner actuellement
est tout à fait incomplète.

Il n'était pas question de faire une mise au point sur l'état actuel de
l'explication physico-chimique des phénomènes biologgiues: ce que se
proposait la session de 1969 de l'Ecole des Houches était de voir s'il existait
des domaines dans lesquels la physique pouvait efficacement faire avancer
la recherche biologique, soit de facon fondamentale, en fournissant l'explication complète, à partir des premiers principes, de certaines propriétés
de la matière vivante, soit de façon plus pratique, en fournissant aux biologistes des méthodes d'investigation nouvelles.

Beaucoup de physiciens refusent d'aborder les problèmes biologiques
faute d'un langage commun aux deux disciplines, permettant de définir
clairement les problèmes. C'est ce fossé que tente de combler l'exposé du
Professeur H. Chantrenne, en donnant la description biochimique d'un
certain nombre de fonctions cellulaires telles que la respiration, la photosynthèse, la synthèse des protéines, etc. tout en montrant bien quelles sont
les limites que ne peut pas dépasser la biochimie dans cette description.

L'énorme effort poursuivi depuis quinze ans conjointement par les
biochimistes et les généticiens pour comprendre en détail le fonctionnement
d'organismes relativement simples comme les bactériophages ou les bactéries constitue une réussite sans précédent en biologie puisqu'on est presque
en mesure maintenant d'expliquer complètement, à l'échelle moléculaire
comment vit et se multiplie le phage λ. Les exposés de Maurice Hoffnung et
de Luis da Silva donnent l'état actuel de la contribution que la génétique
bactérienne a apporté à cette réussite.

Les biologistes ont montré que les membranes constituent un site privilégié des activités cellulaires. C'est ce que Jean-Pierre Changeux explique dans l'article reproduit ici, sur l'exemple particulier des membranes excitables du tissu nerveux. Les propriétés physicochimiques structurales de certains constituants de ces membranes sont décrites dans les articles de Vittorio Luzzati, E. J. A. Lea et Paul Rigny.

La radiocristallographie a permis récemment à l'équipe de Cambridge de donner une série de très beaux résultats sur la structure à trois dimensions d'un certain nombre de protéines. La bibliographie en a été établie par David Blow.

La résonance magnétique nucléaire et la résonance paramagnétique électronique se situent parmi les techniques physiques les plus prometteuses en biologie. Les applications biologiques de la première de ces techniques sont en partie décrites dans l'article reproduit de R. Shulman et les résultats obtenus avec la seconde sont donnés par George Feher. La description de propriétés des macromolécules biologiques (protéines, acides nucléiques) est certainement une étape fondamentale de la description des phénomènes de la vie et c'est un des rares domaine soù les méthodes de la physique ont donné des résultats positifs. Gilbert Weill a décrit les propriétés optiques liées à l'interaction entre monomères dans ces macromolécules et l'article de S. Lifson et la bibliographie établie par P.-G. de Gennes concernent les propriétés conformationnelles et dynamiques des protéines et des acides nucléiques; un modèle de transition de phase pour de tels systèmes est discuté brièvement par Charles Kittel.

De vastes domaines ont été entièrement ou partiellement laissés de côté (photosynthèse, fonctionnement du système nerveux, des muscles, etc.), essentiellement parce que chacun, par son ampleur, aurait justifié une session à lui seul. Nous pensons cependant que ce volume, malgré ces lacunes, pourra donner une idée, aussi bien aux biologistes qu'aux physiciens, de l'aide qu'en 1969 la physique semble capable d'apporter à la biologie.

Remerciements

La réalisation de cette session de l'Ecole des Houches et de ce volume de notes de cours n'a été possible que grâce à de nombreuses contributions:

- Le crédit du Ministère de l'Education Nationale.
- Les subventions de la Division des Affaires Scientifiques de l'OTAN, au titre de son programme d'Institut d'Etudes Avancées, et du Commissariat à l'Energie Atomique.
- L'orientation et le soutien effectif qu'apporte le Conseil d'Administration.
- Le concours des physiciens et des biologistes qui ont participé au choix des cours et des conférenciers, particulièrement Vittorio Luzzati et Francois Gros.

– La diligence de Jean Thiéry qui a enregistré les cours sur des bandes
  magnétiques; celles-ci sont à la disposition des intéressés au secrétariat
  de l'école: Ecole d'été de Physique théorique, 74 – Les Houches, France.

Toutes ces contributions, pour importantes qu'elles soient, n'auraient
pas, par elles-mêmes, fait de la session 1968 une "bonne session". Il fallait
la coopération généreuse et infatigable des conférenciers et la participation
active de l'auditoire. Cette session et ce livre sont vraiment le fruit d'un
travail collectif.

A tous ceux qui ont apporté leur contribution à l'Ecole d'été, ce livre est
dédié en reconnaissance.

Jean Matricon
Cécile DeWitt

PREFACE

In a small book entitled *What is Life?* (1944) Erwin Schrödinger raised two important questions: can the phenomena of life be completely explained using the laws of physical-chemistry; and if they can, would physical-chemists not be led to the discovery of new laws inherent in biological phenomena? Since 1944, many physicists have taken up aspects of biology in order to answer Schrödinger's exciting questions. After twenty-five years definite answers are claimed—*yes* to the first question, and *no* to the second. It is generally agreed that the biological mechanisms we now know—from the function of an enzyme to evolution on the ladder of geological time—pose for physicists problems no different from those encountered in physics. Nonetheless, the experience of those same twenty-five years has shown us that the mechanisms are of an extraordinary complexity, and that the best description that we can offer is still quite incomplete.

The 1969 Summer Session at Les Houches did not propose to define the present state of physico-chemical explanations of biological phenomena. The purpose was rather to discover new areas in which physics could further the advance of biological research, either fundamentally, by furnishing a very complete explanation of certain properties of living matter, or practically, by making available to biologists new methods of investigation.

Many physicists refuse to take up biological problems because there is no language common to the two disciplines that would even permit the clear definition of the problems. Professor Henri Chantrenne has tried to bridge this gap by giving the biochemical description of a number of cellular functions such as respiration, photosynthesis, protein synthesis, etc., while indicating the limits of biochemistry in such description.

The great fifteen-year joint effort by biochemists and geneticists to understand in detail the function of such relatively simple organisms as bacteriophages and bacteria has produced a success unprecedented in biology since we are on the verge of attaining a complete explication of how the λ phage lives and multiplies. The lectures of Maurice Hoffnung and Luis da Silva summarize the present contributions of bacteriological genetics to this success.

The biologists have shown that membranes occupy a special place in cellular activity. In the article reproduced here, Jean-Pierre Changeux explains this matter, using the particular example of excitable membranes of nervous tissue. The physico-chemical and structural properties of certain components of these membranes are discussed in articles by Vittorio Luzzati, E. J. A. Lea and Paul Rigny. Recently radiocrystallographic techniques have permitted the Cambridge team to obtain a very fine set of results on the three-dimensional structure of a number of proteins. The bibliography of this achievement has been prepared by David Blow.

Nuclear magnetic resonance and electron paramagnetic resonance are among the most promising physical techniques for biology. The biological applications of the former are partially described in the lectures of Robert Shulman, and the results obtained by means of the latter are given by George Feher.

The description of the properties of biological macromolecules (proteins, nucleic acids) is certainly an essential step in the description of life phenomena; it is also one of the rare areas in which physical methods have yielded positive results. Gilbert Weill describes the optical properties linked to the interactions between monomers in the macromolecules; the article by S. Lifson and the bibliography complied by P.-G. de Gennes deal with the conformational and dynamic properties of proteins and nucleic acids; the phase transition of this kind of one dimensional system is discussed by Charles Kittel.

Admittedly, we have omitted completely or partially cast areas such as photosynthesis, the function of the nervous system, of muscles, etc.—chiefly because each area would justify its own session. Nonetheless we believe that this volume can give to physicists and biologists alike a very good idea of the help that physics can offer to biology in 1969.

Acknowledgments

This session of the Les Houches Summer School and this volume of lecture notes have been made possible only through many contributions:

The financial support to the School which comes from the Ministère de l'Education Nationale, the NATO Scientific Affairs Division (Advanced Study Institute Programme) and the Commissariat à l'Energie Atomique.

The guidance of the Board of Trustees.

The collaboration of physicists and biologists who participated in the selection of topics and lectures—especially Vittorio Luzzati and Francois Gros.

The diligence of Jean Thiery, who recorded the summer's material on magnetic tape. (These tapes are available from the Secretary, Ecole d'été de Physique théorique, 74—Les Houches, France.)

All these contributions indispensable as they are would not by themselves have made necessarily a good session. It needed the generous and untiring cooperation of the lecturers and the continuous active interest of the participants. The session and the book have been truly a collective work.

To all who have contributed to the 1969 session this book is dedicated in thanks.

Jean Matricon
Cécile DeWitt

LISTE DES PARTICIPANTS

ALPERT Yolande France	Institut de Biologie Physico-Chimique, Paris
ALPERT Bernard France	Institut de Biologie Physico-Chimique, Paris
BALKANSKI Minko France	Laboratoire de Physique des Solides, Paris
BARRITAULT Denis France	Institut de Biologie Physico-Chimique, Paris
BERRONDO Manuel Suède	Kvantkeminska Institute, Uppsala
CHABRE Marc France	Institut des Sciences Nucléaires, Grenoble
CORDONE Lorenzo Italie	Istituto di Fisica, Palermo
DEBRUNNER Peter U.S.A.	University of Illinois, Urbana
DELACOTE Goery France	Laboratoire de Physique des Solides, Paris
DEVAUX Philippe France	Laboratoire de Physique des Solides, Paris
ELLENBERGER Michel France	Centre d'Etudes Nucléaires de Saclay
ENGLERT Anne Belgique	Union Carbide, Bruxelles
FAN Chung Peng U.S.A.	Rutgers University, New Brunswick
GARCIA Maximo Venezuela	Institute Venezolano de Investigaciones Cientificas, Caracas
GARRIGOU-LAGRANGE Chantal, France	Centre de Recherches Paul Pascal, Tolence
GAUDAIRE Maurice France	Laboratoire d'Electronique Fondamentale, Orsay
GONELLA Jean France	Faculté des Sciences, Marseille
GRASSI Henri France	Faculté des Sciences, Nice
GREVE Jan Pays-Bas	Universiteit de Boelelaan, Amsterdam

HOFF Arnold Pays-Bas	Medisch Biologisch, Rijswijk
HOLZWARTH Gottfried Allemagne	Physics Departement der Techn. Hochschule
JESAITIS Al U.S.A.	Caltech, Pasadena
MATUSKA John U.S.A.	Columbia University, New York
MINGOT-BUADES Francisco, Espagne	Université de Madrid
MOSS Thomas U.S.A.	Columbia University
OOSTING Pieter Pays-Bas	Philips Research Laboratories, Endhoven
OSEROFF Allan U.S.A.	Harvard University
PARELLO Joseph France	Centre National de la Recherche Scientifique, Montpellier
PUHLER Alfred Allemagne	Universität Erlangen-Nürnberg, Erlangen
RIGNY Paul France	Centre d'Etudes Nucléaires de Saclay
ROBY Claude France	Laboratoire de Spectrométrie Physique, Saint-Martin d'Hère
ROMERO Claudio Chili	Faculdad de Cicencias Fiscicas y Mathematicas, Santiago
ROSSI Gian Luigi Italie	Cornell University
STEPHEN Richard Grande-Bretagne	University College, Londres
SVETINA Sasa Yougoslavie	Institute "J. Stefan", Ljubljane
SUNDBOM Marianne Suède	Stockholm University
THIERY Jean France	Centre d'Etudes Nucléaires de Saclay
TARDIEU Annette France	Centre de Génétique Moléculaire, Gif-sur-Yvette
VALEUR Bernard France	Ecole Supérieure de Physique et Chimie, Paris

Leçons d'Introduction
à la Biologie Moléculaire

H. Chantrenne

Université Libre de Bruxelles

H. Chantrenne

I Apport de la Biochimie Classique

Les organismes vivants diffèrent des objets inanimés en ce qu'ils se développent, se déplacent, maintiennent leur température au-dessus de celle du milieu ambiant, développent des structures complexes adaptées à des besoins précis: des yeux pour voir, des ailes pour voler etc., et ils se reproduisent. La biologie classique décrivait les formes et les comportemments des organismes vivants mais n'expliquait pas grand chose quant aux processus même de la vie; son but était plutôt de montrer que les organismes vivants sont encore plus complexes qu'il n'aurait semblé de prime abord, qu'il existe une organisation complexe même au niveau infracellulaire avec des membranes, des fibrilles, des noyaux, des nucléoles, des chromosomes, des vésicules à membranes simples ou doubles, des processus incroyables comme la mitose pendant laquelle le contenu presque amorphe du noyau se condense en paires de chromosomes qui se séparent parfaitement, et disparaissent ensuite dans les noyaux des cellules filles, etc.

La physiologie a fourni les premières explications, c'est-à-dire qu'elle a pu rendre compte de certains événements macroscopiques par des lois physiques, des différences de potentiel électrique, la polarisation des membranes, etc. et a découvert que des transformations chimiques se produisaient dans la cellule, ouvrant ainsi l'ère de la biochimie.

Il y a maintenant un siècle que les chimistes ont commencé à isoler des centaines de substances à partir d'organismes vivants; une vaste gamme de sucres et de leurs dérivés, des acides de toutes sortes, des substances un peu plus complexes contenant des hétérocycles, et tout un assortiment de macromolécules: polysaccharides, acides nucléiques, protéines, et des associations de toutes ces macromolécules. Le travail des chimistes à la recherche de nouvelles substances est loin d'être terminé: il y a encore de nombreux alcaloïdes à découvrir, des sucres inhabituels, des pigments de toutes sortes, pour ne pas parler de la séquence des monomères qui forment les protéines et les acides nucléiques. Néanmoins, on peut dire que nous savons maintenant de quoi sont faits les êtres vivants. L'inventaire est complet en ce sens que nous sommes assurés maintenant que, sauf peut-être dans le domaine des lipides complexes, nous avons peu de chance de découvrir quelque chose de fondamentalement nouveau. Nous savons que tous les organismes sont bâtis avec les mêmes matériaux, à de petites différences près.

Il est intéressant de remarquer que les molécules qui contiennent des carbones asymétriques existent presque toujours sous une seule des formes optiquement actives. C'est peut-être la première évidence que nous rencontrons que la chimie des organismes vivants diffère de la chimie ordinaire, sinon dans ses lois, du moins dans sa technologie.

Certes, les organismes vivants sont des systèmes chimiques, mais ils ne sont pas inertes, il se passe en permanence quelque chose dans les organismes vivants: ils puisent des substances dans le milieu qui les entoure, ils les oxydent ou les détruisent de toutes sortes de façons, ils fabriquent leurs propres constituants, les intègrent dans leur structure et rejettent dans le milieu extérieur des produits de transformation (par exemple, la levure produit de l'alcool).

La biochimie classique s'est donné pour but de découvrir et d'analyser les transformations chimiques qui se produisent dans un organisme vivant. Pour comprendre la signification de la biologie moléculaire, il est essentiel d'évaluer quel degré d'"explication" des processus biochimiques la biochimie classique donnait (jusqu'aux alentours de 1955).

Les premières réactions isolées découvertes ont été des réactions d'hydrolyse et d'oxydation (hydrolyse de l'amidon en maltose, du saccharose en glucose et fructose, oxydation de composés phénoliques en substances noirâtres mal définies). Ces réactions se produisaient dans des extraits aqueux de plantes et étaient dus à la présence de catalyseurs complètement mystérieux, que nous appelons maintenant les enzymes. La biochimie se contentait donc d'"expliquer" un processus biochimique en mettant en évidence l'existence d'un catalyseur qui catalysait spécifiquement cette réaction. Durant la première moitié du siècle, des centaines d'enzymes ont été découverts, et le mécanisme d'action de certains d'entre eux a été partiellement analysé. Néanmoins, l'"explication" fournie par la biochimie n'allait pas plus loin que de dire: "Cette réaction se produit parce qu'un catalyseur capable de la faire à une vitesse suffisante existe".

C'était plutôt maigre comme "explication", surtout aussi longtemps que le mode d'action et la nature des enzymes demeuraient complètement inconnus; il s'agissait plus d'une description que d'une explication mais c'était néanmoins une étape fondamentale.

La méthode naïve qui consistait à rechercher les enzymes impliqués dans un processus chimique puis à trouver quelles réactions ils catalysaient spécifiquement s'est avérée fructueuse: elle a permis d'analyser des processus aussi complexes que la fermentation alcoolique et de les décomposer en séquences de réactions chimiques dont chacune est catalysée par un enzyme spécifique, et d'arriver à des découvertes fondamentales.

Pour illustrer ce qui précède et quelques autres questions, considérons la fermentation alcoolique. Elle se produit dans la levure et consiste en une série de 12 réactions consécutives, chacune catalysée par un enzyme. Tous ces enzymes ont été isolés à un haut degré de pureté, la plupart ont été cristallisés, ils agissent in vitro et la série de réactions qu'ils catalysent reproduit réellement la fermentation alcoolique. La fermentation alcoolique "se produit dans la levure parce que la levure contient douze enzymes qui coopèrent à transformer le sucre en alcool et CO_2".

Glucose + ATP	= Glucose-6-P + ADP
Glucose-6-P	= Fructose-6-P
Fructose-6-P + ATP	= Fructose-1-6-diP + ADP
Fructose-1-6-diP	= Phosphoglycéraldéhyde + Phosphodihydroxyacétone
Phosphodihydroxyacétone	= Phosphoglycéraldéhyde
2 Phosphoglycéraldéhyde + 2PO$_4$H$_3$ + 2NAD$^+$	= 2 Phosphate de phosphoglycéryle + 2NADH + 2H$^+$
2 Phosphate de phosphoglycéryle + 2 ADP	= 2 Acide β-phosphoglycérique + 2 ATP
2 Acide β-phosphoglycérique	= 2 Acide α phosphoglycérique
2 Acide α-phosphoglycérique	= 2 Ac. phosphoénolpyruvique + 2H$_2$O
2 Ac. phosphoénolpyruvique + 2 ADP	= 2 Ac. pyruvique + 2 ATP
2 Ac. pyruvique	= 2 Acétaldéhyde + 2 CO$_2$
2 Acétaldéhyde + 2NADH + 2H$^+$	= 2 Alcool
Glucose + 2 ADP + 2 PO$_4$H$_3$	= 2 Alcool + 2 CO$_2$ + 2 ATP + 2H$_2$O

Fig. 1

On découvrit avec surprise qu'une séquence presque identique de réactions se produit dans le muscle, le foie, et d'autres tissus animaux, c'est-à-dire qu'on trouve sensiblement la même série d'enzymes dans les animaux supérieurs et dans le levure. La différence est faible: les tissus animaux ne contiennent pas l'enzyme qui décarboxyle l'acide pyruvique, ni celui qui catalyse la réduction de l'acétaldéhyde. En échange, ils en contiennent un qui réduit l'acide pyruvique en acide lactique. C'est pourquoi les muscles fabriquent de l'acide lactique (en l'absence d'air), mais ne fabriquent jamais d'alcool éthylique.

De même, on a pu décomposer la synthèse des stéroïdes dans le foie du rat en une série de quelque vingt réactions consécutives partant de l'acide pyruvique (ou acétique). On a montré que les douze premières réactions de cette séquence se retrouvent dans l'hévéa et contribuent à la synthèse du caoutchouc et d'hydrocarbures voisins.

Ainsi, notre foie et un hevea fabriquent des lipides d'une façon très semblable, ils ont des chimies très voisines. Ce ne sont que de relativement petites différences dans la série d'enzymes qui font la différence: les processus biochimiques de tous les êtres vivants sont extrêmement proches les uns des autres, ce n'est que le choix de l'assortiment exact d'enzymes qui est caractéristique de chaque espèce.

Conservation de l'énergie

Revenons à la description biochimique de la fermentation alcoolique. Toutes les réactions séparément ont été décrites avec certitude, et nous avons dit qu'elles expliquent la fermentation alcoolique puisque, partant d'une molécule de glucose, nous arrivons au bout avec deux molécules d'alcool et deux de CO_2, ce qui est exactement ce qui se produit lorsque le glucose fermente au contact de la levure. Mais si nous ajoutons les différentes réactions, nous trouvons

$$C_6H_{12}O_6 + 2\,ADP + 2\,PO_4H_3 = 2\,C_2H_5OH + 2\,ATP + 2\,H_2O + 2\,CO_2.$$

Ainsi, en plus de la réaction globale évidente, quelque chose d'autre se produit dans la cellule de levure: il se forme de l'ATP du fait des réactions que les enzymes catalysent.

Ce que signifie ceci apparaît immédiatement si nous considérons l'énergie libre de la réaction. En comparant les mesures calorimétriques de chaleur de combustion du glucose et de l'alcool, on peut estimer l'énergie libre de la transformation 1 Glucose → 2 Alcool + 2 CO_2 à −50 kcal.

L'énergie libre de l'hydrolyse de l'ATP en ADP + acide phosphorique est de −11 kcal. Ceci montre que la réaction inverse n'a aucune chance de se produire spontanément. Elle se produit ici, couplée à la dégradation du glucose et par conséquent absorbe 22 kcal (pour 2 molécules).

Ainsi, lorsque la levure transforme le glucose en alcool et CO_2, elle ne dissipe pas toute l'énergie libre disponible, mais au contraire en consacre 45% à fabriquer des liaisons chimiques et dissipe le reste, conservant ainsi 45% de l'énergie libre sous forme d'ATP, emmagasinée dans des "liaisons riches en énergie" utilisables ultérieurement dans d'autres circuits biochimiques. Quel est le secret de cette conservation de l'énergie? Tout ce que peut répondre un biochimiste à l'heure actuelle est qu'il s'agit là encore d'un résultat de l'action d'enzymes: la série de réactions qui va du glucose à l'alcool et au gaz carbonique comprend des étapes où l'ADP est phosphorylé en ATP.

Regardons un peu plus attentivement une de ces étapes: le phosphoglyceraldéhyde est oxydé et en même temps se condense avec un phosphate, en donnant le phosphoglycerylphosphate. Il existe un enzyme pour catalyser cette réaction, qui est rapide. Elle est facilement réversible (par simple changement des concentrations des réactifs, ce qui indique que sa constante d'équilibre est faible). Une détermination précise de cette constante d'équilibre donne pour l'énergie libre de la réaction telle qu'elle se produit dans la cellule, +0,8 kcal, alors que la réaction qu'on aurait attendue, à savoir

$$\begin{array}{ccc} CHO + H_2O & & COOH \\ | & + NAD^+ \rightarrow & | & + NADH + H^+ \end{array}$$

a un ΔF de −16 kcal. Elle ne se produit pas, cependant, car il ne se trouve dans la levure aucun enzyme pour la catalyser.

Il existe un autre enzyme qui catalyse

$$\begin{array}{cc} CO{-}O{-}PO_3H_2 & COOH. \\ | & + ADP \rightarrow ATP + | \end{array}$$

Au point de vue énergétique, on peut considérer cette réaction comme la somme de deux réactions fictives:

$$\begin{array}{llll} \text{CO—O—P} & \text{CO—OH} & \Delta F \\ | & + H_2O \rightarrow | & + PO_4H_3 & -16.8 \text{ kcal} \\ \end{array}$$

et $$ADP + PO_4H_3 \rightarrow ATP + H_2O \qquad\qquad +11 \text{ kcal.}$$

Ainsi, des 16,8 kcal disponibles lors de l'oxydation de l'aldéhyde en l'acide correspondant, 5,8 seulement ont été dissipées sous forme de chaleur et onze ont servi à forcer une réaction à se produire, à savoir la condensation du phosphate et de l'ADP, qui ne peut pas se produire spontanément. Cette réaction a lieu évidemment sans hydrolyse. (On n'introduit l'eau dans le schéma ci-dessus que pour calculer les bilans d'énergie).

La méthode employée pour conserver l'énergie est exactement la même que celle qu'utilise un ingénieur qui veut transformer l'énergie d'une chute d'eau en énergie électrique. Il fait tout ce qu'il peut pour empêcher l'eau de dévaler le long de la pente: il construit des barrages (ce qui correspond à maintenir aussi levée que possible l'énergie d'activation de la transformation directe, $CHO \rightarrow COOH$ ou à empêcher à tout prix que cette réaction se fasse. Ensuite, l'ingénieur offre à l'eau un chemin détourné mais beaucoup plus facile, sous forme de conduites forcées, que l'eau parcourt sans accident, mais qui la mène jusqu'à la turbine qu'elle entraîne et à qui elle communique une grande partie de son énergie. De la même façon, les systèmes biologiques ont réalisé une voie hautement facilitée (2 bons enzymes, pratiquement pas de barrière) passant par le phosphoglycéryl phosphate et la synthèse d'ATP.

De nouveau, le secret réside dans le choix des enzymes.

Examinons rapidement comment l'énergie conservée sous forme d'ATP peut être utilisée pour forcer des réactions "à contre courant", par exemple la synthèse d'une liaison peptidique. L'énergie libre de condensation d'un COO^- et d'un NH_3^+ en solution aqueuse est de l'ordre de 2 kcal (elle dépend du pH et de la constante d'ionisation des groupements). Par conséquent, la formation de liaisons peptidiques entre acides et amines aux concentrations réalisables in vitro est extrêmement limitée et aucun enzyme ne peut par lui-même catalyser cette condensation, car aucun enzyme ne peut renverser le sens d'une réaction.

Les systèmes biologiques ont développé une façon d'utiliser une partie de l'énergie emmagasinée dans l'ATP pour faire cette synthèse. Ils ont fabriqué des enzymes qui catalysent par example la séquence de réactions suivante (cas de la synthèse de l'acide hippurique dans le foie).

$$C_6H_5\text{—COOH} + ATP \rightarrow C_6H_5\text{—CO—AMP} + PP$$

$$C_6H_5\text{—CO—AMP} + CoA\text{—SH} \rightarrow C_6H_5\text{—CO—S—CoA} + AMP$$

$$C_6H_5\text{—CO—S—CoA} + R\text{—NH}_2 \rightarrow C_6H_5\text{—CO—NH—R} + CoA\text{—SH}$$

Conservation de l'énergie, utilisation de l'énergie, détermination de toutes les réactions chimiques, de la nature des substances formées, tout dépend des enzymes et de leurs propriétés.

II Interactions Enzyme-Substrat—notions Elémentaires

Puisque l'enzyme provoque une transformation du substrat, il faut bien supposer qu'ils interagissent. Tout se passe comme si l'enzyme formait avec son substrat un complexe qui peut se décomposer en régénérant l'enzyme et le substrat intact, mais qui peut aussi se décomposer en donnant l'enzyme et le produit de réaction

$$E + S \underset{k_2}{\overset{k_1}{\rightleftharpoons}} ES \underset{k_4}{\overset{k_3}{\rightleftharpoons}} P + E$$

cette hypothèse rend compte, dans les cas simples, de la cinétique des réactions enzymatiques; elle prévoit que la vitesse initiale de la réaction est liée à la concentration en substrat par la relation (on néglige k_4 et on suppose que k_3 est l'étape limitante)

$$\frac{1}{v} = \frac{1}{A} + \frac{K}{A}\frac{1}{s}.$$

Cette relation est vérifiée par l'expérience dans beaucoup de cas: A et K sont des caractéristiques du système enzyme-substrat considéré. K, la constante de Michaelis est (en première approximation) égale à la constante d'équilibre de la réaction $E + S \rightleftharpoons ES$, c'est une mesure de l'affinité de l'enzyme pour son substrat.

A est une mesure de l'activité absolue maximum de l'enzyme (nombre de molécules de substrat transformées par molécule d'enzyme en une unité de temps).

L'existence du complexe enzyme-substrat peut être mise en évidence dans des cas favorables (modification du spectre d'absorption de l'enzyme lors de l'addition du substrat, qui révèle par exemple un changement d'état d'un tryptophane, d'une tyrosine, acides aminés dont le groupe indole ou phénol absorbent dans l'ultraviolet).

Notion de centre actif

Puisque l'enzyme est généralement beaucoup plus gros que le substrat, une petite région seulement de l'enzyme doit être en contact avec le substrat. C'est cette région que nous appellerons centre actif.

Il n'existe pas de méthode générale pour identifier le centre actif d'un enzyme. La plupart des méthodes sont indirectes, elles conduisent rarement à des conclusions sûres. Par exemple, l'inactivation par une substance qui réagit avec un SH ou un NH_2 suggère, mais ne prouve pas qu'un SH ou un NH_2 sont dans le centre actif; le blocage de groupe pourrait en effet modifier la conformation de l'enzyme et affecter indirectement le centre actif, etc. ... De nombreuses méthodes d'approche sont concevables. Prenons un exemple qui fut particulièrement heureux: l'étude du centre actif de diverses estérases et protéases.

Il s'agit d'enzymes qui catalysent l'hydrolyse de liaisons —CO—NH— ou —CO—O— ex.: trypsine, cholinestérase. ...

Le diisopropyl-fluorophosphonate bloque ces enzymes. En marquant le P de l'inhibiteur on constate qu'il réagit avec l'enzyme et qu'une molécule se fixe par molécule d'enzyme. Cela ne prouve pas que le centre actif ait été touché, mais cela le suggère certainement. L'inhibiteur ne réagit chimiquement avec l'enzyme que si l'enzyme est actif: si celui-ci est dénaturé, il ne réagit pas. La réaction observée est au moins provoquée par l'enzyme. L'hydroxylamine réactive l'enzyme, donc la structure de celui-ci n'a pas été modifiée irréversiblement. L'hydrolyse de la protéine qui a réagi avec l'inhibiteur, suivie de l'isolement des acides aminés montre que l'inhibiteur s'est condensé avec une sérine. Détermination des séquences qui encadrent cette sérine:

Trypsine	Ser–Cys–Gln–Gly–Asp–Ser*–Gly–Gly–Pro–Val
Chymotrypsine	Ser–Cys–Met–Gly–Asp–Ser*–Gly–Gly–Pro–Leu
Cholinestérase	Phé–Gly–Glu–Ser*–Ala–Gly
Esterase foie	Gly–Gly–Ser*–Ala–Gly–Gly
Phosphatase	Val–Thr–Asp–Ser*–Ala–Ala–Ser–Ala
Subtilisine	Thr–Ser*–Met–Ala

Les acides aminés qui encadrent la sérine réactive ne sont pas les mêmes pour tous ces enzymes, mais ils ont dans l'ensemble des structures assez apparentées. Ces séquences à elles seules ne déterminent pas les propriétés du centre actif. Isolément, elles sont dépourvues d'activité catalytique. Elles doivent former une partie du centre actif quand elles sont correctement repliées.

L'activité de la trypsine intacte dépend du pH, elle est presque nulle à pH 5 et maximale vers 8,5. La courbe activité/pH ressemble à la courbe de titration d'une fonction dont le pK serait voisin de 6. Le seul des acides aminés qui ait une fonction titrable vers pH 6 est l'histidine. Cela conduit à penser qu'une histidine participerait à la catalyse sous sa forme ionisée; on sait en effet que l'imidazole et l'histidine libres catalysent quelque peu l'hydrolyse d'esters et le mécanisme de cette catalyse en solution est connu.

Il est donc vraisemblable qu'une histidine fait partie du centre actif et coopère avec la sérine au processus catalytique. Or, il n'y a pas d'histidine dans la chaîne polypeptidique dans le proche voisinage de la sérine. Il faut bien en conclure que le reploiement de la chaîne amène l'histidine très près de la sérine et que le centre actif résulte du rapprochement et de la disposition correcte des différents éléments de ce centre actif qui sont dispersés quand la chaîne polypeptidique est déroulée ou repliée au hasard.

La comparaison des séquences de la trypsine et de la chymotrypsine (Nature **207**, 1157 (1965) montre que 40% des acides aminés occupent les mêmes positions dans la chaîne; ils sont distribués par blocs de 3 à 9 acides aminés consécutifs; 4 ponts $S-S$ sur 5 se trouvent aux mêmes endroits dans la chaîne; le reploiement doit être très semblable et les blocs d'acides aminés qui se retrouvent dans les deux sont sans doute essentiels pour le centre actif, qu'ils en soient des morceaux, ou qu'ils déterminent le reploiement de la chaîne qui créé ce centre actif en rapprochant ses éléments épars.

Inhibition compétitive

Certaines substances inhibent l'activité d'un enzyme sans le détruire. Ce sont souvent des substances qui ressemblent au substrat. Par exemple, l'acide malonique $COOH-CH_2-COOH$ inhibe l'enzyme qui catalyse l'oxydation de l'acide succinique $COOH-CH_2-CH_2-COOH$ et le degré d'inhibition dépend des concentrations relatives du substrat et de l'inhibiteur. Cela fait penser que l'inhibiteur pourrait se fixer à la place du substrat, entrer en compétition avec lui pour le site de l'enzyme qui fixe le substrat, mais sans jamais subir la transformation que le substrat subit. On aurait donc à côté de

$$E + S \rightleftharpoons ES \rightarrow E + P$$

$$E + I \rightleftharpoons EI.$$

La relation de la vitesse avec la concentration du substrat et de l'inhibiteur devient:

$$\frac{1}{v} = \frac{1}{A} + \frac{1}{s}\frac{K}{A}\left(1 + \frac{i}{k_i}\right).$$

Quand cette relation est vérifiée expérimentalement, on dit qu'on a affaire à un inhibiteur "compétitif", on suppose qu'il se fixe à la place du substrat, et occupe le site actif.

Protection du site actif

Une méthode classique consiste à former le complexe enzyme-inhibiteur compétitif, à faire agir un réactif d'un groupe (par exemple capable d'acyler les NH_2 de lysine). On élimine alors l'excès de réactif en le neutralisant,

CH₂OH
NHCOCH₃
HOH
NHCOCH₃
CH₃CHOOH
LYSOZYME
OH
CH₂OH
NHCOCH₃
CH₃CHCOOH
CH₂OH
NHCOCH
OH
OH
CH₂OH
1
2
3
4
5
6

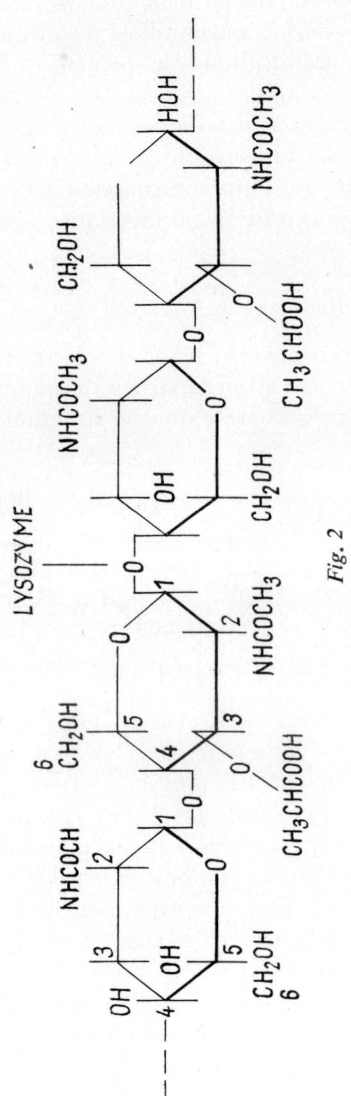

Fig. 2

puis on élimine l'inhibiteur par dialyse et on traite la protéine dont le site actif est libre par le même réactif chimique (capable d'acyler les NH_2 lysine dans l'exemple ci-dessus) mais en utilisant cette fois un réactif marqué au ^{14}C par exemple. On étudie en même temps l'activité de l'enzyme. Si la fixation de ce réactif marqué est parallèle à l'inactivation de l'enzyme, on peut supposer que ce réactif atteint un élément essentiel du centre actif, et identifier cet élément.

Il existe de multiples variantes de ces méthodes dont les exemples cités plus haut ne sont que des illustrations. Elles fournissent d'utiles indications sur le centre actif, voire sur le mécanisme de l'action catalytique, mais leur interprétation est souvent difficile ou incertaine.

Observation d'un inhibiteur fixé au site actif

Le lysozyme est un enzyme du blanc d'oeuf, qui catalyse l'hydrolyse de polysaccharides microbiens ayant la structure indiquée (fig. 2.)

Il est inhibé par un trisaccharide dont la structure est très voisine de celle du substrat:

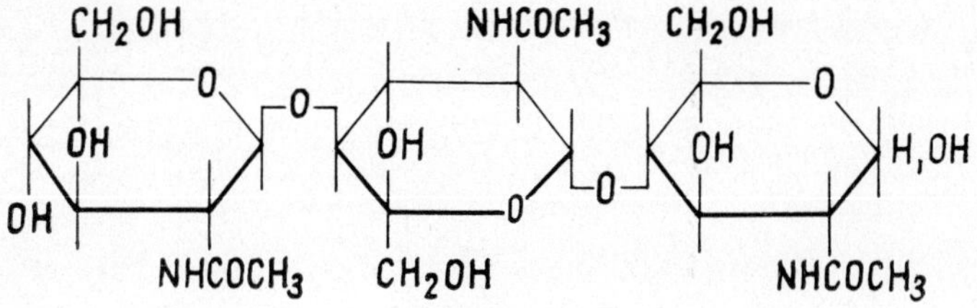

Fig. 3

cette substance se comporte (d'après la cinétique) comme un inhibiteur compétitif; il résiste à l'action de l'enzyme. Tout permet de penser que ce trisaccharide se fixe sur le lysozyme à la place du substrat.

La structure du lysozyme est complètement élucidée; c'est une protéine formée de 129 résidus d'acides aminés en une seule chaine polypeptidique. Le reploiement de la chaîne dans l'espace est complexe, sa conformation a été établie par diffraction des rayons X par la protéine cristallisée. Sa forme générale est globulaire, c'est une molécule compacte dans laquelle on distingue des régions en hélice α (40% des acides aminés) une partie en épingle à cheveux ayant la conformation du feuilles plissé et d'autres reploiements plus complexes. La masse de la molécule est partagée en deux ailes séparées par une tranchée. Tous les acides aminés portant des charges sur leur chaîne latérale sont à l'extérieur de la masse, l'intérieur de la molécule est formé de chaînes latérales lipidiques serrées les unes contre les autres; il n'y a pas d'eau à l'intérieur. Toutefois la face interne de la tranchée, qui est au contact de l'eau comporte quelques groupes hydrophobes.

Le complexe lysozyme-inhibiteur compétitif a également été cristallisé et sa structure déterminée. On y distingue une molécule d'inhibiteur (le trisaccharide) par molécule d'enzyme. L'inhibiteur est placé dans la tranchée, qu'il occupe presque entièrement. Les positions relatives des atomes de l'inhibiteur et de l'enzyme indiquent que 6 ponts d'H peuvent se former entre l'enzyme et l'inhibiteur; un noyau indole d'un tryptophane de la face intérieure de l'enzyme est en contact avec le deuxième résidu de sucre.

La comparaison de la structure du complexe enzyme-inhibiteur à celle de l'enzyme libre montre que la fixation de l'inhibiteur déforme l'enzyme: la tranchée se resserre, amenant une chaîne latérale d'acide glutamique et une d'acide aspartique de part et d'autre et assez près d'une des liaisons osidiques. On suppose que quand le substrat réel se fixe à l'enzyme, il s'y fixe à peu de chose près comme l'inhibiteur, dans la gorge de l'enzyme, qu'une déformation comparable mais légèrement différente amène les groupes acides au contact de la liaison à rompre, et provoque la rupture par un mécanisme du type invoqué en chimie organique pour expliquer la catalyse par les acides et les bases. (cf. Phillips: Nature **206** 757 (1965); Proc. Roy. Soc. **B** 1967, 378; Scientific American Nov. 1966).

Si cette interprétation est correcte, elle signifie que c'est la déformation résultant de l'interaction de l'enzyme avec son substrat qui amène les groupes catalytiquement actifs en position adéquate pour provoquer la réaction; l'activité catalytique est conditionnée par le changement de conformation provoquée par le substrat, le "centre actif" n'acquiert sa conformation catalytiquement active que sous l'action du substrat.

Cela résout peut-être une des énigmes de l'action enzymatique: l'extraordinaire sélectivité des enzymes capables d'attaquer très rapidement un isomère optique sans avoir d'effet détectable sur un autre, de distinguer des sucres différant seulement par la configuration d'un seul carbone, etc.

Noter que le substrat fixé à l'enzyme se trouve dans une poche hydrophobe; il est soustrait à l'eau, comme s'il était extrait dans une gouttelette de solvant organique. Sa réactivité, et l'efficacité de l'attaque par des groupes chargés peuvent être très différents dans ce milieu à faible constante diélectrique de ce qu'ils seraient dans l'eau.

Enfin, si le substrat déforme l'enzyme, celui-ci déforme le substrat et il est concevable que cette déformation facilite la réaction.

Un autre exemple remarquable de changement conformationnel provoqué par la fixation du substrat est celui de la carboxypeptidase, dans laquelle une tyrosine de la protéine tourne de plus de 90°, tandis qu'une arginine et un acide glutamique immobilisent le substrat. (PNAS **58**, 2220 (1967); Brookhaven Symp. Biol. **21** 1968).

Nous voyons ici se manifester à l'échelle moléculaire des propriétés typiquement biologiques qui pourraient être décrites dans le vocabulaire de la biologie classique: le changement de conformation au contact du substrat est une forme élémentaire d'irritabilité; l'enzyme est visiblement "fait pour" attaquer le substrat, comme l'oeil est fait pour voir; l'enzyme est un organe de dimensions moléculaires qui remplit une fonction.

Ces propriétés étonnantes, l'enzyme les doit à sa structure, aux interactions de ses parties, à l'organisation de ses constituants. Quand le déterminisme de cette organisation sera compris nous aurons l'explication de ces propriétés finalisées caractéristiques des organismes vivants à l'échelle de l'enzyme et puisque toutes les réactions, toutes les synthèses, tous les constituants des organismes résultent de l'activité des enzymes, nous aurons fait un très grand pas vers l'explication complète du fonctionnement des êtres vivants.

III Respiration

En absence d'oxygène, beaucoup de cellules vivantes sont capables de dégrader le glucose en acide lactique (tissus) ou autrement (alcool et CO_2 chez la levure). Une partie de l'énergie libre de la glycolyse anaérobique' est utilisée pour phosphoryler ADP en ATP, et cette énergie mise en réserve lors de la formation des liaisons "riches" de l'ATP sera utilisée pour forcer des réactions endergomiques ou effectuer divers travaux (mécaniques, osmotiques, etc.).

Le moteur de la glycolyse est une oxydo réduction entre deux produits intermédiaires de la dégradation du glucose: le phosphoglycéraldéhyde et l'acide pyruvique.

Le glucose est transformé en cinq étapes, en phosphoglycéraldéhyde. Celui-ci est oxydé par NAD (nicotinamide adénine dinucléotide) en phosphate de phosphoglycéryle dont la transformation ultérieure donne de l'acide pyruvique. Celui-ci est réduit par le NADH produit dans l'oxydation du phosphoglycéraldéhyde. Le couple $NAD^+ + 2\,H \rightleftharpoons NADH + H^+$ transporte donc des électrons du phosphoglycéraldéhyde à l'acide pyruvique. Comme l'oxydation de chaque molécule de phosphoglyceraldéhyde donne en quelques étapes l'acide pyruvique, l'oxydant (ac. pyruvique) est régénéré par suite de l'oxydation du réducteur (phosphoglycéraldéhyde) et la réaction se poursuit indéfiniment. (cf. fig. 4 et 5.)

En présence d'air, la situation est toute différente. Il existe en effet dans les cellules vivant à l'air un système qui provoque l'oxydation de NADH par l'oxygène. Dans ces conditions, l'acide pyruvique n'est plus réduit en acide lactique. Avant de voir ce qu'il devient, examinons le système qui assure l'oxydation de NADH par l'oxygène. Il est connu sous le nom de "chaîne respiratoire", "système de transport des électrons", ou "système de Warburg Keilin".

C'est un ensemble de protéines dont la plupart sont fortement liées aux membranes des mitochondries. Ces protéines portent chacune un "groupe prosthétique" qui peut exister sous deux états d'oxydation. Ce sont soit des

Fermentation alcoolique.   Glycolyse lactique

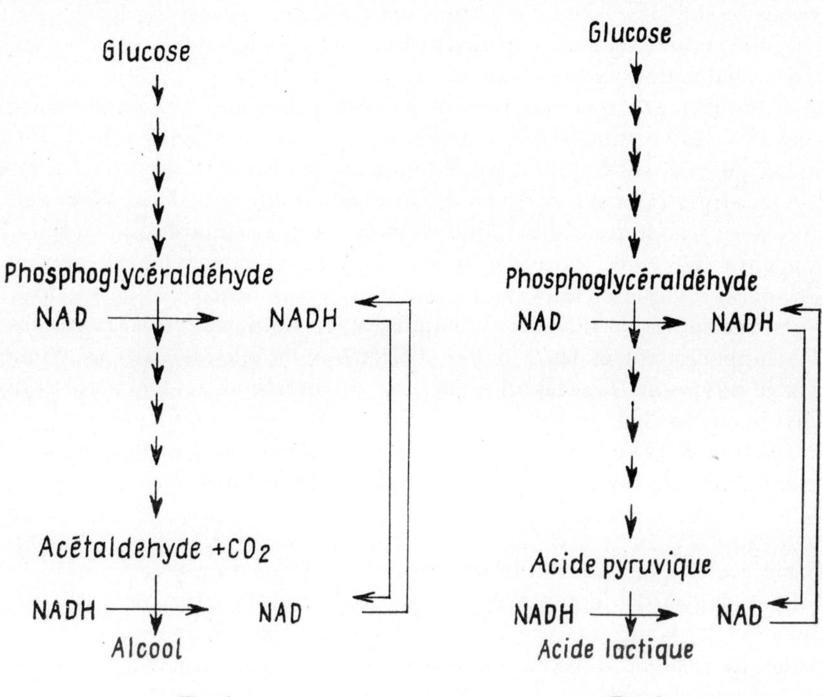

Fig. 4   *Fig. 5*

flavines, soit des quinones, soit des ions métalliques associés à une molécule organique (cytochromes). Les potentiels redox de ces substances s'étagent entre celui du couple NAD/NADH (-0.3 volts) et celui de l'oxygène ($+0,8$ volts).

Supposons-les à un instant donné tous oxydés. Le NADH (réduit) est oxydé par une flavoprotéine, celle-ci réduit le coenzyme Q, qui réduit à son tour le cytochrome b, celui-ci transmet l'électron au cytochrome c, le passe au cytochrome a, de là au cytochrome a_3 (ou cytochrome oxydase) où les électrons sont captés par l'oxygène. Il se forme de l'eau.

Comme presque tous ces "transporteurs d'électrons" sont fixés à des membranes, les électrons doivent passer de l'un à l'autre sans que les "transporteurs" puissent diffuser. Il est vraisemblable que les transporteurs sont arrangés côte à côte, dans l'ordre des potentiels d'oxydoréduction. Le mécanisme de ces transferts est très mal compris.

Quoi qu'il en soit, retenons qu'un système de transporteurs d'électrons assure l'oxydation de NADH par l'oxygène. Dans ces conditions, l'acide pyruvique n'est plus réduit en acide lactique comme cela se passait à l'abri de l'air; il est au contraire oxydé par NAD en présence d'un autre enzyme. Il perd CO_2 et le résidu acétique est transféré au coenzyme A, formant l'acétyl-coenzyme A.

Le NAD qui a oxydé l'acide pyruvique est devenu NADH; il sera réoxydé par la chaîne des transporteurs d'électrons.

Le coenzyme A — l'un des principaux intermédiaires du métabolisme de tous les êtres vivants — se condense avec l'acide oxalacétique pour former de l'acide citrique. Celui-ci entre alors dans une suite de réactions comportant quatre étapes d'oxydation et au cours desquelles deux molécules de CO_2 sont produites; elles aboutissent à l'acide oxalacétique. Celui-ci se condense avec une nouvelle molécule d'acetyl coenzyme A provenant d'acide pyruvique et le cycle de réactions recommence. A chaque tour du cycle une molécule d'acide pyruvique est consommée, trois molécules de CO_2 apparaissent et les 5 paires d'électrons mobilisées dans les 5 étapes d'oxydation sont captées chacune par un atome d'oxygène, après avoir suivi la chaîne de transfert.

Ce cycle de réaction (cycle de Krebs ou cycle des acides tricarboxyliques) rend compte de l'oxydation complète de l'acide pyruvique

$$CH_3COCOOH + 5O \rightarrow 3CO_2 + 2H_2O$$

(3 molécules d'eau sont utilisées dans les réactions du cycle).

L'oxydation des graisses et des protéines produit aussi de l'acétyl CoA qui subit le même sort que celui qui provient des sucres via l'acide pyruvique. Le système d'oxydation ci-dessus est la voie principale d'oxydation de tous les aliments.

Récupération d'énergie

Des mesures de chaleur de combustion de l'acide pyruvique permettent d'estimer l'énergie libre de son oxydation à -280 kcal.

Dans un extrait de muscle auquel on ajoute un système enzymatique capable de piéger l'ATP, on constate qu'au moins 2,5 équivalents d'ADP sont phosphorylés en ATP par atome d'oxygène absorbé.

L'oxydation d'une molécule d'acide pyruvique s'accompagne donc de la phosphorylation de $5 \times 2,5$ à 5×3 molécules d'ATP. L'énergie libre de cette réaction étant voisine de $+11$ kcal, cela signifie que 140 à 160 kcal sont absorbées pour phosphoryler ADP en ATP. C'est-à-dire que la moitié de l'énergie libre de l'oxydation de l'acide pyruvique est récupérée; une moitié seulement est dissipée en chaleur.

Il se forme donc au moins 12 (voire 15) molécules d'ATP à chaque tour du cycle de réactions. Or, dans aucune de ces réactions nous ne voyons

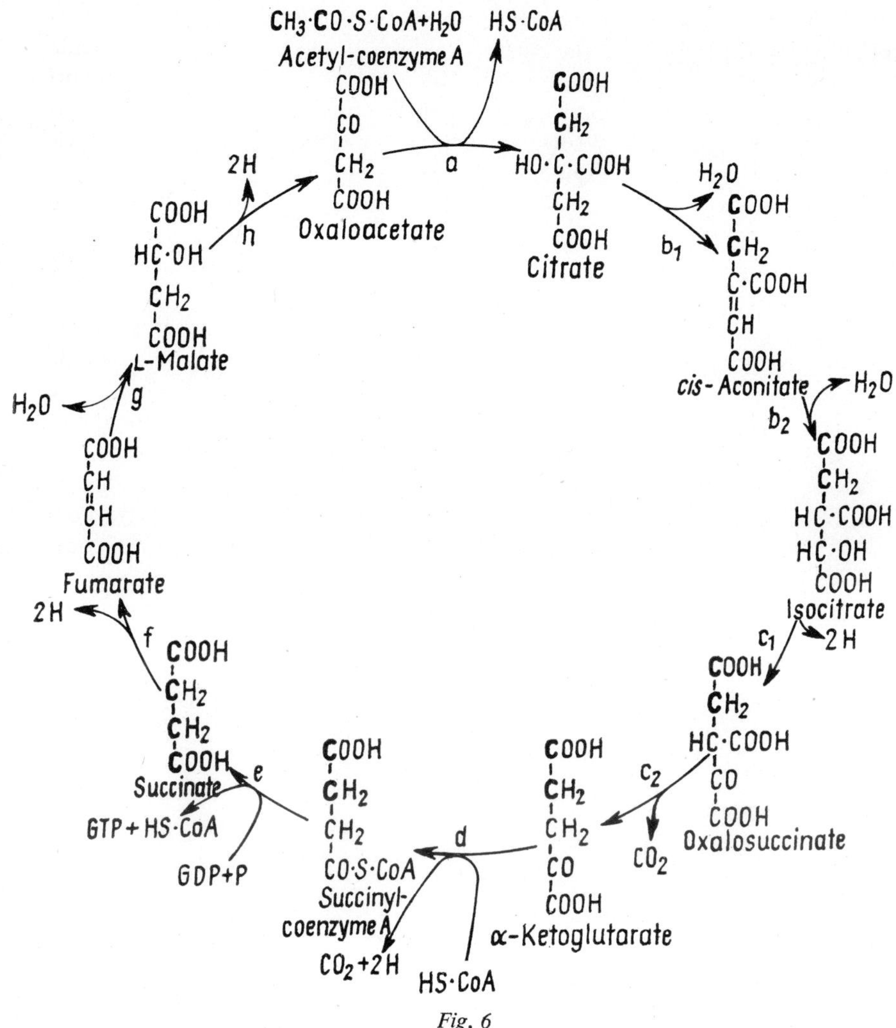

Fig. 6

d'ATP. Seule une molécule de GTP est produite (elle est au même niveau énergétique que l'ATP).

Mais la différence de potentiel d'oxydoréduction entre NADH et l'oxygène est de 1,1 volts. L'énergie libre de l'oxydation de NADH par l'oxygène est donc de 1,1 électron-volt ou 25 kcal par électron. Pour les 10 électrons qui franchissent cette différence de potentiel à chaque tour du cycle. Cela fait 250 kcal.

Puisque 250 kcal, sur un total de 280 sont disponibles dans la chaîne de transfert, c'est là que le gros de la récupération d'énergie doit se faire.

L'expérience montre qu'en effet l'ADP est phosphorylé en ATP lorsqu'on fournit artificiellement NADH aux chaînes de transfer (par exemple en réduisant NAD à l'aide d'une électrode à $-0,4$ volts).

Le mécanisme du couplage n'est pas bien compris, malgré les recherches qui lui sont consacrées depuis de nombreuses années.

D'après les potentiels d'oxydoréduction normaux des divers transporteurs, on peut estimer l'énergie libre de chaque étape du transfert: on trouve par exemple

		ΔF
NADH → FAD		$-11,5$ kcal
FADH → cyt b		$-4,0$
cyt b → cyt c		$-11,5$
cyt c → cyt a		$-1,2$
cyt a → oxygène		$-23,8.$

L'énergie disponible est donc libérée par petits paquets; trois de ces paquets contiennent assez d'énergie pour former une molécule d'ATP. Il est donc vraisembable que c'est à ces trois oxydations que sont couplées les étapes de phosphorylation d'ADP en ATP. (cf. fig. 7)

IV Photosynthèse

Les plantes vertes et certaines bactéries construisent tous leurs constituants (sucres, graisses lipides) à partir de CO_2.

Par exemple, elles forment le glucose à partir de CO_2 et d'eau selon l'équation

$$6\,CO_2 + 6\,H_2O = C_6H_{12}O_6 + 6\,O_2.$$

Cette réaction est fortement endergonique, l'énergie libre est voisine de $+680$ kcal, c'est la lumière absorbée par divers pigments, surtout la chlorophylle, qui fournit l'énergie nécessaire à cette réaction.

Chemin métabolique du CO_2 au glucose

La transformation du CO_2 en glucose met en jeu une suite assez compliquée de réactions.

Le CO_2 se fixe sur le ribulose-1-5 diphosphate, donnant deux molécules d'acide phosphoglycérique. Celui-ci est réduit en triose phosphate. Plusieurs molécules de triose phosphate subissent alors une série de condensations et de réorganisations qui régénèrent le ribulose diphosphate. Le bilan de ces réactions montre que le bénéfice net de ces transformations est la formation d'une molécule de triose phosphate chaque fois que 3 CO_2 sont absorbés

ΔF°   E'0
− 0,32
ADP + P
ATP
− 11,5 kcal
− 0,06
R Nicotinamide adenine dinucleotide
CONH2
2[H]
H3C
NH
O
Cytochrome b
Fe+++
Fe++
ADP + P
ATP
− 15,5 kcal
+ 0.26
Quinone
CH3
OH
2[H]
2 Cytochrome c
Fe+++
2⊖
2H⊕
2⊖
2 Cytochrome oxidases (Atmungsferment)
Fe+++
Fe++
ADP + P
ATP
− 25 kcal
+ 0.81 (= O2/O²⊖)
H2O
½ O2
2⊖
O²⊖
Sequence of redox systems in the respiratory chain

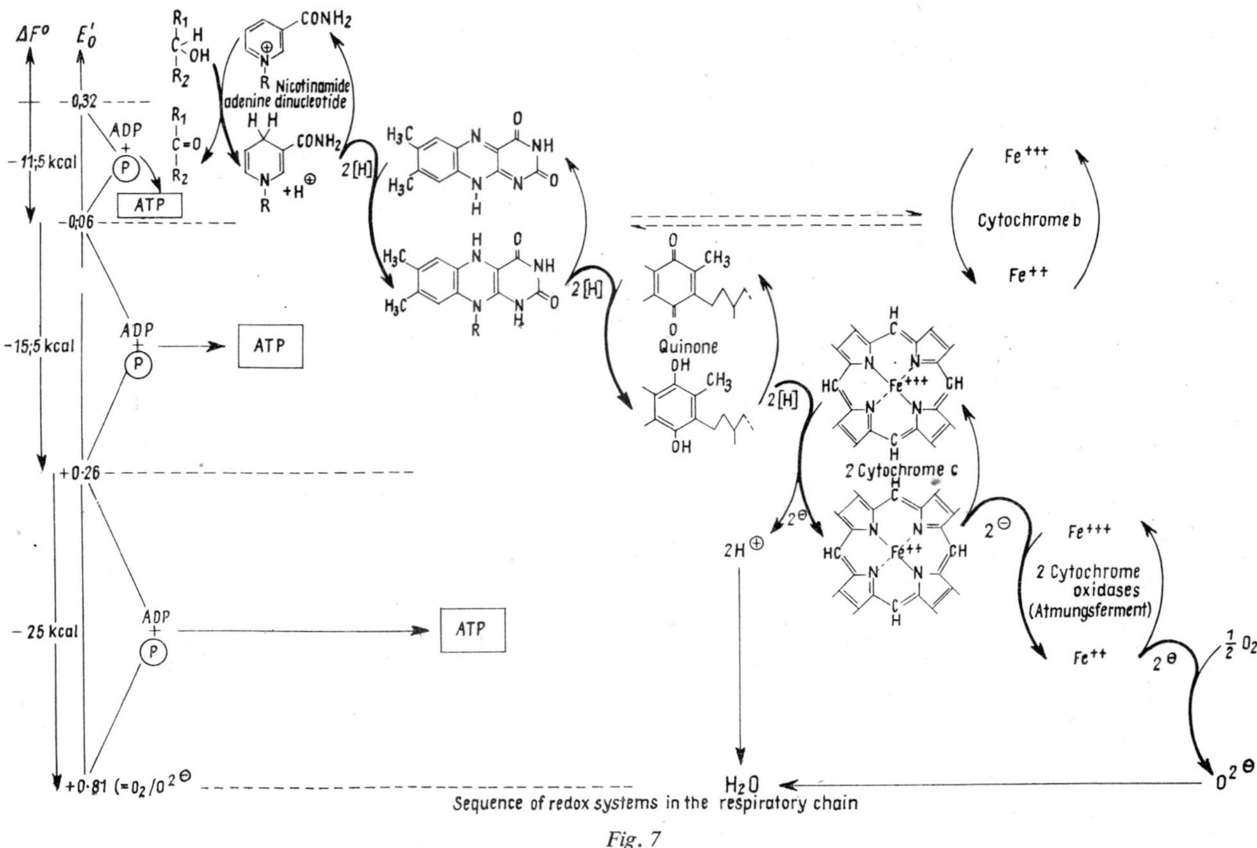

Fig. 7

(figure 8). Le triose phosphate donne ensuite facilement du fructose phosphate et du glucose.

Le bilan de la transformation de CO_2 en triose phosphate montre que le système consomme un réducteur (NADPH) et de l'ATP. Il faut donc que ceux-ci soient continuellement fournis au système. C'est à l'appareil photo-

Chemin du carbone dans la photosynthèse

---

3 Ribulose-1-5-diP + 3 CO_3 + 3 H_2O	= 6 Ac. phosphoglycérique
6 Ac. phosphoglycérique + 6 ATP	= 6 phosphate de phosphoglycéryle + 6 ADP
6 Phosphate de phosphoglycéryle + 6 NADPH + 6 H^+	= 6 Triose P + 6 $NADP^+$ + 6 PO_4H_3
2 Triose-P	= Fructose-1-6-diP
Fructose-1-6-diP + H_2O	= Fructose-6-P + PO_4H_3
Fructose-6-P + Triose-P	= Xylulose-5-P + Erythrose-4-P
Erythrose-4-P + Triose-P	= Sédoheptulose-1-7-diP
Sédoheptulose-1-7-diP + H_2O	= Sédoheptulose-7-P + PO_4H_3
Sédoheptulose-7-P + Triose P	= Xylulose-5-P + Ribose-5-P
Ribose-5-P	= Ribulose-5-P
2 Xylulose-5-P	= 2 Ribulose-5-P
3 Ribulose-5-P + 3 ATP	= 3 Ribulose-1-5-diP + 3 ADP

$$3CO_2 + 3H_2O + 9ATP + 6NADPH + 6H^+ = \text{Triose-P} + 9\ ADP + 6\ NADP^+ + 8\ PO_4H_3$$

---

chimique qu'il incombe de les fournir. On remarquera d'ailleurs que les réactions indiquées plus haut ne font appel à aucune réaction photochimique, elles marchent parfaitement à l'obscurité pourvu que NADPH et ATP soient fournis.

2) *Fonction de la lumière*

On trouvera une excellente introduction à cet aspect de la photosynthèse dans le livre de M. Kamen "Primary Processes in Photosynthesis," Acad. Press, 1963.

Nous nous limiterons ici à présenter très schématiquement l'image que l'on se fait à présent de la fonction du système photochimique.

Les chlorophylles absorbent dans le rouge; le maximum du spectre d'absorption (qui varie quelque peu d'une chlorophylle à l'autre) se situe entre 650 et 700 nm. La lumière bleue absorbée par les caroténoïdes (400 à 450 nm) est utilisée aussi pour la photosynthèse, mais l'énergie absorbée par les caroténoïdes est transférée à la chlorophylle. La bande de fluorescence des caroténoïdes se situe dans la bande d'absorption des chlorophylles.

L'étude du système photosynthétique biologique se heurte à des difficultés techniques semblables à celles de l'étude du système de transfert d'électrons de la respiration. Dans les deux cas, tout se passe au sein d'un système très intégré et organisé. Les transporteurs d'électrons sont associés à des membranes lipoprotéiques, dont il est très difficile de les extraire; lorsqu'on y réussit, le système démonté ne fonctionne plus. La plupart des données expérimentales reposent sur les variations de spectre d'absorption de divers pigments qu'il est souvent difficile d'identifier quand ils sont isolés car après isolement ils n'ont plus le même spectre d'absorption qu'*in situ*.

Il faut savoir aussi qu'à côté des plantes vertes qui fixent du CO_2 et rejettent de l'oxygène, certaines bactéries sont capables de faire du sucre avec du CO_2 et de l'eau gràce à l'énergie lumineuse, sans produire d'oxygène. Mais alors elles doivent trouver dans le milieu extérieur une substance oxydable, qui est oxydée pendant la photosynthèse. Ainsi, certaines bactéries exigent H_2S et l'oxydent en soufre. C'est l'origine de certains gisements de soufre. D'autres oxydent un alcool: CH_3—CHOH—CH_3 en cétone CH_3—CO—CH_3. Si ces substances font défaut, la photosynthèse n'est pas possible.

Voici l'image actuelle:

a) *Reduction de NADP*

La chlorophylle, absorbant un photon perd un électron, qui est capté par la ferredoxine, une protéine contenant du fer, qui se trouve ainsi réduite. La ferrodoxine réduit une flavoprotéine, et celle-ci réduit NADP en NADPH. C'est ce NADPH qui est utilisé dans le cycle de réaction indiqué plus haut pour réduire l'acide phosphoglycérique.

La chlorophylle qui a perdu un électron (elle est donc "oxydée") est immédiatement réduite par le cytochrome *f*. Celui-ci est intimement associé à la chlorophylle car la réaction se produit aussi bien à l'état solide, dans l'azote liquide, que dans la feuille vivante.

Le cytochrome *f* doit être réduit pour que le système revienne à l'état initial. Chez les bactéries qui exigent H_2S, c'est H_2S qui réduit le cytochrome *f*, (il est transformé en soufre).

On a cru que chez les plantes vertes le cytochrome *f* oxyde l'eau en donnant de l'oxygène. Toutefois, la connaissance des potentiels d'oxydoréduction des transporteurs montre que ce n'est pas possible.

Le potentiel de la ferredoxine est à peu près −0,4 volt; celui du cytochrome *f* de +0,45 volts, or le potentiel de l'oxyègne est +0,8 volts. Le cytochrome *f* peut oxyder H_2S, mais il ne peut pas libérer l'oxygène de l'eau.

Remarquons que la différence de potentiel créée 0,85 volts représente environ 20 kcal par électron, et qu'un photon de 660 nm a une énergie de 43 kcal.

Chez les plantes vertes, qui produisent de l'oxygène, deux réactions photochimiques coopèrent. En effet, si on mesure le rendement en fonction de la longueur d'onde de la lumière incidente, on trouve un maximum vers 660 nm, le rendement étant très faible à 700 nm. Mais si on ajoute à l'éclairage monochromatique 660, un éclairage monochromatique à 700 nm, le rendement est fortement augmenté.

Le schéma est le suivant:

Une chlorophylle absorbant de la lumière émet un électron qui est capté par la plastoquinone ($E_0 = 0$), la chlorophylle acquiert un potentiel de $+0,9$ volts, qui suffit pour oxyder l'eau.

La plastoquinone réduit le cytochrome f ($E = 0,45$). Ce cyt. f est réoxydé dans la seconde réaction photochimique par la chlorophylle qui a cédé un électron à la ferredoxine ($-0,4$); celle-ci reduit NAD en NADH ($E_0 = -0,3$).

Remarquons que la différence de potentiel est créée par les réactions photochimiques, et que l'hydrogène fourni à NADP est pris à l'eau (ou bien à H_2S, ou une autre substance oxydable chez les organismes qui ne possédent qu'un seul système photochimique).

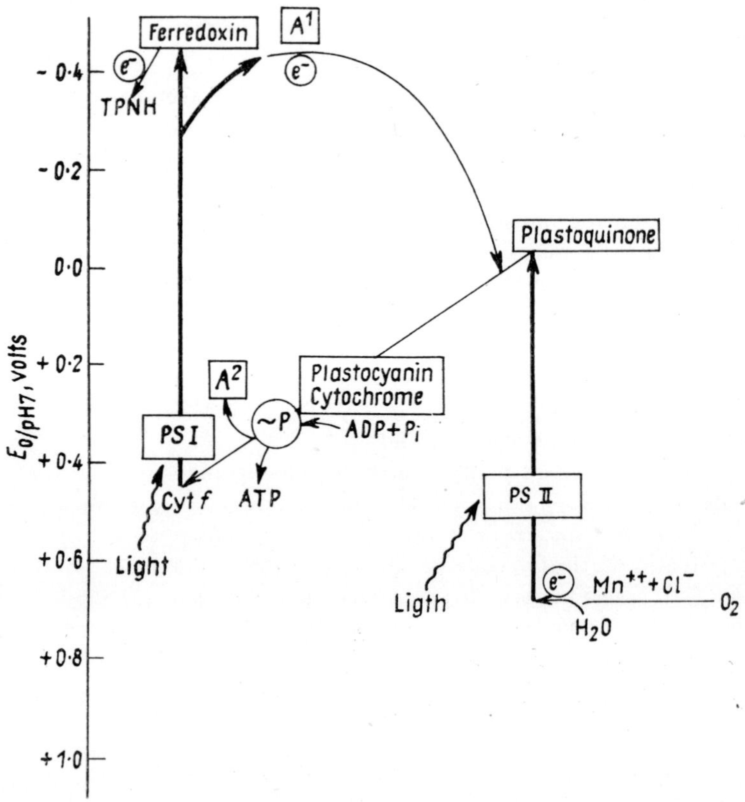

Fig. 9

b) *Production d'ATP*

Chez les organismes possédant un seul système photosynthétique, la réaction photochimique produit de la ferredoxine réduite et du cyt *f* oxydé. Au lieu de réduire NADP, la ferredoxine peut transmettre ses électrons à une chaîne de transfert aboutissant au cyt. *f*. Les électrons franchissent ainsi une différence de potentiel d'environ 0,8 volts (20 kcal); ce transfert d'électron est couplé à la phosphorylation d'ADP en ATP. C'est la photophosphorylation cyclique. Chez les bactéries, la différence de potentiel peut donc servir soit à phosphoryler ADP en ATP, soit à réduire NADP en oxydant H_2S en S.

Chez les plantes possédant deux systèmes photochimiques la formation de l'ATP est couplée au transfert d'électrons de la plastoquinone $E_0 = 0$) au cyt f $(E_0 = +0,45)$.

Donc en un cycle, le système produit 1 ATP et 1 $NADPH_2$. Comme les réactions qui transforment CO_2 en sucre exigent plus d'ATP que de NADPA, il faut supposer que la photophosphorylation cyclique fournit le restant.

V Détermination Génétique de la Structure des Enzymes

Puisque l'explication des phénomènes biologiques que la biochimie nous offre se limite à décrire des suites de réactions et à montrer qu'elles sont provoquées par tel ou tel groupe d'enzymes, la question qui se pose immédiatement est de savoir de quoi dépend la présence d'un enzyme dans un organisme, et ce qui détermine son étonnante organisation.

Nous connaissons une partie de la réponse: chaque enzyme, chaque protéine, dépend d'un gène qui contient toute l'information qu'il faut pour définir cette protéine unique parmi toutes les protéines concevables.

Afin de bien comprendre la signification de cette relation, nous rappellerons quelques unes des étapes de sa découverte et le type d'expériences qui la mettent en évidence.

Hérédité mendélienne

A l'intérieur d'une espèce, les individus diffèrent l'un de l'autre par des détails de structure ou de pigmentation. Ces caractères se transmettent à travers les générations selon des règles très simples, découvertes au siècle dernier par Mendel.

Le plus simple des exemples classiques est celui de l'hérédité de la couleur des fleurs de muflier. Le croisement des plantes à fleurs rouges donne uniquement des fleurs rouges; le croisement de blanches uniquement des blanches; le croisement de blanches avec des rouges donne des plantes hybrides à fleurs roses. Mais le croisement de ces hybrides donne 25% de rouges, 25% de blanches et 50% d'hybrides roses.

Tout se passe comme si la couleur de ces fleurs était déterminée par des agents qui se perpétuent à travers les générations, comme si le jeune recevait un de ces agents de chacun de ses parents. Ces déterminants sont les gènes. Dans le cas présent, le gène déterminant la couleur des fleurs peut exister sous deux formes (allèles): rouge[R] ou blanc[B]. Très rarement, 1 fois sur 10^6, un individu dont la couleur est anormale (violet par exemple) peut apparaître dans la descendance; cet individu aberrant est un "mutant" apparu accidentellement. Il transmettra à sa descendance le caractère muté, l'allèle violet, conformément aux mêmes lois de Mendel.

La plupart des caractères morphologiques étudiés par les généticiens au début du siècle sont complexes et leurs relations avec des processus biochimiques précis sont difficiles à établir (par ex.: longueur des ailes d'une mouche, forme des nervures des ailes, forme des yeux, disposition des taches colorées sur les élytres des coccinelles, etc...) Mais d'autres caractères s'expriment immédiatement en termes chimiques: nature d'un pigment, présence ou absence d'un composé chimique défini et facilement reconnaissable.

Certaines anomalies biochimiques héréditaires de l'homme furent étudiées dès le début du siècle. Par exemple, certains individus (alcaptonuriques) excrètent dans l'urine de l'acide homogentisique, qui s'oxyde à l'air en formant une substance noire. Cette particularité frappante et facile à observer est héréditaire, elle se transmet conformément aux lois de Mendel. Si de l'acide homogentisique est absorbé par un alcaptonurique, il se retrouve bientôt dans l'urine, alors qu'il disparaît chez un individu normal. Le sérum sanguin d'un individu normal détruit, *in vitro*, l'acide homogentisique alors que le serum d'un alcaptonurique ne le modifie pas. Il est clair que l'alcaptonurique souffre d'un défaut héréditaire affectant un processus enzymatique. Certains gènes doivent donc régir de quelque façon l'action de certains enzymes.

Les Drosophiles "sauvages" (cest-à-dire normales, celles que l'on rencontre le plus souvent) ont les yeux rouge foncé. Cette coloration est due à deux pigments, rouge et brun. Chez une série de mutants (vermillon, cinabre, écarlate) le pigment brun est anormal ou fait défaut. Si les ébauches d'yeux d'une larve aux yeux "vermillon" ou "cinabre" sont implantées dans l'abdomen d'une larve sauvage, ces ébauches acquièrent la pigmentation de l'oeil normal. La lymphe de la larve sauvage fournit donc à l'ébauche d'oeil du mutant des substances qui lui permettent de faire le pigment normal. L'implantation d'ébauche cinabre dans des larves vermillon et vice versa montre que la transformation est due à deux substances distinctes: l'une provoque le passage de vermillon à cinabre, l'autre de cinabre à normal. Ces substances ont été isolées et identifiées: ce sont deux produits d'oxydation du tryptophane: la cynurénine et l'hydroxy-cynurénine. Ces substances servent à fabriquer le pigment brun des yeux de Drosophiles, ce sont des étapes intermédiaires de la synthèse de ce pigment. Chacune des mutations (de sauvage à cinabre ou de sauvage à vermillon) empêche donc une étape d'oxydation du tryptophane.

Ces observations pouvaient s'interpréter de diverses facons: on pouvait penser que les gènes sont des enzymes, ou qu'ils commandent l'activité de certains enzymes, ou qu'ils règlent leur formation, ou encore qu'ils sont des activateurs ou des inhibiteurs (ou qu'ils en produisent, etc...)

Le matériel se prêtant mal à des études biochimiques plus poussées, des recherches comparables furent entreprises sur des organismes et des mutants choisis précisément pour les avantages qu'ils offrent au point de vue bio-chimique: les mutants auxotrophes.

Mutants auxotrophes

Neurospora crassa est une moisissure qui pousse sur un milieu très simple: une solution de glucose (source de carbone) sulfate d'ammonium (source d'azote et de soufre), phosphate de potassium, petites quantités de divers élements et traces de biotine. Cet organisme est fait d'un enchevêtre-ment de filaments (le mycélium) à la surface duquel apparaissent des spores. Chaque spore, mise dans du milieu de culture frais donne naissance à un mycelium identique à celui dont elle provient. Toutefois, quelques rares spores ne forment en germant qu'un tout petit filament, qui cesse bientôt de croître. Si celui-ci est transplanté dans un milieu très riche contenant de nombreuses substances organiques (par ex. un bouillon de viande ou de levure) il arrive qu'il se développe normalement et donne des spores qui, comme lui formeront un beau mycelium sur un milieu contenant du bouillon, mais ne se développeront pas sur le milieu "minimum" (le milieu simple sur lequel la moisissure sauvage pousse parfaitement). De toute évidence, ce mutant doit trouver dans le milieu riche une ou plusieurs substances, un ou plusieurs aliments indispensables à sa croissance et dont la mosissure sau-vage se passe fort bien. C'est un "mutant auxotrophe".

Si on croise ce mutant avec la souche sauvage, le caractère "auxotrophe" se transmet dans la descendance, conformément aux lois de Mendel.

Nature de la lésion biochimique

L'identification des composants du milieu riche qui sont nécessaires à la croissance de tels mutants est en principe possible, mais elle exige un travail très long, fastidieux, et dont l'issue est incertaine. On peut, plus habilement, adopter une démarche inverse et rechercher dans une nombreuse population (10^8 spores) les quelques mutants qui exigent pour croître une substance choisie à priori. Le problème revient à isoler les quelques mutants inté-ressants dans cette immense population. On pourra, par exemple, ensemencer 10^8 spores sur le milieu minimum; toutes donneront un mycelium de plu-sieurs millimètres en une journée, sauf les mutants auxotrophes; en filtrant à travers une étamine, on éliminera facilement la plupart des individus normaux qui auront poussé, tandis que les auxotrophes dont la croissance s'est arrêtée alors qu'ils ne mesuraient que quelques microns traverseront l'étamine. Il suffira de transplanter ceux-ci sur un milieu minimum additionné de la substance choisie (par exemple le tryptophane) pour que les auxotrophes exigeant le tryptophane, et ceux-là seulement, poussent et puissent être isolés. Par des procédés de ce genre, aux variantes infinies, il est possible d'isoler d'une population de 10^8 ou 10^9 individus les quelques rares mutants ayant les propriétés désirées.

De très nombreux mutants auxotrophes Try⁻ (c'est-à-dire exigeant le tryptophane pour croître) furent isolés de la sorte. On observa que plusieurs d'entre eux secrètent de l'indole dans le milieu, alors que les sauvages ne le font pas. Un mycélium d'un tel mutant, reporté sur le milieu minimum cesse de pousser (car il manque de tryptophane) mais il continue à secréter de l'indole. Or le tryptophane est un dérivé de l'indole; il se forme par condensation enzymatique d'indole avec la sérine.

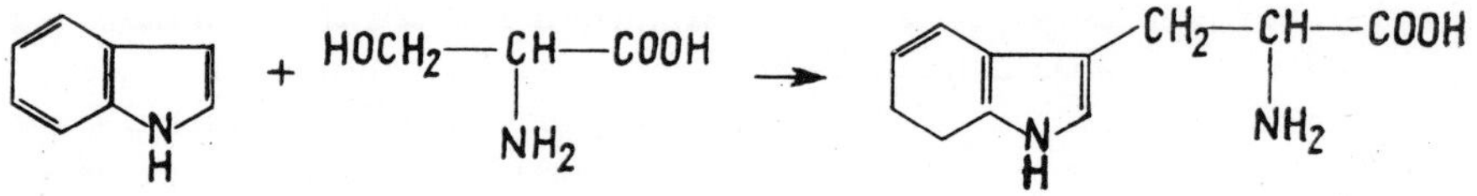

$$\text{Indole} \; + \; HOCH_2-CH(NH_2)-COOH \; \longrightarrow \; \text{Tryptophane (indole-}CH_2-CH(NH_2)-COOH)$$

Indole   Sérine   Tryptophane

Tout se passe donc comme si la mutation empêchait la formation de tryptophane à partir d'indole.

Dans un extrait de mycelium sauvage, la réaction ci-dessus se fait facilement. Elle est catalysée par un enzyme, la tryptophane synthétase qui a été isolée dans un état très pur. Au contraire, un extrait du mutant ne provoque pas la réaction en question; on n'y détecte pas l'activité de la tryptophane synthétase. Pourquoi? A priori, on peut penser que l'enzyme est présent, mais qu'un inhibiteur l'empêche de fonctionner, ou bien que l'enzyme n'est pas présent, ou encore que l'enzyme s'est mal formé, qu'une imperfection structurale l'empêche d'agir.

La première possibilité peut être éliminée facilement: l'extrait du mutant n'inhibe nullement l'activité de la tryptophane synthétase pure qu'on y ajoute; donc, il ne contient pas d'inhibiteur.

Chez certains mutants, tout effort pour déceler une protéine ressemblant à l'enzyme reste vain. Chez d'autres, on peut trouver une protéine dépourvue d'activité enzymatique mais qui ressemble assez à l'enzyme pour former un complexe avec un antisérum obtenu en injectant de la tryptophane synthétase pure à un lapin. Chez d'autres encore, on trouvera un enzyme capable de faire du tryptophane, mais dont l'affinité pour la sérine est par exemple cent fois plus faible que celle de l'enzyme normal, ou encore un enzyme qui n'est actif qu'à basse température, etc...

Cela signifie donc que diverses mutations qui causent le même défaut (exigence de tryptophane et excrétion d'indole) affectent la production et les propriétés de l'enzyme tryptophane synthétase. Certaines propriétés au moins d'un enzyme dépendent donc de gènes mendéliens; pour chaque enzyme il doit exister dans le matériel génétique plusieurs données, plusieurs unités d'information (et pas seulement un "bit" indiquant si oui ou non l'enzyme se formera).

Linéarité du matériel génétique

Au lieu de croiser des fleurs qui diffèrent par un seul caractère (rouge (A^+) et blanche (A^-), si nous croisons deux fleurs qui diffèrent par plusieurs caractères, chacun de ceux-ci se transmet, conformément aux lois de Mendel.

Toutefois, lorsqu'on étudie de nombreux caractères, on constate que certains se transmettent presque toujours ensemble, comme s'ils étaient liés. Par exemple, dans le croisement d'une fleur portant les caractéres A, B, C, D, E, F, G, H avec une fleur portant les caractères alléliques correspondants A', B', C', D', E', F', G', H' un descendant qui hérite de A' hérite aussi de B' et C'; le caractère E' accompagne D'; F', G' et H' apparaissent ensemble dans la descendance. On dit que les gènes qui se transmettent ensemble, comme s'ils étaient liés, appartiennent à un même "groupe de liaison" (linkage). Dans l'exemple présent, les gènes se répartissent en trois groupes de liaison: (ABC), (DE), (FGH).

L'expérience montre qu'il y a autant de groupes de liaison que de paires de chromosomes. Tout se passe comme si tous les gènes d'un même groupe de liaison étaient portés par la même paire de chromosomes. Les cellules reproductrices (gamètes) reçoivent un seul chromosome de chaque paire; les caractères portés par l'un des chromosomes restent donc associés; ils se séparent, en bloc, des allèles correspondants portés par l'autre chromosome de la paire; ceux-ci passent en bloc dans un autre gamète.

La ségrégation des caractères par "groupes de liaison" est la règle; mais cette règle n'est pas absolue. Dans l'exemple considéré, A, B et C d'une part, A', B' et C' de l'autre se transmettent ensemble dans 99% des cas, mais un croisement sur cent donne des descendants chez lesquels on trouve les associations de gènes $A'BC$ et $AB'C'$ au lieu des associations ABC et $A'B'C'$ qui sont la règle. Au sein d'un groupe de liaison, des gènes peuvent donc *se recombiner*; deux chromosomes d'une même paire peuvent échanger une partie de leurs gènes.

Chez les organismes supérieurs, ce phénomène se produit au début de la méiose, c'est-à-dire juste avant l'une des divisions cellulaires qui conduisent à la formation des gamètes haploides contenant chacun un seul chromosome de chaque paire.

Les deux chromosomes de chaque paire s'appliquent étroitement l'un contre l'autre (appariement); ils peuvent se séparer comme ils sont venus;

mais ils peuvent aussi se croiser (crossing over), un morceau de l'un s'échangeant avec le morceau correspondant de l'autre.

Le crossing over s'observe très clairement au microscope; il peut se produire n'importe où le long du chromosome. Si la probabilité de crossing over est la même en tout point du chromosome et si les gènes sont localisés en des points précis sur les chromosomes, la fréquence de recombinaison de deux gènes doit être proportionnelle à leur distance.

L'expérience montre que les fréquences de recombinaison des gènes appartenant au même groupe de liaison sont additives.

$$\text{fr.rec. A}//\text{C} = \text{fr.rec. B}//\text{C} + \text{fréquence A}//\text{B}.$$

Tout se passe comme si les distances qui séparent les déterminants A, B et C étaient additives

$$AC = AB + BC$$

ce qui signifie que A, B et C sont disposés sur une structure linéaire, que le matériel génétique a une structure linéaire.

La détermination des fréquences de recombinaison permet donc d'établir des cartes à une dimension indiquant la position relative des gènes.

Le locus génétique

Revenons à la famille de mutants auxotrophes "Tryptophane-moins" chez qui la tryptophane synthétase est défectueuse ou indécelable. En croisant chacun de ces mutants avec des souches portant d'autres mutations M^-N^- dans le même groupe de liaison, nous pourrons localiser chacune des mutations Try par rapport à ces deux marqueurs génétiques M^- et N^-; (points de repère choisis arbitrairement).

L'expérience montre que toutes les mutations affectant les propriétés de la tryptophane synthétase se situent dans une très petite région de la carte génétique. Mais si la précision des mesures de fréquence de recombinaison est suffisante, on verra que les différentes mutations ne sont pas situées au même point; elles se situent toutes à l'intérieur d'un petit *segment* unique de la carte génétique, ayant une étendue mesurable. On appelle *locus* un tel segment de la carte génétique dans lequel se situent toutes les mutations affectant les propriétés d'une même protéine.

Puisque les différentes mutations de la tryptophane synthétase affectent différemment l'enzyme, lui confèrent des anomalies différentes, il faut en conclure que le locus génétique porte, en différents endroits, des indications diverses qui déterminent les propriétés de l'enzyme.

Si on croise des mutants différents situés tous deux dans le locus de la tryptophane synthétase, et dont les enzymes respectifs sont affectés d'une manière différente, on peut observer dans la descendance des individus possédant l'enzyme normal; une recombinaison peut donc se produire à l'intérieur du locus

En étudiant les fréquences de recombinaison à l'intérieur du locus ou en localisant avec grande précision les points de mutation par rapport à des marqueurs proches, on constate (comme pour le matériel génétique dans son ensemble) que les fréquences de recombinaison mesurées par les différents mutants du même locus sont additives*, donc que le locus est linéaire.

La conclusion de tout cela est donc que les propriétés d'un enzyme sont inscrites dans un segment bien défini du matériel génétique, le locus; que ce segment porte diverses données, disposées dans un ordre déterminé sur une structure linéaire.

Modification provoquée dans une protéine par une mutation du locus correspondant

Les protéines sont construites selon un principe fort simple: ce sont de longues chaînes d'acides α-aminés liés l'un à l'autre par des liaisons peptidiques. Elles se replient dans l'espace en structures à trois dimensions. Mais topologiquement, ce sont des chaînes *linéaires* formées de maillons qui ont tous la même longueur et qui occupent tous (sauf aux extrémités) une situation semblable à celle de leurs voisins. Il y a vingt espéces de maillons, qui ne diffèrent que par la protubérance latérale qu'ils portent (leur "chaîne latérale" R).

Une protéine, un enzyme par exemple, est un individu chimique parfaitement défini. Les méthodes classiques de la chimie permettent de déterminer le mode de liaison de tous leurs atomes, ou des ensembles d'atomes (groupes fonctionnels, etc...) qui les composent. Elles montrent que la séquence des acides aminés d'une protéine est parfaitement définie.

Si on compare la tryptophane synthétase normale à chacun des enzymes anormaux produits par les mutants que nous avons considérés précédemment, on constate, dans chaque cas, que l'enzyme anormal du mutant ne diffère de l'enzyme normal que par le remplacement d'un seul acide aminé par un autre en un point de la chaîne.

Une mutation survenant en un point du locus provoque la substitution d'un acide aminé à un autre en un point de la protéine; une autre mutation provoque une substitution d'acide aminé en un autre point de la protéine.

Le locus porte donc dans sa structure linéaire des données localisées et qui déterminent la nature des acides aminés présents en différents points de la protéine. En généralisant, on arrive à la conviction que la position de chaque acide aminé constituant la protéine est inscrite dans le locus, que le locus linéaire comporte en différents points des particularités qui déterminent la présence de chacun des acides aminés dans la chaîne linéaire dont la protéine est faite. L'hypothèse la plus simple est que ces particularités sont disposées côte à côte dans le même ordre que les acides aminés dont elles commandent

---

* Aux très faibles distances, des complications apparaissent elles n'ont qu'un intérêt secondaire.

l'apparition dans la protéine; c'est l'hypothèse de la *colinéarité* du locus et de la chaîne polypeptidique dont il détermine l'organisation. Cette hypothèse a été vérifiée expérimentalement. Seize mutants différents de la tryptophane synthétase d'une bactérie donnent chacun une protéine anormale qui ne diffère chacune de l'enzyme normal que par le remplacement d'un acide aminé par un autre. Le rapport des distances des points de mutation sur la carte génétique aux distances des acides aminés substitués dans la chaîne de la protéine est constant pour les seize mutants. La protéine correspond donc point par point au locus qui détermine l'organisation, la mise en ordre de ses acides aminés.

La fonction du locus génétique est de fournir l'information requise pour réaliser l'arrangement unique d'acides aminés d'une protéine définie, parmi tous les arrangements concevables.

Nature de l'information génétique

Nous ne reprendrons pas ici les faits et les arguments qui prouvent que le matériel génétique est l'acide désoxyribonucléique (DNA) ou, chez certains virus, l'acide ribonucléique (RNA). Rappelons seulement certaines particularités des acides nucléiques et leurs incidences sur la nature de l'information génétique.

Les acides nucléiques sont de très longues chaînes *linéaires* (jamais ramifiées) de maillons tous semblables, le désoxyribose 5′ phosphate (ou ribose 5′ phosphate pour les RNA), liés l'un à l'autre par condensation du groupe phosphorique de l'un avec l'hydroxyle 3′ du désoxyribose (ou du ribose) du précédent.

Cette structure est orientée: on peut définir deux sens opposés dans la chaîne, puisque chaque groupe phosphate est lié au carbone 5 d'un désoxyribose et au carbone 3 du précédent.

A chacun des maillons de la chaîne est accroché un hétérocycle: adénine, guanine, cytidine ou thymine. Puisque la chaîne de désoxyribophosphate est parfaitement monotone, elle ne peut porter en soi aucune information; toute information portée par le DNA ne peut résider que dans l'arrangement des quatre hétérocycles le long de la chaîne.

Si le locus est un segment d'acide nucléique, la relation de colinéarité établie entre le locus et la protéine correspondante conduit tout naturellement à penser que chaque acide aminé d'une protéine doit être figuré, codé dans le DNA correspondant par une séquence (orientée) des hétérocycles (bases) adénine, guanine, cytosine et thymine. S'il en est ainsi, il faut essayer de comprendre comment l'information (la séquence hétérocycles) peut se perpétuer, comment elle s'exprime, comment la séquence des bases détermine les propriétés de la protéine. Il faut déchiffrer le code génétique, c'est-à-dire établir la correspondance exacte entre une séquence de nucléotides dans le DNA et l'acide aminé.

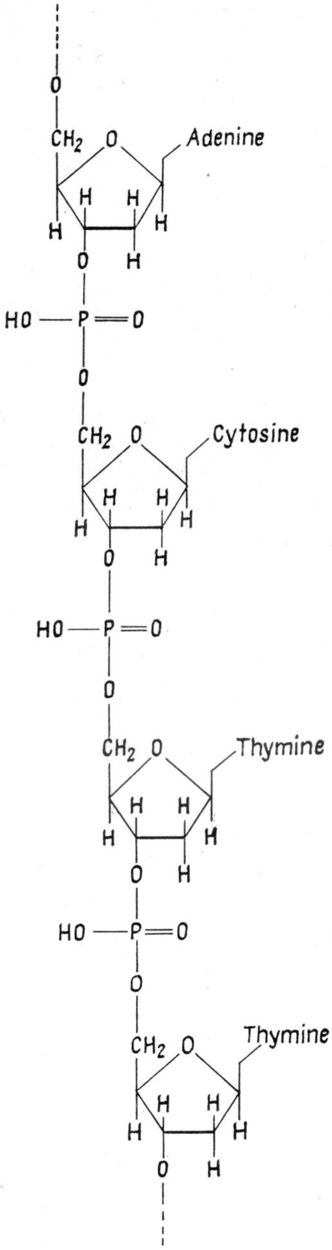

O
CH₂ O Adenine
H H
H H
O H
HO — P = O
O
CH₂ O Cytosine
H H
H H
O H
HO — P = O
O
CH₂ O Thymine
H H
H H
O H
HO — P = O
O
CH₂ O Thymine
H H
H H
O H

VI Formation des Protéines

La machine qui fait les protéines est fort complexe. Nous en décrirons d'abord brièvement les principaux éléments.

Ribosomes

Les ribosomes des bactéries sont des particules à peu près sphériques; ils ont un coefficient de sédimentation de 70 svedbergs, un poids moléculaire de $2 \cdot 10^6$ daltons. Leur intégrité dépend beaucoup de la concentration des ions Mg^{++}. Quand celle-ci est inférieure à 10^{-3} M, les ribosomes se dissocient en deux particules dont les coefficients de sédimentation sont respectivement 30 S et 50 S. La particule 30 S est formée d'une vingtaine de protéines différentes et d'une molécule de RNA dont le poids moléculaire est environ $6 \cdot 10^5$ et le coefficient de sédimentation 16 S. La particule 50 S contient aussi une bonne vingtaine de protéines et un RNA de $1,2 \cdot 10^6$ daltons, ayant un coefficient de sédimentation de 23 S.

La fonction exacte des RNA des ribosomes (qui représentent 85% des RNA d'une bactérie) n'est pas connue. Le rôle exact des protéines ribosomiales ne l'est guère plus.

RNA messager

C'est le programme de la machine, c'est lui qui apporte au ribosome l'information qui détermine l'ordre des acides aminés.

L'information génétique réside dans l'arrangement des bases du DNA. Mais les protéines ne se font pas au contact du DNA. L'information est transmise au ribosome par le RNA messager. Celui-ci se forme au contact et sous la direction immédiate du DNA. L'enzyme qui fait le messager (RNA polymérase) catalyse la condensation des nucleoside triphosphates ATP, UTP, GTP, CTP de telle façon que le groupe phosphate en position 5′ de l'un se fixe à l'OH en 3′ de la chaîne de RNA déjà faite. Mais la sélection du nucleotide qui se fixe est faite à chaque pas avec l'aide du DNA auquel l'enzyme s'accroche. Tout se passe comme si la double hélice de DNA s'entrouvrait à l'endroit où la polymérase est fixée, et comme si les nucléotides en s'appariant avec les bases d'une des chaînes se plaçaient l'un après l'autre, dans l'ordre correct en formant la séquence complémentaire de celle de l'une des chaînes du DNA, la règle étant:

Base du DNA	Base du RNA
commande	
A	U
G	C
C	G
T	A

la correspondance est donc la même que celle de l'hélice du DNA (à cela près qu'on trouve l'uracile au lieu de la thymine, dans le RNA).

Après chaque addition d'un nucléotide, la polymérase avancerait d'un cran, la double hélice de DNA s'entr'ouvrant devant elle et se refermant après son passage; la chaîne de RNA en formation ne reste donc appariée à l'une des fibres de la double hélice que sur un court segment au niveau de la RNA polymérase.

Puisque la correspondance est univoque, l'information du DNA est ainsi transcrite dans le RNA messager. Un même locus est transcrit de nombreuses fois. L'information conservée dans le DNA (original) est donc tirée à de nombreux exemplaires sous forme de nombreuses molécules de RNA messager (copies). Ces copies sont périssables: elles ne subsistent que quelques minutes chez les bactéries, quelques heures chez les organismes supérieurs. Elle servent de programme à la machine à faire les protéines.

RNA de transfert

Les RNA de transfert sont les lecteurs de l'information génétique.

Leur poids moléculaire est voisin de 25.000. Ils sont formés d'une seule chaîne de 75 à 85 nucléotides. Ils sont tous terminés à leur extrémité 3′ par la séquence C—C—A. Ils contiennent tous quelques bases différentes des 4 bases classiques, notamment diverses bases méthylées.

Le nombre exact des RNA de transfert n'est pas connu; il doit en exister une quarantaine. La séquence complète d'une douzaine d'entre eux est connue.

Ils viennent d'être obtenus à l'état cristallisé, on peut donc espérer connaître bientôt leur conformation exacte. On sait dès à présent que la chaîne est repliée sur elle-même en plusieurs boucles, séparées par des régions en double hélice, dont la structure est comparable à celle du DNA.

Chacun des RNA de transfert peut fixer une molécule d'un des 20 acides aminés, et celui-là seulement, par une réaction enzymatique, (voir plus loin). Vers le milieu de la chaîne polynucléotidique de chaque RNA de transfert, on trouve une séquence de trois bases qui sont complémentaires (selon les règles de Watson Crick) du codon correspondant à l'acide aminé que ce t-RNA peut fixer: c'est l'anticodon.

Chaque RNA de transfert est un transporteur rigoureusement spécifique d'un des 20 acides aminés.

Problèmes

Les protéines sont des chaînes régulières d'acides α-aminés elles sont toujours linéaires, jamais ramifiées.

$$\cdots -NH-CH-CO-NH-CH-CO-NH-CH-CO- \cdots$$
$$\quad\quad\ \ | \quad\quad\quad\quad\quad | \quad\quad\quad\quad\quad |$$
$$\quad\quad\ \ R_1 \quad\quad\quad\quad R_2 \quad\quad\quad\quad R_3$$

3

Il y a 20 acides aminés, qui appartiennent tous à la série L (c'est-à-dire que la configuration du carbone asymétrique situé entre NH et CO est la même pour tous).

La synthèse des protéines pose deux problèmes difficiles: la formation des liaisons peptidiques et la mise en ordre des acides aminés.

La condensation d'un carboxyle ionisé —COO$^-$ avec un NH$^+$ protoné, dans l'eau, s'accompagne d'un accroissement d'énergie libre $\Delta F = +2$ kcal environ. Isolément, la réaction ne peut pas se faire, il faut qu'elle soit associée à d'autres réactions fournissant l'énergie nécessaire.

D'autre part, la création d'un arrangement unique de vingt éléments parmi le nombre énorme d'arrangements concevables n'est évidemment pas un phénomène spontané. Il faut qu'un agent organisateur, un anti-hasard, intervienne, que de l'information soit fournie au système.

Comme dans l'acétylation des amines (cf. page 7) c'est l'ATP qui fournit l'énergie. Pour chacun des 20 acides aminés, il existe un enzyme d'"activation" qui catalyse les deux réactions suivantes:

a) la condensation de l'acide aminé avec ATP

$$NH_2-\underset{\underset{R}{|}}{CH}-COOH + ATP \rightleftharpoons NH_2-\underset{\underset{R}{|}}{CH}-CO-AMP + PP$$

aminoacyladénylate

il se forme du pyrophosphate et un aminoacyl adénylate; ce dernier reste fixé à l'enzyme. Il contient une liaison anhydride mixte formée par condensation du carboxyle de l'acide aminé avec le groupe phosphorique de l'acide adénylique. C'est une "liaison riche" (l'énergie libre d'hydrolyse est voisine de -12 kcal).

b) L'amino-acyladénylate fixé à l'enzyme réagit ensuite avec un acide ribonucléique de transfert (t-RNA); le reste d'acide aminé est fixé par une liaison ester à un hydroxyle du ribose du nucléotide adénylique terminal de l'ARN de transfert. Les RNA de transfert se terminent tous par la séquence CCA.

$$NH_2-\underset{\underset{R}{|}}{CH}-CO-AMP + RNA \rightarrow AMP + NH_2-\underset{\underset{R}{|}}{CH}-CO-RNA$$

La liaison ester ainsi formée est encore une "liaison riche", dont l'énergie libre d'hydrolyse doit être voisine de -9 kcal.

L'amino acyl-t RNA peut être considéré comme la forme réactive de l'acide aminé; il est comparable à ce point de vue à l'acétyl coenzyme A ou au benzoylcoenzyme A pour les acides acétique et benzoique. Le t RNA est d'autre part le lecteur d'information. L'acide aminé "activé" est donc tout prêt à réagir et à etre mis en place.

Opération de la machine

L'expérience montre que les acides aminés s'attachent directement l'un à l'autre, séquentiellement et dans le bon ordre, en commençant par l'extrémité NH_2 et en allant jusqu'au carboxyle terminal.

Supposons que la machine soit en marche, en train de faire une chaîne polypeptidique. A un instant donné, nous observerons la situation suivante :

Le RNA messager est pincé entre les deux particules 30 S et 50 S du ribosome; deux molécules de t RNA sont fixées sur le ribosome en deux sites I et II. Leurs anticodons sont appariés à deux codons consécutifs du messager. Le tRNA situé au site I porte un acide aminé (activé), l'autre (au site II) porte le morceau de chaîne polypeptidique déjà fait; ce tRNA est celui du dernier acide aminé mis en place dans la chaîne et qui lui est encore attaché par son groupe carboxyle.

Bientôt, le groupe NH_2 libre de l'acide aminé lié au tRNA du site I va attaquer la liaison ester qui lie la chaîne déjà faite au tRNA II, et la liaison peptidique se fera; la chaîne s'allongera ainsi d'un acide aminé et elle se trouvera accrochée au RNA du dernier acide aminé, qui est encore au site I.

Le tRNA qui a cédé la chaîne polypeptidique qu'il portait au début quitte maintenant le ribosone. Le site II est ainsi libéré. Une *translocation* se produit alors: le tRNA portant le chaîne polypeptidique saute du site I au site II en entraînant avec lui le messager.

Il en résulte que le codon suivant du messager se trouve au site I; c'est là que le t–RNA chargé de l'acide aminé désigné par ce codon va se fixer. Et le cycle d'opérations recommence.

Le schéma que nous venons d'esquisser est bien établi dans ses grandes lignes, mais il reste beaucoup de points à préciser: la fonction des protéines et des RNA du ribosome, le mécanisme de la translocation (on sait seulement que GTP est consommé dans cette opération) les interactions des divers éléments de la machine.

Démarrage et mise en phase du programme

La traduction est séquentielle, chaque triplet est lu après celui qui précède, mais il n'existe aucun signe séparant les triplets. Il est évident que si la lecture était décalée d'un nucléotide, le déchiffrement du message serait tout à fait erroné

Exemple   Si la traduction correcte est   ···ACC UCA CUU UGC A···

                                               Thr   Sér   Leu   Cys

traduction suivante décalée   ···A CCU CAC UUU GCA···
d'un nucléotide sera complètement erronée

                                               Pro   His   Phé   Ala

AA1
AA2
AA3
AA4
Protein binding site
sRNA3
AA~sRNA binding site
Hydrogen bonds
sRNA1
Single-stranded mRNA molecule
n   n+1
n   n+1
n+1   n+2
(a)
(b)
(c)
(d)

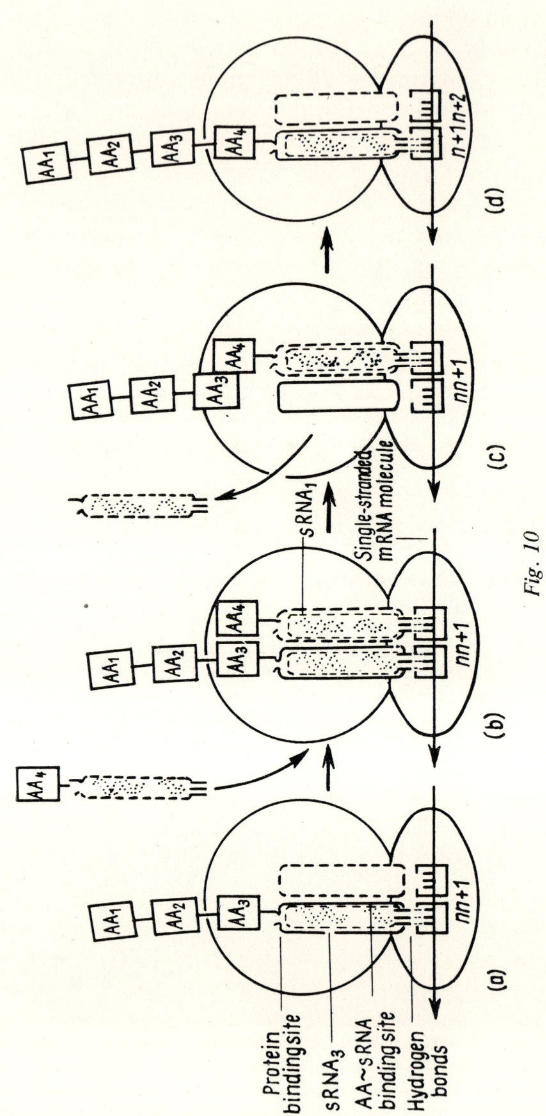

Fig. 10

Pour que les protéines soient correctes, il est indispensable que le message soit mis correctement en phase dès le début de la traduction.

Le démarrage de la traduction pose d'ailleurs un problème en soi: il faut que le premier acide aminé de la chaîne passe du site I (décodage) au site II (attente) en entraînant le messager.

Chez les bactéries, le processus est le suivant: toutes les chaînes polypeptidiques commencent par N-formylméthionine, dont le codon est AUG. Ce codon assure le démarrage et la mise en phase du messager.

Il semble bien que le messager se fixe à une particule 30 S libre, après quoi une particule 50 S vient compléter l'édifice, mais le messager peut encore glisser entre les deux particules, jusqu'à ce qu'un codon AUG passe au site de décodage. Alors quelque chose se passe qui bloque le codon AUG en bonne position tandis que le t-RNA chargé de formylméthionine se fixe et entraîne aussitôt le messager d'un cran en passant au site II d'attente. La traduction des codons suivants peut alors se poursuivre normalement: le message est mis en phase.

D'après le schéma esquissé plus haut pour la lecture séquentielle, le dernier acide aminé entré est lié par son groupe NH au restant de la chaîne, et par son carboxyle à son t-RNA, accroché au site II. Il faut donc un mécanisme particulier pour terminer la chaîne.

Trois codons (non-sens) UAG, UAA, UGA (amber, ochre, opal) signifient que la chaîne est terminée. Lorsque l'un de ces codons apparaît au site de décodage, la liaison ester entre la chaîne polypeptidique et le dernier t-RNA est hydrolysée et la chaîne libérée.

Si le message porte l'information de plusieurs polypeptides, il est remis en phase par le premier codon AUG du voisinage et la chaîne suivante est faite.

Polyribosomes

En général une même molécule de RNA messager est lue simultanément par plusieurs ribosomes qui progressent l'un dernière l'autre le long de la fibre et produisent, chacun, un exemplaire de la même protéine. C'est comme si une bande magnétique passait successivement dans 6 magnétophones; ils joueraient tous le même air, avec un décalage dans le temps. Le système qui fait les protéines dans les cellules des organismes supérieurs (cellules possédant un noyau et un système mitotique) est très semblable à celui des bactéries. Le code génétique est le même.

Les ribosomes des organismes supérieurs sont un peu plus gros et se dissocient moins facilement en deux sous-unités. Certains antibiotiques qui bloquent la synthèse des protéines chez les bactéries ne l'affectent pas chez les organismes supérieurs. Mais ces différences sont secondaires, les protéines se forment par le même mécanisme chez tous les êtres vivants.

VII Déchiffrement du Code Génétique

Puisque l'information qui détermine l'arrangement des acides aminés est inscrite dans le DNA et puisqu'elle s'exprime au niveau des ribosomes, cette information doit passer du DNA aux ribosomes à quelque moment de la vie de la cellule. La première idée fut que les RNA des particules ribosomiales portent cette information. Cette idée perdit beaucoup de sa vraisemblance lorsqu'il fut établi que les RNA ribosomiaux de tous les organismes ont à peu près la même composition (les mêmes proportions des quatre nucléotides), alors que la composition du DNA peut être très différente d'une espèce bactérienne à une autre.

De plus, les RNA ribosomiaux sont très stables, une même molécule de RNA subsiste à travers plusieurs générations bactériennes. Or l'information cesse de s'exprimer si le DNA est détruit, bien que les ribosomes soient intacts. Cela suggérait que le porteur d'information génétique — quelle que soit d'ailleurs sa nature — qui se trouve au lieu de la synthèse des protéines ne subsiste pas longtemps, qu'il doit être continuellement régénéré par le DNA, que ce ne peut donc pas être le RNA stable des ribosomes. Une possibilité évidente est que le porteur d'information soit une substance à vie brève qui s'associe temporairement aux ribosomes au contact desquels l'information s'exprime, et qui, sa fonction accomplie, est détruite. Telle est, dans son principe, la théorie du messager génétique à vie brève de Jacob et Monod.

Il était assez raisonnable de penser que le messager pourrait être un acide nucléique puisque le DNA est le support et le gardien de l'information.

Cette hypothèse fut vérifiée directement par l'expérience classique de Nirenberg (1961): Un extrait de bactéries auquel on ajoute des acides aminés radioactifs incorpore très mal ces acides aminés dans des protéines; mais si on y ajoute un RNA monocaténaire naturel ou synthétique, des polypeptides se forment aussitôt.

La composition des polypeptides formés dépend de celle du RNA ajouté. Par exemple, lorsque ce RNA est l'acide polyuridylique, le système fait de la polyphénylalanine si c'est de l'acide polyadénylique, il produit de la polylysine; si c'est de l'acide polycytidylique, il produit de la polyproline.

Cette expérience vérifiait la théorie du messager, montrait que le RNA pouvait jouer ce rôle, et donnait le clé du code génétique.

Si le poly U commande la synthèse de polyphénylalanine, cela signifie que le sigle ou codon qui représente la phénylalanine est U ou un groupe de plusieurs U, (qui pourraient a priori être contigus ou non dans la chaîne de messager).

Les messagers naturels, par exemple les RNA des virus, contiennent quatre nucléotides AGUC. Les protéines contiennent vingt acides aminés: Glycine, Alanine, Valine, Sérine, Leucine, Isoleucine, Cystéine, Lysine, Arginine, Acide aspartique, Acide glutamique, Asparagine, Glutamine,

Thréonine, Méthionine, Phénylalanine, Tyrosine, Tryptophane, Histidine, Proline.

Le RNA étant formé d'une séquence orientée de nucléotides, il y a 16 séquences différentes de 2 nucléotides et 64 de 3 nucléotides. Il est donc exclu que chacun des vingt acides aminés soit codé par une paire de nucléotides. Certains doivent être codés par une séquence d'au moins trois nucléotides. On peut supposer aussi, (et ce fut dès le début l'hypothèse la plus attrayante), que chaque acide aminé est codé par une séquence de trois nucléotides, un triplet. Cels implique, ou bien que certains des 64 triplets ne sont pas utilisés pour coder des acides aminés, ou bien qu'un même acide aminé peut être codé par plusieurs triplets. Dans l'hypothèse ou chaque codon est un triplet, UUU signifie phénylalamine, AAA lysine et CCC proline.

Polynucléotides à séquences aléatoires

Les polynucléotides formés de deux nucléotides dans un ordre quelconque commandent la synthèse de polypeptides contenant plusieurs acides aminés, et les abondances relatives de ces aminés dépendent des proportions des nucléotides dans le polynucléotide.

On peut supposer que l'abondance de chaque acide aminé est proportionnelle à la fréquence du codon correspondant dans le polynucléotide. Soit un polynucléotide parfaitement désordonné formé d'acide uridylique et d'acide guanylique dans les proportions 5 U pour 1 G. A un endroit quelconque de ce polynucléotide, on a 5 fois plus de chances de trouver U que G. On peut calculer la fréquence des 8 triplets possibles. On voit immédiatement que UUU sera le plus fréquent, que UUG, UGU et GUU seront, chacun, 5 fois moins fréquents que UUU. De même UGG, GUG et GGU seront, chacun, 25 fois moins fréquents que UUU, et enfin que GGG sera 125 fois moins fréquent que UUU.

Lorsqu'un tel polynucléotide est utilisé comme messager dans le système de synthèse de protéines in vitro, l'expérience montre que le polypeptide formé contient les acides aminés suivants: Phénylalanine, Valine, Cystéine, Leucine, Glycine et Tryptophane. La phénylalanine est plus abondante que les autres acides aminés. Les abondances relatives de ceux-ci par rapport à la phénylalanine sont respectivement:

$$\frac{Cys}{Phé} = \frac{1}{5} \quad \frac{Val}{Phé} = \frac{1}{5} \quad \frac{Leu}{Phé} = \frac{1}{8}$$

$$\frac{Try}{Phé} = \frac{1}{24} \quad \frac{Gly}{Phé} = \frac{1}{20}$$

Si on admet que UUU code la phénylalanine et que l'abondance des acides aminés est proportionnelle à la fréquence des triplets, tout se passe comme si les codons contenant 2U et 1G codaient pour la Cystéine, la

Valine et la Leucine, et les codons contenant 2G et 1U, pour la Glycine et le Tryptophane.

La composition probable des codons d'une quinzaine d'acides aminés a pu être déterminée de cette façon, (mais pas l'ordre des nucléotides dans les codons).

La méthode décrite ci-dessus reposait sur plusieurs suppositions simplificatrices dont certaines n'étaient pas satisfaites dans tous les cas, et cela conduisit à des résultats ininterprétables. Par exemple, on admettait implicitement que tous les codons sont lus avec la même efficacité, que la séquence du polynucléotide est parfaitement aléatoire, et que UUU est le seul codon signifiant phénylalanine. Nous savons à présent que UUC aussi signifie phénylalanine; c'est la raison pour laquelle les résultats obtenus avec des polynucléotides contenant U et C donnaient des resultats beaucoup moins clairs que ceux de l'expérience citée ci-dessus.

Messagers à séquence définie (périodique)

Les polynucléotides à séquence aléatoire avaient été préparés par polycondensation de nucléoside-diphosphates en présence de polynucléotide phosphorylase.

Il fut bientôt possible de préparer des polynucléotides ordonnés, à séquence périodique par une habile combinaison de synthèses chimiques et d'actions enzymatiques. (Khorana).

Le polynucléotide [UC]$_n$ formé par l'alternance régulière de U et C dirige la synthèse d'un polypeptide dans lequel deux acides aminés, la Sérine et la Leucine, alternent régulièrement. Comme les résultats obtenus avec des polynucléotides aléatoires indiquaient U$_2$C pour la composition d'un codon de la sérine, on en conclut que UCU signifie Sérine et CUC Leucine.

$$U\ C\ U\ C\ U\ C\ U\ C\ U\ C\ U\ C$$

$$\text{Ser} \quad \text{Leu} \quad \text{Ser} \quad \text{Leu}$$

Indépendemment de cela, cette expérience montre que le nombre de nucléotides par codon est impair.

Le polynucléotide [AAG]$_n$ provoque la synthèse de trois polypeptides homogènes différents: poly-lysine, poly-arginine et poly-glutamique. Cela se comprend aisément, si la lecture commence n'importe ou, et continue en phase. (La concentration d'ions Mg est telle que le système de mise en phase des messagers naturels ne joue pas).

$$A\ A\ G\ A\ A\ G\ A\ A\ G\ A\ A\ G\ A\ A\ G\ A\ A$$

$$\text{Lys} \quad \text{Lys} \quad \text{Lys} \quad \text{Lys} \quad \text{Lys}$$

$$\text{Arg} \quad \text{Arg} \quad \text{Arg} \quad \text{Arg} \quad \text{Arg}$$

$$\text{Glu} \quad \text{Glu} \quad \text{Glu} \quad \text{Glu} \quad \text{Glu}$$

Cette expérience montre aussi que le nombre de nucléotides par codon est un multiple de 3. Comme, d'après l'expérience précédente, ce nombre est impair, ce ne peut être que 3 (9, 15, etc... sont vraiment trop grands).

Enfin, des polynucléotides formés par la répétition périodique de 4 nucléotides déterminent la synthèse de polypeptides dans lesquels 4 acides aminés alternent, par exemple [UAUC]$_n$ [Tyr-Leu-Ser-Ile$^-$]$_m$

$$U\ A\ U\ C\ U\ A\ U\ C\ U\ A\ U\ C\ U\ A\ U\ C\ U\ A$$

$$Tyr\quad Leu\quad Ser\quad Ile\quad Tyr\quad Leu$$

Plusieurs codons différents avaient été attribués à la Leucine, notamment UUA et CUU; il importait de vérifier cette conclusion. Le fait que le poly UUAC provoque la synthèse de [Leu-Leu-Thr-Tyr]$_n$ la confirme complètement

$$UUA\ CUU\ ACU\ UAC\ UUA\ CUUAC\ ...$$

$$Leu\quad Leu\quad Thr\quad Tyr\quad Leu\quad Leu$$

Epreuve de reconnaissance des triplets par les t RNA

Une méthode toute différente permet de vérifier les attributions basées sur les expériences précédentes et de compléter le déchiffrement du code génétique.

Dans des conditions bien choisies, les RNA de transfert ne se fixent sur les ribosomes que si ceux-ci portent un messager. La fixation est spécifique, elle correspond à la mise en place du t-RNA en face du codon qu'il reconnaît, au site I du schéma de la synthèse des protéines présenté dans la leçon précédente. Par exemple, en présence de poly U seul le t-RNA de la phénylalanine se fixe sur le ribosome; en présence de poly A, c'est le t-RNA de la lysine qui se fixe. Or, il suffit d'un messager de 3 nucléotides pour obtenir cette fixation spécifique; le trinucléotide UUU provoque la fixation du t-RNA de la phénylalanine, et d'aucun autre RNA.

En une année, les 64 triplets furent préparés, confrontés avec les RNA de transfert et le déchiffrement du code achevé.

Quelques remarques au sujet du code

Tout permet de penser que le code, qui fut établi avec le système de synthèse des protéines d'une bactérie. *Escherichia coli,* est universel. En effet, les RNA de transfert de cette bactérie traduisent correctement l'information qui détermine la mise en ordre des acides aminés de l'hémoglobine du lapin. Ces deux organismes sont si différents et si éloignés dans l'évolution des espèces qu'on peut parier que le code est le même pour tous les organismes.

L'examen du tableau qui résume le code génétique montre que 61 des 64 triplets possibles correspondent à un acide aminé. Tous les acides aminés,

sauf le tryptophane et la méthionine, peuvent être codés par plusieurs triplets
(2 à 6), le code est donc "dégénéré".

1st↓ 2nd→	U	C	A	G	↓3rd
U	PHE	SER	TYR	CYS	U
	PHE	SER	TYR	CYS	C
	LEU	SER	Ochre	Opal	A
	LEU	SER	Amber	TRP	G
C	LEU	PRO	HIS	ARG	U
	LEU	PRO	HIS	ARG	C
	LEU	PRO	GLUN	ARG	A
	LEU	PRO	GLUN	ARG	G
A	ILEU	THR	ASPN	SER	U
	ILEU	THR	ASPN	SER	C
	ILEU	THR	LYS	ARG	A
	MET	THR	LYS	ARG	G
G	VAL	ALA	ASP	GLY	U
	VAL	ALA	ASP	GLY	C
	VAL	ALA	GLU	GLY	A
	VAL	ALA	GLU	GLY	G

On constatera que pour les acides aminés possédant deux, trois ou quatre
codons, les deux premiers nucléotides sont communs à tous ces codons. Ils
apportent donc plus d'information que le troisième, qui est indifférent pour
les acides aminés ayant quatre codons. La dégénérescence du code n'est
donc pas quelconque.

Codons de fin de chaîne

Les trois triplets UAG (amber), UAA (ochre) et UGA (opal) sont des
signaux de fin de chaîne, aucun acide aminé ne leur correspond et ils ne
provoquent la fixation d'aucun RNA de transfert dans l'épreuve de reconnaissance des triplets. Ils ont été identifiés en combinant les données
d'expériences de génétique et la connaissance du mode d'action de certains
agents mutagènes. UAA vérifié in vitro:

[GUAA]$_n$ → tripeptide Val Sér Lys libéré GUA AGU AAG UAA.

Mutations non sens, et suppresseurs

Lorsqu'une mutation fait apparaître un de ces triplets dans le locus
génétique d'une protéine, le mécanisme de traduction, obéissant à ce signal,
termine la chaîne. La protéine est donc incomplète. Les effets d'une telle

mutation (appelée mutation non sens, ou encore amber, ochre ou opal selon le triplet impliqué) peuvent être corrigés dans certains cas par une autre mutation (dite "suppresseur") survenant dans le locus génétique d'un RNA de transfert, et qui modifie celui-ci de telle façon qu'il lise le codon non sens comme si c'était celui de l'acide aminé que le RNA porte. Dans ces conditions, UAG est par exemple traduit par Sérine. Il en résulte qu'au lieu d'une protéine tronquée le système fera une protéine dans laquelle une sérine sera substituée à l'aide aminé dont le codon, en mutant, s'était transformé en UAG.

Les mutations "non sens" et leurs "suppresseurs" constituent un puissant outil dans l'analyse de la régulation de l'expression génétique.

Mutations "frame shift"

Certaines acridines, en s'intercalant entre les nucléotides du DNA, provoquent des erreurs de réplication de l'information. Le DNA formé peut perdre une paire de nucléotides ou au contraire en avoir une en trop. Il est évident que lors de la traduction, le message sera déphasé à partir du point ou se trouve le nucléotide supplémentaire, ou bien à partir de l'endroit où un nucléotide a été éliminé. A partir de là, l'information sera complètement brouillée et la séquence d'acides aminés tout à fait aberrante.

Un mutant possédant deux mutations frame shift (une addition et une délétion) dans le locus de la même protéine produit une protéine dans laquelle une petite séquence aberrante (celle qui est traduite hors phase) est encadrée par deux séquences parfaitement correctes, la deuxième mutation frame shift ayant remis en phase le message déphasé par la première.

VIII Perpétuation de l'Information Génétique

La structure du DNA en deux hélices complémentaires suggère immédiatement un modèle de réplication du DNA assurant le maintien de l'information.

Puisque les deux chaînes sont complémentaires, l'information est inscrite intégralement sur chacune d'elles. Donc, si les deux chaînes se séparent et organisent chacune la synthèse d'une chaîne complémentaire, chacune des molécules filles sera identique à la molécule mère. L'une des fibres de chaque molécule fille sera neuve, l'autre sera une vieille fibre transmise sans modification par la molécule mère.

Ce modèle prévoit que la réplication du DNA est semi-conservative et qu'une fibre de DNA organise une séquence complémentaire. Ces deux prévisions ont été vérifiées par l'expérience.

La replication du DNA est semi-conservative: cf. cours de Mr. de Gennes.

Copie d'une chaîne de DNA

Un enzyme, la DNA polymérase catalyse *in vitro* la synthèse de chaînes de polydésoxyribonucléotides, par condensation des desoxyribonucléoside-triphosphates dATP, dGTP, dCTP, dTTP. Pour fonctionner, l'enzyme exige la présence de DNA dénaturé, (c'est-à-dire chauffé de façon à dissocier les deux chaînes et refroidi rapidement pour les empêcher de se retrouver), ou bien de DNA monocaténaire comme celui du bactériophage ΦX174.

La composition des chaînes de nucléotides formées ne dépend pas des proportions des quatre précurseurs, elle est entièrement déterminée par celle du DNA ajouté: elle est identique à celle du DNA si celui-ci était dénaturé, elle est complémentaire si le DNA était une simple fibre. Dans ce dernier cas, la chaîne synthétisée forme avec le DNA monocaténaire une double hélice.

La DNA polymérase est donc capable de former une séquence ordonnée de nucléotides qui est complémentaire de la chaîne de DNA modèle qui lui est présentée.

L'enzyme d'*E·coli* a un poids moléculaire de 109.000, un diamètre de 65 Å environ (diamètre de l'hélice de DNA = 20 Å). Le mécanisme de la sélection des nucléotides n'est pas élucidé; il semble bien que les quatre nucléosides triphosphates se fixent sur l'enzyme au même site (ils sont en compétition permanente pour ce site) et que seul celui des quattre qui est convenablement apparié avec le nucléotide présenté par le modèle se condense. L'action catalytique de l'enzyme est donc conditionnée par l'appariement correct du précurseur avec le modèle.

La découverte de cet enzyme vérifie la seconde prédiction du modèle envisagé plus haut: une chaîne de DNA peut organiser la synthèse d'une chaîne complémentaire.

La copie peut être parfaitement correcte, même in vitro: des expériences ingénieuses ont permis de faire la fibre complémentaire de celle du DNA de phage ΦX174 *in vitro*, puis à partir de celle-là de fabriquer une chaîne identique à celle du DNA d'origine, et qui est parfaitement infectieuse. L'enzyme commet donc très peu d'erreurs. Il assemble les nucléotides à raison de 1000 par minute par molécule l'enzyme.

Toutefois, la DNA polymérase à elle seule n'explique pas la réplication du DNA telle qu'elle se produit in vivo.

In vitro en tout cas, l'enzyme n'a aucune affinité pour le DNA en double hélice. Il ne se fixe que sur les simples chaînes, par exemple sur les DNA effilochés, et son action se limite alors à compléter le bout manquant de l'une des chaînes en se servant de l'autre comme source d'information.

Réplication du DNA in vivo

Le mécanisme de la réplication du DNA *in vivo* n'est pas connu avec certitude. La DNA polymérase est le seul enzyme connu qui catalyse la synthèse d'une chaîne de DNA, complémentaire du modèle qui est fourni. Mais elle construit la chaîne dans le sens $5' \to 3'$ uniquement, jamais dans le sens $3' \to 5'$. Or les deux chaînes sont antiparallèles et il est établi que le point de duplication du DNA chez les bactéries progresse le long du DNA, les deux chaînes étant copiées simultanément.

La découverte récente d'un enzyme capable de réparer une coupure dans une chaîne de DNA, la ligase, permet d'imaginer un processus de réplication du DNA reposant sur la coopération de ces deux enzymes.

Il faut d'abord supposer qu'une des chaînes du DNA est coupée et que les deux chaînes se séparent peu. Comme on a des raisons de penser que le système enzymatique qui réplique le DNA est associé à la membrane bactérienne, on peut imaginer par exemple que l'extrémité $5'$ créée par la rupture d'une chaîne est attachée à la membrane et que cela facilite la séparation des chaînes.

La DNA polymérase pourrait alors réparer la chaîne coupée en se servant de la chaîne intacte comme modèle; la chaîne attachée à la membrane se détacherait de la double hélice tandis que la DNA polymérase progresse. Quand un morceau de chaîne suffisamment long s'est écarté de la double hélice, la DNA polymérase fabriquerait le complément en suivant cette chaîne dans le sens $5' \to 3'$ qui se trouve être le sens opposé à celui dans lequel progresse l'autre molécule d'enzyme. De cette façon, la copie serait faite d'une manière discontinue par petits segments.

C'est alors qu'interviendrait la ligase qui souderait les petits segments et assurerait la continuité de la chaîne.

Bien que ce modèle ait trouvé un certain appui expérimental (DNA à faible poids moléculaire au moment de la synthèse), il doit être considéré comme une hypothèse de travail plutôt que comme un mécanisme bien établi.

Lutte contre la perte d'information

L'information génétique des organismes actuels leur vient d'un lointain passé. Le maintien de l'information à travers les siècles, son évolution, l'accroissement absolu d'information des espèces primitives aux espèces actuelles posent des problèmes fondamentaux. Ils ne sont pas résolus, mais nous entrevoyons déjà des solutions partielles.

En soi, le maintien de l'information est paradoxal: la perte d'information est un phénomène aussi inéluctable que l'augmentation de l'entropie d'un système isolé.

a) *Mécanisme darwinien du maintien de l'information*

Supposons qu'à la suite d'un accident quelconque (raté dans la copie de l'information, modification chimique d'une base nucléique, etc.) une mutation survienne dans le locus d'une protéine, et que la protéine modifiée à cause de cette mutation ne soit pas fonctionnelle. Si elle joue un rôle important, le mutant ne sera pas viable. Par conséquent, il ne se reproduira pas et l'information dégradée ne sera pas transmise, elle disparaîtra. *Seule se perpétue l'information compatible avec la vie.* Le maintien de l'information se paye, en partie, par la mort des mutants qui ont subi une grave perte d'information.

b) *Recombinaison*

Soient deux mutants affectés chacun d'une mutation différente, mais non létale; lors d'un croisement, toute recombinaison entre les deux gènes produira un individu ayant récupéré toute l'information correcte et un individu porteur des deux mutations. Ce dernier aura un double handicap dans la lutte pour l'existence et lui ou sa descendance disparaîtront tôt ou tard.

c) *Mécanisme de réparation*

L'irradiation par les rayons UV provoque la formation de liens de covalence entre des pyrimidines voisines dans la même chaîne; il peut apparaître par exemple des dimères de thymine. La réplication et la transcription sont bloquées par ces dimères.

Il existe un système enzymatique qui élimine ces dimères et répare le DNA: un enzyme coupe la chaîne de part et d'autre du dimère, qui se trouve donc éliminé avec quelques nucléotides voisins. La DNA polymérase reconstitue le morceau manquant en se servant de l'information de la chaîne complémentaire intacte, et la ligase fait la soudure qui complète la réparation.

Optimisation de l'information

Les mécanismes que nous venons de considérer s'opposent à la perte naturelle d'information, ils sauvent l'information génétique si elle est modifiée accidentellement dans un sens défavorable. Ils permettent de comprendre comment l'information génétique peut se maintenir à travers les siècles en dépit de la tendance fondamentale au désordre.

Les principes de la sélection darwinienne permettent aussi d'expliquer l'évolution de l'information dans un sens favorable, l'adaptation apparente des organismes au milieu dans lequel ils vivent. Si une mutation, une modification accidentelle d'une des bases d'un DNA entraînant le replacement d'un acide aminé par un autre dans une protéine, fait apparaître une protéine légèrement différente qui se trouve mieux convenir dans le milieu considéré, qui confère au mutant un avantage sur les individus normaux (utilisation plus rapide ou plus complète d'un aliment, résistance plus grande à une cause fréquente de mort, etc...) la sélection naturelle favorisera le mutant; la descendance de celui-ci supplantera peu à peu celle des individus normaux, si bien que le mutant s'établira, prendra possession du milieu pour lequel il se trouve être mieux pourvu ou mieux muni que les autres; il sera bientôt considéré comme représentant l'espèce "normale" qui est toujours celle qui est le mieux "adaptée" au milieu.

Selon le principe darwinien, le milieu ne provoque pas l'évolution dans un sens bénéfique en imposant directement une tendance aux modifications des organismes. Les modifications apparaissent au hasard des mutations, par accident, et les individus qui les ont subies sont confrontés avec le milieu; ce sont les individus qui sont les mieux pourvus pour tirer parti du milieu ou échapper à ses dangers qui l'emportent.

Le caractère apparemment finalisé de l'évolution peut s'interpréter ainsi d'une manière purement déterministe et rationnelle.

Accroissement de la quantité d'information

Nous venons de voir comment l'information peut se conserver malgrè la tendance naturelle à la désorganisation, et comment elle peut évoluer dans un sens favorable à la perpétuation de l'espèce, s'adapter au milieu. Mais dans ces processus, la *quantite* totale d'information ne change pas, le nombre total de "bits" reste constant.

Or, les animaux supérieurs contiennent beaucoup plus d'information dans leur matériel génétique que les bactéries, par exemple. Il faut donc bien admettre qu'au cours de l'évolution la quantité d'information s'est accrue.

Plusieurs processus connus peuvent expliquer l'accroissement du nombre d'unités d'information.

a) *Réduplication accidentelle de segments du matériel génétique*

Lors de la synthèse du DNA, il arrive qu'un même segment de DNA se réplique deux fois au lieu d'une. La cellule fille, dans ce cas, contient plus de DNA que la cellule mère. Un morceau de DNA portant l'information de plusieurs protéines peut exister en double. Qualitativement, la cellule fille contient la même information que la cellule mère, mais une partie de l'information est redondante. Le nombre d'unités d'information (bits) du matériel génétique est plus grand.

Cette situation confère à la cellule fille une nouvelle liberté d'évolution. Supposons en effet que le gène de l'enzyme A se soit rédupliqué accidentellement, qu'il existe à deux exemplaires; l'un des deux pourra muter sans que la fonction dévolue à l'enzyme A soit abolie. Il est dès lors concevable qu'après quelques mutations de ce gène provisoirement inutile, il donne naissance à un enzyme voisin de A mais différent qui provoque une réaction nouvelle. Si cette réaction apporte à l'organisme un avantage sélectif, elle se perpétuera. La nouvelle espèce possèdera plus d'information que celle dont elle dérive, un plus grand nombre d'unités d'information et une certaine quantité d'information qualitativement nouvelle.

Ceci n'est pas une simple vue de l'esprit. On peut sélectionner au laboratoire des organismes possédant plusieurs exemplaires du même gène. D'autre part, l'anatomie comparée de plusieurs protéines montre à l'évidence qu'elles dérivent d'un même ancêtre commun (cas de l'hémoglobine et de la myoglobine) qui s'est répliqué. Dans la ferredoxine, on trouve, à peu de choses près, la répétition d'une même séquence de 8 acides aminés, comme si un gène codant pour une séquence de huit acides aminés s'était répliqué plusieurs fois, et comme si de petites mutations ultérieures avaient abouti à la ferredoxine actuelle.

b) *Acquisition de matériel génétique étranger*

Certaines bactéries (Pneumocoques, Bacilles) peuvent absorber des morceaux de DNA libérés lors de la destruction d'autres bactéries. Elles peuvent intégrer ce DNA dans leur matériel génétique et acquérir de cette façon la capacité de faire de nouveaux enzymes et, grâce à ceux-ci, de nouveaux constituants de toutes sortes. C'est le phénomène de "transformation bactérienne".

Les bactériophages tempérés, qui intègrent leur matériel génétique dans celui de la bactérie qu'ils infectent, apportent parfois avec leur propre DNA un morceau du DNA de l'hôte dans lequel ils se sont multipliés et en font cadeau à leur nouvel hôte.

On peut parier que transformation bactérienne et transduction de DNA par des bactériophages ont joué un grand rôle dans l'évolution des bactéries.

Il n'est pas exclu que des phénomènes du même genre se produisent chez les organismes supérieurs; certaines cellules animales et végétales absorbent du DNA; des virus peuvent intégrer une partie de leur DNA au matériel génétique de l'hôte. Mais l'analyse de ces phénomènes est moins avancée que dans le cas des bactéries.

On voit donc que –paradoxalement– des organismes vivants peuvent acquérir par hasard un supplément d'information, améliorer par hasard leur information dans un sens bénéfique en dépit de la loi fondamentale selon laquelle le hasard ne peut –par définition– que détruire l'information. Mais cette acquisition d'information résulte d'essais et d'erreurs, elle se paye par le mort d'un nombre immense d'individus.

IX Immunité—Anticorps

Phénomène d'immunisation

Lorsqu'une macromolécule étrangère (protéine, polysaccharide, acide nucléique) est injectée à un animal supérieur, il apparaît bientôt dans le sang de cet animal des protéines nouvelles qui forment spécifiquement des complexes avec la macromolécule étrangère.

La substance injectée qui provoque cette réaction est un antigène (AG) et les protéines qui apparaissent sont des anticorps (AC).

Les anticorps sont contenus dans le *sérum*, c'est-à-dire dans le liquide qui reste après coagulation du sang et élimination du caillot formé de fibrine et de globules rouges et blancs. Le sérum d'un animal immunisé contre un antigène donné est un *"antisérum"* contre cet antigène.

L'injection de bactéries, de cellules étrangères (par exemple l'injection de globules rouges de chèvre à un lapin) provoque également l'apparition d'anticorps; ce sont en général les constituants de la surface de ces cellules qui jouent alors le rôle d'antigènes.

Les anticorps sont spécifiques: ils forment sélectivement un complexe avec l'antigène qui a provoqué leur apparition, sans réagir avec les autres substances. Cette spécificité est très stricte; elle n'est cependant pas absolue: l'antisérum obtenu suite à l'injection d'une protéine P pourra réagir – bien qu'avec une moindre affinité – avec une protéine P' très semblable à P (par exemple une protéine différant de P par un seul acide aminé). Dans ce cas on observe des "réactions croisées". P' est un "cross reacting material" (CRM) de P vis-à-vis de l'antisérum considéré.

Les anticorps qui apparaissent dans le sérum ne préexistaient pas dans l'organisme; ils se forment après injection de l'antigène. Leur apparition résulte de la synthèse complète de protéines définies en réponse à l'introduction dans l'organisme d'une substance étrangère, l'antigène. A première vue, ce phénomène ressemble à la synthèse d'un enzyme induite par le substrat de celui-ci (cf. cours de F. Gros); mais il faut se garder de pousser l'analogie trop loin: la formation des anticorps est un phénomène plus complexe que la synthèse induite d'enzymes chez les bactéries. Les particularités suivantes du phénomène le montrent bien:

a) *Réactions primaire et secondaire*

Quelques jours après la première injection d'un antigène, des anticorps apparaissent dans le sérum sanguin (c'est la réaction primaire); mais la production d'anticorps cesse bientôt et ils disparaissent peu à peu.

Si quelques semaines ou quelques mois plus tard le même antigène est injecté à l'animal (injection de rappel), on observe une production abondante et prolongée d'anticorps (c'est la réaction secondaire).

L'organisme avait donc gardé l'empreinte, le "souvenir" du premier contact avec l'antigène. Un animal déjà immunisé contre un antigène donné ne réagit plus à cet antigène comme un animal "neuf".

b) *Distinction de ce qui est propre ou étranger*

Un animal ne produit pas d'anticorps contre ses propres constituants. Le système qui fait les anticorps distingue donc, par exemple, ses protéines propres des protéines étrangères. Cette distinction se manifeste parfois

4

entre individus de la même espèce. Par exemple, la mère peut faire, dans certaines conditions, des anticorps contre les globules rouges de son enfant si ceux-ci pénètrent accidentellement dans son sang. Le rejet d'organes greffés en est un autre exemple.

c) *Etats réfractaires et tolérance*

La production d'anticorps peut être paralysée dans certaines circonstances. Ainsi, une protéine étrangère ne provoque pas de formation d'anticorps chez un animal nouveau-né, ni chez un animal fortement irradié par des radiations ionisantes. Si cet animal reste exposé à la protéine étrangère pendant un temps suffisant, il reste complètement "tolérant" vis-à-vis de cette protéine il l'adopte comme sienne; il ne fera jamais d'anticorps contre cette protéine même lorsque son système producteur d'anticorps se sera complèment développé (s'il s'agissait d'un animal nouveau-né) ou rétabli (pour un animal irradié). L'injection massive d'une protéine étrangère peut aussi provoquer la paralysie du système producteur d'anticorps.

La tolérance acquise est d'une importance fondamentale pour les greffes d'organes.

d) *Aspects cytologiques*

Les cellules productrices d'anticorps sont les plasmocytes (plasma cells) de la rate et des ganglions lymphatiques. Elles peuvent être identifiées grâce aux antigènes fluorescents (en général une protéine à laquelle on accroche chimiquement une substances fluorescente comme l'éosine ou la fluoroscéine).

Des coupes d'organes de l'animal immunisé contre un antigène fluorescent sont immergées dans une solution de cet antigène. Les cellules qui fixent la protéine fluorescente sont celles qui contiennent (et sans doute qui produisent) les anticorps correspondants; on peut les distinguer facilement à l'aide d'un microscope à fluorescence.

Après la première injection d'antigène, l'anticorps apparaît dans une petite fraction des cellules de la rate ou des ganglions lymphatiques: on distingue quelques cellules actives (fluorescentes) *isolées* au milieu d'une nombreuse population de plasmocytes semblables mais qui ne contiennent pas d'anticorps (qui ne fixent pas l'antigène fluorescent).

Si deux antigènes différents sont injectés à un même animal, les anticorps correspondants sont produits par des plasmocytes différents. Il semble bien qu'un même plasmocyte neproduise jamais qu'un seul anticorps.

Après la seconde injection d'un même antigène (injection de rappel), les anticorps ne sont plus produits par des plasmocytes isolés, mais par des *groupes* de plasmocytes qui semblent bien s'être formés par une série de divisions cellulaires à partir d'un seul plasmocyte. Ces groupes constitueraient donc, chacun, une lignée cellulaire ("clone") dérivant d'une seule cellule-souche.

Les plasmocytes, qui produisent les anticorps, ne sont cependant pas capables de répondre par eux-mêmes à l'antigène. Celui-ci doit d'abord être absorbé par un globule blanc du type "macrophage", qui élabore une substance (encore mal connue) qui sera transmise au plasmocyte par contact direct des deux cellules. C'est cette substance qui provoque la production d'anticorps par le plasmocyte.

La substance en question peut être détruite par la ribonucléase, enzyme qui hydrolyse les acides ribonucléiques; on pense pour cette raison qu'un RNA constitue une partie essentielle de la substance transmise au plasmocyte par le macrophage.

Origine de la spécificité des anticorps

La spécificité des antisérums est extraordinaire. Un animal peut produire des anticorps spécifiques contre des milliers d'antigènes différents, y compris des substances artificielles avec lesquelles l'espèce n'a jamais été confrontée au cours de l'évolution. On obtient des antisérums spécifiques contre des protéines auxquelles les groupes chimiques les plus variés sont accrochés (par exemple le radical dinitrophényle, l'acide arsanylique, des colorants diazoïques, etc.). Les antisérums obtenus forment spécifiquement des complexes avec l'antigène proprement dit (la protéine qui porte les petites molécules artificielles), mais aussi avec ces petites molécules elles-mêmes (haptènes). Leur spécificité est remarquable: ils distinguent par exemple les isomères optiques de l'haptène si celui-ci contient des carbones asymétriques. Les antisérums sont donc spécifiques de groupes chimiques relativement petits; on peut s'attendre à ce qu'une macromolécule provoque la formation d'un ensemble d'anticorps dressés les uns contre telle particularité, telle région de la macromolécule, les autres contre d'autres détails de la structure macromoléculaire; une macromolécule provoque la synthèse de toute une collection d'anticorps.

Le fait qu'un animal puisse produire des anticorps spécifiques contre des substances artificielles, créées par des chimistes, fut longtemps invoqué à l'appui de l'idée que le site de l'anticorps qui se combine spécifiquement à l'antigène est modelé directement au contact de celui-ci. Il paraissait inconcevable que l'organisme possédât dans sa collection d'anticorps des molécules prêtes à réagir sélectivement avec des substances aussi inattendues que les antigènes artificiels imaginés et créés par les chercheurs. On supposa donc (par exemple L. Pauling 1940) que les chaînes polypeptidiques des anticorps peuvent en principe se replier de multiples façons, et que l'antigène – s'il est présent au site de synthèse des anticorps – détermine le reploiement des chaînes polypeptidiques qui formera une protéine adaptée au mieux à l'antigène. Ce reploiement optimum serait alors stabilisé, verrouillé par des ponts S–S entre les chaînes ou des parties de chaînes.

4*

Des expériences récentes (par ex. Freedman and Sela, 1966) montrent qu'il n'en est rien: les ponts S–S peuvent être brisés, les liaisons secondaires (ponts d'hydrogène, interactions hydrophobes) rompues par dissolution des anticorps dans une solution concentrée de chlorhydrate de guanidine, de façon à désorganiser complètement l'édifice moléculaire; il suffit d'éliminer l'agent dénaturant et de permettre la formation de ponts SS pour que les propriétés des anticorps et leur spécificité reparaissent spontanément *in vitro* en l'absence d'antigène. La spécificité des anticorps est donc inscrite dans ce que ces traitements n'avaient pas modifié: la séquence des acides aminés. Les propriétés des anticorps, comme celles des enzymes et des autres protéines, résultent donc de l'arrangement des acides aminés dans les chaînes polypeptidiques; c'est cet arrangement – déterminé par les gènes – qui détermine à son tour le reploiement des chaines, leurs propriétés uniques.

Faut-il donc penser que le matériel génétique d'un lapin contient toute l'information nécessaire pour produire des anticorps capables de réagir sélectivement avec les substances les plus étranges qu'il plaira à un chimiste de lui injecter?

Avant d'essayer de répondre à cette question, nous examinerons ce que l'on sait de la structure des anticorps car des acquisitions récentes dans ce domaine ont précisé le problème du déterminisme génétique de la synthèse des anticorps.

Structure des anticorps

Les anticorps sont des protéines appartenant à la classe des γ-globulines*. Leur poids moléculaire est voisin de 160.000. Chaque γ-globuline est formée par l'union de quatre chaînes polypeptidiques: deux chaînes H (heavy) et deux chaînes L (light) plus courtes que les chaînes H.

Les deux chaînes H sont identiques l'une à l'autre; il en est de même des deux chaînes L.

Les quatre chaînes sont repliées sur elles-mêmes, elles comportent des ponts S–S internes et sont unies entre elles également par des ponts S–S entre des résidus de cystéine. Il y a 46 ponts S–S par molécule.

La molécule est allongée (240 × 57 Å); elle a un axe de symétrie d'ordre 2, perpendiculaire au grand axe de la molécule. Isolément, les chaînes H ou les chaînes L n'ont guère d'affinité pour l'antigène.

Le découpage des molécules d'anticorps par des enzymes et l'étude de l'affinité des morceaux pour l'antigène indiquent que l'anticorps possède deux sites réactifs identiques situés aux deux extrémités de la molécule, et dans la constitution desquels les chaînes H et L sont impliquées toutes les deux.

---

* Classe de protéines du sang définies à l'origine par leur solubilité dans divers milieux, leur mobilité électro-phorétique et leur thermolabilité.

La molécule d'anticorps peut être représentée schématiquement comme ceci :

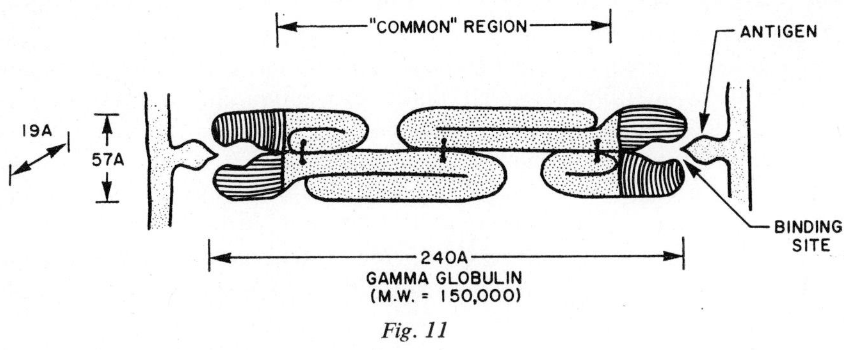

Fig. 11

Hétérogénéité des antisérums

Puisque la spécificité des anticorps est déterminée par la séquence des acides aminés dans leurs chaînes polypeptidiques, on devrait, en principe, pouvoir établir la séquence de quelques anticorps, les comparer, voir en quoi ils diffèrent ou se ressemblent, et connaître la constitution de leurs sites actifs. Il faudrait pour cela isoler des anticorps purs et homogènes; personne n'y a réussi jusqu'ici.

L'injection d'un antigène pur provoque en effet la synthèse de toute une population d'anticorps différents, dressés contre les divers déterminants antigéniques (groupes chimiques, détails de conformation) de l'antigène. Même lorsque, par divers artifices, on élimine tous les anticorps sauf ceux qui sont dressés contre un groupe chimique défini, on se trouve encore en face d'une population complexe d'anticorps qui ont pour ce groupe chimique (haptène) des affinités très diverses. On n'a jamais pu isoler d'une telle population hétérogène un anticorps pur, chimiquement homogène.

Toutefois le découpage enzymatique des molécules formant ce mélange hétérogène permet d'établir que toutes les molécules d'anticorps comportent une partie commune qui représente un peu plus de la moitié de chacune; l'autre partie est responsable de la diversité de la population. La partie centrale de la molécule d'anticorps serait la même pour tous, seules différeraient les extrémités qui constituent les sites spécifiques d'interaction avec l'antigène.

Protéines de Bence–Jones

La connaissance de la structure des chaînes L a fait de grands progrès grâce à l'étude des protéines de Bence Jones. Ces protéines, formées d'une chaîne de 212 acides aminés, se trouvent dans l'urine de malades atteints d'une tumeur (myélome) de la moelle des os ou des tissus lymphoïdes, dans laquelle des plasmocytes se multiplient d'une façon excessive et anarchique. Les protéines de Bence Jones ont les mêmes propriétés générales que les chaînes L des anticorps; mais chaque malade produit une seule protéine de Bence Jones, chimiquement homogène. Tout se passe comme si la tumeur résultait de la multiplication d'un plasmocyte unique produisant une seule espèce de chaîne L, en quantité excessive.

Plusieurs protéines de Bence Jones de l'homme et de la souris sont à l'étude. La comparaison des séquences d'acides aminés qui ont déjà été déterminées montre à l'évidence que la moitié de la protéine côté groupe carboxyle est la même pour toutes, tandis que l'autre moitié (côté NH_2 terminal) diffère d'une protéine de Bence Jones à l'autre (d'un malade à un autre).

La séquence commune à toutes les protéines de Bence Jones se retrouve aussi dans la partie commune à toutes les γ-globulines constituant une population d'anticorps.

Pour les chaînes *H*, les données sont moins nombreuses, mais elles indiquent une situation analogue.

Tout se passe donc comme si les chaînes *L* (et probablement les chaînes *H*) comportaient une moitié identique pour toutes, et une moitié qui diffère d'un anticorps à l'autre. Chaque plasmocyte ou chaque lignée (clone) de plasmocytes produirait une seule variété de chaîne *L* (et sans doute un seul type de chaine *H*, donc un seul anticorps homogène). L'hétérogénéité de la population d'anticorps d'un antisérum reflèterait l'hétérogénéité de la population des plasmocytes qui ont réagi à l'injection de l'antigène en produisant, chacun, un anticorps particulier.

Déterminisme génétique de la structure des anticorps

Puisqu'une moitié de la chaîne *L* est commune à de nombreux anticorps tandis que l'autre moitié diffère de l'un à l'autre, on peut se demander si la moitié commune serait régie par un gène unique et s'unirait alors avec la séquence variable codée par d'autres gènes. Mais la dimension des poly-ribosomes qui font les chaînes *L*, donc celle du RNA messager, correspond à ce que l'on attend pour le messager d'une chaîne *L* complète. Les chaînes *L* sont sans doute faites en une fois; le messager, et le locus génétique qui est actif dans chaque plasmocyte doivent donc comporter une moitié qui est identique dans tous les plasmocytes et une moitié qui diffère d'un plasmocyte à l'autre.

Le mécanisme de la diversification des plasmocytes est inconnu. Nul ne sait à présent si le matériel génétique du jeune embryon contient tout un assortiment de gènes correspondant à tous les types de chaînes *L* que l'organisme pourra produire, et dont un seul s'exprimera dans chaque plasmocyte, ou si la diversification des gènes des chaînes *L* se produit au cours de la différenciation, tous ces gènes résultant de modifications d'une partie d'un gène unique (par mutations somatiques, recombinaisons, insertion d'épisomes, etc.).

Sélection naturelle des anticorps produits

Puisque la structure de chaque anticorps est déterminée génétiquement, la spécificité d'un antisérum est déterminée par le choix des anticorps qui sont effectivement produits parmi tous ceux dont l'information existe dans l'animal, par le choix des gènes qui s'exprimeront ou des plasmocytes qui seront activés.

Le mécanisme de cette régulation n'est pas connu.

On imagine généralement que chaque plasmocyte contient une très petite quantité de l'anticorps unique qu'il peut produire, et que la formation d'un complexe entre cet anticorps et l'antigène (ou la substance fournie par le macrophage qui a absorbé l'antigène) provoque la synthèse de l'anticorps et déclanche en même temps une multiplication limitée du plasmocyte qui le produit, ce qui donne naissance à une petite lignée (clone) de cellules spécialisées dans la production de cet anticorps.

La question de la formation d'antisérums spécifiques contre les antigènes les plus divers, y compris des antigènes artificiels, peut être réexaminée dans cette nouvelle perspective.

Comment comprendre qu'une espèce animale possède l'information génétique nécessaire pour fabriquer des anticorps tout prêts à se combiner sélectivement avec un antigène artificiel créé par un chimiste et qui n'a aucune chance d'exister en dehors du laboratoire? La difficulté n'apparaît que parce qu'en formulant cette question on adopte inconsciemment un point de vue finaliste: on s'étonne en fait de ce qu'un anticorps spécifique, idéal et parfait ait été prévu pour tout antigène imaginable. Or, nous savons à présent qu'un antisérum ne contient pas un anticorps unique parfaitement adapté à l'antigène, mais toute une collection d'anticorps ayant pour l'antigène des affinités très diverses.

Il est dès lors raisonnable de supposer que lorsqu'un antigène quelconque, naturel ou artificiel, est mis en présence d'un très grand assortiment de γ-globulines différentes, il s'en trouve toujours parmi celles-ci un certain nombre qui forment par hasard un complexe avec l'antigène. Dès lors, les plasmocytes capables de produire les anticorps en question seront stimulés sélectivement et de tous les anticorps que l'animal peut produire, seuls ceux qui se combinent à l'antigène (naturel ou artificiel) seront effectivement produits en quantité notable.

Pour expliquer la tolérance d'un organisme vis-à-vis de ses propres constituants, on suppose que chez un organisme très jeune (réfractaire) les cellules souches des plasmocytes sont dans un état tel qu'au lieu d'être stimulées par le complexe anticorps-antigène, elles sont tuées; toutes les cellules capables de produire un anticorps contre un constituant de l'organisme seraient ainsi éliminées définitivement. La tolérance acquise s'expliquerait de la même façon.

Il reste beaucoup de problèmes à résoudre pour comprendre complètement le phénomène de l'immunité. Quelle est l'origine de la diversité des plasmocytes? Comment un antigène provoque-t-il la production des anticorps qui ont par hasard une grande affinité pour lui, et la multiplication sélective des plasmocytes qui le produisent? Quelle est, en termes moléculaires, la fonction du macrophage? Quel message apporte-t-il au plasmocyte? Quelle est la base moléculaire de la tolérance? Comment les anticorps sont-ils apparus au cours de l'évolution? Autant de questions, parmi d'autres, qui n'ont pas reçu de réponses claires. La compréhension complète des phénomènes d'immunité est importante pour des raisons pratiques évidentes; elle nous donnera peut-être en outre une prise sur certains mécanismes généraux de la différenciation cellulaire.

Références

Manuels d'introduction à la biologie moléculaire:
   Biological Chemistry
   par Mahler et Cordes
   Harper International
   Edition 1966
et
   Molecular Biology of the gene
   par J. Watson.
   Benjamim N. Y. 1965.
   (Traduction française: "Biologie moléculaire du gène".
   Ediscience Paris 1968).

Acknowledgement

Quelques unes des figures de cet article ont pu être reproduites grâce à l'obligeance des Editeurs ci-dessous mentionnés:
   The Royal Society, Londres
   Pergamon Press Ltd., Oxford
   John Wiley & Sons, Inc. New York
   Annual Reviews, Inc., Palo Alto
   I.C.I., Londres
   Academic Press

Regulation of Gene Expression

M. Hoffnung

Institut Pasteur

L'essentiel des travaux exposés par Maurice Hoffnung se trouve dans "Regulation of Gene Expression", by Wolfgang Epstein and Jonathan Beckwith (*Annual Review of Biochemistry*, Vol. **37**, 1968).

Génétique du Bacteriophage Lambda

Luiz H. Pereira da Silva

Service de Génétique cellulaire, Institut Pasteur, Paris

H. Eisen*

Service de Génétique cellulaire, Institut Pasteur, Paris

* Adresse actuelle: Department of Biochemistry and Biophysics, University of California, School of Medicine, San Francisco, California.

Luiz H. Pereira da Silva

GENETIQUE DU BACTERIOPHAGE LAMBDA

Le bactériophage λ est, indiscutablement un des systèmes biologiques les mieux étudiés du point de vue génétique, à côté de la bactérie *Escherichia coli* et du phage T4.

Depuis vingt ans, des centaines de chercheurs se concentrent sur son étude et le nombre de publications s'est considérablement accru. Il est donc impossible d'exposer en détail les données accumulées sur les différents aspects étudiés. On essayera ici de résumer les connaissances actuelles telles qu'elles résultent des travaux les plus récents. Ceci introduira une discussion qu'on trouvera dans l'article de Eisen, sur les modalités qui règlent l'expression séquentielle des fonctions phagiques. Un tel exposé ne permet naturellement pas une évaluation critique des données expérimentales qui fondent les conceptions actuellement admises. C'est à l'exposé de ces conceptions que nous nous limitons. On pourra se servir des revues de Dove (1), Echols et Joyner (2), Signer (3) et Campbell (4) pour obtenir une vision plus critique et élargie de la littérature récente. Les considérations physiologiques et génétiques qui servent de base aux connaissances actuelles pourront être trouvées dans les revues classiques de Lwoff (5), Jacob et Wollman (6) et Jacob (7).

Cycle évolutif du bactériophage lambda

La particule infectieuse du phage λ contient à l'intérieur de la tête protéique une molécule linéaire *double-chaîne* de DNA qui mesure approximativement 17 μ. Son poids moléculaire est de $2{,}7 \times 10^7$ daltons, correspondant environ à 50.000 paires de nucléotides, soit 1/100 de la taille du chromosome *d'E. coli*.

A chaque extrémité de la molécule double-chaîne, il y a une séquence monocaténaire de l'ordre de 15 nucléotides, avec le bout $5'P$ libre, dont la séquence est partiellement connue, les bases terminales étant guanine dans une chaîne et adénine dans l'autre.

Les séquences monocaténaires terminales sont complémentaires, ce qui permet l'appariement des bases et la circularisation de la molécule (fig. 1).

Si l'on mélange une suspension de phages avec une suspension de *E. coli K* sensibles, les particules infectieuses se fixent par la queue à des sites récepteurs spécifiques de la paroi bactérienne et sont capables d'injecter la molécule linéaire de DNA. Celle-ci, après la pénétration, se circularise par les extrémités monocaténaires. On peut obtenir *in vitro* la fermeture covalente du cercle par action d'un enzyme *d'E. coli* – la ligase – qu'on pense être également actif *in vivo*.

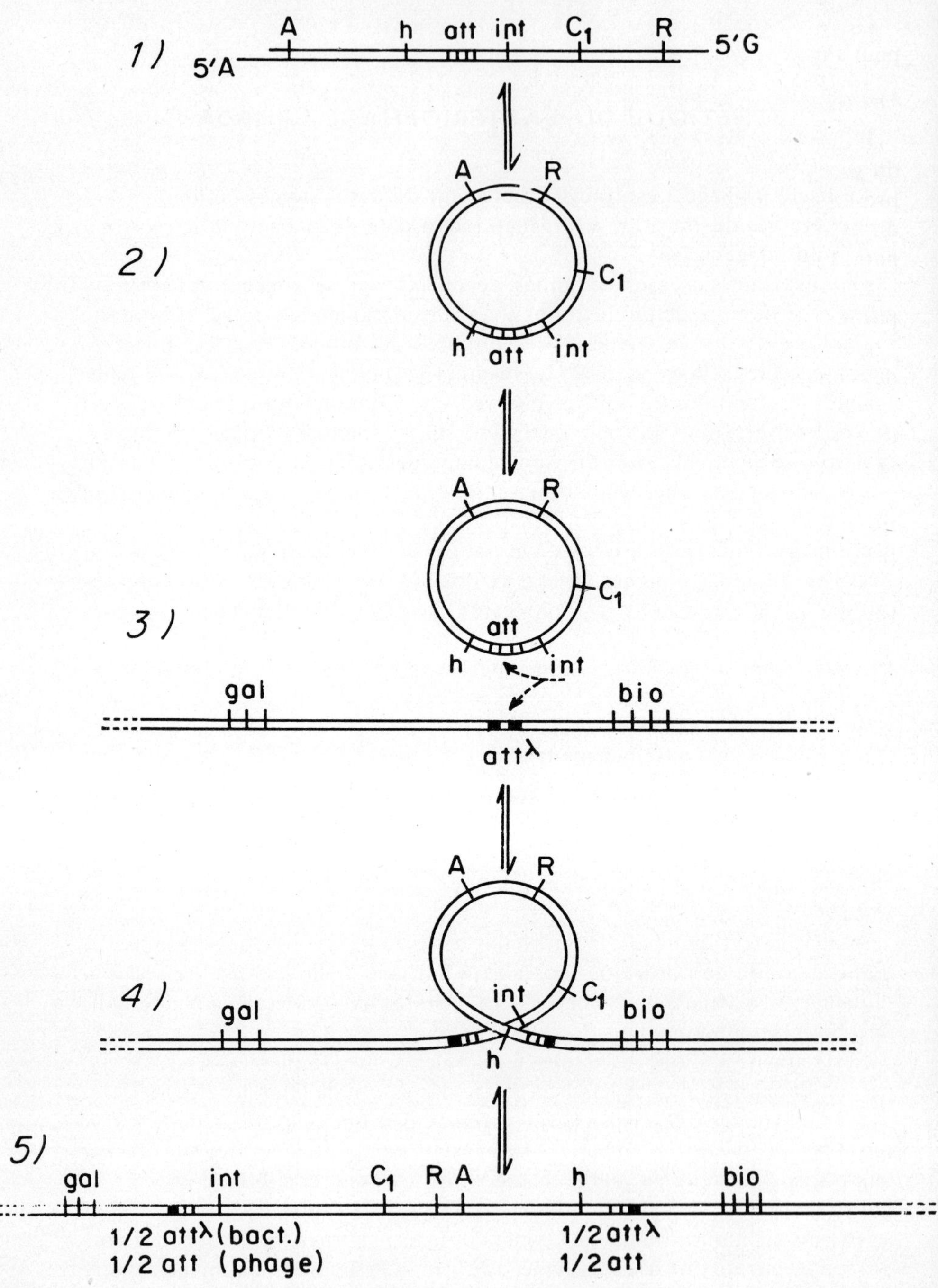
1)
A
h att int C₁ R
5'A
5'G
2)
A
R
C₁
h att int
3)
A
R
C₁
att
h
int
gal
bio
attλ
4)
A
R
int
C₁
bio
gal
h
5)
gal
int
C₁ R A
h
bio
1/2 attλ(bact.)
1/2 att (phage)
1/2 attλ
1/2 att

Une fois le chromosome pénétré et circularisé, le cycle du bactériophage peut suivre une des deux voies suivantes.

1) *Voie végétative*

L'induction des fonctions dites végétatives amène d'abord à la réplication du génome avec formation d'une centaine ou plus de copies, suivie de la production des protéines de structure de la tête et de la queue, la maturation du DNA, l'enveloppement de celui-ci dans la tête et la morphogenèse des particules infectieuses.

Les gènes nécessaires au développement végétatif ont été mis en évidence par les études de mutants défectifs et sont signalés dans la figure 2:

– gènes *O* et *P*: codent pour les seuls produits spécifiquement phagiques, directement nécessaires à la réplication végétative.

– gène *N*: indirectement nécessaire à la réplication (par le rôle stimulateur du produit *N* dans la production de "*O*" et "*P*"); directement nécessaire à la production de *Q*.

– gène *Q*: dont le produit est nécessaire à l'expression de toutes les fonctions dites tardives, c'est-à-dire les fonctions de maturation du DNA et les protéines de structure de la tête et de la queue.

– gène *A* à *J*: fonctions de maturation du DNA et protéines de structure. (fig. 2).

2) *Voie lysogénique*

Dans ce cas, la molécule circulaire de l'ADN phagique est intégré dans le DNA bactérien. La forme intégrée du génome phagique est appelée *prophage*. L'intégration se fait par une région du génome, la région d'attachement -*att*-. Un produit diffusible, d'origine phagique, l'intégrase -*int*- est nécessaire pour provoquer une recombinaison réciproque entre la région *att* du phage et la région *att*$^\lambda$ du chromosome bactérien. La région *att*$^\lambda$ du chromosome bactérien est située entre les déterminants du métabolisme du galactose et les déterminants de la biosynthèse de *biotine*.

Le schéma de la figure 1 montre comment l'intégration du génome phagique par la région *att* détermine une altération (permutation circulaire) dans la disposition relative des gènes dans la carte du prophage par rapport à la

---

Fig. 1. Structure du chromosome du phage λ a différents moments du cycle évolutif:

1) Molécule linéaire double-chaine avec bouts monocaténaires aux extrémités 5'P (particule infectieuse).

2) Circularisation par appariement des séquences complémentaires monocaténaires (après injection).

3) Fermeture covalente du cercle (ligase) et appariement avec région d'attachement (att$^\lambda$) du chromosome bactérien.

4) Recombinaison induite par l'intégrase (int) phagique entre les régions att$^\lambda$ bactérienne et la région *att* du phage.

5) Prophage intégré avec permutation des positions des marqueurs génétiques par rapport a la carte végétative (comparer 1 et 5).

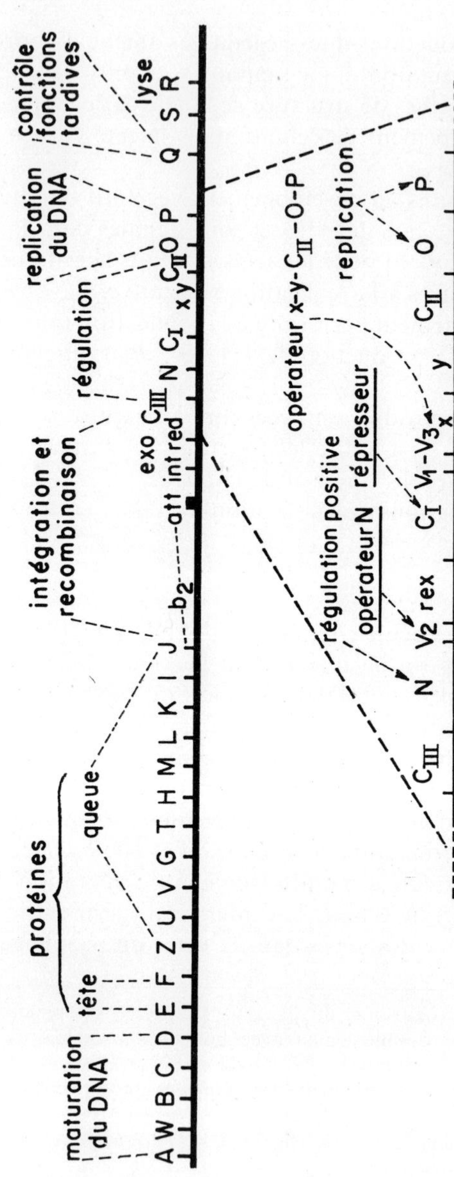

Fig. 2. Carte végétative du bactériophage λ (voir texte).

carte végétative. L'ouverture du cercle entre A et R fournit la carte végétative alors que l'ouverture en *att* donne la carte du prophage.

L'étude des différents mutants défectifs a permis de montrer que l'activité de plusieurs gènes est nécessaire à l'établissement et au maintien de la lysogénie. En plus de la fonction *int* déjà référée et de la région *att* par laquelle se produit l'intégration, on connaît les régions et gènes suivants:

– région b_2: c'est une région qui comprend près de 16% du total du génome et qui peut être délétée sans troubler le développement végétatif. Par contre, l'absence de la région b_2 diminue considérablement la capacité d'intégration sans pour autant toucher à la production des facteurs diffusibles (*int* et autres éventuels) nécessaires à la lysogénisation. On pense que cet effet *cis* de la délétion est dû au fait que la région b_2 joue un rôle dans l'appariement nécessaire au bon fonctionnement du système intégrase.

– gène N: comme pour l'induction des fonctions réplicatives, le produit de N est nécessaire à l'expression de *int*.

– gènes C_I, C_{II} et C_{III}: les mutations dans ces gènes déterminent une diminution (pour C_{II} et C_{III}) ou une abolition (pour C_I) de la capacité d'établir la lysogénie. En conséquence, ces mutants forment des phages clairs quand on étale les particules infectieuses sur des bactéries sensibles, contrairement aux phages sauvages (c^+) qui forment des plages troubles. La turbidité provient des clones de bactéries lysogènes qui poussent à l'intérieur de la plage de lyse.

Les mutants C_{II} et C_{III} peuvent pourtant lysogéniser à une fréquence bien inférieure à celle du type sauvage, mais ils sont stables une fois établis à l'état de prophage. Cela veut dire que les produits de C_{II} et C_{III} sont nécessaires à l'établissement mais pas au maintien de la lysogénie.

Par contre, les mutants C_I ne lysogénisent jamais. Si l'on emploie des mutants thermosensibles de C_I, on peut lysogéniser normalement aux températures permissives, mais les bactéries lysogènes sont induites si on les soumet à des températures qui inactivent le produit de C_I. Cela montre que le produit de C_I est nécessaire pour le maintien de l'état lysogène.

L'état prophage

Une fois intégré dans le site spécifique du chromosome bactérien, le DNA du prophage se réplique sous le contrôle du système de réplication bactérien. Toutes les bactéries descendantes d'une bactérie originale, lysogénisée, portent une copie du prophage et on peut démontrer à l'aide de la conjugaison bactérienne que la localisation génétique du prophage est la même dans les descendants.

L'installation du prophage confère à la bactérie lysogène des propriétés nouvelles. Dans les cas des phages tempérés de *Salmonella*, on observe l'apparition des nouveaux antigènes de surface, phénomène qu'on appelle *conversion*.

5*

Dans le cas de λ, comme dans la plupart, des phages tempérés, la propriété la plus importante est l'*immunité*, par laquelle la bactérie lysogène devient insensible à la surinfection par un phage homologue du prophage. Le phage surinfectant peut encore injecter son DNA à l'intérieur de la bactérie mais le génome injecté n'est pas capable d'exprimer ses fonctions, ni de se répliquer. Il est dilué dans la descendance de la bactérie et finalement détruit.

On peut démontrer que l'immunité dépend de la présence du produit diffusible du gène C_I qui bloque à la fois et l'expression des fonctions du prophage lui-même et l'expression des fonctions des phages surinfectants homologues du prophage.

Les mécanismes qui permettent l'interférence de l'immunité avec l'expression des fonctions virales ont été étudiés en détial. Le travail de Eisen résume les connaissances actuelles dans ce sujet. Il semble toutefois utile d'introduire quelques considérations sur les déterminants génétiques de l'immunité.

La région "immunité"

Parmi les phages tempérés de *E. coli* K12, il y a une famille de phages très proches de λ, qui peuvent se recombiner avec celui-ci. On a étudié surtout les phages 434, 21 et 80. On a réussi à obtenir, par des croisements successifs entre ces phages et λ, des hybrides que gardent la plus grande partie du génome de λ, sauf une région qui ne comprend que le gène régulateur C_I et des segments limités de part et d'autre de C_I (fig. 3).

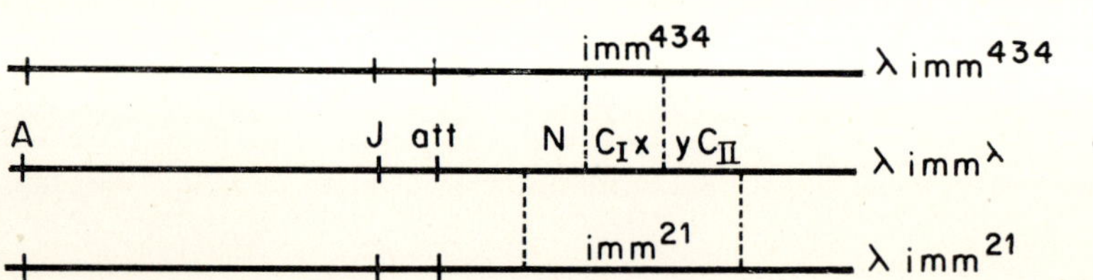

Fig. 3. Régions de non-homologie entre les phages hybrides λimm^λ, λimm^{434} et λimm^{21}: le gene C_I et la région x et une partie du gene N ne sont pas interchangeables entre λ et 434. Entre λ et 21, la région de non-homologie comprend en plus la région y, le gene C_{II} et le reste du gène N.

Les régions qui ne sont pas interchangeables, sont désignées par le terme: région de non homologie. Comme on peut le voir par les résultats des étalements réciproques résumés dans le tableau I, les régions de non homologie gardent les déterminants génétiques de l'immunité. On appelle en conséquence les phages hybrides λimm^{434} et λimm^{21} selon le déterminant spécifique d'immunité qu'il possède. Par ailleurs, ce genre de résultat indique que l'immunité est spécifiée par un produit diffusible (qui serait un répresseur produit par le gène C_I) et le(s) cible(s) dont l'interaction avec le répresseur détermine le blocage de l'expression des fonctions phagiques.

TABLEAU I. Etalement des phages hybrides sur des souches lysogènes hébergeant des phages originaux

Souche bactérienne	Phage surinfectant		
	$\lambda\,\mathrm{immr}$	$\lambda\,\mathrm{imm}^{434}$	$\lambda\,\mathrm{imm}^{21}$
E. coli K12	+	+	+
E. coli K12 (λ)	−	+	+
E. coli K12 (434)	+	−	+
E. coli K12 (21)	+	+	−

Des études génétiques et biochimiques ont permis de montrer l'existence de deux sites; de part et d'autre du gène C_I, λ capables de fixer spécifiquement le répresseur C_I. Ces sites sont définis génétiquement par les mutants $V_1 - V_3$ et V_2 (fig. 2) qui se comportent comme des mutants opérateurs. Les opérateurs $V_1 - V_3$ et V_2 contrôlent chacun l'expression d'un opéron, transcrits en directions opposées par rapport au gène C_I. En conséquence, chaque opéron est transcrit dans une des deux chaînes complémentaires.

L'interaction du répresseur C_I avec les sites opérateurs bloque la transcription du gène N d'un côté et des gènes nécessaires aux fonctions réplicatives de l'autre. Ceci suffit pour bloquer indirectement toutes les autres fonctions virales. Dans le papier suivant de Eisen, on discutera des mécanismes de blocage directs et indirects par le répresseur C_I aussi bien que l'induction séquentielle des fonctions après induction, c'est-à-dire après inactivation du produit C_I.

Références

1. W. F., Dove, The genetics of lambdoïde phages. *Ann. Rev. Genetics*, **2**, 305 (1968).
2. H. Echols, et J. A. Joyner, The temperate phage. In *The molecular basis of Virology* (Ed. F. Conrat). Reinhold, 1968).
3. E. Signer, The integration problem. *Ann. Rev. Microbiol.* **22**, 451 (1968).
4. A. M. Campbell, Episomes. In "Modern perspectives in biology (Ed. E. Beel, H. O. Halrorsen and H. Roman, Harper and Row, 1969)".
5. A. Lwoff, Lysogeny. *Bacteriol. Rev.*, **17**, 269 (1953).
6. F. Jacob, et E. L. Wollman, *Sexuality and genetics of bacteria*, Academic Press, New York, 1961.
7. F. Jacob, *Genetic control of viral functions*. The Harvey Lectures, 1958–1959, Academic Press Inc., New York, 1960.

HARVEY EISEN

GENETIC REGULATION OF EARLY FUNCTIONS IN BACTERIOPHAGE λ*

As defined operationally, episomes are plasmids which can exist in two states within the bacterial cell. In the autonomous state, the episome would supply at least some of the enzymes required for its own replication and would replicate as a distinct genetic element, whether in synchrony with the host chromosome or uncontrolled. In the integrated state, the episome need not supply any of its own replicative functions, all these being supplied by the host, and it would replicate in absolute synchrony with the host chromosome. The fact that these elements can and do exist in two states suggests that they have functions which are required in one state but not in the other. Furthermore, the functions necessary for the autonomous phase of episomes may even be lethal to the bacterium if expressed by the integrated episome. This in fact is the situation for temperate bacteriophage. In this case, the autonomous or vegetative state of the phage is lethal for the host as it leads to cell lysis. In the integrated or lysogenic state, the vegetative functions of the bacteriophage are not expressed. This is due to the production by the integrated phage genome of a repressor which blocks the expression of all other phage genes and confers immunity to homologous phage on the lysogen. It is the regulation involved in the passage from one state to the other which will be the subject of this paper.

The genetic map of bacteriophage λ is divided into functional segments in which are grouped all the genes necessary for a given function. The genes involved in early functions, that is functions necessary for phage autonomous DNA replication, for integration and excision into and out of the host chromosome, for vegetative phage recombination, and for the establishment and maintenance of repression in the prophage state, are all located on the right half of the phage genome. The genetic map of this region presented in Fig. 1 shows that in the vegetative phage the early region is on the right half of the genome, but when the phage is integrated into the host chromosome the early region forms the left end of the prophage.

Operons directly under control of the repressor

Since in the repressed or prophage state all the phage genes except the *cI* or repressor gene are repressed, it is of interest to known whether all these

* Reproduced with special permission from *Bacterial Episomes and Plasmids*, a Cila Foundation Symposium (G.E.W. Wolstenholme and Maere O'Connor ed., J. & A. Churchill Ltd., London, 1969).

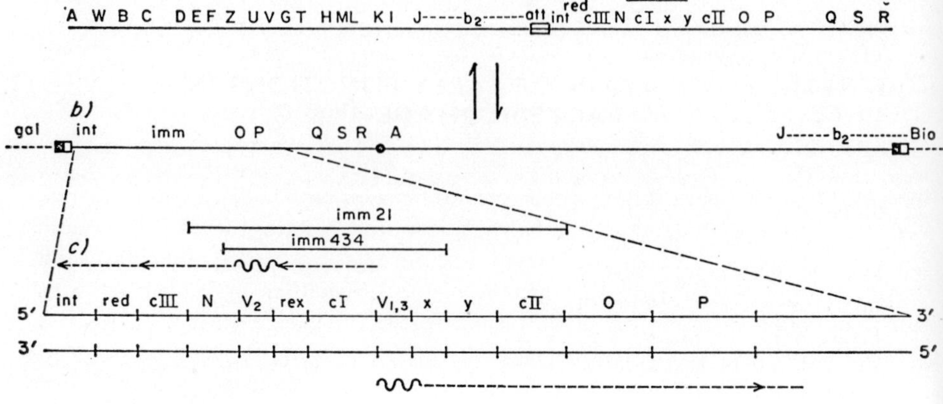

Fig. 1. Genetic map of λ.
(a) The vegetative map.
(b) The lysogenic map.
(c) The early region.
The dashed arrows represent messenger molecules and the serpentines represent the operator regions for the corresponding operons.

genes are directly repressed by the *cI* repressor or whether their expression is blocked in a less direct manner. That most of the phage genes are not under the direct control of the *cI* repressor has been demonstrated by Thomas (1966), who showed that the expression of late functions could be induced from a "repressed" prophage in superinfection with a closely related but heteroimmune phage. The induction of the late functions was attributed to the gene *Q* which was already known to be necessary for the expression of these genes (Dove, 1966). Thomas postulated that the synthesis of gene *Q* was in turn under the control of gene *N*. The nature of the regulatory role of gene *N* will be discussed below.

It is currently believed that there are four operons in the early region of λ. The first of these is an operon comprising the genes *x*, *cII*, *O*, *P*, and perhaps *Q* (Eisen *et al.*, 1966; Pereira da Silva and Jacob, 1967; Brachet, 1968). This operon is defined by the polar effect of mutations in the *x* region on all of these genes and by the constitutive synthesis of genes *cII*, *O*, and *P* in certain virulent mutants of λ. The nature of these virulent mutants will be discussed below. This operon, the *x-O-P* operon, has been shown to be transcribed from left to right of the heavy strand of the λ DNA (Taylor, Hradecna and Szybalski, 1967). Another group of genes which appear to be expressed coordinately are the genes *red* (the general recombinase system) (Signer *et al.*, 1968), and *int* (integrase) (Zissler, 1967; Gottesman and Yarmolinsky, 1968). Both of these genes are apparently made in excess by mutants in the *x* region, and neither is synthesized by mutants in gene *N* (Eisen, 1967). This operon is transcribed from right to left from the light strand of the phage DNA. Gene N and perhaps gene *cIII* constitute an operon which is transcribed from the light strand of the DNA from right to left on the phage chromosome. The final known operon in the early region is the *cI* operon, comprising the genes *cI* and *rex* (exclusion of phage T4*rII*). This operon is read from right to left and is transcribed from the light strand of the phage DNA.

Of the four operons in the early region, only two appear to be blocked directly by the *cI* repressor. This has been shown by studying virulent and partially virulent mutants of the phage. The classical λ virulent mutant has been shown to contain at least three mutations, all of which are necessary for virulence (Jacob and Wollman, 1954; Ptashne and Hopkins, 1968). Two of the component mutations have been isolated from the rest. V_2, located between genes N and *cI*, has been shown to be a binding site for the λ repressor (Ptashne and Hopkins, 1968), and is thus considered to be the operator for the operon comprising N and *cIII*. Loss of this operator results in the constitutive synthesis of at least gene N (Ptashne and Hopkins, 1968; Pereira da Silva and Jacob, 1968). The V_3 mutation mapping between the x region and *cI* results in slight constitutive synthesis of the *x-O-P* operon (Ptashne and Hopkins, 1968). The mutation V_1 has not been isolated by itself but only together with V_3. These two mutations are extremely close to one another on the map. Ptashne and Hopkins (1968) have shown this region to be a binding site for the *cI* repressor as well. The mutations V_1 and V_3 together result in high-level constitutive synthesis of the *x-O-P* operon. Thus the $V_{1,3}$ region is considered to be the operator for the *x-O-P* operon. The mutation c_{17} mapping in the γ region also results in constitutive synthesis of the *x-O-P* operon (Packman and Sly, 1968). Thus only the *x-O-P* and *N-cIII* operons appear to be directly under immunity control.

The role of gene N

The regulation of the *int-red* operon involves the N product. In the absence of N, this operon is not expressed. However, the N product alone is not sufficient to induce the synthesis of this operon, and derepression of the *N-cIII* operon is necessary (Luzzati, 1968). It has been suggested that N acts to permit transcription to continue beyond the *N-cIII* operon, but that transcription cannot be initiated at the *int-red* operon (Luzzati, 1968). Thus transcription would be repressed by the *cI* repressor. On induction, the transcription would proceed to *red* in the absence of N but would require N to proceed further.

As mentioned above, gene N has been implicated in the regulation of at least two groups of genes. Thomas has postulated that gene N is necessary for the induction of gene Q and thus indirectly all late functions. However it has also been shown that mutants in the x region are polar for gene Q

(Brachet, 1968). This makes it unlikely that the N product can directly induce gene Q. However it is possible that the N product can induce the synthesis of Q only when repression is relieved and the x-O-P operon is transcribed. This would be the same mechanism as has been proposed for the N-controlled synthesis of the *int-red* operon (Luzzati, 1968).

Genes involved in λ replication

So far two genes have been shown to be necessary for λ DNA replication. These are genes O and P (Pereira da Silva, Eisen and Jacob, 1968). Two other classes of mutants are known which do not replicate. Mutants in the x region fail to replicate for two reasons. First, these mutants are polar and fail to make either O or P. Secondly, these mutants have a *cis* defect in replication in that they do not replicate even when the O and P products are supplied by a helping phage (Dove, personal communication; Brachet and Green, 1968). This *cis* block is not as yet understood. The defective mutant T5 (Eisen *et al.*, 1966) also fails to replicate in the presence of a helper phage which can supply all the necessary enzymes. This mutant appears to be a short deletion between genes *cII* and O and extends into O. It is thought that this mutant lacks the replicator or initiation site for DNA synthesis.

In an attempt to disover whether any other genes besides O and P were necessary for λ DNA replication, Pereira da Silva, Eisen and Jacob (1968) made use of two properties of N mutants. As mentioned above, the N product appears to be necessary for the production of integrase and therefore for the excision of the prophage on induction. Secondly, it has been shown that mutations in gene N do not prevent phage DNA synthesis on induction of the prophage. Thus induction of an N mutant results in phage DNA synthesis within the host chromosome and effectively introduces a second replication point into the host chromosome (Sly, Eisen and Siminovitch, 1968). This new replication point is lethal to the host cell. It was reasoned that selection of mutants which were resistant to induction of an N mutant would result in second site mutations in the prophage which would block its ability to replicate. To facilitate this selection, mutants carrying a thermosensitive mutation in the *cI* gene were used. The repressor made by this mutant, cI_{857}, is reversibly inactivated at temperatures above 39°C. Thus heat-resistant mutants of a lysogen for $\lambda cI_{857}Nsus_7sus_{53}$ were selected by plating the cells at 41°. All the survivors were found to contain a second site mutation in the prophage. These mutants were of four types. The majority were mutant in genes O or P. About five per cent of the mutants were mutant in the x region. It was concluded on the basis of these results that the only diffusible phage products required for DNA replication were the products of genes O and P. Mutants affecting the phage replicator have not yet been found.

Regulation of repressor synthesis

The thermoresistant mutants of the thermo-inducible lysogens for *N-defective* prophage present rather surprising properties with respect to their immunity to superinfecting λ. Two classes of survivors are found. The first class are those mutants which remain non-immune even after extended growth at 30°, a temperature at which the 857 repressor is active. Although these mutants remain non-immune, their immunity region is intact, as shown by their ability to yield λ_{857} phage when crossed with heteroimmune phage. The second class of thermoresistant survivors consists of those mutants which recover their immunity shortly after being placed at temperatures below 39°.

The nature of the second site mutation in the heat-resistant mutants shows a strict correlation with the immunity state of the mutant. All those

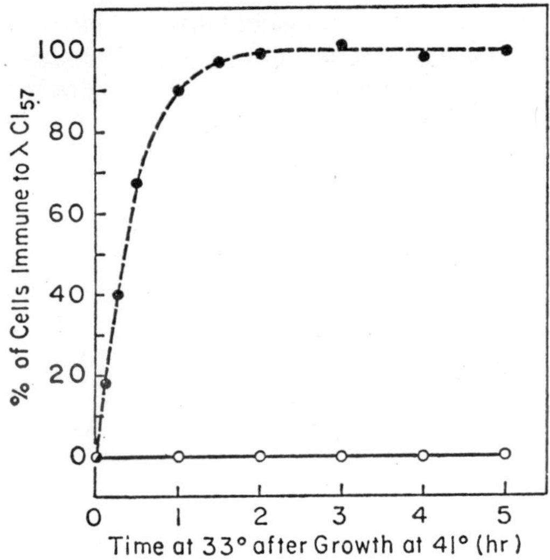

Fig. 2. Recovery of λ immunity after growth at 41°C. WNP$_{13}$ (lysogenic for λ857 *NN-x*) and WNQ8 (lysogenic for λ857 *NN-O*) were grown to 2×10^8/ml at 41°. The cultures were then shifted to 33° and the cell density was kept at $2 \cdot 4 \times 10^8$/ml by dilution every 30 minutes. At various times, samples were removed and plated on eosine-methylene blue (EMB)-glucose agar seeded with 2×10^9 λcl57. Immune colonies were scored after 18 hours at 30°. ● = WNP13. ○ = WNQ8.

isolates having a second site mutation in genes *O* or *P* are in the non-immune class, while all those mutants having a second site mutation in the *x* region recover their immunity (Eisen, Pereira da Silva and Jacob, 1968 a, b). These properties are demonstrated in Fig. 2. It may be seen that, while the strain carrying the second site mutation in the *x* region recovers its immunity, the strain carrying the second site mutation in genen *O* does not recover its immunity. Furthermore, while in the non-immune state this class of mutants synthesizes constitutively the x-O-P operon.

The striking difference between mutations in the x region and mutants in genes O and P with respect to immunity suggests two possible mechanisms for the regulation of the cI gene. The first possibility implicates a new repressor which would be synthesized by the derepressed phage and whose function it would be to repress the synthesis of the cI repressor. According to this hypothesis, those mutants which fail to recover their immunity at the low temperature would be making this "repressor of the repressor" constitutively while those mutants which recover their immunity would not make this second repressor.

This repressor of the repressor hypothesis makes one specific prediction. All mutants which fail to recover their immunity would be able to make the second repressor constitutively and would thus repress the synthesis of cI repressor by superinfecting homologous phage. Thus, wild-type λ should not be able to make repressor in these mutants and should not therefore be able to lysogenize. To test this, a non-immune culture of a heat-resistant mutant carrying a second mutation in gene O was infected with wild-type λ and the frequency of lysogenization measured. The results are presented in Table I. It is clear that the frequency of lysogenization of the heat-resistant mutants is very close to that of the non-lysogenic control. Thus, it seems clear that there is no product in the cells which represses the synthesis of the cI repressor.

TABLE I

Frequency of Lysogenization of Non-immune
Lysogens by λ Mutants

Infecting phage	Fraction of infected cells becoming immune	
	$WNQ8$	W_{3350}
—	$<10^{-5}$	$<10^{-5}$
λ^{+}	1×10^{-1}	1×10^{-1}
λcI_{60}	2.9×10^{-2}	$<10^{-5}$
$\lambda i_{434}Cy_{42}$	1.4×10^{-4}	9.5×10^{-5}

WNQ8, a lysogen for $\lambda 857$ NN-O, and W3350 were grown to $2 \times 10/^{8}$ml. at 42°C in the presence of 0.2 percent maltose. The cells were centrifuged and resuspended in 10^{-2}M-$MgSO_4$. The indicated phage was added to 1 ml. of the resuspended bacteria at a multiplicity of three phage per bacterium. After 20 minutes at 30°, the infected bacteria were diluted and plated on EMB-glucose plates seeded with 2×10^9 cI phage of the immunity being tested (Lederberg and Lederberg, 1953). Plates were incubated at 30° and immune colonies were scored after 18 hours.

A second mechanism for the control of cI synthesis is suggested by the failure of mutants in the x region to express any of the genes in the x-O-P

operon. These mutants do not in fact transcribe the operon (Taylor, Hradecna and Szybalski, 1967). Another feature of the system is the fact that the *cI* gene is transcribed in the opposite direction from the *x-O-P* operon and therefore from the other strand of the DNA. Thus the two operons diverge. These properties have led to the following model for *cI* regulation (Eisen, Pereira da Silva and Jacob, 1968 *a*, *b*). The promoters (or RNA polymerase bindings sites) (Beckwith, 1967; Jacob, Ullman and Monod, 1964) for the *x-O-P* and *cI* operons either overlap or are very close to one another, such that binding of RNA polymerase to one promoter can alter the affinity of the other for the polymerase. It is presumed that the *x-O-P* promoter is a strong promoter in that RNA polymerase has high affinity for it, while the *cI* promoter is weak in that the polymerase has a low affinity for it. The affinity of the *cI* promoter for the polymerase would be even further lowered by the presence of the polymerase on the *x-O-P* promoter. Thus, in the absence of the *cI* repressor, competition would be established between the two promoters. Since the *x-O-P* promoter has a high affinity for the polymerase, the polymerase would preferentially bind to it, thus blocking binding to the *cI* promoter. However, the *cI* repressor bound to the $V_{1,3}$ operator would block transcription of the *x-O-P* operon, thus permitting binding of RNA polymerase to the *cI* promoter. In this way, the *cI* repressor would be necessary for its own synthesis, that is it would be necessary to "eliminate" the competition for the RNA polymerase.

The theory that regulation of *cI* takes place via competition between promoters predicts that two types of mutants which recover their immunity can be obtained from non-immune lysogens. The first type would be mutants with altered promoters for the *x-O-P* operon, that is mutants in which the *x-O-P* promoter would have a lowered affinity for the RNA polymerase. The second type would be mutants with enhanced promoter activity for the *cI* operon. Preliminary results suggest that in fact both types of mutant are found.

The fact that the *cI* repressor is not made constitutively raises the problem of how its synthesis is initiated when a phage infects a sensitive cell. The model proposed above to account for *cI* regulation states that *cI* cannot be synthesized while the *x-O-P* operon is being transcribed. Thus the initiation of *cI* synthesis would require something to block transcription of the *x-O-P* operon. This supposes that the derepressed phage makes something which stimulates or permits the initiation of *cI* synthesis. That this is the case is shown in Table I. Here a non-immune lysogen was superinfected with a *λcI* mutant at 30° and the frequency of lysogenization was measured. The number of immune survivors is 100-fold greater in the *cI*-infected culture than in the non-infected control. Some product of the superinfecting phage has turned on the synthesis of repressor in the prophage. Thus a second circuit exists for the initiation of *cI* synthesis.

The second circuit for *cI* regulation would work like the first one mentioned above. Blocking of transcription of the *x-O-P* operon would permit initiation of the *cI* operon. Phage mutant in this initiation circuit would have a clear phenotype. However, once repressor synthesis was initiated (with the aid of helper phage for example), such mutants would form stable immune lysogens. Three genes giving mutants of this type are known in λ. These are genes *cII*, *cIII*, and the y region (Kaiser, 1957). We propose that *cIII*, or *cII* and *cIII* working together, are responsible for the initiation of *cI* synthesis and that these products act at the y region which would be a recognition site, itself producing nothing.

As yet, there is little information on the nature of *cII* and *cIII*. However, that the y region is a recognition site involved in the initiation of *cI* synthesis is supported by the complementation properties of the clear mutants found in this region. It has been shown that these mutants complement as though they were *cI* mutants. They do not complement amber mutants in *cI*, but they complement well with mutants in genes *cII* and *cIII* (Brachet, 1968). Further support for this idea is given in Table I. Here, a non-immune lysogen with a second site mutation in gene *O* was superinfected with λi434Cy42, a heteroimmune phage with a clear mutation in the y region. The number of i434 lysogens compared with that found on infection of a non-lysogenic host indicated that the presence of the prophage has little or no effect on the level of lysogenization by the y mutant. Since the y region is located in the *x-O-P* operon, any product of this region should be made constitutively by the non-immune lysogen which is constitutive for this operon. These results make is seem unlikely that a diffusible product is specified by the y region.

The notion that the synthesis of a repressor is regulated is a novel one for bacteria, where most regulation is adaptive rather than permanent. However the idea may help in the future in understanding the nature of non-adaptive control mechanisms in biological systems.

Summary

The early region of the bacteriophage λ chromosome is thought to contain four operons of which two, the *x-O-P* and the *N-CIII* operons, are directly under the control of the immunity repressor. Expression of the *int-red* operon requires both the removal of repression of the *N-CIII* operon and the product of the *N* gene. The fourth operon, the *CI-rex* operon whose main product is the immunity repressor, is also under control and is not expressed constitutively. The natures of these regulatory circuits are discussed with respect to their roles in the transition of the phage between the vegetative and lysogenic states.

References

Beckwith, J. (1967). *Science*, **156**, 597.

Brachet, P. (1968). Personal communication.

Brachet, P., and Green, B. (1968). Personal communication.

Dove, W. F. (1966). *J. molec. Biol.*, **19**, 187–201.

Eisen, H. A. (1967). Unpublished results.

Eisen, H. A., Fuerst, C. R., Siminovitch, L., Thomas, R., Lambert, L., Pereira da Silva, L. H., and Jacob, F. (1966). *Virology*, **30**, 224–241.

Eisen, H. A., Pereira da Silva, L. H., and Jacob, F. (1968a). *C.r. hebd. Séanc. Acad. Sci., Paris*, **266**, 1176–1178.

Eisen, H. A., Pereira da Silva, L. H., and Hacob, F. (1968b). *Cold Spring Harb. Symp. quant. Biol.*, 755–764.

Gottesman, M., and Yarmolinsky, M. (1968). *J. molec. Biol.*, **31**, 487–506.

Jacob, F., Ullman, A., and Monod, J. (1964). *C.r. hebd. Séanc. Acad. Sci., Paris*, **258**, 3125–3128.

Jacob, F., and Wollman, E. (1954). *Annls Inst. Pasteur, Paris*, **87**, 653–673.

Kaiser, A. D. (1957). *Virology*, **3**, 42–61.

Lederberg, E. M., and Lederberg, J. (1953). *Genetics*, **38**, 51–64.

Luzzati, D. (1968). Personal communication.

Packman, S., and Sly, W. S. (1968) *Virology*, **34**, 778–789.

Pereira da Silva, L H., and Jacob, F. (1967) *Virology*, **33**, 618–624.

Pereira da Silva, L H., and Jacob, F. (1968) *Annls Inst. Pasteur, Paris*, **115**, 145–158.

Pereira da Silva, L. H., Eisen, H. A., and Jacob, F. (1968). *C.r. hebd. Séanc. Acad. Sci., Paris*, **266**, 926–928.

Ptashne, M., and Hopkins, N. (1968). *Proc. natn. Acad. Sci. U.S.A.*, **60**, 1282–1286.

Signer, E., Echols, H., Weil, J., Radding, C., Shulman, M., Moore, L., and Manly, K. (1968). *Cold Spring Harb. Symp. quant. Biol.*, **33**, 711–714.

Sly, W. S., Eisen, H. A., and Siminovitch, L. (1968). *Virology*, **34**, 112–127.

Taylor, K., Hradecna, Z., and Szybalski, W. (1967). *Proc. natn. Acad. Sci. U.S.A.*, **57**, 1618.

Thomas, R. (1966). *J. molec. Biol.*, **22**, 79–95.

Zissler, J. (1967). *Virology*, **31**, 189.

Allosteric Interactions in Regulatory Proteins and Excitable Membranes

J. P. Changeux

Institut Pasteur

J. P. Changeux

I The Control of Biochemical Reactions

The analogy between a living organism and a machine holds true to a remarkable extent at all levels at which it is investigated. To be sure, living things are machines with exceptional powers, set apart from other machines by their ability to adapt to the environment and to reproduce themselves. Yet in all their functions they seem to obey mechanistic laws. An organism can be compared to an automatic factory. Its various structures work in unison, not independently; they respond quantitatively to given commands or stimuli; the system regulates itself by means of automatic controls consisting of specific feedback circuits.

These principles have long been recognized in the behavior of living organisms at the physiological level. In response to the tissues' need for more oxygen during exercise the heart speeds up its pumping of blood; in response to a rise in the blood-sugar level the pancreas increases its secretion of insulin. Now analogous systems have been discovered at work within the living cell. The new findings of molecular biology show that the cell is a mechanical microcosm: a chemical machine in which the various structures are interdependent and controlled by feedback systems quite similar to the systems devised by engineers who specialize in control theory. In this article we shall survey the experimental findings and hypotheses that have developed from the viewpoint that the cell is a selfregulating machine.

We can think of the cell as a completely automatic chemical factory designed to make the most economical use of the energy available to it. It manufactures certain products—for example proteins—by means of series of reactions that constitute its production lines, and most of the energy goes to power these processes. Regulating the production lines are control circuits that themselves require very little energy. Typically they consist of small, mobile molecules that act as "signals" and large molecules that act as "receptors" and translate the signals into biological activity.

The elementary machines of the cellular factory are the biological catalysts known as enzymes. The synthesis of any product (for example a specific protein) entails a series of steps, each of which calls for a specific enzyme. Obviously there are two possible ways in which the cell can control its output of a given product: (1) it may change the number of machines (enzyme molecules) available for some step in the chain or (2) it may change their rate of operation. Therefore in order to reduce the output of the product in question the cell may cut down the number of enzyme molecules or inhibit some of them or do both.

An excellent demonstration of such control has been obtained in experiments with the common bacterium *Escherichia coli*. The experiments involved the bacterial cell's production of the amino acid L-isoleucine, which it uses, along with other amino acids, to make proteins. Would the cell go on synthesizing this amino acid if it already had more than it needed for building proteins? L-isoleucine labeled with radioactive atoms was added to the medium in which the bacteria were growing; the experiments showed that when the substance was present in excess, the bacteria ceased to produce it. The amount of the amino acid in the cell in this case serves as the signal controlling its synthesis: if the amount is below a certain level, the cell produces more L-isoleucine; if it rises above that level, the cell stops producing L-isoleucine. Like the temperature level in a house with a thermostatically regulated heating system, the level of L-isoleucine in the cell exerts negative-feedback control on its own production.

How is the control carried out? H. Edwin Umbarger and his colleagues, working in the laboratory of the Long Island Biological Association, found that the presence of an excess of L-isoleucine has two effects on the cell: it inhibits the activity of the enzyme (L-threonine deaminase) needed for the first step in the chain of synthesizing reactions, and it stops production by

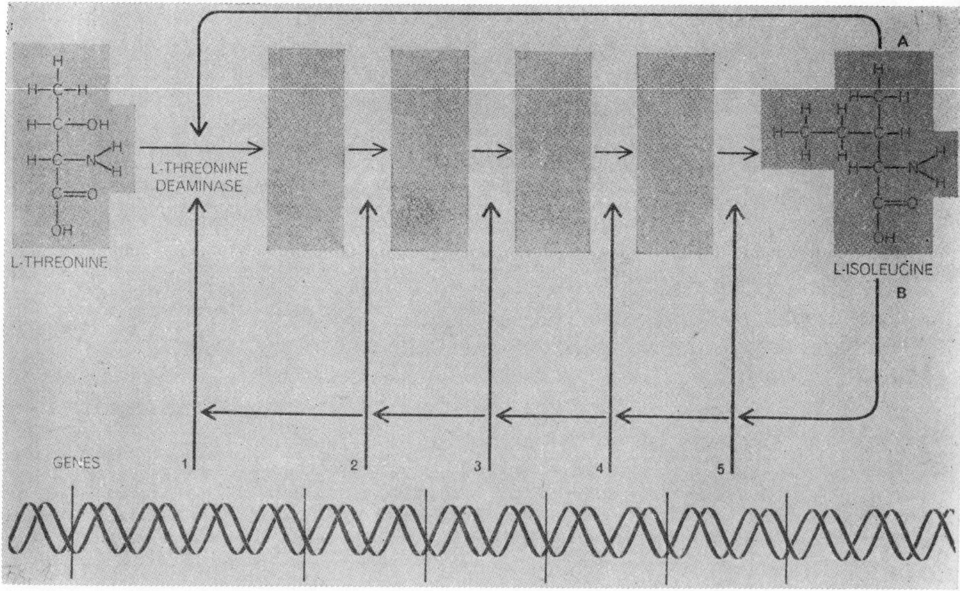

Fig. 1. Two feedback systems control the biosynthesis of cell products, as shows here for the synthesis of the amino acid L-isoleucine in the bacterium *Escherichia coli*. The end product of the synthesizing chain acts as a regulatory signal that inhibits the activity of the first enzyme in the chain, L-threonine deaminase (*A*), and also represses the synthesis of all the enzymes (*B*).

the cell of all the enzymes (including L-threonine deaminase) required for L-isoleucine synthesis. Curiously it turned out that the two control mechanisms are independent of each other. By experiments with mutant strains of *E. coli* it was found that one mutation deprived the cell of the ability represented by the inhibition of L-threonine deaminase by L-isoleucine; another mutation deprived it of the ability to halt production of the entire set of enzymes. The two mutations were located at different places on the bacterial chromosome. Therefore it is clear that the two control mechanisms are completely separate (fig. 1).

Let us first examine the type of mechanism that controls the manufacture of enzymes. It was Jacques Monod and Germaine Cohen-Bazire of the Pasteur Institute in Paris who discovered the phenomenon of repression: the inhibition of enzyme synthesis by the presence of the product, the product serving as a signal that the enzymes are not needed. The signal substance in their experiments was the amino acid tryptophan. They found that when the medium in which *E. coli* cells were growing contained an abundance of tryptophan, the cells stopped producing tryptophan synthetase, the enzyme required for the synthesis of the amino acid. This efficient behavior has since been demonstrated in many cells, not only bacteria but also the cells of higher organisms. The addition of an essential product to the cells' growth medium results in a negative-feedback signal that causes them to stop synthesizing enzymes they do not need.

In other systems the response of the cell is not negative but positive. We have been considering signals that repress the synthesis of enzymes; the cell can also respond to signals calling on it to produce enzymes. An example of such a situation is that the cell is confronted with a compound it must break down into substances it requires for growth.

The "induction" of enzyme synthesis in cells was discovered at the turn of the century by Frédéric Dienert of the Agronomical Institute in France. He was studying the effect of a yeast (*Saccharomyces ludwigii*) in fermenting the milk sugar lactose. He found that strains of the yeast that had been grown for several generations in a medium containing lactose would begin to work on the sugar immediately, causing it to start fermenting within an hour. These cells had a high level of lactase, an enzyme that specifically breaks down lactose. Yeast cells that had not been grown in lactose lacked this enzyme, and not surprisingly they failed to ferment lactose on being introduced to the sugar. After 14 hours, however, fermentation of the sugar did get under way; it developed that the presence of the lactose had induced the yeast to produce the enzyme lactase. The adaptation was quite specific: only lactose caused the yeast to synthesize this enzyme; other sugars failed to do so.

In recent years Monod and François Jacob of the Pasteur Institute have worked out some of the basic mechanisms of enzymatic adaptation by the cell, in both the repression and induction aspects. First they discovered that a single mutation in *E. coli* could eliminate the control of lactase synthesis by lactose: the mutant cells produced lactase just as well in the absence of lactose as in its presence. In these cells only the triggering effect was changed; the enzyme they produced was exactly the same as that synthesized by non-mutant strains. In other words, it appeared that the rate of production of the enzyme was controlled by one gene and that the structure of the enzyme was determined by quite another gene. This was confirmed by genetic experiments that showed that the "regulatory gene" and the "structural gene" were indeed in separate positions on the bacterial chromosome.

How does the regulatory gene work? Arthur B. Pardee, Jacob and Monod found that it causes the cell to produce a "repressor" molecule that controls the functioning of the structural gene. In the absence of lactose the repressor molecule prevents the structural gene from directing the synthesis of lactase molecules. The repressor does not act on the structural gene directly; it binds itself to a special structure that is closely linked on the chromosome with the structural gene for the enzyme and with several other genes involved in lactose metabolism. This special genetic structure is called an "operator." The binding of the repressor to the operator causes the latter to switch off the activity of the adjacent structural genes, and in this

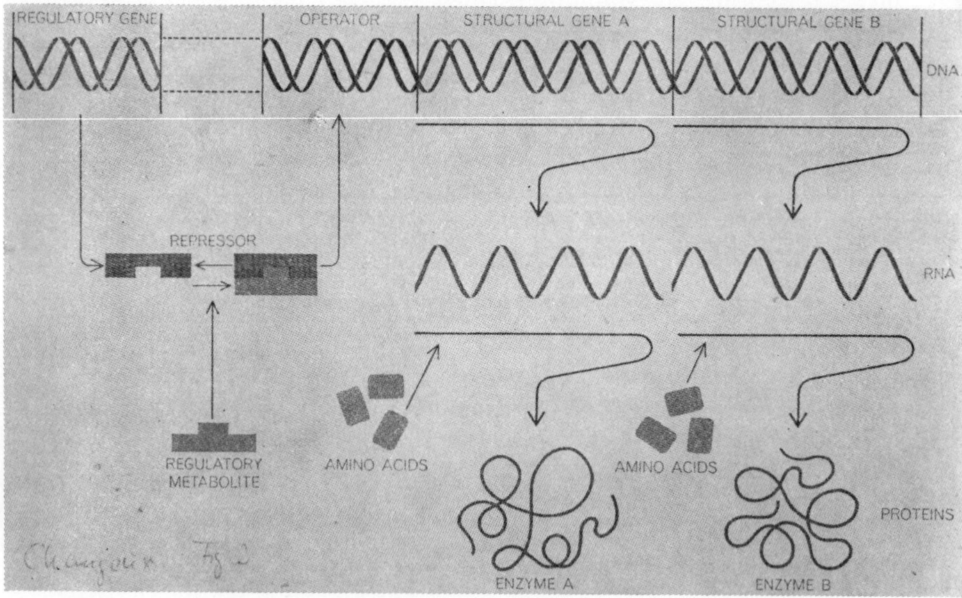

Fig. 2. Control of protein synthesis by a genetic "repressor" was proposed by François Jacob and Jacques Monod. A regulatory gene directs the synthesis of a molecule, the repressor, that binds a metabolite acting as a regulatory signal. This binding either activates or inactivates the repressor, depending on whether the system is "repressible." or "inducible." In its active state the repressor binds the genetic "operator," thereby causing it to switch off the structural genes that direct the synthesis of the enzymes.

way it blocks the complex series of events that would lead to synthesis of the enzyme.

Jacob and Monod have shown that this scheme of control applies to any category of "adaptive" enzymes (fig. 2). The repression and induction of enzymes can be regarded as opposite sides of the same coin. In a repressible system the binding of the regulatory signal on the repressor activates the repressor so that it blocks the synthesis of the enzyme. In an inducible system, on the other hand, the binding of the inducing signal on the repressor *inactivates* the repressor, thus releasing the cell machinery to synthesize the enzyme. Mutant cells that lose the repressive machinery need no inducer: they synthesize the enzyme almost limitlessly without requiring any induction signal.

In brief, the various repressors in the cell are specialized receptors, each capable of recognizing a specific signal. And within its chromosomes a cell possesses instructions for synthesizing a wide variety of enzymes, each of which can be evoked simply by the presentation of the appropriate signal to the appropriate repressor.

The cell's selection of chromosomal records for transcription is so efficient as to seem almost "conscious". Actually, however, the responses of the cell are automatic, and like any other automatic mechanism they can be "tricked." It is as though a vending machine were made to work by a false coin: certain artifical compounds closely resembling lactose are excellent inducers of lactase but cannot be broken down by the enzyme. This means that the cell is tricked into spending energy to make an enzyme it cannot use. The signal works, but it is a false alarm. Trickery in the opposite direction is also possible. There is an analogue of tryptophan, called 5-methyl tryptophan, that acts as a repressive signal, causing the cell to stop its production of tryptophan. But 5-methyl tryptophan cannot be incorporated into protein in place of the genuine amino acid. Without that essential amino acid the cell stops growing and dies of starvation. Thus the false signal in effect acts as an antibiotic.

If chemical signals control the production of enzymes, may they not also control the more generalized activities of the cell, notably its self-replication? Jacob, Sydney Brenner and François Cuzin, working cooperatively at the Pasteur Institute and at the Laboratory of Molecular Biology at the University of Cambridge, recently discovered evidence of such a chemical control. They investigated the replication of the unique circular chromosome of *E. coli*. The synthesis of the deoxyribonucleic acid (DNA) of the chromosome, they found, is initiated by a signaling molecule that corresponds to the repressor of enzyme synthesis. The "initiator" has a positive effect rather than a repressive one. Like the repressor of enzyme synthesis, is it synthesized under the direction of a regulatory gene for replication. As the cell prepares for division, the initiator receives orders from the cell membrane and triggers the replication of its DNA by activating a genetic structure called the replicator (analogous to the "operator" of enzyme synthesis). Not much information has been gathered so far about the signal that prompts the initiator or about the details of the machinery it sets in motion, but it seems clear that cell division has its own system of chemical control and that it can adjust itself to the composition of the growth medium.

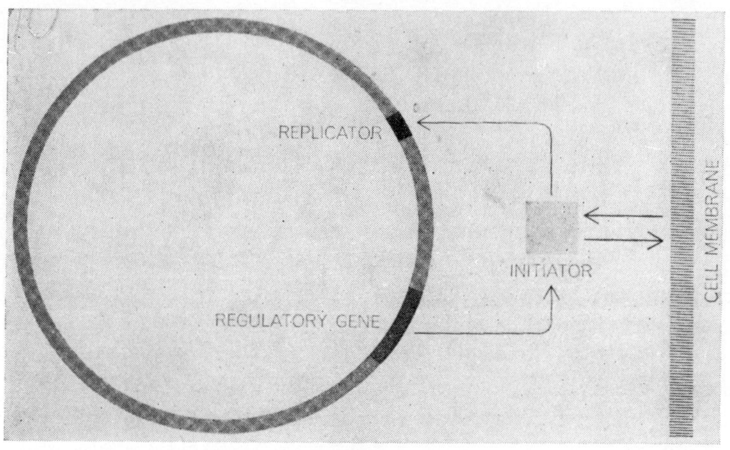

Fig. 3. Replication of DNA of a bacterial chromosome may be under a control like that of protein synthesis. A regulatory gene directs the synthesis of an "initiator," which receives a signal (perhaps from the cell membrane) that makes it act on the "replicator."

We have been considering the control of the synthesis of enzymes; now let us turn to the control of their activity. As I have mentioned, Umbarger and his colleagues found that the presence of L-isoleucine would not only cause *E. coli* to stop synthesizing the enzymes needed for its production but also inhibit the activity of the first enzyme in the chain leading to the formation of the amino acid. The phenomenon of control of enzyme activity had already been noted earlier in the 1950's by Aaron Novick and Leo Szilard of the University of Chicago. They had shown that an excess of tryptophan in the *E. coli* cell halted the cell's production of tryptophan immediately, which means that the signal inhibited the activity of enzymes already present in the cell. Umbarger went on to investigate the direct effect of L-isoleucine on the enzymes that synthesize it; these had been extracted from the cell. He demonstrated that L-isoleucine inhibited the first enzyme in the chain (L-threonine deaminase), and only the first. This action was extremely specific; no other amino acid—not even D-isoleucine, the mirror image of L-isoleucine—had any effect on the enzyme's activity.

One must pause to remark on the extraordinary economy and efficiency of this control system. As soon as the supply of L-isoleucine reaches an adequate level, the cell stops making it at once. The signal acts simply by turning off the activity of the first enzyme; that is enough to stop the whole production line. Most remarkable of all, once this first enzyme has been synthesized the control costs the cell no expenditure of energy whatever; this is shown by the fact that the amino acid will act to inhibit the enzyme outside the cell without any energy being supplied. A factory with control relays that require no energy for their operation would be the ultimate in industrial efficiency!

The L-isoleucine control system of *E. coli* is only one example of this type of regulation in the living cell. It has now been demonstrated that similar circuits control the cell's production of the other amino acids, vitamins and other major substances, including the purine and pyrimidine bases that are the precursors of DNA.

In all these cases the control is negative; that is, it involves the inhibition of enzymes. There are opposite situations, of course, in which the control system *activates* an enzyme when the circumstances call for it. An excellent example of such a positive control has to do with the cell's storage and use of energy.

Animal cells store reserve energy in the form of glycogen, or animal starch. Glycogen is synthesized from a precursor—glucose-6-phosphate—in three enzymatic steps. First glucose-6-phosphate is made into glucose-1-phosphate; then glucose-1-phosphate is made into uridine diphosphate D-glucose. Finally uridine diphosphate D-glucose is made into glycogen. When the cell has a good supply of energy, it produces considerable amounts of glucose-6-phosphate. This serves as a signal for stimulating the synthesis of glycogen. The signal works at the third step: the presence of a high level of glucose-6-phosphate strongly activates the enzyme that brings about the conversion of uridine diphosphate D-glucose into glycogen. On the other hand, when the supply of working energy in the cell falls to a low level, so that it must draw on the reserve stored in glycogen, it becomes necessary to activate an enzyme that splits the glycogen (the enzyme known as glycogen phosphorylase). One chemical signal known to be capable of activating this enzyme is adenosine monophosphate (AMP). AMP is a product of the splitting of adenosine triphosphate (ATP), the principal source of the cell's working energy, and an accumulation of AMP therefore indicates that the cell has used up its energy. The AMP signal activates the glycogen-splitting enzyme; the enzyme splits the glycogen molecule; the splitting releases energy, and the energy then is used to regenerate ATP.

The cell thus possesses mechanisms for two types of control of enzyme activity: negative (inhibited enzymes) and positive (activated enzymes). There are situations in which both methods operate simultanesously. Consider, for example, the synthesis of a nucleic acid. It is assembled from purine and pyrimidine bases, combined in certain definite proportions. The purines and pyrimidines are synthesized on parallel production lines. For the sake of

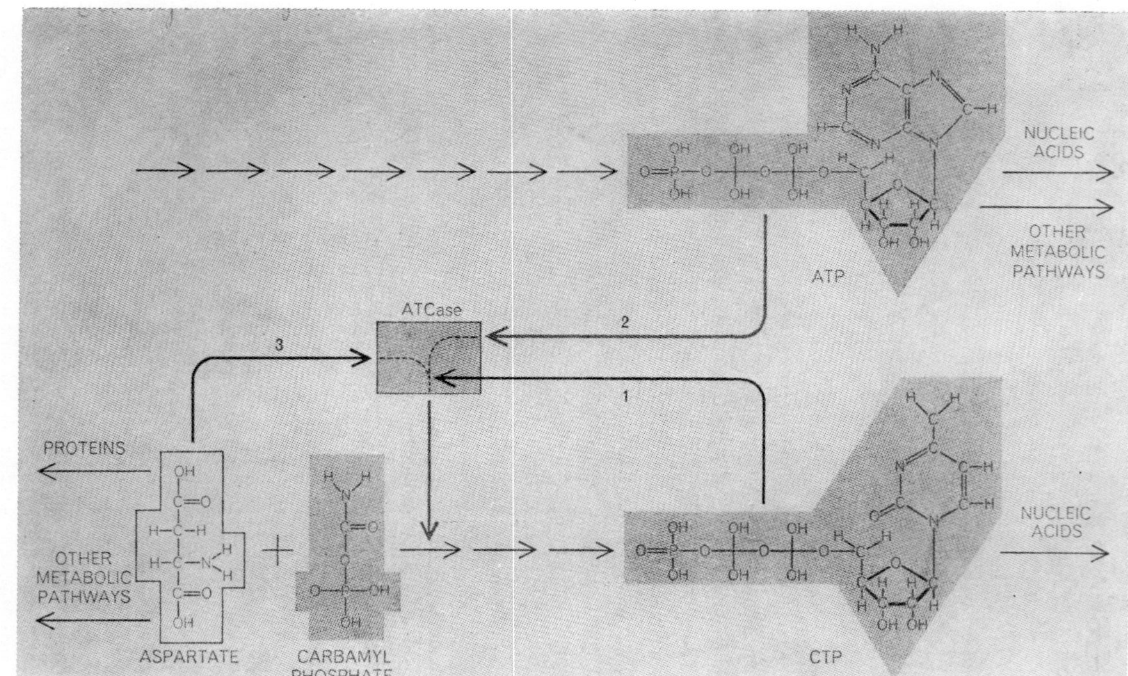

Fig. 4. Two nucleotides, adenosine triphosphate (ATP) and cytidine triphosphate (CTP), are required by the cell in fixed proportions, so their production is regulated by interconnected feedback mechanisms operating on the first enzymes in the synthetic chains, In the case of CTP the enzyme is aspartate transcarbymylase (ATCase). It is inhibited by an excess of CTP (*1*), activated by an excess of ATP (*2*) and must also recognize and respond to the "cooperative" effects of aspartate, its substrate (*3*), which also plays a role in protein synthesis. Notice that ATP, CTP and aspartate have different shapes. How, then, can they all "fit" ATCase chemically?

economy they should be produced roughly in the proportions in which they will be used.

This implies that the rate of production by each production line should feed back to control the output by the other. Such a system of mutual regulation must employ both negative and positive controls. Exactly this kind of system has been demonstrated in experiments with *E. coli* conducted by John C. Gerhart and Pardee at the University of California at Berkeley and at Princeton University. They showed that the output of the pyrimidine production line is controlled not only by its own end product (which inhibits the first enzyme in the synthetic sequence) but also by the end product of the purine production line, which counteracts the inhibition by the pyrimidine end product in vitro. Indeed, the purine end product can activate the pyrimidine production directly when no pyrimidine production is present! In short, the enzyme involved here is inhibited by one signal and activated by another.

Several enzymes involved in regulation have also been found to respond in this way to different signals. Moreover, this is not the only exceptional property of these enzymes. Let us now consider another property that will clarify the mechanism by which they are controlled.

A clue to this property seems to lie in the shape of the curve describing the rate at which the enzymes react with their substrates: the substances whose changes they catalyze. Ordinarily the rate of reaction of an enzyme increases as the concentration of substrate is increased. The increase is described by an experimental curve that fits a hyperbola. This kind of curve expresses the fact that the first step in the transformation of the substrate by the enzyme is the binding of the substrate to a specific attachment site on the enzyme.

When the concentration of substrate is increased, molecules of substrate tend to occupy more and more binding sites. Since the number of enzyme molecules is limited, at high concentrations of substrate nearly all the binding sites are occupied. At this point the rate of reaction levels off, hence the hyperbolic shape of the curve. The regulatory enzymes, surprisingly, do not exactly follow this pattern: their reaction rate increases with the concentration of substrate but often the curve is sigmoid (*S*-shaped) rather than hyperbolic.

When one reflects on the saturation curve of the regulatory enzymes, one notes that it is strikingly like the curve describing the saturation of the hemoglobin of the blood with oxygen. There too the reaction rate traces a sigmoid curve; this remarkable property is related to hemoglobin's physiological function of carrying oxygen from the lungs to other tissues. In the lungs, where the oxygen pressure is high, the hemoglobin is readily charged with the gas; in the tissues, where the oxygen pressure is low, the hemoglobin readily discharges its oxygen. Consider now, however, the myoglobin of muscle tissue. It takes on oxygen, but its oxygenation follows a hyperbolic curve like the classical one for enzymes. A comparative chart shows that when the pressure of oxygen is increased, the amount of oxygen bound by hemoglobin increases faster than the amount bound by myoglobin (*see* fig. 5). It looks as if the first oxygen molecules picked up by the hemoglobin favor the binding of others—as if there is cooperation among the oxygen molecules in binding themselves to the carrier. Oxygen thus plays the role of a regulatory signal for its own binding.

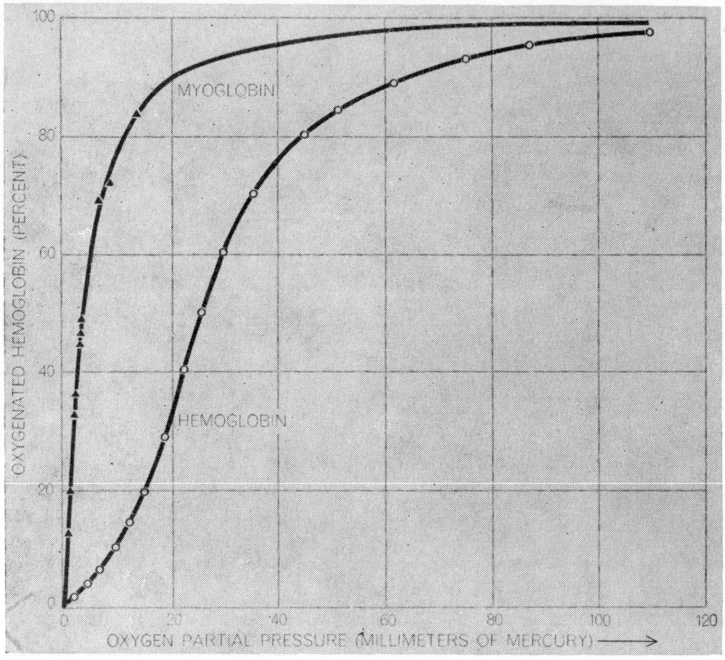

Fig. 5. Hemoglobin, like an enzyme, is a large molecule that binds a small one (oxygen) at specific sites. The curves show the rate of oxygen-binding by hemoglobin (*color*) and myoglobin (*black*), a related oxygen-carrier in muscle. The myoglobin curve is a hyperbola but the hemoglobin curve is *S*-shaped. Hemoglobin binds best at higher oxygen concentrations (in the lungs); the binding of a few oxygen molecules favors the binding of more.

Similarly, cooperation may be the key to the sigmoid pattern of binding activity in many of the regulatory enzymes. An example of such an enzyme is threonine deaminase. Here again physiological function is evident. The substrate of threonine deaminase is the amino acid threonine. If the amount of this amino acid falls to a very low level in the cell, the cell cannot synthesize proteins. In the absence of threonine, it would be a waste of energy to make isoleucine, the end product of the chain of which threonine deaminase is the first step; hence the economy-geared control system of the cell calls off the production of the second amino acid. In other words, threonine deaminase will not be active and isoleucine will not be produced unless at least threshold concentrations of threonine are present in the cell. In this situation threonine plays the role of regulatory signal for the reaction of which it is the specific substrate; it is an activator of its own transformation.

The most remarkable part of the story is that such cooperative effects are not restricted to the binding of substrate but also operate in the binding of more familiar regulatory signals: specific inhibitors or activators. Regulatory enzymes appear to be built in such a way that they not only recognize the configuration of specific substrates as signals but also gauge their response to whether or not the substrates and regulatory signals are present in certain threshold concentrations. (This is strongly reminiscent, of course, of electric relays—and, one may add, of nerve cells—which react only if the signal has a certain threshold strength.) The regulatory enzymes are thus capable of integrating several signals—both positive and negative—that modulate their activity.

We come now to the question: How do the regulatory relays work? The signals (either activators or inhibitors) are usually small molecules, and the receptor is a regulatory enzyme. In chemical terms, how does the enzyme translate and integrate the signals it receives? The answer to this question applies not only to regulatory enzymes but also to any other molecule that mediates a regulatory interaction. Since little is known about many of these molecules, the model I shall now describe is based on the experimental results obtained from regulatory enzymes. It seems legitimate, however, to extend the model to any category of regulatory molecule.

The question presents a biochemist with a difficult paradox. A molecule can "recognize" a message only in terms of geometry, that is, the shape or configuration of the molecule bearing the message. In this case the message is supposed to cause the enzyme to carry out (or refrain from carrying out) a certain reaction: conversion of a specific substrate into a specific product. Yet the molecule bearing the message often has no structural likeness to either the substrate or the product! How, then, can it promote or interfere with the enzyme's performance of its specific catalytic action on this substrate?

Considering several possible explanations, Monod, Jacob and I have concluded that the only plausible one is that the signal and the substrate fit into separate binding sites on the enzyme and that the signal takes effect by an interaction between these sites (*see* fig. 6). There is strong experimental evidence in favor of this model. One of the most convincing lines of evidence is the recent discovery by Gerhart that the regulatory enzyme aspartate transcarbamylase has a binding site for its substrate on one subunit of the molecule and a site for an inhibitor of its activity on another subunit. When the subunits are split apart, one retains the ability to recognize the substrate, the other the ability to recognize the inhibitor.

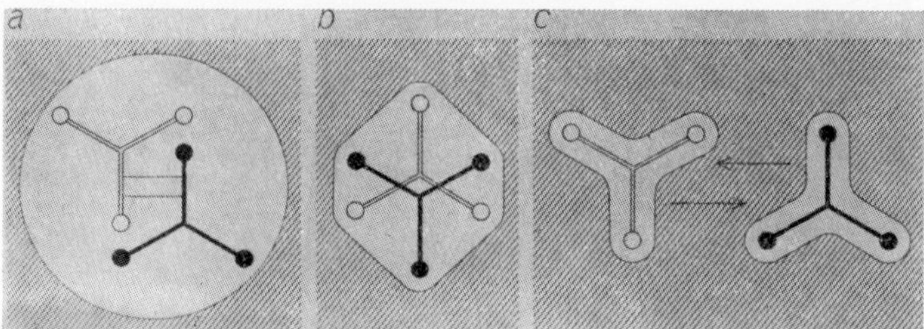

Fig. 6. Regulatory property of an enzyme might be explained in three different ways. A regulatory signal (*open shape*) might combine with the substrate (*black shape*), participating directly in the chemical reaction it is controlling (*a*). But no such compounds have been found. A signal could simply get in the way of the substrate, excluding it from the enzyme's active site by "steric hindrance" (*b*). The different shapes of substrates and signals preclude this, and in any case steric hindrance could only account for enzyme inhibition, not activation. The only plausible hypothesis, confirmed by experiments with several enzymes, is that the signals and the substrate fit different sites in the enzyme and that the regulatory interactions of these sites are "allosteric," or indirect (*c*).

We must now inquire into the nature of the interaction of these two categories of sites on the enzyme. How does the binding of a molecule at one site affect the binding of another molecule at the other site? The best clue to an understanding of the mechanism of the interaction seems to lie in a property of regulatory enzymes that I have already mentioned: the sigmoid curve describing their binding of substrate or of signal molecules, which indicates a cooperative effect among those molecules. Again it is instructive to consider the analogy of the binding of oxygen molecules by hemoglobin.

The hemoglobin molecule has four hemes that are well separated from one another; each is a binding site for an oxygen molecule. In view of the separation between the sites, their cooperation in binding oxygen must be "allosteric," or indirect. Myoglobin, which has only one binding site, binds

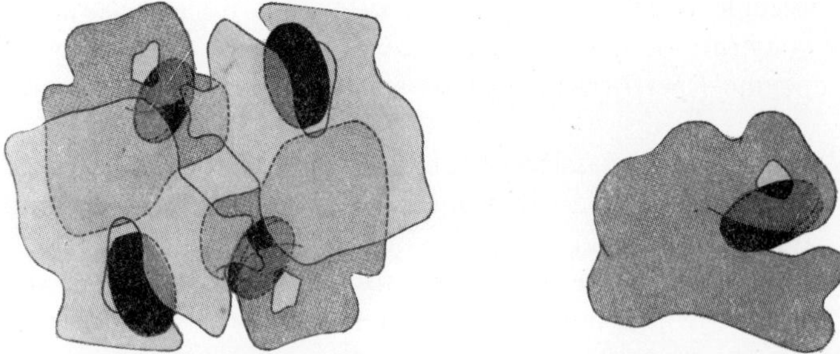

Fig. 7. Molecule of hemoglobin, shown (*left*) in very simplified form, has four heme groups (*black*), each of which is borne on a subunit, or chain, that is very similar to a myoglobin molecule (*right*). The heme groups of hemoglobin, each of which is a binding site for an oxygen molecule, are relatively far apart. Cooperative interactions among them must therefore be "allosteric."

oxygen hyperbolically (that is, without any control); hemoglobin, with its four sites, binds oxygen in a sigmoid pattern. It seems, therefore, that the key to hemoglobin's cooperative, controlled binding of oxygen lies in the molecule's four-part structure.

Now consider a regulatory enzyme. The binding of any particular molecule (substrate, inhibitor or activator) is sigmoid and therefore a cooperative affair; this implies that there is a set of reception sites for each specific molecule. There also appears to be interaction among the binding sites for different molecules, such as substrate and activator or substrate and inhibitor. Surprisingly the experimental evidence suggests that both types of allosteric interaction—that among the sites binding a particular molecule and that among the sites binding different molecules—may depend on one and the same mechanism, embodied in the structure of the enzyme molecule.

The most striking evidence comes from experiments in the alteration of the structure of regulatory enzyme molecules. Gerhart and Pardee at Berkeley and Princeton and I at the Pasteur Institute, working independently, have found that by changing the molecular structure of aspartate trans-

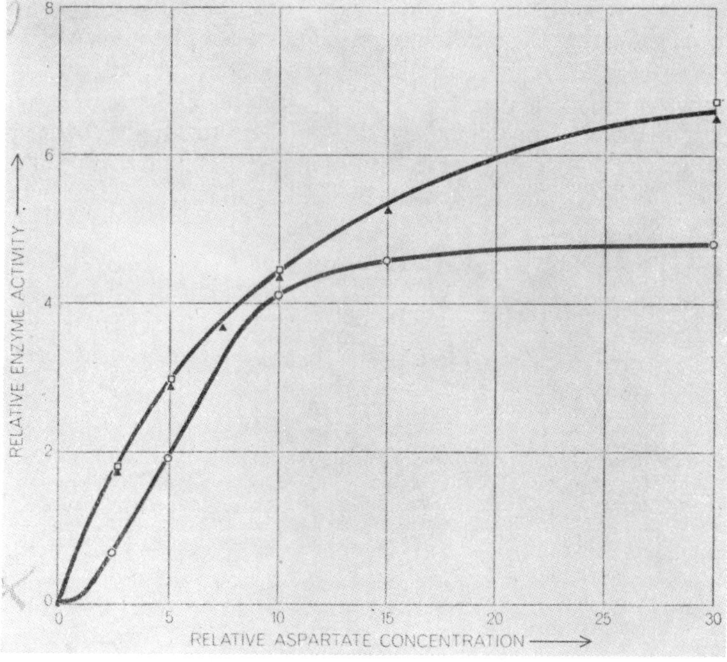

Fig. 8. Desensitization of an enzyme affects all its regulatory properties. The substrate saturation curve of natural ATCase (*lower curve*) is *S*-shaped as a result of the cooperative effect. If the enzyme is denatured by heating, the cooperative effect is lost (*upper curve*). So is the effect of feedback inhibition by CTP, as shown by the fact that the curve is the same whether the enzyme is assayed without CTP (*triangles*) or with CTP added (*squares*).

carbamylase or L-threonine deaminase (by means of heat, bacterial mutation or certain other procedures) it is possible to "desensitize" these regulatory enzymes so that they are no longer affected by a feedback inhibitor. They are still capable, however, of reacting with their respective substrates. The interesting point is that a change in the enzyme's structure eliminates, along with the negative interaction of the feedback inhibitor and the substrate, all the cooperative interactions in the enzyme molecule. This applies particularly to the binding of the substrate, which changes from a sigmoid to a hyperbolic pattern.

What, then, is the crucial structural feature that accounts for the allosteric interactions within the enzyme molecule? Again hemoglobin offers a clue.

We have noted that the hemoglobin molecule is a four-part structure. It comprises four heme units, each of which is attached to a distinct chain of amino acid units. This molecule is thus made up of four subunits, each of which is so similar to a myoglobin molecule that hemoglobin can be considered essentially a combination of four myoglobin molecules. Hemoglobin displays cooperative interactions, whereas myoglobin does not; hence this property evidently is associated with its four-part structure. Now, experiments show that the binding of oxygen by hemoglobin is connected in some way with an adjustment in the bonding between the subunits making up the molecule [*see* "The Hemoglobin Molecule," by M. F. Perutz; Scientific American, November, 1964]. The same turns out to be true of many of the regulatory enzymes; their binding of smaller molecules also depends on the adjustment of the bonds holding together their subunits.

On the strength of the experimental findings, Monod, Jeffries Wyman and I have proposed a model picturing the working of the regulatory enzyme system (*see* fig. 9). It suggests that the enzyme molecule consists of a set

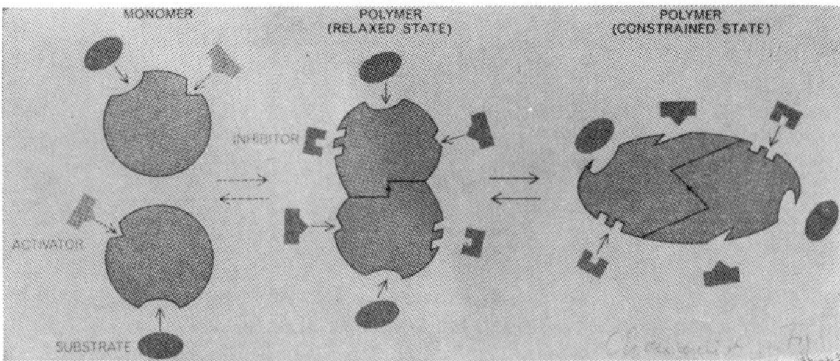

Fig. 9. Regulatory changes in an allosteric molecule are conceived of as arising from its shifting back and forth between two states. The polymeric molecule is made up of several monomers (two in this case), as shown at left. The polymer can exist in a "relaxed" state (*middle*) or a "constrained" state (*right*). In one condition it binds substrate and activators; in the other state it binds inhibitors. The binding of a signal tilts the balance toward one or the other state but the molecule's symmetry is preserved.

of identical subunits, each subunit containing just one specific site for each of the molecules it may bind to itself, either substrate molecules or regulatory signals. Now, if a molecule is made up of a definite and limited number of subunits, the implication is that it has an axis of symmetry. Let us say that the enzyme molecule can switch back and forth between two states, and that in each state its symmetry is preserved. The two symmetrical states differ in the energy of bonding between the subunits: in the more relaxed state the enzyme molecule will preferentially bind activator and substrate; in the more constrained state it will bind inhibitor. Whichever compound it binds (substrate, inhibitor or activator) will tip the balance so that it then favors the binding of that category of small molecule. A change in the relative concentrations of substrate and signals may, depending on their molecular structure, tip the balance one way or the other. Thus the model indicates how the enzyme molecule's binding sites may interact, either cooperatively or antagonistically. It suggests that the enzyme may integrate different messages simply by adopting a characteristic state of spontaneous equilibrium between two states.

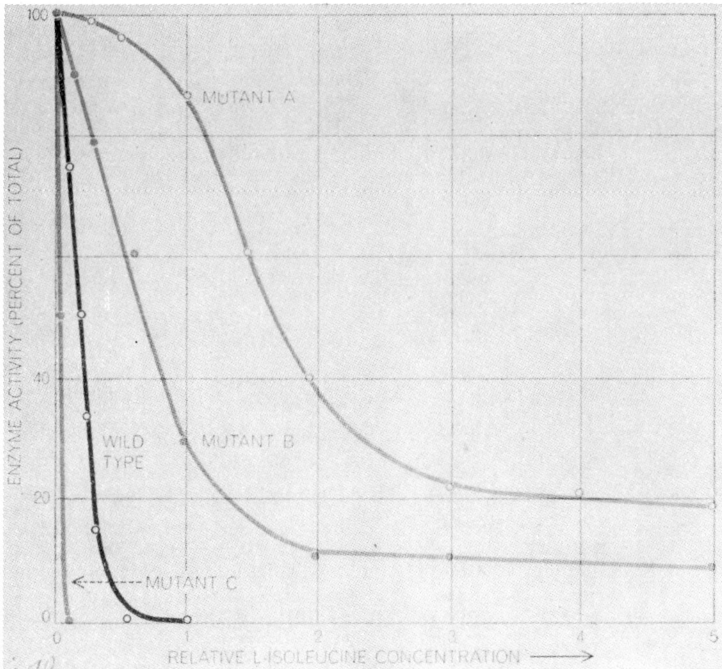

Fig. 10. Mutations in the structural gene for L-threonine deaminase in *E. coli* affect the regulatory properties of the enzyme. Mutant enzymes respond differently to feedback inhibition.

7

The major conclusion from the study of the regulatory enzymes is that their powers of control and regulation depend entirely on the form of their molecular structure. Built into that structure, as into a computer, is the capacity to recognize and integrate various signals. The enzyme molecule responds to the signals automatically with structural modifications that will determine the rate of production of the product in question. How did these biological "computers" come into being? Obviously they must owe their remarkable properties to nature's game of genetic mutation and selection, which in eons of time has refined their construction to a peak of exquisite efficiency.

II Remarks on the Symmetry and Cooperative Properties of Biological Membranes

> Et de tous nos palais la savante structure
> céde aux simples beautés qu'y forme la nature
> *Molière*

A considerable amount of literature has been published on the structure and function of biological membranes and our purpose is not to present a comprehensive review of these data. We wish only to discuss a few phenomena which have been recently reinvestigated on the light of the results obtained with regulatory enzymes (Monod, Changeux and Jacob, 1963; Monod, Wyman and Changeux, 1965; Stadtman, 1966; Koshland and Neet, 1968). Indeed as previously mentioned (Changeux, Thiéry, Tung and Kittel, 1967; Changeux and Thiéry, 1968), regulatory enzymes and biological membranes share several important physiological properties: (1) they are "excitable" in the sense that they respond to the binding of specific, "regulatory", ligands, which are not engaged in any covalent or catalytic reaction, by characteristic changes of their biological activity (the catalytic or binding property of an active site, for regulatory enzymes; the permeability to ions, for membranes). (2) They exhibit *apparent* cooperative effects which, together with other physiological consequences, render their biological activity dependent upon threshold concentrations of regulatory ligands and thereby confer on these macromolecular assemblies the function of biological amplifiers.

The symmetry properties of the macromolecular structures which account for both classes of processes are different. The function of excitability is associated with the *recognition* of ligands which, in most instances, are stereospecific. As discussed previously (Changeux, Thiéry, Tung and Kittel, 1967; Changeux and Thiéry, 1968) the three-dimensional structure of the ligand must be recognized by a receptor-site sufficiently large to sterically accomodate the ligand and which, in addition, is made up of binding-groups having a fixed position in space. In order to satisfy these requirements the binding-groups have to be organized within a macromolecular structure which confers the minimum size, the diversity, the required rigidity to the receptor-site. In most cases, the macromolecule which confers these properties is a protein (enzymes, antibodies). The *asymmetry* of the recognition site originates from the asymmetry of the secondary and tertiary folding of the polypeptide chain; its rigidy from the cooperative interactions between the amino-acid side-chains of the folded protein. Several types of evidence suggest that the membrane receptor sites for stereospecific ligands are also proteins. These receptor proteins would then be for a membrane what a regulatory subunit (Gerhart & Schachman, 1965) is for a regulatory enzyme. The function of excitability is thus associated with a structural asymmetry.

The *apparent* membrane cooperativity is not fully understood in molecular terms and several plausible interpretations can be proposed to account for this effect. One of them, that we shall extensively discuss here, is derived from the theory recently developed for regulatory enzymes (Monod, Changeux and Jacob, 1963; Monod, Wyman and Changeux, 1965; Stadtman, 1966; Koshland and Neet, 1968); it is an attempt to correlate the apparent membrane cooperativity with the cooperative organisation of its constitutive lipoproteic elements into highly ordered and thus *symmetrical* structure: an oligomeric structure or an infinite lattice structure depending on the size of the cooperative assembly (Changeux, Thiéry, Tung and Kittel, 1967; Changeux and Thiéry, 1967).

In the first part of this paper we shall present and discuss some problems about the structure of biological membranes. In the second part we shall be concerned by the dynamic of membrane excitability and cooperativity and speculate about membrane conformational transitions.

The structure of biological membranes

Let us first emphasize two essential features which distinguish membrane organization from that of other supramolecular assemblies:

1. Although globular proteins or viruses are closed, limited structures made up of a finite and well defined number of repeating units or protomers, membranes are *infinite, unlimited,* structures in two dimensions.

2. The environment of a globular protein, a fibrous protein, or a virus in general consists of a single phase although many globular proteins might be membrane-bound *in vivo*. By contrast the environment of a membrane is *asymmetrical*. The membrane thus consistutes an unlimited boundary (closed at the cellular scale) which separates two distinct phases. It is of importance to mention that, as we shall see later, several essential membrane properties are conditionned by this asymmetrical environment. Such an anisotropy is characteristic of the membrane level and corresponds in the scale of evolution to the apparition of the cell as an antonomous unit.

The lattice structure

The membrane phase originates from the non-covalent assembly of a variety of lipids, proteins and lipo-proteins. It is a coherent and condensed hydrophobic phase separating two hydrophilic phases. The organization in space of its various components is still largely unknown. For several years it was the common notion that the backbone of biological membranes comprised a lipid bilayer sandwiched between two layers of proteins

(Danielli and Davson, 1935; Robertson, 1964). This idea has been recently reconsidered. Several groups of workers have shown that more than 95 % of membrane lipid can be removed, by more or less drastic procedures (Fleischer, Fleischer & Stoeckenius, 1967; Napolitano, Lebaron and Scaletti, 1967; Terry, Engelman and Morowitz, 1967), without alteration of membrane morphology. The membrane framework would therefore appear to be proteic rather than lipidic. As proposed by several authors (Lenard and Singer, 1966; Benson, 1967; Korn, 1968; Wallach and Zahler, 1966; Green and Perdue, 1966) the basic membrane structure would be a layer of strongly associated proteins sandwiched between two layers of lipids facing both sides of the membrane.

Of interest is the observation that in several well established instances (synaptic membranes, tight junctions between cells, endoplasmic reticulum, mitochondrial membranes) (Robertson, 1963; Sjöstrand, 1963; Nilson, 1964; Benedetti and Emmelot, 1965; Revel and Karnovsky, 1967) a periodic organization of the membrane from *discrete morphological units* is revealed by high resolution electron microscopy. The most common structure is an apparent hexagonal lattice of globular units with a diameter lying between 50 to 100 Å (Plate I, on page 118). This apparent organization has been considered by several authors to be a fixation artefact and due almost exclusively to a particular and secondary organization of membrane lipids. In fact, recent experiments by Emmelot and Benedetti (1967) tend to contradict this conclusion. Plasma membranes isolated from liver are treated *in vitro* by proteolytic enzymes. As a consequence of this treatment the apparent lattice structure is preserved but the spacing of the lattice is altered. After typsin treatment the center to center distance between units drops from 90 Å to about 55 Å indicating an essential contribution of proteins in the lattice spacing. These experimental results as well as others which cannot be discussed extensively here, suggest that the lattice units correspond to distinct protein or lipoprotein entities and that, at least in these few particular cases, the membrane is built integrally from these units.

If we now try to understand this ordered structure in chemical terms we are faced with a paradox. It is well established that most membranes and particularly those showing an apparent lattice structure contain a *number* of chemically *different* proteins whose size is expected to be in the same order of magnitude as the lattice spacing. How then would a regular lattice be built from different units? Either we have to reject the morphological evidence or we have to postulate that the *equivalence* of association between units, a necessary requirement to obtain a regular ordered structure is respected even though the subunits are not chemically identical. Such an equivalence of association between chemically different units that we shall refer to as "pseudo-identity" is exceptional in the case of oligomeric proteins; we might consider it to be the rule for biological membranes.

Membrane geometry

Let us now consider as a working hypothesis that biological membranes are ordered structures which originate from the self-assembly in a plane of a single layer of pseudo-identical, equivalent, protomers. The symmetry properties of such membrane lattices have been extensively discussed by Changeux and Thiéry (1968). The main points are the following:

As a consequence of the presence of protein elements a membrane lattice cannot possess any center of plane of symmetry; the only possible symmetry operations are translations, rotations, and screw axes.

Among others, the following geometrical restrictions are imposed upon the choice of symmetry axes:

(*a*) Rotation axes are either normal to or coplanar with the lattice (both categories of axes can be present simultaneously).

(*b*) Rotation axes of order higher than two are necessarily normal to the lattice.

(*c*) Screw axes cannot be of an order higher than two and are necessarily coplanar with the lattice.

In these conditions there are only 17 possible lattice structures.

Membrane structural polarity

More important is that these geometrical considerations lead to the prediction of a characteristic membrane property: the *structural polarity*.

We shall say that a membrane possesses a structural polarity when it can be oriented according to its structure, independently of its environment.

A planar membrane can be oriented in two ways:

(*a*) Along an axis perpendicular to the plane of the membrane: the membrane exhibits a *transverse polarity*.

(*b*) Along one or several axes contained in the plane of the membrane: then the membrane presents a *tangential* polarity. The tangential polarity may as well be *partial* if there is only one direction which can be oriented or *complete* if all directions can be oriented.

It can easily be shown that the membranes which have the fewest symmetry properties in their lattice structure are also those which have the highest polarity. Only one lattice possesses both the tangential and transverse polarities: the oblique lattice where the protomers are bound exclusively through areas of heterologous association. In this case, a primitive cell has the elements of symmetry of the protomer, i.e., no symmetry at all. Introduction of areas of isologous association confers rotation axes of symmetry of the membrane and consequently is accompanied by a loss of polarity. When dyad axes of rotation, perpendicular to the plane of the lattice are present, then the tangential polarity is lost (Fig. 1). The transverse polarity disappears with the presence of coplanar rotation axes or screw axes. A membrane with both coplanar and perpendicular axes of symmetry would show no polarity at all (Fig. 1).

A large number of biological observations have already suggested that biological membranes possess a structural polarity which is determined by the association of their macromolecular components and is distinct from the

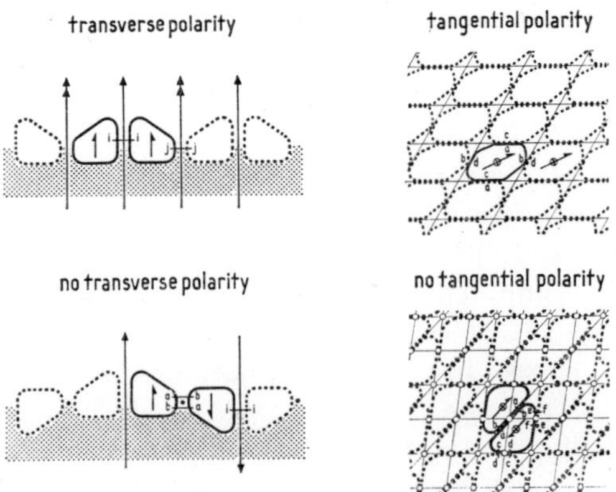

Fig. 1. The polarity of a membrane. *Left*: Cross-section illustrating the presence or the absence of a *transverse* polarity. *Right*: Surface view illustrating the presence or the absence of a *tangential* polarity (Changeux and Thiéry, 1968).

environmental polarity simply due to the presence of different phases on opposite faces of the membrane. Let us mention only few examples:

Acetylcholine injected on the inner face of a synaptic membrane has no effect on the membrane potential. Only acetylcholine applied on the external face of the membrane triggers a depolarization (Del Castillo and Katz, 1957).

Tetrodotoxin, the puffer fish poison, blocks the action potential only when applied from the outside of the nerve (Narahashi and Moore, 1968). In these two cases, at least, the outer surface of the cell has properties different from its inner surface.

The tangential polarity of membrane is particularly evident in protozoan ciliates where the cell surface can be unequivocally oriented in the plane (Chatton and Lwoff, 1930; Beisson and Sonneborn, 1965).

Membrane coding

The cytoplasmic membrane of the cell is a boundary but it is also the area of contact between cells in multicellular organisms. One of the first signs of differentiation is the appearance of tissues, i.e. the segregation of cells into distinct homogeneous clusters. The early studies of Holtfretter, Spiegel, Moscona and others (ref. in Brachet, 1960) and several recent ones on the sorting out of cells during the reconstitution of dissociated embryos suggest that a structural recognition by contact between cell surfaces is involved, in addition to an eventual communication between cells through diffusible signals. Obviously there exists a *code for surface recognition* which is associated with the diversification of tissues during embryogenesis; one of the best examples is the organization of the neuronal network of the brain. It is still too early to propose a rigorous solution to this problem in molecular terms since so little is known about membrane structure. Our point is only to see whether the ideas that we discussed above about membrane organization are worth extending to this question.

Several authors have already mentioned that the best estimates on the number of cells and of their specific connections (or synapses) in a vertebrate organism are too large to permit a simple coding of each individual contact by a distinct protein unit. The amount of DNA required would surpass by several orders of magnitude the quantity of DNA present in the chromosomal apparatus of the egg. There is thus a necessity to build a code through some "gene saving" process.

A simple although not unique solution of the problem is the following:

1. The stability of the association between cells is determined by the affinity of their surfaces.

2. Membrane surfaces are made up of protomers from distinct classes and each membrane codon corresponds to a given *combination* of protomers in the plane.

3. The reciprocal affinity of two membrane surfaces is determined by their composition in protomers.

Then two alternatives are possible. Either each protomer possesses a well determined and fixed position in the plane (ordered code) or it is randomly distributed in the plane (statistical code). An implicit assumption of the ordered code is that the protomers are not equivalent and the problem is thus what mechanism accounts for the positioning of each membrane protomer? The virtue of the statistical code is that it is based on the pseudo-identity of membrane protomers which, as previously discussed, is an essential structural requirement for the realisation of a regular lattice structure (incidently, the best known examples of membrane lattices are precisely found in the tight junctions between cells).

In the last alternative however, the reciprocal affinity of the membrane surfaces would depend on the *average* composition of the lattice in its various classes of protomers. There would exist a large, almost infinite, number of different codons (Fig. 2).

The integration of a new class of *non-equivalent* protomers in such a lattice is possible although it might be a rare event. Such an insertion would be accompanied either by the edification of a new class of protomers consisting of a combination of the original protomeric units with the new one or by the modification of the original unit cell. The transition between one lattice structure to the other according to this process would then be discrete and the number of possible codons would consequently be small (Fig. 2).

We have been discussing a coding problem related to cell differentiation and cell differentiation is a precisely timed process in the course of embryogenesis and development. It is thus legitimate to add *time* as the third dimension of our code.

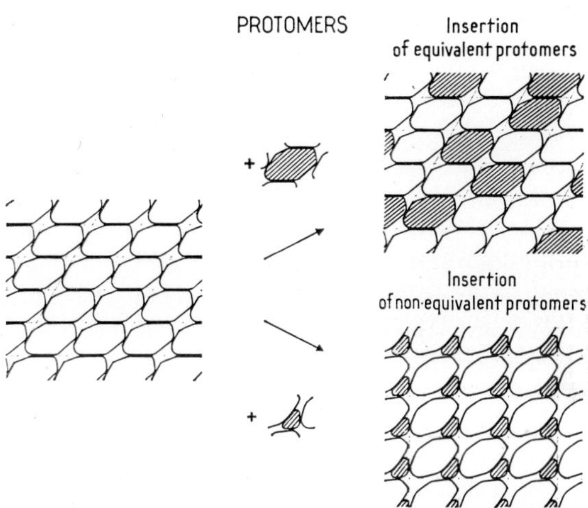

Fig. 2. Membrane coding. Two modes of diversification of membrane lattices: by insertion of equivalent or non equivalent protomers.

Indeed the differentiation of a tissue corresponds to the appearance of a surface dissimilarity between two classes of cells i.e. of an asymmetry in the time course of cell multiplication. Each "surface codon" segregates from a previous codon and is thus closely related although distinct from it. Indeed the redundancy of membrane surfaces is allowed as long as the considered surfaces do not originate from the same parent or do not have the same birth date. In any case the filiation of cell lines would be recorded on the tissue surface like on a Joshua tree. It would then be possible to test the present theory through a precise analysis of membrane surface structure, e.g. by using some immunological technique, in both adult organisms and developing embryos.

This remark is of interest when we consider the problem posed by the specificity of recognition involved in regeneration of nerve terminals (see the experiments of Matthey, 1925; Sperry, 1951; Jacobson, 1967; Hibbard, 1965; etc.). Again diffusible chemical signals might be involved and for example confer a gross orientation to the regenerating fibers but the precise establishment of the final connections implies a surface recognition. In this line of thought one might suggest that each nerve terminal identifies its track by some kind of recapitulation of its own history, recognizing on its way the parent surfaces from which its own surface originates. This "oriented-track" theory of nerve regeneration shall not be more extensively developed here, it is presented just as an example of coding problem which can be discussed in terms of ordered membrane structure.

Membrane conformational transitions

As previously mentioned one of the main features of membrane excitability is the recognition of stereospecific regulatory ligands; the asymmetry of their complementary binding site is determined by the structural asymmetry of their macromolecular receptor. In a general manner the process of excitability and particularly the chemical excitability, can be viewed as an interaction between *different* classes of ligands e.g. synaptic transmitters: acetylcholine, norepinephrine, γ-aminobutyric acid and small ions Na^+, K^+, Cl^- ... Accordingly, excitability can be discussed at the level of the asymmetrical unit of the membrane: the protomer level.

In most experimental instances the membrane response to a specific ligand is measured as a change of electrical parameters: membrane potential or conductance, occasionally capacitance. Two models, at least, can be proposed for the electrical response of a membrane to ligand binding:

1. The considered ligand is ionized and contributes *directly* by its charge to the change of membrane potential or resistance.

2. Indirect or *allosteric* interactions are established between the binding site of the excitatory ligand and the preexisting structures e.g. charged groups, channels, pores ... which account for the establishment of membrane potential or restistance.

The response of the vertebrate neuromuscular junction to acetylcholine (ACh) or to some of its derivative has been extensively studied in this respect. As discussed by Fatt and Katz (1951), the observed change of membrane potential following the adsorption of ACh on the membrane surface cannot be explained exclusively by the direct contribution of the charge of ACh. An alternative model for direct interaction which has been considered by several authors is that ACh, bound at its receptor site, physically obstructs the aperture of an ionic channel. This last model however does not account for the versatility of the response sto ACh which, depending on the membrane considered, might as well be a decrease or an increase of potential. The proposal that indirect, allosteric, interactions are involved in the response of the membrane to ACh is thus more plausible.

In order to permit the establishment of such indirect, or allosteric, interactions between the various classes of sites, it is necessary to postulate that a reversible organisation of the structures carrying these sites accompanies the binding of ligands. Membrane excitation would then involve mechanisms in many respects similar but not necessarily identical to the well identified allosteric transitions of regulatory enzymes (Gerhart and Schachman, 1968; Changeux and Rubin, 1968; Buc and Buc, 1968; Kirschner, Eigen, Bittman and Voigt, 1966; Jaenicke, 1968). Direct physicochemical evidence for such structural changes in excitable membranes are still fragmentary although a number of experimental results are highly suggestive in this respect. For instance a change of membrane structure in correlation with an excitation process has been proposed by R. Villegas and associates (Villegas, Bruzual and Villegas, 1968). These authors have shown that the permeability of the squid axon to non-electrolytes such as ethylene glycol, glycerol, erythritol ... changes during electrical stimulation. Equivalent pores radii can be calculated from their data and they attribute the permeability change to an increase of pores radius from 4.7 to 6.2 Å.

More recently Cohen, Keynes and Hille (1968) and Tasaki, Watanabe, Sandlin and Carnay (1968) using optical techniques have detected rapid structural changes accompanying the action potential in non-myelinated nerve fibers. The changes of birefringence are interpreted by Cohen *et al.* as a better alinment, or ordering, of radially oriented molecules during the action potential whereas the changes in dye fluorescence are thought by Tasaki *et al.* to be caused by an unmasking of hydrophobic areas in the membrane. It is worth mentioning that several of these techniques have already been succesfully used for the detection of changes of conformation in a variety of allosteric proteins. In the membrane case, the situation is rather more complex since both lipid and proteins are present and the changes in conformation might have to be interpreted in terms of a structural reorganisation of both classes of components.

Although the physico-chemical data on membrane conformational transitions are still fragmentary it is reasonable, at least as a working hypothesis, to extend to this problem the theoretical and experimental approaches which already gave succesfully results with regulatory enzymes (Fig. 3). Let us then postulate that:

1. The membrane structural unit or protomer which carries at least one receptor site for each type of specific ligand preexist to the binding of ligand under several, at least two, conformations in reversible equilibrium $(R \rightleftharpoons S)$.

2. The affinity of one or several of the receptor sites toward the corresponding ligand is altered when the transition occurs from one to another conformational state.

The interpretation of the experimental results in those terms requires the correlation of the observed response with the postulated conformational transition of the membrane protomer. In the case of an electrical response, the number, size, or shape of specific pores, channels or binding groups for ions might, for example, be a quantitative index of the membrane conformational transition. In any case the observed response should generally be considered

as determined by the fraction of protomers (e.g. $\langle R \rangle$) under a given conformation (R for instance). Depending on their mode of action on the
membrane, we may distinguish *activators* or *agonists* which stimulate a
membrane response and *inhibitors* or *antagonists* which block this response.
Let us consider the neuromuscular junction of the striated vertebrate muscle

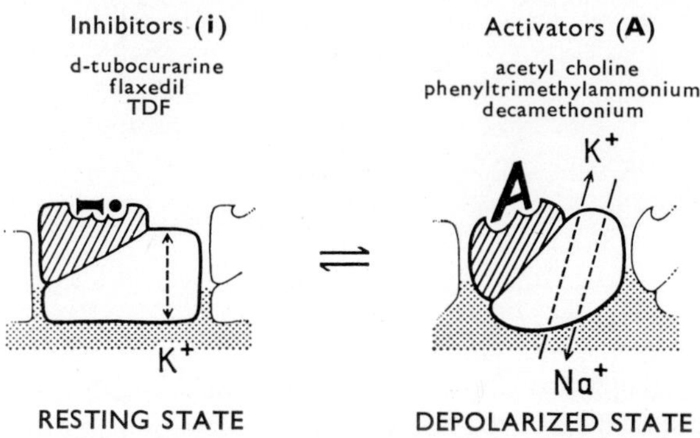

Fig. 3. A model for membrane excitability based on the conformational transition of
membrane protomers: in the present case the acetylcholine protomer of the vertebrate
neuromuscular junction (or of the eel electroplax).

or the eel electroplax. In the resting "polarized" state we postulate that
the membrane protomers are in the S conformation (the membrane is
impermeable to ions). Activators such as carbamylcholine or decamethonium would be those which exhibit preferential affinity and consequently
stabilize the alternative state R which corresponds to the "depolarized"
state (highly permeable to cations). Inhibitors like d-tubocurarine or
flaxedil would, on the contrary, bind preferentially to the S state and stabilize the membrane in the polarized state. Antagonism between both
classes of compounds would always be mediated by the transition of the
protomer between two extreme conformations whether or not the considered
compound bind to the same site or to topographically distinct sites on the
protomer. The observation that various structurally related activators in
saturating amounts trigger different *maximal responses* (or have different
"intrinsic activities") is simply interpreted on the basis of a non-negligible
binding of the activator to both R and S states (Rubin and Changeux, 1966).
Different maximal responses would not correspond to a spectrum of different conformations of the protomer but to different ratios of the R to S
conformations determined by the ratios of the microscopic dissociation
constant of the considered ligand for the R and S states respectively. This
"selective" model is thus essentially different from other models which
postulate that the conformational alterations of macromolecular receptors

are "induced", i.e. are consecutive to the binding of ligand (Koshland, 1959). Some essential features of membrane excitability, more precisely of membrane chemical excitability, can thus be interpreted on the basis of an independent conformational transition of an asymmetrical membrane protomer.

TABLE I. Examples of membranes with an apparent cooperative response to specific effectors.

Membrane	Effector	Response	Apparent order of the response	Reference
Squid axon (action potential)	Membrane Potential	Variation of K^+ conductance	4–6	Hodgkin and Huxley, 1952
Synaptic membrane of eel electroplax	Carbamyl choline, phenyl-trimethylammonium Decamethonium	Decrese of steady state membrane potential	2	Higman, Podleski, and Bartels, 1964; Changeux and Podleski, 1968
	Gramicidin A	Increase of Na^+ conductance	Very large	Podleski and Changeux, 1969
Synaptic membrane of crayfish muscle	γ-aminobutyric acid	Increase of Cl^- conductance	2	Takeuchi and Takeuchi, 1967
Frog muscle	Na^+, H^+	Na^+ efflux	3	Keynes, 1965; Mullins and Frumento, 1963
Frog bladder	Oxytocin	Water permeability	2	Jard, Bastide and Morel, 1968
Frog Skin	Oxytocin	Na^+ transport	2	Jard, Bastide and Morel, 1968
Vertebrate neuromuscular junction	Ca^{++}	Acetylcholine	4	Dodge and Rahamimoff, 1967
Lipid bilayer	Alamethicin	Increase of cations conductance	6	Mueller and Rudin, 1967
Lipid bilayer	Nystatin	Increase of anions conductance	10	Finkelstein and Cass, 1968

As shown on Table I the process of membrane excitation is often accompanied by apparent cooperative effects in the sense that the quantitative response of the membrane to increasing concentrations of ligand does not follow a simple Langmuir isotherm but is either a slightly s-shaped (*graded response*) or an abrupt stepwise process (*all-or-none response*). (It should be emphasised that for the time being most of these cooperative effects are only "apparent".) Two major mechanisms might thus be proposed for such an apparent cooperative response:

Mechanism I. The binding of each molecule of ligand to the membrane initiates a multi-step process: e.g. a chain of covalent reactions involving the activation of some membrane-bound enzyme: lipases or proteases, a sequential liberation of diffusible signals or any type of electrical effect which *secondarily* lead to an amplified structural reorganisation of the membrane (indirect coupling).

Mechanism II. Cooperative mutual interactions are established between membrane protomers: the transition of a given protomer from its resting to its activated state depends on, or is constrained by, the conformational state of its neighbours. The cooperativity of the response is primarily determined by the structural cooperativity of the membrane (structural or conformational coupling).

Mechanism I and II might be distinguished by a kinetic analysis of the membrane response and more precisely by comparing the kinetics of potential or conductance changes and the kinetics of the conformational changes. Other tests might be offered by the use of metabolic inhibitors allowing a dissection of the various steps of a sequential process, the study of the reversibility of the response etc. In any case it is expected that the distinction between both classes of mechanisms might not be a simple one.

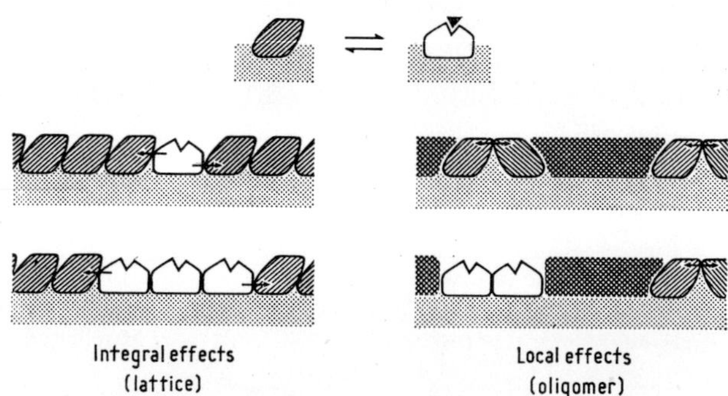

Fig. 4. Two models for cooperative interactions between membrane protomers (conformational coupling).

Of both mechanisms the second one is the most "economical" since the molecular transitions which are involved are spontaneous and in principle reversible. Indeed the perfused squid axon can fire "indefinitely" as long as an ionic gradient is maintained across the membrane. It has the further advantage of being based on a physico-chemical mechanism which has already been verified in the case of regulatory proteins. We shall now discuss more extensively this second mechanism keeping in mind that it might not necessarily be the only one to account for the apparent amplifying properties of biological membranes.

The essence of the second model is to attribute the cooperative response of the membrane to the ordered and thus symmetrical assembly of the protomers carrying the regulatory sites. Two models can be proposed for the organization of membrane protomers (Fig. 4):

1. The protomers are unequally distributed on the membrane surface and clustered by small numbers. They strongly interact within a cluster but not between clusters (oligomeric model).

2. The protomers are part of an infinite statistical ensemble with equivalent interactions between nearest neighbours (lattice model).

The first model postulates *a local* order of protomers distinct from a general order of the membrane. In other words some kind of regulatory proteins would be inserted within the membrane and would be capable to undergo conformational transitions independantly, like regulatory enzymes in solution. These oligomers would not be "integrated" in the membrane and their constitutive protomers would not be equivalent to the neighbouring protomers.

The equations derived for such a model are on the form of those proposed by Monod, Wyman and Changeux (1963) in the hypothesis where the transition of the oligomeric clusters is fully concerted: all the protomers undergo the $R \rightleftharpoons S$ transition simultaneously:

$$\langle R \rangle = \frac{(1 + \alpha)^n}{(1 + \alpha)^n + L(1 + \alpha c)^n} \qquad \text{state function}$$

$$\langle Y \rangle = \frac{\alpha(1 + \alpha)^{n-1} + Lc\alpha(1 + \alpha c)^{n-1}}{(1 + \alpha)^n + L(1 + \alpha c)^n} \qquad \text{binding function}$$

where L is the equilibrium constant of the $R \rightleftharpoons T$ transition in the absence of ligand, $c = k_R/k_T$, $\alpha = F/k_R$, k_R and k_T being the microscopic dissociation constants of the ligand F bound to a specific site in the R and T states respectively, and n the number of protomers and therefore of homologous sites.

Haber and Koshland (1967); Wyman (in press) and Buc (personal communication) have derived sophisticated equations for the less simple case where the transition is not fully concerted i.e. where protomers of different conformations might coexist within the same oligomer.

This oligomeric model accounts for graded membrane responses, i.e. for low cooperativities. It does not account for all-or-none responses except, at the limit, when the number of interacting protomers is very large but then we are no longer dealing with an oligomeric model but with a lattice model.

The virtue of the lattice model is that it accounts for *both* the graded and all-or-none responses depending on the characteristics of the conformational transition of membrane protomers and of the nearest neighbour interactions between protomers. Its structural basis is an ordered and condensed organisation of the membrane which, as discussed previously, is supported by a number of morphological and biological observations. This model accounts for integral properties of the membrane considered as an *integrated assembly* of lipoproteic protomers.

The derivation of an exact equation describing such a model is not straightforward (Changeux, Thiéry, Tung and Kittel, 1967; Changeux and Thiéry, 1968). Various approximations have been already used to solve similar problems in statistical thermodynamics. A simple one is the "molecular field" or Bragg–Williams approximation: the energy E' for a given protomer inserted in a lattice to undergo the $S \rightleftharpoons R$ transition is linearly related to the fraction $\langle r \rangle$ of protomers of the statistical ensemble which have undergone the transition:

$$E' = E - \eta \langle r \rangle$$

where E is the energy required to promote one protomer from S to R when all other protomers are in state S, and η is a parameter directly related to the energy of interaction between nearest neighbours and thus characteristic of the lattice constraint.

The following equations are derived for the state function:

$$\langle r \rangle = \frac{1 + \alpha}{1 + \alpha + l\Lambda^{\langle r \rangle}(1 + \alpha c)}$$

and the binding function

$$\langle y \rangle = \frac{\alpha(1 + l\Lambda^{\langle r \rangle} c)}{1 + \alpha + l\Lambda^{\langle r \rangle}(1 + \alpha c)}$$

l is the isomerisation constant (S/R) of a protomer in an environment of S protomers, $\Lambda = \exp(-\eta/K_B T)$ (K_B is the Boltzmann constant, and T the absolute temperature); α and c have the same signification as for the oligomeric model.

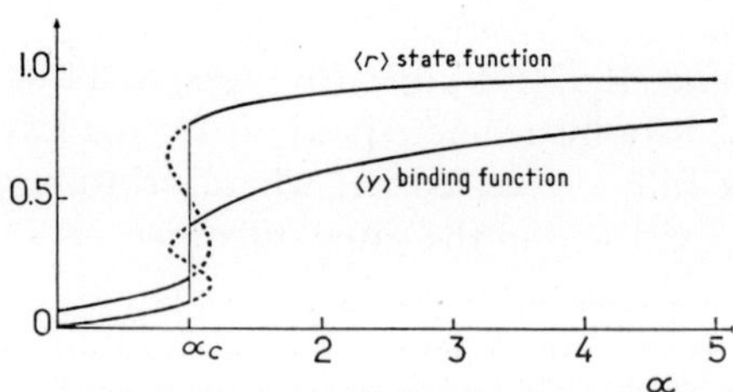

Fig. 5. State and binding function in the case of an all-or-none response. The two stable states of the membrane are represented by the solid $\langle r \rangle$ curves. Their extrapolation as metastable states lies on the broken lines; the vertical line corresponds to a critical concentration α_c determined according to the general theory of phase transitions (Changeux, Thiéry, Tung and Kittel, 1967; Changeux and Thiéry, 1968).

As discussed previously (Changeux, Thiéry, Tung and Kittel, 1967; Changeux and Thiéry, 1968), the theoretical curves obtained can be more or less S-shaped (graded response) or show an abrupt discontinuity (all-or-none response) depending on the value of Λ, l and c (Fig. 5). Such a discontinuity which is also found with approximations other than the molecular field approximation can be interpreted as a *phase transition* analogous to the one which occurs between a gas and a liquid where r (resp. α) plays the role of the density (resp. pressure).

Such a model which in many respect becomes similar to the one proposed on entirely different grounds by Tasaki and associates (Watanabe, Tasaki and Lerman, 1967) has been extended by Hill (1967) more specifically to the problem of electrical excitability. An additional hypothesis is made concerning the two conformations of the membrane protomer. One of the two states is more polarizable than the other and the imposition of an electric field shifts the conformational equilibrium in favor of the more polarizable state, i.e. changes the apparent isomerization constant of the protomer.

At this point of the discussion we should emphasize that the interpretation of the all-or-none membrane response on the basis of a conformational phase transition is a critical aspect of our hypothesis. We consider the all-or-none response as an integral property of the membrane. We should recall that in the case of regulatory enzymes, the cooperative effects observed either for the binding of a stereospecific ligand or for the conformational transition of the molecule depend upon the integrity of the enzyme quaternary structure, i.e., that these cooperative effects are the consequence of "synomeric" interactions (Changeux and Gerhart, 1968). In other words, according to the nomenclature of Lumry, Biltonen, and Brandts (1966), the allosteric oligomer is a "cooperative unit" made of n "elementary units" (the elementary unit being the enzyme *protomer*). In the case of membranes this proposition is difficult to demonstrate experimentally since it is inconceivable to compare "membrane" properties using on the one hand an intact preparation of membrane and on the other its dissociated subunits. It might indeed be extremely diffiult, almost impossible, to separate in the case of an all-or-none membrane response the contribution of the isolated protomer from that of the ensemble of protomers. Similarly the interlocking between the change of structure and the change of the electrical properties of the membrane might be such that one would not exist without the other.

When we postulate a two states conformational transition of the membrane protomer, we explicitly assume that the transition of the protomer, is highly cooperative with respect to its constitutive amino acid or phospholipid elements. A first phase change is thus assumed at the protomer level. Still in our formulation, the all-or-none response of the membrane is attributed to a more general phase change operating at a higher level: the statistical mechanical ensemble of protomers. Thus we introduce a *hierarchy in membrane cooperative effects*. Although this distinction might not have a

8

general physical significance, its virtue is that it leads to a comprehensive model which accounts for a large spectrum of cooperative effects and for both *graded* and *all-or-none* responses.

A further interesting property of this model is the prediction of membrane *amplifying properties*.

We have assumed that the number of possible protomer conformations is small and that these conformations exist prior to ligand binding. As a consequence, and as shown on Fig. 5, the state $\langle r \rangle$ and binding $\langle y \rangle$ functions should be, in many instances, distinct from each other. This assumption is of importance when one considers the mechanism of ligand interaction in the course of the phase transition. In an "induced-fit" model the amount of ligand which binds to, or is released from, the membrane when the phase change occurs is stoichiometrically related to the number of protomers which undergo the transition and then this amount should be extremely large. An interesting consequence of the present formulation is that in general the state function does not parallel the binding function. Binding of a small number of ligand molecules might be accompanied by a large change in the state of the membrane and conversely small changes of the membrane conformation might be accompanied by the loading or unloading of a considerable number of ligand molecules. To characterize this "amplifying" property of the membrane we introduce a dimensionless amplification coefficient (Changeux & Thiéry, 1968):

$$a(\alpha) = \frac{1}{\langle r \rangle_{\max} - \langle r \rangle_{\min}} \frac{\partial \langle r \rangle}{\partial \langle y \rangle}$$

For a characteristic value α_M this amplification reaches a maximum; at this particular point the fraction of protomers which undergo the transition can be several times larger than the fraction of sites which are being filled. For some values of α the amplification coefficient becomes smaller than 1; in such a circumstance the fraction of protomers which undergo the transition is smaller than the fraction of sites which become occupied by the ligand. Of considerable interest is the observation that the maximum amplification might becomes very large, even tend to infinity, for certain values of the parameters.

In this situation binding of only a few ligand molecules might perturb a large surface of the membrane through a reversible reorganization of its constitutive lipoproteic elements. Several biological phenomena might be accounted for, at least in part, by such an interpretation; e.g. the extreme sensitivity of the olfactory organs of various insects to sex attractants, the initiation of the polyspemy-preventing reaction in the early steps of the activation of an egg by a single spermatozoon, the killing of a bacterial cell by a single molecule of colicin or a single phage ghost, the red cell hemolysis by a single complement-antibody molecule and several other all-or-none phenomena triggered by a very small number of ligand molecules.

Our main concern now is to what extent such a model can receive an experimental demonstration?

A first prediction is relative to the assumption that the same $R \rightleftharpoons S$ conformational transition of the protomer accounts for both the excitability of the membrane and its cooperative response through nearest-neighbour interactions within either an oligomeric cluster or a two-dimensional lattice structure. In other words the binding energy of an excitatory ligand on a given protomer and the energy of association of a given protomer with its neighbours are not independent; according to the nomenclature of Wyman (1967) they should be considered as "linked functions". Consequently, binding of a ligand F_1 should affect the cooperative binding of (or the cooperative response to) another ligand F_2 binding at a topographically distinct site and either promote or antagonize it, as shown by *changes in shape of the binding (or response) curve*. Such a change in shape in the presence of *reversible* ligands has been consistantly observed with regulatory proteins. This observation has been extended to membranes by Changeux and Podleski (1968) for the interaction of two different activators (decamethonium and carbamylcholine) on the electroplax preparation. It can be shown that, in the presence of decamethonium, the dose-response curve to carbamylcholine is displaced towards the left and that simultaneously its sigmoid shape is lost (Fig. 6). This displacement cannot be considered as a simple translation of the response curve to CCh along the concentration axis. The effects of CCh and Dk are not simply additive, but cooperative. A conversion of shape of the dose-response curve occurs.

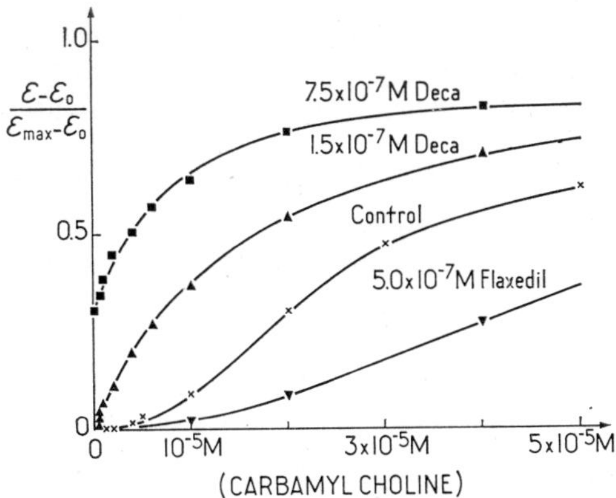

Fig. 6. Change of shape of the dose-response curve of the electroplax to carbamylcholine in the presence of a receptor activator (decamethonium) and of a receptor inhibitor (flaxedil) (from Changeux and Podleski, 1968). ε is the steady-state value of membrane potential at the indicated concentration of carbamylcholine. ε_{max} is its maximal value at very large concentration of activator. ε_0 is the membrane resting potential.

8*

     J. P. CHANGEUX

An *irreversible* uncoupling of the previously mentioned "linked" functions should render the protomers functionally independent and should irreversibly abolish all cooperative effects. Various cases of "desensitization" of regulatory enzymes, which are attributed to the irreversible binding of ligands to sites different from the regulatory or catalytic ones are interpreted on this basis. The effect of certain sulfhydryl reagents on the response of the electroplax membrane (Karlin and Bartels, 1966) to receptor activators might be amenable to a similar interpretation.

A second prediction concerns the assumption of a *conformational isomerization of the protomer*, even in the absence of any ligand, as opposed to an "induced" conformational change *consecutive* to ligand binding. As a consequence of our assumption, *the "state" and "binding" functions should be distinct* and the previously defined amplification coefficient should generally be *different from 1*. These predictions have been tested with regulatory enzymes such as asparate transcarbamylase, phosphorylase b or glyceraldehyde-3 phosphate dehydrogenase by the comparison of the amount of bound ligand with the extent of the conformational transition of the protein as followed by the reactivity of various amino acid side-chains

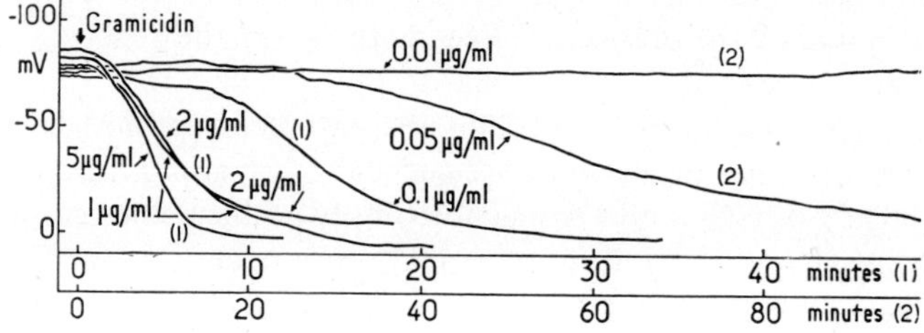

Fig. 7. Effect of Gramicidin A on the membrane potential of the eel electroplax (from Podleski and Changeux, 1969). The innervated face of the cell is perfused continuously with physiological Ringer's solution supplemented with gramicidin A at the indicated concentration.

of the protein, the hydrodynamic properties of the enzyme, etc. (Changeux and Rubin, 1968; Gerhart and Schachman, 1968; Buc and Buc, 1968; Kirschner, Eigen, Bittman and Voigt, 1966; Jaenicke, 1968). The corresponding "state" and "binding" functions have been shown to be distinct and thus, at least in these two cases, the conformational isomerization of the protein seems to preexist the ligand binding. A similar test could be applied to membranes; it should be possible to demonstrate that the amplification coefficient is different from 1.

The distinction between the oligomeric and lattice model might be difficult for low membrane cooperativities. A method would be the determination of the number of ligand receptor sites per unit surface and the estimate of their distance and mutual arrangement.

Finally we would like to discuss, with some details some experimental results concerning the interaction of a linear polypeptide gramicidin A with the electroplax preparation. These data can be interpreted largely in terms of the present theory although alternative interpretations are still not completely eliminated. As shown by Podleski and Changeux (1969) when the innervated membrane of an isolated electroplax is exposed to a solution of gramicidin A (1 μg/ml) the membrane potential decreases down to zero potential and this decrease is accompanied by a parallel increase of membrane conductance (Fig. 7). It can be shown that gramicidin A causes an increase of permeability of the membrane for Na^+ ions (Fig. 8). Of interest is the observation that:

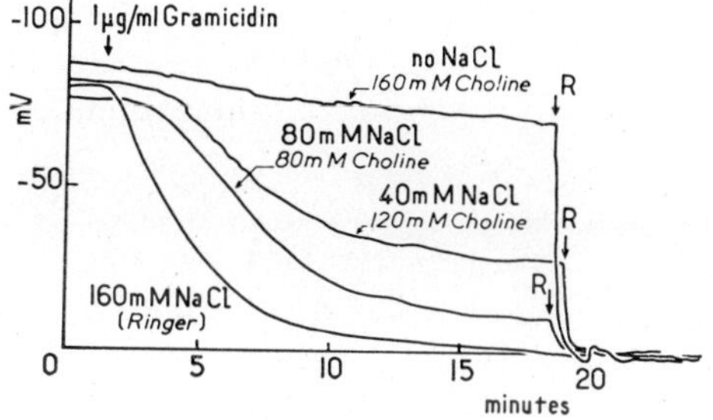

Fig. 8. Response of the electroplax to gramicidin A in the presence of various saline solutions where NaCl has been replaced by choline chloride at the indicated concentration. *R*, physiological Ringer's solution, (from Podleski and Changeux, 1969).

1. This change of membrane property develops with time according to high order kinetics.

2. The response of the cell to gramicidin A is all-or-none in the sense that the reaction proceeds always to the same maximal extent, independently of the concentration of gramicidin A used.

The eventuality that the high order kinetics are due to some autocatalytic, multistep, process is eliminated on the basis of a kinetic analysis of the response curves obtained at various concentrations of gramicidin A. The concentration dependance of the half-time is not first-order as expected from such a process. Then the high order and all-or-none kinetics can be interpreted in terms of a cooperative reorganisation of membrane structure.

Of interest is also the observation that the cell modification lasts for several hours even after a short (1 minute) exposure to 1 μg/ml gramicidin A. These all-or-none and long lasting phenomena are of interest in connection with the complex sequence of events leading to memory fixation which might involve, among other plausible mechanisms, the reorganisation of the membrane of a critical synapse in an all-or-none and irreversible manner (Quarton, Melnechuk and Schmitt, 1967). The effect of gramicidin A on the electroplax might be a plausible model for such mechanism referred to as "neuron transprinting" by Szilard in his theory on memory and recall (Szilard, 1964).

Conclusion

The molecular mechanisms discussed in this paper are of importance as models of control at the membrane level. Again our point was not to discuss all membrane properties (we have not even mentioned for example oxidative phosphorylations), it was to present some specific models of membrane regulation. We have opposed *local effects*, operating at the protomer or oligomer level, and *integral effects* implicating the ensemble of membrane protomers. Both classes of effects are of interest and might concern distinct biological mechanisms: local effects might be restricted to some particular cases of excitability, the activation of membrane bound enzymes such as the

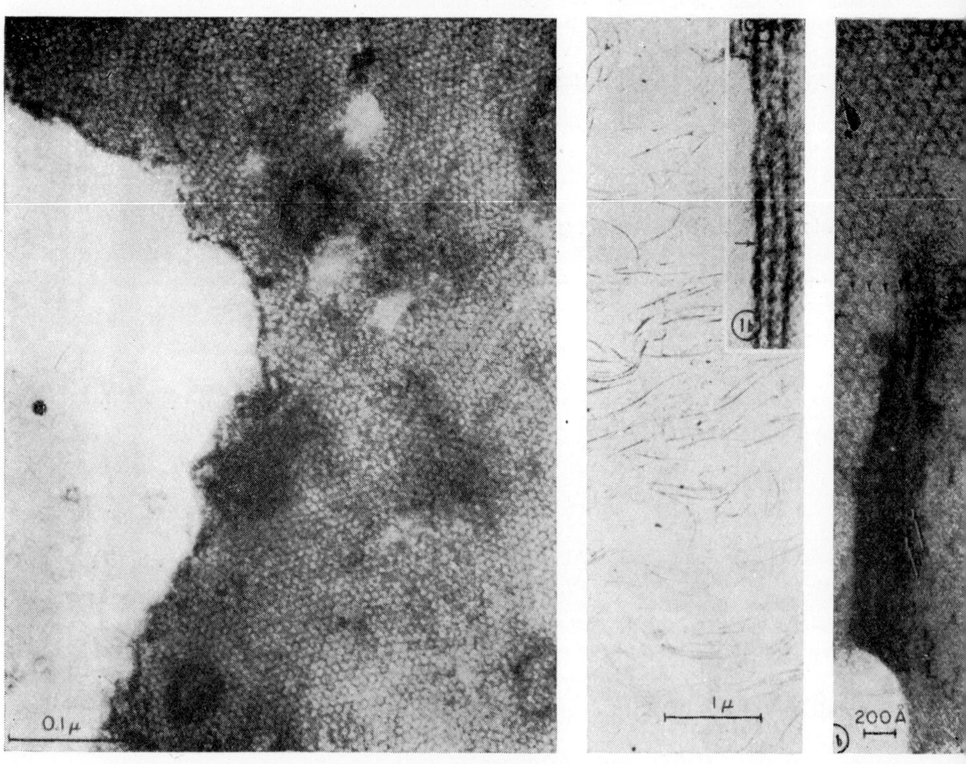

Plate I. Lattice structure of plasma membrane from tight junctions of rat liver cells. Membrane fragments were first purified by differential centrifugation (*center picture*) and subsequently stained with sodium phosphotungstate (from Benedetti and Emmelot, 1965).

AMP cyclase by hormones, the control of active transport etc. Integral ones would be specialized for some function requiring an important amplification like the initiation and propagation of nerve impulses, red blood cell hemolysis, the mechanism of memory storage in brain, the activation of the egg by the spermatozoon etc. We have associated the first process, to the protomer asymmetry, the second one to the ordered and thus symmetrical assembly of protomers.

It is of interest to mention that such a correlation between symmetry and function can readily be extended to a variety of biological systems. The apparition of a new biological function is, in general, associated with a new capacity for asymmetrical recognition: e.g. the genesis of stereospecific binding sites, the differentiation of cells ... Apparition of an asymmetry is viewed as a process of diversification; on the opposite, the stabilisation, the coordination, the improvement of such new-born structure would be associated with its organisation into symmetrical and ordered edifices. There is in living organisms, human beings and societies a balance between these main two forces, between creative asymmetry, imagination, or revolution and cooperative symmetry logic or order; between Dionysios and Apollon.

Research in the Department of Cellular Biochemistry, at the Pasteur Institute, has been aided by grants from the U.S. National Institutes of Health, the Délégation à la Recherche Scientifique et Technique, the Centre National de la Recherche Scientifique and the Commissariat à l'Energie Atomique.

References

Beisson, J. and Sonneborn, T. M., *Proc. Nat. Acad. Sc. U.S.*, **53**, 275 (1965).

Benedetti, E. L. and Emmelot, P., *J. of Cell Biology*, **26**, 299 (1965).

Benson, A. A., *Intern. Congr. Biochem.*, 7th Tokyo III, 525 (Abstracts) (1967).

Brachet, J., *The biochemistry of development*, p. 264, Pergamon Press, London, New York, Paris (1960).

Buc, M. H. and Buc, H., *Proc. 4th Meeting Fed. Eur. Biochem. Soc.*, Oslo 1967; p. 109, Academic Press, London and New York (1968).

Changeux, J. P. and Gerhart, J. C., in *Proc. 4th Meeting Fed. Eur. Biochem. Soc.* Oslo 1967 p. 13; Academic Press, London and New York (1968).

Changeux, J. P. and Podleski, T., *Proc. Nat. Acad. Sc. U.S.*, **59**, 944 (1968).

Changeux, J. P. and Rubin, M. M., *Biochemistry*, **7**, 553 (1968).

Changeux, J. P. and Thiéry, J., in *Regulatory functions of biological membranes*. Järnefelt ed. p. 115, (1968).

Changeux, J. P., Thiéry, J., Tung, Y. and Kittel, C., *Proc. Nat. Acad. Sc. U.S.*, **57**, 335 (1967).

Chatton, E. and Lwoff, A., *C. R. Soc. Biol.*, **104**, 834 (1930).

Cohen, L. B., Keynes, R. D. and Hille, B., *Nature*, **281**, 438 (1968).

Danielli, J. F. and Davson, H., *J. Cellular Comp. Physiol.*, **5**, 495 (1935).

Del Castillo, J. and Katz, B., in *Microphysiologie comparée des éléments excitables*, CNRS, Paris, p. 241 (1957).

Dodge, F. A. and Rahamimoff, R., *Proc. Phys. Soc.*, **189**, 90 P (1967).

Emmelot, P. and Benedetti, E. L., in *Protides of the Biological Fluids*, p. 315. Elsevier, Amsterdam (1967).

Fatt, P. and Katz, B., *J. of Physiol.* **115**, 320 (1951).

Finkelstein, A. and Cass, A., *J. Gen. Physiol.*, **52**, 145 S (1968).

Fleischer, S., Fleischer, B. and Stoeckenius, W., *J. Cell. Biol.*, **32**, 193 (1967).

Gerhart, J. C. and Schachman, H. K., *Biochemistry*, **4**, 1054 (1965).

Gerhart, J. C. and Schachman, H. K., *Biochemistry*, **7**, 538 (1968).

Green, D. and Perdue, J. F., *Proc. Nat. Acad. Sc. U.S.*, **55**, 1295 (1966).

Haber, J. E. and Koshland, D. E., *Proc. Nat. Acad. Sc. U.S.*, **58**, 2087 (1967).

Hibbard, E., *Experimental Neurology*, **13**, 289 (1965).

Higman, H. B., Podleski, T. R. and Bartels, E., *Biochim. Biophys. Acta*, **75**, 187 (1964).

Hill, T. L., *Proc. Nat. Acad. Sc. U.S.*, **58**, 111 (1967).

Hodgkin, A. L. and Huxley, A. F., *J. Physiol.*, **117**, 500 (1952).

Jacobson, M., in *Major problems in developmental biology*, p. 339. Academic Press Inc., New York (1967).

Jaenicke, R., *IUPAC International Sympsium on Macromolecular chemistry*, Toronto, preprints B. 1.1 (1968).

Jard, S., Bastide, F. and Morel, F., *Biochim. Biophys. Acta*, **150**, 124 (1968).

Karlin, A. and Bartels, E., *Biochim. Biophys. Acta*, **126**, 525 (1966).

Katchalsky, A. and Curran, P. F., in *Membrane Biophysics*, p. 88. Harvard University Press, Cambridge, Mass. (1965).

Keynes, R. D., *J. Physiol.*, **178**, 305 (1965).

Kirschner, K., Eigen, M., Bittman, R. and Voigt, B., *Proc. Nat. Acad. Sc. U.S.*, **56**, 1661 (1966).

Korn, E. D., *J. Gen. Physiol.*, **52**, 257 S (1968).

Koshland, D. E., in *The Enzymes*, 2nd ed., **1**, 305; Boyer, P. P., Lardy, H., Myrbäck, K. ed. Academic Press, New York (1959).

Koshland, D. E. and Neet, K. E., *Ann. Rev. of Biochem.*, **37**, 359 (1968).

Lenard, J. and Singer, S. J., *Proc. Nat. Acad. Sc. U.S.*, **56**, 1828 (1966).

Lenard, J. and Singer, S. J., *Science*, **159**, 738 (1968).

Lumry, R., Biltonen, R. and Brandts, J., *Biopolymers*, **4**, 917 (1966).

Matthey, R., *C. R. Soc. Biol.*, **93**, 904 (1925).

Monod, J., Changeux, J. P. and Jacob, J., *J. Mol. Biol.*, **6**, 306 (1963).

Monod, J., Wyman, J. and Changeux, J. P., *J. Mol. Biol.*, **12**, 88 (1965).

Mueller, P. and Rudin, D. O., *Biochem. Biophys. Res. Comm.*, **26**, 398 (1967).

Mullins, L. J. and Frumento, A. S., *J. Gen. Physiol.*, **46**, 629 (1963).

Napolitano, L., Lebaron, F. and Scaletti, J., *J. Cell. Biol.*, **34**, 817 (1967).

Narahashi, T. and Moore, J. W., *J. Gen. Physiol.*, **51**, 93 S (1968).

Nilson, S. E. G., *Nature*, **202**, 509 (1964).

Podleski, T. and Changeux, J. P., **221**, 541 (1969).

Quarton, G. C., Melnechuk, T. and Schmitt, F. O., *The Neurosciences*, The Rockefeller University Press, New York (1967).

Revel, J. P. and Karnovsky, M. J., *J. of Cell Biology*, **33**, C 7 (1967).

Robertson, J., *J. of Cell Biology*, **19**, 204 (1963).

Robertson, J., in *Cellular membranes in development*, Locke, M., ed., Academic Press, New York (1964).

Rubin, M. and Changeux, J. P., *J. Mol. Biol.*, **21**, 265 (1966).

Sjöstrand, F. S., *Nature*, **199**, 1262 (1963).

Sperry, R. W., *Growth Symposium*, **10**, 63 (1951).

Stadtman, E. R., *Advan. Enzym.*, **28**, 41 (1966).

Szilard, L., *Proc. Acad. Sc. U.S.*, **51**, 1092 (1964).

Takeuchi, A. and Takeuchi, A., *Fed. Proceedings*, **26**, 1633 (1967).

Tasaki, I., *Proc. Nat. Acad. Sc. U.S.* (1968).

Tasaki, I., *Nerve excitation: a macromolecular approach*, 201 pp. C. C. Thomas, Springfield, Ill.

Tasaki, I., Watanabe, A., Sandlin, R. & Carnay, L., *Proc. Nat. Acad. Sc. U.S.* **61**, 883 (1968).

Terry, T. M., Engelman, D. M. and Morowitz, H. J., *Biochim. Biophys. Acta*, **135**, 391 (1967).

Villegas, F., Bruzual, I. B. and Villegas, G. M., *J. Gen. Physiol.*, **51**, 81 S, (1968).

Wallach, D. F. H. and Zahler, P. H., *Proc. Nat. Acad. Sc. U.S.*, **56**, 1552 (1966).

Watanabe, A., Tasaki, I. and Lerman, L., *Proc. Nat. Acad. Sc. U.S.*, **58**, 2246 (1967).

Wyman, J., *J. Am. Chem. Soc.*, **89**, 2202 (1967).

Lipids and Membranes

V. Luzzati

Centre de Génétique Moléculaire, C.N.R.S.

Vittorio Luzzati

X-RAY DIFFRACTION STUDIES OF LIPID-WATER SYSTEMS

I Introduction

Lipids are present at high concentration in a variety of cell organelles (membranes, chloroplasts, mitochondria, sense receptors, etc.) whose physiological functions are associated with particularly ordered physical structures. Yet the role of the lipids is not quite clear. For some time the opinion prevailed that lipids merely constitute passive barriers against diffusion and that all the other functions are exerted by protein molecules. More recently the analysis of the phenomena that take place in some of the organelles (for example the maintenance of the resting potential and the transmission of the action potential in nerve membranes) has led some physiologists to put forward lipids as possible condidates for some specific, and yet unspecified, function.

Besides, as a result of the X-ray study of lipid-water systems, it is now well established that lipid molecules may aggregate into a variety of structures by the interplay of parameters that often remain within the range of the physiological conditions. The possible biological significance of some of the polymorphic transitions is striking and has been a favourite subject of speculation in recent years; nevertheless the gap between the structural transitions and the physiological phenomena has not yet been bridged by convincing experimental evidence.

The purpose of this article is to review the structure analysis of the lipid-water systems with special emphasis on the numerous phases, both anhydrous and water-containing, the structures of which are disordered at the atomic level and yet display a high degree of long-range organization. The crystalline forms of the pure compounds are outside the scope of this article.

The developments in this area are quite recent and research is still in progress; only a small part of the field has been covered by review articles (Dervichian, 1964; Chapman, 1965; Reiss-Husson and Luzzati, 1967). An effort is made here to present the data as part of a coherent picture, embodying simple chemical compounds, like the saturated soaps, as well as the complex mixtures extracted from biological preparations.

The class of substances usually called lipids is poorly defined because no international system of nomenclature has been adopted. In this article a lipid is considered to be a molecule formed by a hydrophilic and a lipophilic moiety, the two linked together by bonds sufficiently flexible to yield a rather independent behaviour (these molecules are sometimes called amphiphiles).

In all the cases discussed hereunder the lipophilic moiety is formed by one or two paraffin chains, of various length and degree of unsaturation; the hydrophilic groups are more heterogeneous.

The results will be presented in three main sections, one devoted to the discussion of the general properties common to all the systems, one describing the soaps and detergents and the third describing the lipids of biological interest.

II Structure Analysis

A Phase Diagrams

The first step in the structure analysis of multicomponent systems is to characterize the different phases and to determine their range of existence: in other words, to construct the phase diagrams.

The phase diagrams of lipid-water systems, as a function of temperature and concentration (the usual variables in the X-ray study), obey simple rules, provided that the lipid is a pure chemical species and that the number of components is only two. Lipid mixtures as complex as those extracted from biological membranes could be expected to lead to intricate phase diagrams as the number of components is large. In fact extensive regions of the phase diagrams are as simple for these mixtures as for pure compounds. Several phase diagrams will be presented in this paper; the analogies and the differences between pure compounds and mixtures will be discussed.

B General Properties and Classification of Structures

1. *Short Range Organization: Conformation of the Paraffin Chains*

In the different structures described in this chapter the paraffin chains take up a variety of conformations. We describe here the main types of these conformations and their characterization by X-ray diffraction methods. The spectroscopic analysis of the conformation of the paraffin chains is dealt with in another chapter of this book.

Three-dimensionally ordered conformation of the paraffin chains is observed in the crystals of pure lipids, for example saturated soaps. The lipid molecules are organized in planar double layers; each layer, covered by the polar groups, contains the stiff paraffin chains, often tilted with respect to the normal to the plane (Fig. 1). The X-ray diffraction diagrams contain a few reflections at high spacings and a large number of reflections at spacing smaller than 5 Å.

A liquid-like conformation is observed at high temperature or under the combined effect of water and temperature. This conformation is characterized, in the X-ray diffraction diagrams, by the presence of a diffuse band, around 4.5 Å, identical to that of a liquid paraffin (Fig. 2). It is clear, nevertheless, that although the short range organization is similar to that of a liquid paraffin, the disorder is not complete; for example the average orientation of the chains is perpendicular to the interface, as a consequence of the fact that one end is anchored at the interface. This problem is discussed in more detail in Appendix 1. In some cases a modulation of the intensity of the 4.5 Å band is observed, showing that the movements of the chains are hindered. All the phases in which the paraffin chains take up such disordered conformation will be called *liquid-paraffin phases*.

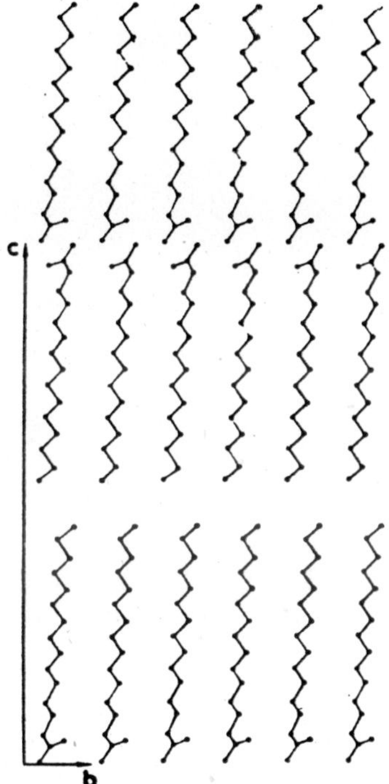

Fig. 1. The A′ form of n-pentadecanoic acid. Projection along the shortest axis on the largest axis plane (from E. con Sydow, 1956).

Stiff free rotating paraffin chains are observed in several low temperature phases. The typical X-ray diffraction observation is one sharp reflection of spacing close to 4.2 Å that was interpreted by Müller (1932) as the first reflection of a two dimensional hexagonal lattice; Gulik-Krzywicki, *et al.* (1967) have confirmed the symmetry of the lattice by the observation of two weak reflections at $(4.2/\sqrt{3})$ Å and at $(4.2/2)$ Å. The paraffin chains, stiff and fully extended, are packed in a hexagonal array with random orientation around their axis. In some cases a small number of sharp reflections are observed in the 4.5 Å region; these may be interpreted as if the rotation of the chains were hindered and the two dimensional lattice became of lower symmetry.

Intermediate cases are observed as well, namely phases in which the conformation of the paraffins varies along the length of the chains (see Section V-D).

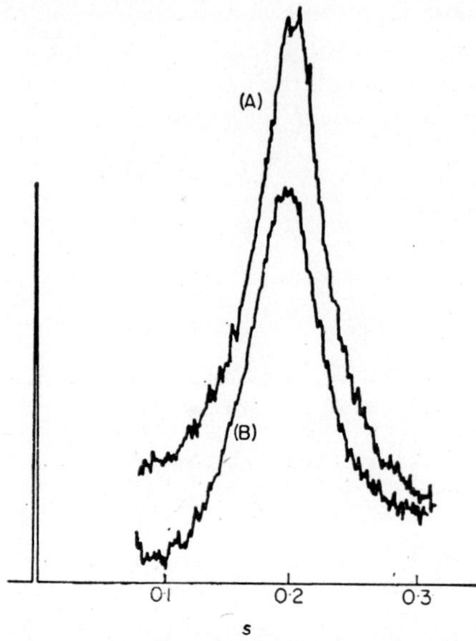

Fig. 2. Microdensitometer trace of the 4.5 Å band. (A) tetradecane, 100°C; (B) C_{14}Na-water, $c = 0.68$, 100°C (from Luzzati *et al.*, 1960).

2. *Long Range Organization; Lattice Type and Symmetry*

All the phases described in this article display different degrees of order in different parts of the structure. The conformation of the paraffin chains (and of the water molecules) is disordered; the long-range organization may be either of the liquid type (micellar solutions) or strictly periodic in one, two or three dimensions. The crystallographic properties of the periodically ordered phases will be described in this chapter; the structure of the micellar solutions is discussed in Section IV-D.

The periodically ordered structures may be grouped into three classes according as the periodic repeat is in *one, two* or *three* dimensions. Following Friedel's nomenclature (Friedel, 1922) the first two classes are *mesomorphic* (or liquid-crystalline), the third is *crystalline*. The structures may be further classified according to the symmetry of the two- and three-dimensional lattices.

Periodic in one dimension; lamellar. The lipid molecules are associated in lamellae. Each lamella is filled by the paraffin chains and is covered on both sides by the hydrophilic groups (Figs. 4 and 9). The structure is of the smectic type: the lamellae are parallel and equidistant, without other correlation in position and orientation.

Periodic in two dimensions. The structure elements are long and rigid prismatic rods, all parallel to each other. The lateral position and the relative orientation of the rods are fixed; the positions are random in the direction of the rod axis. The projection on the plane perpendicular to the rod axis defines a two-dimensional lattice, the symmetry of which is bound to belong to one of a few space groups (International Tables, 1952).

Periodic in the three dimensions. Aggregates of finite size, formed either by lipid or by water molecules, are packed in three-dimensional lattices. Only a few types of such lattices will be mentioned in this article.

3. *Size and Content of the Structure Elements*

Besides the previous classification, based upon symmetry, other categories can be defined when the molecular structure is taken into account.

Simple and *complex* structures are those in which the structure elements, formed by aggregates of lipid molecules, either take up a simple form (lamella, cylinder, ...) or are more complex associations of various elements. The difference is clearly illustrated in Fig. 20. These two types of structures are easily characterized when the dimensions of the structure elements are known (see below).

Type I (paraffin-in-water) and *type II* (water-in-paraffin) are the structures in which the rods (or the globular particles) are either filled by the paraffin chains and embedded in a polar matrix, or the other way around (see Figs. 9 A and 9 C). The distinction between the two can only be made for structures in which the interior and the exterior volumes can be distinguished topologically. Furthermore the distinction cannot be based upon the X-ray data alone (as a consequence of Babinet's principle); other lines of evidence, involving chemical information, have to be used for that purpose.

C Determination of Lattice Dimensions and of Other Structure Parameters

From the experimental standpoint the data consist of a set of reflections characteristic of one phase. As the X-ray experiments usually are carried out on unoriented samples, only the spacings and the intensities of the reflections are known. The problem is to index the reflections and to determine the symmetry of the lattice and the structure of the phase. (The cubic phases are easily characterized on the polarizing microscope, as they are optically isotropic, while all the others are spontaneously birefringent.)

The equations that define the spacings of the reflections for the different symmetry systems are given in Table I. The symmetry of the lattice is determined by finding out one equation with which all the observed spacings agree; this problem is generally easy to solve in the lipid-water phases. When the symmetry is found, the dimensions of the unit cell can be calculated.

9

If in addition the concentration, the density and the molecular weight of the lipid are known, the number of lipid molecules per unit cell can be determined (parameters N_1, N_2 and N_3, see Table II).

TABLE I. Equations relevant to the different symmetry systems.

s_{hkl}	reciprocal spacing (Å^{-1}) of the reflection of indices h, k and l.
a^*, b^*, γ	dimensions of the reciprocal unit cell
d	repeat distance of the lamellar phase
σ	area of the *primitive* two-dimensional cell
V	volume of the *primitive* three-dimensional cell

PERIODIC IN ONE DIMENSION: LAMELLAR
$$s_l = l/\text{d}$$

PERIODIC IN TWO DIMENSIONS

oblique	$s^2_{hk} = h^2a^{*2} + k^2b^{*2} - 2hka^*b^* \sin \gamma$
	$\sigma = (a^*b^* \sin \gamma)^{-1}$
rectangular primitive	$s^2_{hk} = h^2a^{*2} + k^2b^{*2}$
	$\sigma = (a^*b^*)^{-1}$
rectangular centred	$s^2_{hk} = h^2a^{*2} + k^2b^{*2} \quad (h + k = 2n)$
	$\sigma = (2a^*b^*)^{-1}$
hexagonal primitive	$s^2_{hk} = a^{*2}(h^2 + k^2 - hk)$
	$\sigma = (2/\sqrt{3}) a^{*-2}$

PERIODIC IN THREE DIMENSIONS (see International Tables, 1952)

TABLE II. Determination of the structure parameters.

$\mathcal{N}$	Avogrado number
M	molecular weight of the lipid
$\bar{v}_l$ and $\bar{v}_w$	partial specific volumes of lipid and water (cm^3g^{-1}), supposed independent of concentration
c	weight concentration (lipid/lipid + water)
$\phi = [1 + \bar{v}_w(1 - c)/\bar{v}_l c]^{-1}$	volume concentration
S	average area (Å^2) available to one hydrophilic group on the lipid-water interface
$N_1 = \text{d}\phi\mathcal{N}10^{-24}/M\bar{v}_l$	number of lipid molecules per unit surface of one lamella
$N_2 = \sigma\phi\mathcal{N}10^{-24}/M\bar{v}_l$	number of lipid molecules per unit length of one primitive two-dimensional cell.
$N_3 = V\phi\mathcal{N}10^{-24}/M\bar{v}_l$	number of lipid molecules per primitive three-dimensional cell.
	Lamellae
$\text{d}_l = \text{d}\phi$	thickness of the uniform lipid layer containing all the lipids of one cell.
$S = 2/N_1$	
	Cylinders
$r_\text{I} = (\sigma\phi/\pi)^{1/2}$	radius of the lipid cylinder if the structure is of type I (paraffin-in-water).
$S_\text{I} = 2\pi r_\text{I}/N_2$	
$r_\text{II} = [\sigma(1 - \phi)/\pi]^{1/2}$	radius of the water cylinders, if the structure is of type II (water-in-paraffin).
$S_\text{II} = 2\pi r_\text{II}/N_2$	

In order to proceed further in the structure analysis, a few hypotheses have to be made and some principles must be respected. One hypothesis, already made tacitly, is that the paraffin chains are clustered into regions from which water is excluded and that the interface between water and paraffin is covered by the hydrophilic groups of the lipid molecules. Even in the anhydrous phases the hydrophilic groups are supposed to segregate out from the paraffinic regions by analogy to what is known to occur in the crystals. The average area S available to one hydrophilic group on the interface is thus a parameter that can be defined in all the phases.

It will be shown below that in many of the phases, especially among those that contain water, the paraffin and water regions, as well as the interface, are devoid of internal rigidity. Under these conditions the shape of the structure elements is bound to be defined by the lattice interactions. For the sake of simplicity it will be often assumed that the symmetry of the structure elements is higher than the symmetry of the lattice: for example circular cylinders in the hexagonal system.

When these assumptions are made, the thickness of the lipid layer, the diameter of the cylinders and the area S can be determined for structures of both types I and II (see Table II).

In other cases the shape of the structure elements is not fully defined by the symmetry of the lattice and has to be determined by the analysis of the intensities of the reflections.

III Methods

A Notation and Abbreviations

The symbols and the notation are given in Tables I and II.

The chemical formulae of the lipids discussed in this chapter, and the abbreviations used, are the following.

Soaps and detergents

C_nX: saturated soaps (X is a monovalent cation): $CH_3.(CH_2)_{n-2}.COOX$
OX: oleates: $CH_3.(CH_2)_7.CH=CH.(CH_2)_7.COOX$
SLS: sodium laurylsulphate: $CH_3.(CH_2)_{11}.OSO_3.Na$
Aerosol MA: $CH_3.(CH_2)_5.OCO.CH_2$

$$CH_3 . (CH_2)_5 . OCO . \overset{\mid}{CH}.SO_3Na$$

C_nTAB (and C_nTACl): alkyltrimethylammonium bromide (and chloride):

$$CH_3.(CH_2)_{n-1}.\overset{+}{N}.(CH_3)_3.Br^-$$

$TAC_{12}I$: trimethylamino dodecanoimide: $CH_3.(CH_2)_{10}.CO.\overset{-}{N}.\overset{+}{N}.(CH_3)_3$

Arkopal n: $CH_3.(CH_2)_8 . \langle\bigcirc\rangle .O.(CH_2.CH_2.O)_{n-1}.CH_2.CH_2.OH$

Lipids of biological interest (R_1 etc. are the paraffin chains)

Monoglycerides:

$$R_1.CO.OCH_2$$
$$|$$
$$CH.OH$$
$$|$$
$$CH_2.OH$$

Lecithin: (Phosphatidyl choline)

$$R_1.CO.OCH_2$$
$$|$$
$$R_2.CO.OCH \qquad O$$
$$| \qquad \uparrow$$
$$CH_2{-}OPOCH_2.CH_2.\overset{+}{N}.(CH_3)_3$$
$$|$$
$$O^-$$

Lysolecithin:

$$R_1.CO.OCH_2$$
$$|$$
$$CH.OH \quad O$$
$$| \qquad \uparrow$$
$$CH_2.{-}OPOCH_2.CH_2.N^+.(CH_3)_3$$
$$|$$
$$O^-$$

Phosphatidylethanolamine:

$$R_1.CO.OCH_2$$
$$|$$
$$R_2.CO.OCH \qquad O$$
$$| \qquad \uparrow$$
$$CH_2.{-}OPOCH_2.CH_2.\overset{+}{N}H_3$$
$$|$$
$$O^-$$

Phosphatidylinositol:

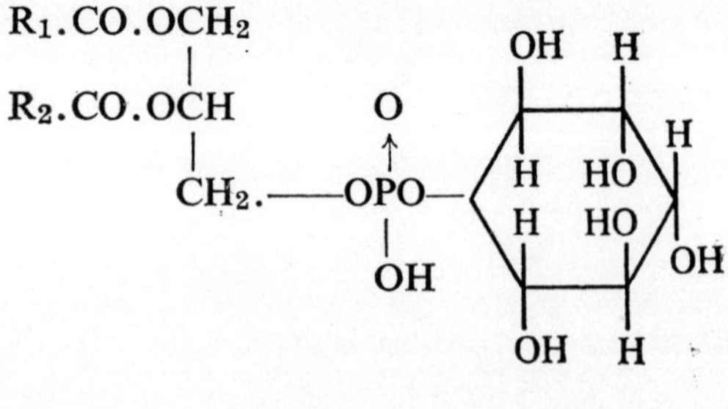

$$R_1.CO.OCH_2$$
$$|$$
$$R_2.CO.OCH \qquad O$$
$$| \qquad \uparrow$$
$$CH_2.{-\!-}OPO{-}$$
$$|$$
$$OH$$

Cardiolipids:

$$R_1.CO.OCH_2$$
$$R_2.CO.OCH$$
$$CH_2.\text{——}OPO\text{——}CH_2$$
$$OH$$

$$CH_2\text{——}OPO\text{——}CH_2$$
$$CH.OH \quad OH \quad CH.CO.O.R_3$$
$$CH_2.CO.O.R_4$$

Sphingomyelin:

$$CH_3.(CH_2)_{12}.CH=CH.CH.CH.CH_2\text{—}OPOCH_2.CH_2.\overset{+}{N}.(CH_3)_3$$
$$OH \; NH \qquad O^-$$
$$CO.R_1$$

Cerebroside:

$$CH_3.(CH_2)_{12}.CH=CH.CH.\text{——}CH.CH_2.O\text{——}C\text{—}$$
$$OH \qquad NH \qquad HCOH$$
$$CO.R_1 \qquad HOCH \quad O$$
$$HOCH$$
$$HC\text{——}$$
$$CH_2.OH$$

B X-Ray Scattering Techniques

The experimental techniques used for the X-ray scattering study of lipid-water systems must fulfil a few requirements: (a) the chemical composition of the sample, especially the water content, must be kept under control; (b) the experiments must be carried out at controlled temperature; (c) the small-angle region of the X-ray diagrams must be explored as the dimensions of the structure elements are fairly large.

The conventional X-ray cameras generally do not satisfy these conditions; most of the experiments described in this article were carried out with cameras of special design. In the author's laboratory Guinier-type cameras were used, operating *in vacuo*. The Cu $K_{\alpha 1}$ line (in some cases the W $L_{\alpha 1}$ line) is isolated and focused by a bent quartz monochromator.

The samples are held in a vacuum tight cylindrical cell provided with thin mica windows. The sample holder is kept at constant temperature either by circulation of a thermally-controlled liquid or by electric heating. The samples are prepared at the desired concentrations. The concentration is often checked by dry weight determinations, or by direct chemical analysis, at the end of the X-ray experiment.

C Partial Specific Volumes

The partial specific volume of the components (lipids and water) is an important parameter for the determination of the dimensions of the structure elements (see Tables I and II). In many of the systems this was determined experimentally, in others it was estimated by reference to similar compounds. The figures, reported in the original papers, will not be given in this chapter.

In all the multicomponent systems the partial specific volume of each of the components is assumed to be independent of the composition of the system.

IV Simple Lipids: Soaps and Detergents

Soaps, the salts of the saturated fatty acids, are the simplest type of lipid easily available as pure chemical compounds. Their properties have been studied extensively and more is known about the structure of the soap-water systems than about any other lipid.

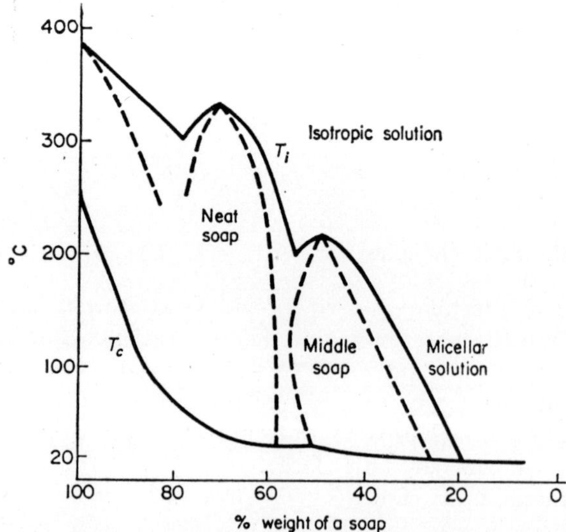

Fig. 3. The phase diagram of the system $C_{16}K$-water (from McBain and Lee, 1943).

The phase diagrams of several of these systems have been established by McBain and coworkers (McBain and Lee, 1943); as an example the phase diagram of $C_{16}K$-water is given in Fig. 3. In the low temperature and high lipid region of the diagram (below the line T_c) the so called *gel* and *coagel* are found; the common feature of these phases is the ordered, or partially ordered, conformation of the paraffin chains. At high temperature and low lipid concentration (above the line T_i) the *isotropic solution* is observed, which is transparent, optically isotropic and of low viscosity; the soap molecules are dispersed in water as a molecular or micellar solution. The region between the gel-coagel and the isotropic solution contains several phases, the common features of which are the spontaneous birefringence (with the exception of the cubic phases), the high viscosity, and the presence, in the X-ray diffraction diagrams, of sharp small-angle reflections and of a broad band near 4.5 Å. All these are *liquid-paraffin phases*.

A Liquid-Paraffin Anhydrous Phases

Numerous phase transitions are known to occur in anhydrous soaps in the wide temperature gap between the collapse of the three-dimensional crystalline structure and the complete melting. These transitions have been investigated in the past by a variety of techniques. A thorough X-ray diffraction analysis of the different phases has been carried out over the last few years. The results are too extensive to be fully reported here; the structure of the most common phases will be described and some of the features of the phase transitions will be discussed.

1. *Structure of the Phases*

Lamellar, the structure of which is described above, is represented in Fig. 4. The lamellae are filled by the paraffin chains in a liquid conformation. The various structural parameters are determined using the equations given in Tables I and II.

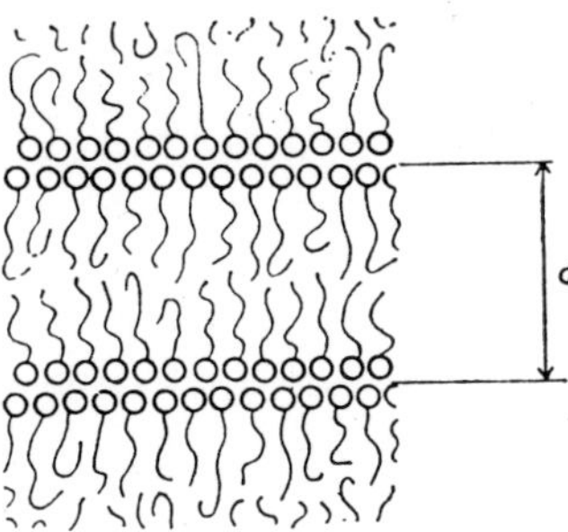

Fig. 4. Structure of the lamellar phase of anhydrous soaps: schematic representation of a section perpendicular to the lamellae. The polar group is represented by a circle, the paraffin chains by a wriggle (from Skoulios and Luzzati, 1961).

Oblique and rectangular. These phases are characterized by a large number of reflections (more than 30 in some cases) that can all be indexed in a two-dimensional lattice, either oblique or rectangular centred (see Table I). The symmetry and the dimensions of the unit cells, and the intensities of the reflections, are all consistent with structures formed by ribbon-like elements, indefinitely long in one direction, of finite width and thickness (Fig. 5).

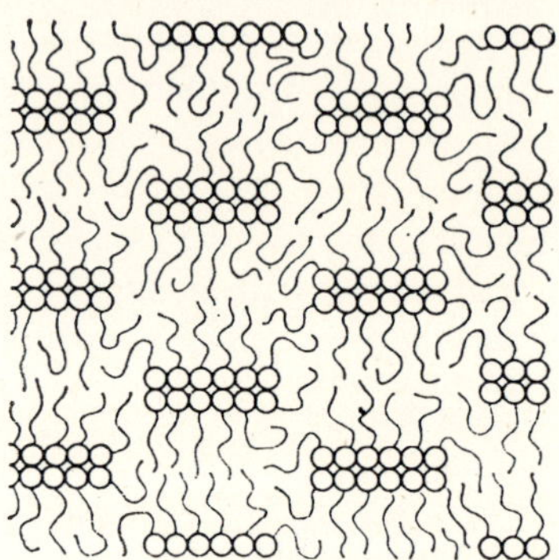

Fig. 5. Structure of the two-dimensional rectangual-centred phase of anhydrous soaps; cross-section of the prisms (see legend of Fig. 4) (from Skoulios and Luzzati, 1961).

The ribbons contain the polar groups of the molecules; the disordered paraffin chains fill up the gap between the ribbons. When the cell is rectangular the ribbons are highly symmetric (two mirror planes); if the cell is oblique the symmetry is lower (one two-fold axis). For each phase the number N_2 of soap molecules per unit length of the ribbons can be determined (see Tables I and II). When in addition the width of the ribbons is known, the area S can be calculated.

Hexagonal. The structure is formed by rods, containing the polar groups of the molecules, surrounded by the disordered paraffin chains and packed in a two-dimensional hexagonal array (Fig. 8A). The number N_2 can be determined in this case as well (Table I and II).

Orthorhombic. In accordance with the symmetry and the dimensions of the lattice, and with the intensities of the reflections (Skoulios, 1959), the structure of these phases appears to be formed by planar discs each containing the polar groups and embedded in a paraffin matrix (Fig. 6). The symmetry of the discs is likely to be mmm (or 222).

Body-centred tetragonal. This phase, and the following ones, are characterized by a large number of sharp reflections that can all be indexed on a three-dimensional lattice. The symmetry and the dimensions of the lattice, as well as the intensities of the reflections, are consistent with a structure formed of rods, similar to those of the hexagonal phase, but of finite length; the rods, all identical and crystallographically equivalent, are joined four by four and form square two-dimensional networks (Luzzati *et al.*, 1968a). The networks are orderly stacked in the body-centred tetragonal lattice, space group I 422 (Fig. 8 B).

Rhombohedral. A crystallographic analysis (Luzzati *et al.*, 1968a) provides strong arguments in favour of a structure analogous to that of the body-centred tetragonal phase, formed of identical rods, that join three by three to form two-dimensional hexagonal networks (Fig. 8 C). The space group is R3̄m.

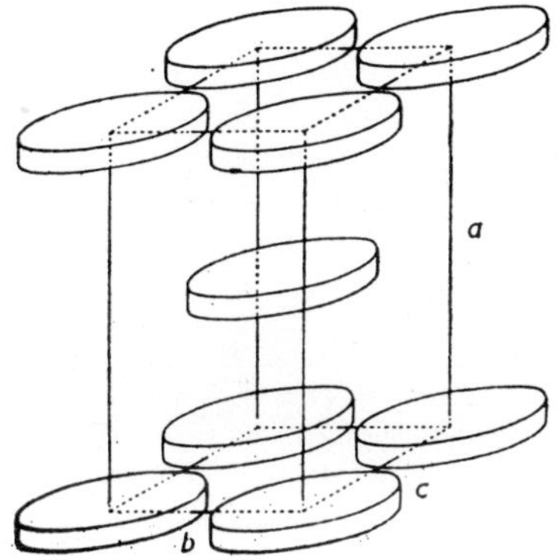

Fig. 6. Structure of the three-dimensional orthorhombic body-centred phase. The discs are the locus of the polar groups (from Skoulios and Luzzati, 1961).

Body-centred cubic, also formed by rods (Luzzati and Spegt, 1967). The rods join three by three to form two three-dimensional networks, mutually interwoven, otherwise unconnected (Fig. 8 D). Space group Ia3d.

2. *Monovalent Cation Soaps*

The structure of the different high-temperature phases of several Li, Na, K, Rb and Cs soaps has been studied by X-ray techniques (Skoulios and Luzzati, 1961; Gallot and Skoulios, 1962; 1966b, c, d). Only a few examples will be discussed.

Na soaps. The high-temperature phases of the anhydrous Na soaps, from C_{12} to C_{18} have been identified by a variety of techniques and are usually named as shown in Table III (Vold and Vold, 1939; Vold, 1941; Benton *et al.*, 1955). With the exception of the subwaxy (not reported here, see Skoulios and Luzzati, 1961), all the phases are in stable thermodynamic equilibrium and are separated from the neighbouring phases by sharp transitions. The structure and the lattice dimensions are given in Table III. All the phases are common to all the soaps with the exception of the ortho-rhombic which is observed in C_{12} only.

The structure of the phases waxy, superwaxy and subneat is similar, although the parameters differ. It may be noted that in each phase the number N_2 is nearly the same for all the soaps and that for one soap it decreases stepwise as the temperature rises. The width and the thickness of the ribbons can be estimated on the electron density charts and thus S can be determined, assuming that the ribbons are formed by two layers of polar groups (Fig. 5); the accuracy of these determinations is rather poor. It turns out (Table III) that S is almost the same in all the rectangular centred phases of the different soaps and that its value is similar to that of crystalline soaps.

The lamellar is the only phase whose parameters are highly dependent on temperature: d decreases continuously as the temperature rises (Fig. 7, from J to K). This observation, taken along with the fact that S is much larger than in the rectangular centred phases (Table III), indicates that the arrangement

TABLE III. High-temperature phases of anhydrous Na soaps.

Name of the phase	Lattice symmetry		C_{12}	C_{14}	C_{16}	C_{18}
		$t(°C)$	142	142	140	133
		$a(Å)$	75.2	80.0	86.6	80.0
Waxy	rectangular, centred	$b(Å)$	30.9	34.5	38.3	40.3
		N_2(molec/Å)	2.83	2.87	3.14	2.88
		$L(Å)$	34	33	36	36
		$S(Å^2)$	24	23	23	25
		t	183	182	176	175
		a	68.5	69.0	74.2	72.5
Superwaxy	rectangular, centred	b	30.3	33.6	36.0	37.9
		N_2	2.53	2.50	2.53	2.46
		L		30		
		S		24		
		t	200	210	211	210
	orthorhombic, body-centred	a	55.5			
		b	28.3			
		c	32.7			
		t	215	210	211	210
		a	49.8	53.8	56.2	62.4
		b	27.0	29.1	30.6	34.4
Subneat	rectangular, centred	N_2	1.64	1.58	1.67	1.82
		L		19	20	20
		S		24	24	22
		t	252	248	254	256
		t_1	290	271	278	285
Neat	lamellar	d	25.3	27.5	29.1	30.6
		S	36	38	40	42
		t	325	305	300	290

The temperatures of the phase-transitions are given (t). Within each phase the lattice dimensions are independent of temperature, with the exception of the lamellar phase: t_1 is the temperature for which the dimensions are given. The densities were not determined directly; thus N_2 is not very precise. L (and as a consequence S) were estimated on the electron density maps. See notation in Table I and II. (From Skoulios and Luzzati, 1961).

of the polar groups in the plane is disordered and provides a confirmation of the liquid structure of the paraffin chains (Appendix 1).

Other soaps. Phases with two-dimensional periodic order, similar to those of the Na soaps, are observed in some of the Li, K and Rb soaps. The lattice is rectangular centred for Li, oblique for K (Gallot and Skoulios, 1962; 1966b). As an example, the sequence of the phases of $C_{18}K$ is shown in Fig. 7. The crystalline organization of the paraffin chains breaks down at 170°C. From 170 to 272°C five oblique phases are found, the parameters of which are given in Table IV.

TABLE IV. High-temperature oblique phases of anhydrous $C_{18}K$

t (°C)	70	185	210	225	238	272
a (Å)	80.0	69.0	50.6	48.3	45.5	
b (Å)	43.9	42.2	41.2	40.8	40.0	
γ (°)	113	114	116	118	119	
N_2 (molec/Å)	5.45	4.40	3.12	2.83	2.50	

(From Gallot and Skoulios, 1962).
t is the temperature of the phase transitions.

Lamellar phases are encountered in the soaps of various cations (Fig. 7), but not of Li.

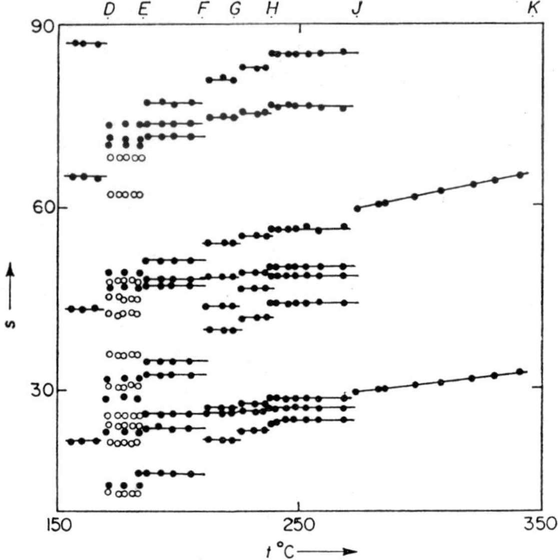

Fig. 7. High-temperatures phases of anhydrous $C_{18}K$. Spacings s (unit 10^{-3} Å^{-1}) as a function of temperature. The various phases are easily characterized. Note that only in the lamellar phase (from J to K) s varies with temperature. (From Gallot and Skoulios, 1962).

140   V. LUZZATI

3. *Divalent Cation Soaps*

A large number of anhydrous soarps of the divalent cations of group II
have been studied by Spegt and Skoulios (1963, 1964, 1966) and by Spegt
(1964), as a function of temperature, using X-ray scattering techniques. A
few examples of the phase diagrams established by these authors are shown
in Table V. The low temperature phases C_1 and C_2 are lamellar with ordered
paraffin chains; the conformation of the chains is disordered in all the other
phases.

The structure of the phases H, T, R and Q is discussed hereabove, and is
shown in Fig. 8. Some of the structure parameters of the calcium and strontium soaps are given in Tables VI and VII. It may be noted that for all the
soaps of the same cation, the number of cations per unit length of rod is
constant for each phase; furthermore the differences between the different
phases are not large (see also Spegt and Skoulios, 1963, 1964 and Spegt,
1964).

4. *Discussion*

An interesting result emerging from the variety of structures displayed by
the anhydrous soaps is that one can construct a unified picture embodying
them all. Indeed all the structures can be assorted into two classes that may
be named "lamellar" and "rod-like". In the structures of the first of these
classes the polar groups are localized in lamellar regions: the lamellae may
be in the form of infinite planar sheets (Fig. 4), infinitely long ribbons
(Fig. 5) or discs of finite size (Fig. 6). In the structures of the other class the
polar groups are clustered in rod-like regions, and the rods, all identical and
crystallographically equivalent are either infinitely long (one-dimensional
network, phase H), or of finite length linked to form two-(phases T and R)
and three-dimensional (phase Q) networks (Fig. 8). All the high-temperature
phases of each of the anhydrous soaps studies so far belong to one or the

TABLE V Phase diagrams of the anhydrous stearates of the cations of group II

Mg	C_1 or $C_2(109°)$ $H_1(195°)$ $H_2(210°)$ melt
Ca	$C_1(100°)$ $C_2(123°)$ $T(152°)$ ..... $(179°)$ $H(>350°)$
Zn	$C_1(130°)$ melt
Sr	$C_1(130°)$ ..... $(170°)$ $R(197°)$ $Q(246°)$ $H(>400°)$
Cd	$C_1(99°)$ $H_1(211°)$ $H_2(\sim230°)$ melt
Ba	$C_1(150°)$ ..... $(220°)$ $Q(>400°)$

The transition temperatures are given in parentheses. The dotted lines show regions in
which the phases have not been fully characterzed. C_1 and C_2: crystalline. H, H_1 and H_2:
two-dimensional hexagonal. T: body-centred tetragonal. R: rhombohedral. Q: body-
centred cubic. (see Fig. 8). The phase diagrams of other soaps is similar to stearates. (From
Spegt, 1964 and Spegt and Skoulios, 1963, 1964, 1966).

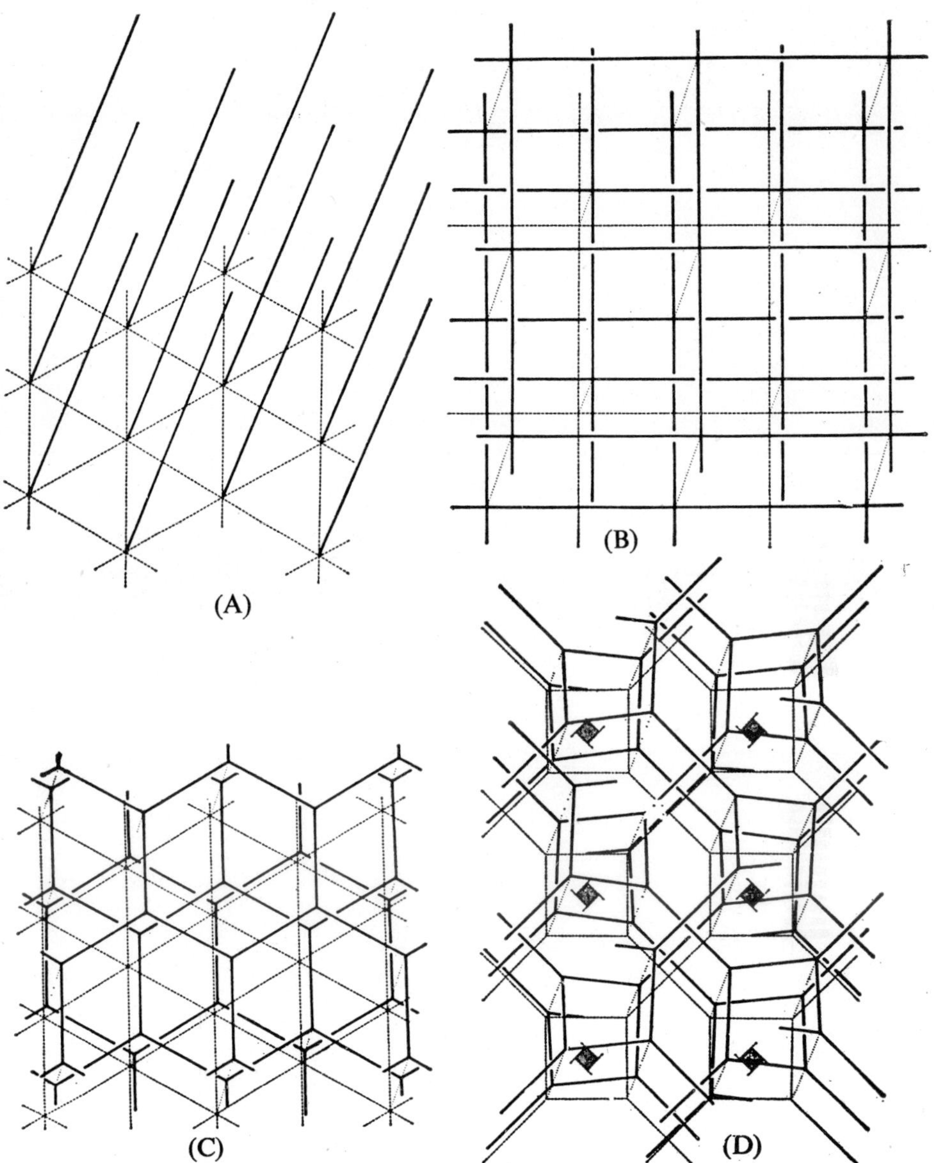

Fig. 8. Structure of the rod-like phases. The rods contain the polar groups; the heavy lines represent the rod axes. The dotted lines show the limits of the cells in projection. (A) *Phase H*: two-dimensional hexagonal array of indefinitely long parallel rods (space group p6). (B) *Phase T*: the rods, linked four by four, form planar two-dimensional square networks; the networks are orderly stacked in a three-dimensional lattice (space group I422). (C) *Phase R*: the rods, linked three by three, form planar two-dimensional hexagonal networks (space group R$\bar{3}$m). (D) *Phase Q*: the rods, linked three by three, form two interwoven three-dimensional networks (space group Ia3d). (From Luzzati and Spegt, 1967, and Luzzati *et al.*, 1968a).

TABLE VI. Some data on the calcium soaps

| | Phase T | | | | | | Phase H | |
	t °C	δ g · cm^{-3}	a Å	c Å	N_3	N_2	t °C	N_2
laurate							240	0.52_9
myristate	165	0.89_0	31.7	55.0	30.1	0.58_9	240	0.52_9
palmitate	159	0.88_5	34.1	59.1	33.2	0.59_0	240	0.53_4
stearate	152	0.88_0	35.9	62.2	35.1	0.58_7	240	0.53_4
arachidate	152	0.87_5	38.3	66.4	38.7	0.59_5	240	0.53_4

N_2 is the number of cations per unit length of rod. The data of phase H are taken from Spegt and Skoulios (1964), those of phase T from Luzzati *et al.* (1968a).

TABLE VII. Some data on the strontium soaps

| | Phase R | | | | | | Phase Q | | | Phase H | |
	t °C	δ g · cm^{-3}	a Å	c Å	N_3	N_2	t °C	N_3	N_2	t °C	N_2
laurate	180	0.91_0	29.0	78.0	21.4	0.52_4	235	215	0.51_1	265	
myristate	180	0.89_3	31.0	84.8	23.3	0.52_5	235	233	0.51_0	265	
palmitate							235	248	0.50_9	265	0.49_6
sterate	181	0.87_2	36.0	93.3	28.0	0.52_8	235	261	0.50_7	265	
arachidate	200	0.85_0	37.9	97.5	29.3	0.51_1	235	278	0.50_6	265	
behenate							235	285	0.50_0	265	

N_2 as in Table VI. The data of phase H are taken from Spegt and Skoulios (1966), those of phase Q from Luzzati and Spegt (1967), those of phase R from Luzzati *et al.* (1968a).

other of the two classes, according to the nature of the cations: lamellar for the monovalent cations, rod-like for the divalent cations.

The highly developed organization of all these phases is achieved in spite of a great disorder of the paraffin chains; it is thus clear that the correlation between the chemical composition of the lipid and the class of structure must be sought in the organization of the polar groups. Although little direct evidence is available on this question, various indirect arguments suggest that the degree of order is quite high in all the phases, with the exception of the high-temperature lamellar (neat) phase of the monovalent cation soaps:

(a) The sequence of the phases is specific for the nature of the cation.

(b) In the ribbons the area S is similar to that of the crystalline soaps; in the lamellae S is much larger.

(c) The dimensions of the structure elements, and more specifically of S, are temperature dependent in the high temperature lamellae, independent in the discs, ribbons and rods.

(d) The number of polar groups per rod length, in each of the rod-like phases, is specific for the cations and is independent of temperature and of paraffin chain length.

The finite width of the ribbons can similarly be explained by the presence of both the crystalline arrangement of the polar groups and the disordered conformation of the paraffin chains. Indeed, as the paraffin chains are anchored to the polar groups that sit at fixed positions and closely packed on the surface of the ribbons, the mobility of the chains is very small near the polar groups and increases along the chains towards the CH_3 end. So the *average* orientation of the chains is fan-wise and only at some distance from the centre of the ribbon is the orientation sufficiently disordered to overtake the edge of the ribbon (Skoulios and Luzzati, 1961, see Fig. 5). As the temperature rises, the disorder increases and the width of the ribbons decreases; the change is necessarily discontinuous, one row at a time, as the number of rows of polar groups in one ribbon is quite small. Similar phenomena are likely to take place in the discs. The existence of oblique ribbons (and discs) (Spegt, 1964) can be explained by similar arguments, assuming that the organization of the polar groups is so precisely defined that the in vicinity of the surface of the ribbons the orientation of the paraffin chains is fixed. A similar explanation can be given for the finite length of the rods (phases T, R, Q), assuming in this case that the neighbouring chains tend to keep closer than is allowed by the separation of the polar groups.

B Liquid-Paraffin Water-Containing Phases: Long-Range Periodically Ordered Phases

Several phases are present in the extended region of the phase diagram encompassed by the gel and the isotropic solution, delimitated in Fig. 3 by the lines T_c and T_i. Two of these phases are known under the names "neat" and "middle". A few other phases have been discovered recently which exist between these two phases.

In the past, several authors have carried out X-ray scattering study of these phases (Stauff, 1939; Doscher and Vold, 1948). Great emphasis was put on the lamellar structure; the interpretation was often biased by the *a priori* assumptions that all the structures are lamellar and that the paraffin chains take up a highly ordered conformation. Marsden and McBain (1948) reported the observation of a two-dimensional hexagonal phase, but did not appear to realize that the "middle" phase is always hexagonal.

The systematic structure study of these phases is recent (Luzzati *et al.*, 1957 and 1958; Luzzati *et al.*, 1960; Husson *et al.*, 1960; Clunie *et al.*, 1965; Gallot and Skoulios, 1966a); the main results will be reported and discussed here.

144   V. LUZZATI

1. *Structure of the Phases*

Lamellar. This phase is similar to the lamellar phase of the anhydrous soaps, with layers of water intercalated between the lipid lamellae (Fig. 9 B).

Hexagonal, type I (in short *hexagonal I*). This phase is a two-dimensional hexagonal array of rods. The analysis of the dimensions of the rods (assumed to be circular cylinders), for a variety of soaps and as a function of concentration, indicates that the structure is most likely of type I (Fig. 9 A). Indeed

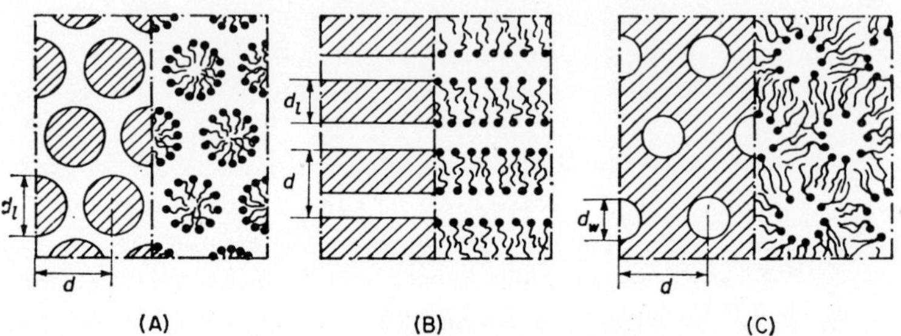

Fig. 9. Structure of some high-temperature phases of the lipid-water systems; schematic representation of a cross-section of the rods and of the lamellae. The hydrophilic group is represented by a dot, the paraffin chains by a wriggle. (A) hexagonal I; (B) lamellar; (C) hexagonal II. (From Luzzati *et al.*, 1966).

in this case the area S turns out to be almost independent of the chain length and of concentration (Husson *et al.*, 1960). Gallot and Skoulios (1966a) have shown in fact that S is a function of the molal concentration of the polar groups in the water of the system, for all the soaps of the same cation (see

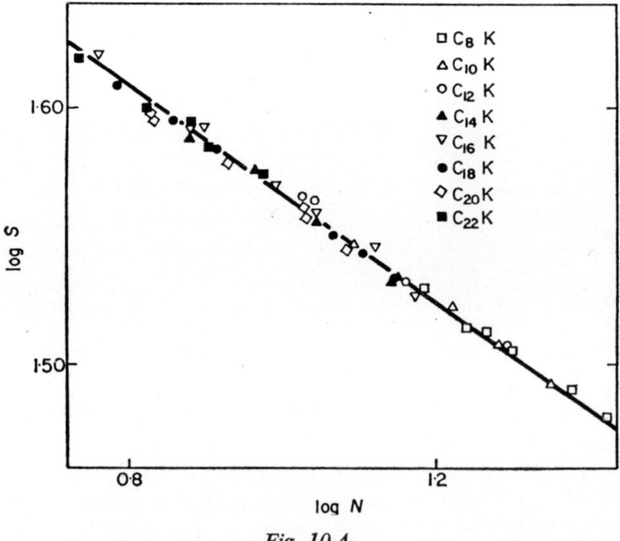

Fig. 10A.

Fig. 10B and discussion below). Furthermore the values of S of the hexagonal phase are found to be intermediate between those of the lamellar and the isotropic phases (Figs 10A and B and Table XI). On the contrary if the

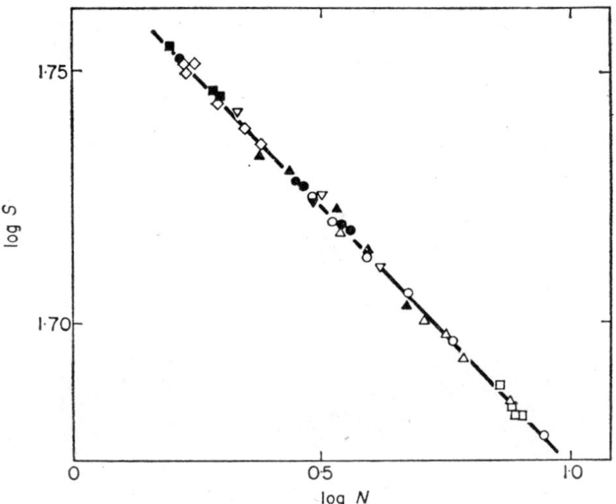

Fig. 10B. Plot of the area S *vs* N (moles of polar groups/1 of water) for several K soaps at 86°C. The straight lines represent the empirical equation $S = S_0 N^{-p}$. (A) (facing page) lamellar phase; (B) hexagonal phase, type I; (C) (following page) hexagonal phase, type II (A and B from Gallot and Skoulios, 1966a; C calculated from the data of those authors).

structure were of type II (Fig. 9C), S would display a complex dependence on chain length and concentration (Fig. 10C). Moreover in this case the extreme values of S, for the hexagonal phase, would be lower than in the lamellar and higher than in the isotropic phases.

An additional confirmation of the structure of type I is provided by the analysis of the intensity of the reflections (Husson *et al.*, 1960).

Complex hexagonal. The symmetry is that of the previous phase; the dimensions of the lattice are much larger and the intensities of the reflections are quite different. No simple structure can fit those data. Several models were tried (Luzzati *et al.*, 1960; Husson *et al.*, 1960); a cylindrical shell of lipids with water filling the inner hole and the external gap between the cylinders was considered to be the most satisfactory.

Cubic. The number of X-ray reflections is too small to provide unequivocal support to any structure. At one time (Luzzati *et al.*, 1960), the structure was considered to be formed by lipid spheres surrounded by water; later a structure made of water spheres embedded in a paraffin matrix was considere to be more satisfactory (Luzzati and Reiss-Husson, 1966). These structures now appear quite questionable, after the structure of the cubic phase of the anhydrous soaps is known (Luzzati and Spegt, 1967; see Fig. 8D).

10

Other phases. These are often observed in soap-water systems. One, defined by two reflections, has been called *deformed hexagonal*; another, characterized by several reflections, all integral orders of two fundamental repeats, has been called *rectangular* (Luzzati *et al.*, 1960). The structure of these phases was not determined unambigiously.

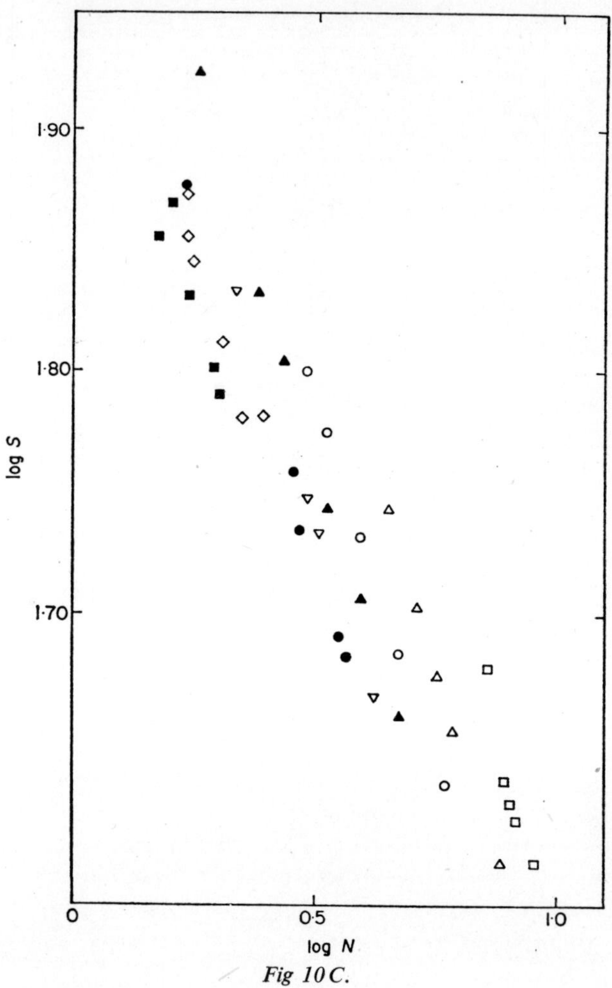

Fig 10 C.

2. *Results and Discussions*

The lipid-water phases of a variety of anionic, cationic and non-ionic soaps and detergents have been analysed by X-ray diffraction methods: some of the results are shown in Fig. 11 and in Table VIII. The six phases described above are common to all the systems. The hexagonal and the lamellar are the most frequently observed, often separated by one or more intermediate phases.

The sequence of the phases, in the order of increasing concentration, is always hexagonal—deformed hexagonal—rectangular—complex hexagonal —cubic—lamellar (Table VIII); frequently gaps occur in this order but no example of inversion is observed.

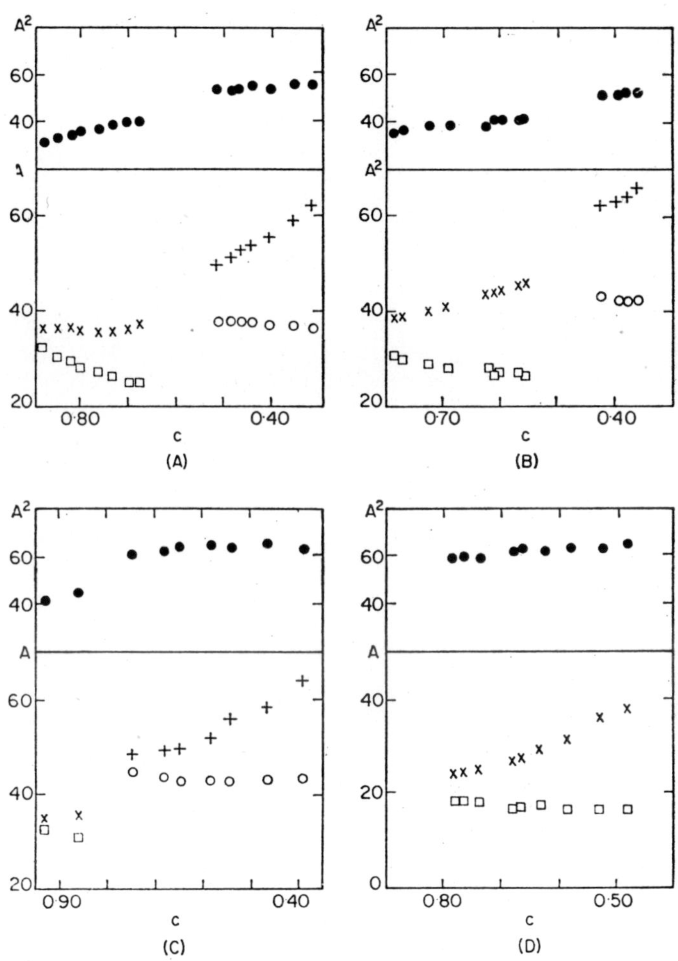

Fig. 11. Dimensions of the structural elements of the liquid-crystalline phases of some lipid-water systems. (A) $C_{16}K$, 100°C; (B) $C_{18}Na$, 100°C; (C) CTAB, 70°C; (D) Aerosol MA, 20°C.

●   average surface area per hydrophilic group
+   distance between the cylinder axes, d }   hexagonal phase, type I
○   diameter of the lipid cylinders, d_l }   (see Fig. 9A)
×   repeat distance, d }   lamellar phase
☐   thickness of the lipid leaflet, d_l }   (see Fig. 9B)
(From Luzzati and Husson, 1962).

10*

TABLE VIII. Schematic representation of the phase diagrams of simple lipid-water systems. The concentrations of the phase boundaries are given. The phases existing in each system are shown by full lines

Lipid	$t(°C)$	lamellar	cubic	complex hexagonal	rectangular	deformed hexagonal	isotropic	hexagonal
$C_{12}Na$	100	—— 0.59					0.59	——
$C_{14}Na$	100	—— 0.59	.... 0.59	—— 0.55	.... 0.55	—— 0.54	.... 0.54	——
$C_{16}Na$	100	—— 0.56	.... 0.56	—— 0.52	.... 0.52	—— 0.51	.... 0.51	——
$C_{18}Na$	100	—— 0.54	.... 0.54	—— 0.51	.... 0.51	—— 0.50	.... 0.50	——
$C_{12}K$	100	—— 0.69	—— 0.61				0.61	——
$C_{14}K$	100	—— 0.66	—— 0.59				0.59	——
$C_{16}K$	100	—— 0.65	—— 0.59	—— 0.55	—— 0.55	—— 0.54	.... 0.54	——
$C_{18}K$	100	—— 0.65	.... 0.65	—— 0.59	.... 0.59	—— 0.58	.... 0.58	——
ONa	65	—— 0.69	.... 0.69	—— 0.59	—— 0.52		0.52	—— 0.28
OK	20	—— 0.72	.... 0.72	—— 0.68	—— 0.60		0.60	—— 0.21
SLS	75	—— 0.69	.... 0.69	—— 0.62			0.62	—— 0.38
MA	20	——						
CTAB	70	—— 0.84	—— 0.78				0.78	—— 0.38
$TAC_{12}I$	20	—— 0.77	—— 0.66				0.66	—— 0.40
Arkopal 9	20	—— 0.61				0.61	—— 0.48	—— 0.45
Arkopal 13	20						0.63	—— 0.43

(From Luzzati and Husson, 1962; $TAC_{12}I$ from Clunie *et al.*, 1965).

Some features of the phase diagrams bear an obvious relation to the chemical structure of the lipid. The bulkier the hydrophilic end of the molecule, the more extended the hexagonal phase range, and reciprocally, the bulkier the hydrocarbon moiety, the more extended the lamellar phase range. The behaviour of the arkopals clearly illustrates this rule. From $n = 6$ to $n = 8$ the hydrophilic chain is relatively short and the only liquid–crystalline phase is lamellar; for $n = 10$ the hydrophilic moiety becomes large and only the hexagonal phase is present; for $n = 9$ both phases are observed. Another example is Aerosol MA in which two hydrocarbon chains join to one hydrophilic group: the only phase is lamellar. In CTAB, in which the hydrophilic moiety is fairly bulky, the hexagonal phase has a more extended concentration range than in soaps.

The factors that determine the range of existence of the intermediate phases are more obscure and do not seem to bear an obvious relation to the chemical structure of the lipids.

An inspection of the data (Figs 10 and 11) shows that for any soap and detergent, the area S decreases monotonically as the concentration increases, at least for the lamellar and the hexagonal phases in which S can be determined directly (and assuming that the hexagonal phase is of type 1). We have extended the validity of this rule, at least tentatively, to the whole phase diagram.

In the hexagonal phase (Husson *et al.*, 1960), the area S is almost independent of the concentration and of the length paraffin chains, whilst the concentration dependence is striking in the lamellar phase (Fig. 11). This phenomenon was explored more carefully by Gallot and Skoulios (1966a), who studied the lamellar and the hexagonal phases of a variety of Na, K, Rb and Cs soaps from C_8 to C_{22}. The results show that the area S, at constant temperature, in each phase and for one cation, is a function of the number of polar groups per volume of water irrespective of the chain length (Fig. 10A, B and Table IX). It appears, therefore, that the dimensions of the structure elements are determined by the interactions at the lipid-water interface, which in turn seem to be dependent on the molal concentration of hydrophilic groups. The conformation of the paraffin chains is sufficiently disordered to be considered to be similar to that of a liquid (see Appendix 2).

C Transition from the Liquid-Paraffin to the Crystalline Phases: Gel and Coagel

If a soap-water sample, taken in one of the high-temperature phases, is cooled to a sufficiently low temperature (more precisely across the T_c line in the phase diagram, see Fig. 3), either a homogeneous and transparent preparation, the *gel*, is obtained or what appears to be a mixture of two phases, the *coagel*. The gel is often metastable and slowly transforms into a coagel.

Several authors (see review in Vincent and Skoulios, 1966a) have studied the coagel and have shown that it consists of crystalline soap (often in the hydrated form) and of water. We shall not be concerned here with the crystalline

TABLE IX

Area S in the hexagonal and in the lamellar phases of the
soap-water systems

Cation	Hexagonal		Lamellar	
	S_0	p	S_0	p
Na	57.6	0.09_5	63.1	0.24
K	58.9	0.10_5	58.9	0.20
Rb	61.7	0.11	56.3	0.19
Cs	63.1	0.11_5	55.0	0.18

For all the soaps of the same cation, and in both the hexagonal and the lamellar phases, S is a function of the number N of moles of polar groups per litre od water, irrespective of the length of the paraffin chain (Fig. 10, A, B). The empirical equation has the form $S = S_0 N^{-p}$. The values of S_0 and p are given, for different cations, at 86°C. (From Gallot and Skoulios, 1966a).

forms of soaps (see review in Chapman, 1965); we shall devote our attention to the structure of the gel as studied by Vincent and Skoulios (1966a, b and c) for several K, Rb and Cs soaps.

1. *Structure of the gel*

The common feature of the X-ray diffraction diagrams of the gel and coagel is the presence of sharp reflections at spacings smaller than 5 Å and the absence of the diffuse 4.5 Å band. In the coagel the number of the high angle reflections is high; in the gel only one or two reflections are observed, at spacings near 4 Å (see below).

K soaps. The gel is a genuine phase in stable thermodynamic equilibrium over an extended region of the phase diagram: this is shown, for example, by the fact that the X-ray diffraction diagrams are independent of the previous thermal treatment of the sample. The equilibrium region is bordered, on the low temperature side, by a zone in which the structure is dependent on the history of the sample: here the gel is metastable and spontaneously gives way to a coagel.

Over an extended concentration range the X-ray diagrams of the gel are those of a pure lamellar phase, with several orders of a fundamental repeat; furthermore one sharp line is observed at 4.1 Å. Since the repeat distance varies with concentration, the phase appears to be pure and various parameters (see Tables I and II) can be determined. d_1 and S turn out to be independent of concentration; the values are given in Table X. It may be noted that the thickness d_1 of the lipid layer is close to the fully extended length of the soap molecule and that the thickness increment for one pair of CH_2 groups (2.5 Å) is identical to the end-to-end distance of the —CH_2—CH_2—CH_2—group of saturated paraffins. Furthermore, the surface of the hexagonal cell, defined by the 4.1 Å reflection is $\Sigma = 19.5$ Å^2 (see Section II-B1), exactly one half of the area S. A structure consistent with these observations is represented in Fig. 12; the paraffin chains are fully extended, interdigitating and hexagonally packed. More complex phase separation phenomena take place at high soap concentration: these will not be discussed here (see Vincent and Skoulios, 1966a and b).

TABLE X. The gel

	t °C	d_l Å	S Å^2
$C_{14}K$	0	20.0	39.7
$C_{16}K$	25	22.7	39.6
$C_{18}K$	25	25.2	38.8
$C_{22}K$	25	30.2	39.9
$C_{16}Rb$	25	23.6	39.6
$C_{18}Rb$	25	26.2	39.9

Note: The fully extended length of the soap molecules is approximately 18.5 Å for C_{14}, 21.0 Å for C_{16}, 23.5 Å for C_{18} and 28.5 Å for C_{22}. (From Vincent and Skoulios, 1966b).

Rb soaps. The properties of the gel and its structure are similar to those of the K soaps, with one interesting difference. At fairly low temperature, and still inside the gel region of the phase diagram, a change takes place in the organization of paraffin chains, indicated by the presence of two high angle reflections at 4.1 and 3.8 Å. Apparently the packing of the paraffin chains becomes orthorhombic (Müller, 1932). The surface of the unit cell, calculated assuming that the indices of the reflections are 110 and 200, still coincides with S (Vincent and Skoulios, 1966b).

2. Remarks

The gel is a mesomorphic phase, with different degrees of order in different parts of the structure. The paraffin chains are stiff and parallel, with a high rotational disorder (and probably a fairly high translational disorder parallel to the chains). Since the cross section of one paraffin chain is close to 20 Å^2, the average area available to one polar group in the interdigitating structure is 40 Å^2, quite larger than in the crystalline and high-temperature phases of the anhydrous soaps; as a consequence the correlations between the polar groups are loose. When the interactions become strong, for example at low water concentration, the stability of the gel is upset and a crystalline phase precipitates out. In spite of the disorder, the average area per polar group, and thus the surface density of the charges, is bound to remain constant.

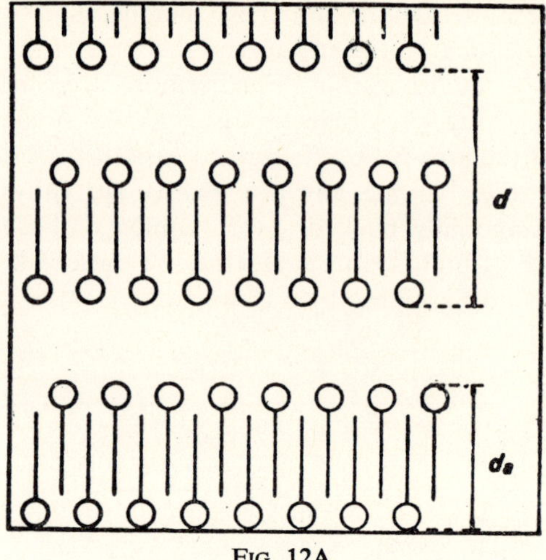

FIG. 12A

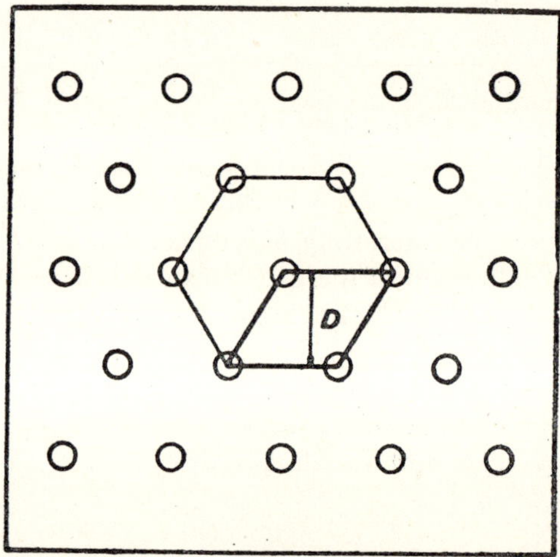

FIG. 12B

Fig. 12. Schematic representation of the structure of the gel of the K soaps. (A) section perpendicular to the lamelles, showing the stiff interdigitating paraffin chains; (B) section parallel to the lamelles, in the middle of the lipid layer, showing the hexagonal packing of the paraffin chains (from Vincent and Skoulios, 1966a).

D Isotropic Micellar Solution

In the low concentration and high temperature region of the phase diagram, at concentrations higher than what is called the "critical micellar concentration" or c.m.c., and above the so-called Krafft temperature, the soap and detergent molecules cluster into large aggregates or *micelles*. The micellar solutions are optically isotropic and transparent and their viscosity is low; the X-ray diffraction diagrams contain one or two diffuse bands in the small angle region and the 4.5 Å band of the liquid paraffins. These solutions have been often studied by hydrodynamic and light-scattering techniques, at very low concentrations, near the c.m.c.; little information is available at higher concentrations. Structural analysis is best done in this region of concentration by small angle X-ray scattering techniques. McBain and Harkins were pioneers in this field (see McBain and Hoffman, 1949; Mattoon *et al.*, 1947) even though their work is now only of historical interest since the theoretical basis of their analysis is unsatisfactory (Hughes, 1950). Others have attempted a more rigorous interpretation of the experimental curves, but it proved to be difficult to distinguish the effects of the shape of the micelles from that of their correlations (Brady, 1951; Andersen and Carpenter, 1953). This problem was undertaken more recently by using an improved small angle X-ray scattering technique which is based upon intensity measurements on an absolute scale (Reiss-Husson, 1963; Reiss-Husson and Luzzati, 1964, 1966). Only a short account of the results of this work will be given here.

Several soaps and detergents were studied at different temperatures and as a function of concentration. The results are condensed in Table XI. The systems can be classified into three families:

(a) *The micelles are spherical at all concentration.* This is the case of C_{16}TACl at 25°C. The diameter of the spheres was determined quite accurately and was shown to be independent of concentration. At the transition from the micellar solution to the hexagonal phase, the spheres are replaced by cylinders.

(b) *The micelles are rod-like at all concentration.* The only example is ONa at 27°C.

(c) *The micelles are spheres at low concentration and become rods at high concentration.* This is the most common case. The transition from spheres to rods takes place over a wide concentration range. The question whether, as the concentration rises, the spheres progressively elongate into ellipsoids and rods or only small spheres and very long rods are present, cannot be answered on the basis of the X-ray experiments alone.

The diameter of the spheres was determined with good accuracy in some cases and was found to agree quite well with the value determined by other techniques. It would be difficult to draw any general conclusion about the influence of the chemical structure of the detergent, of temperature and of concentration upon the shape of the micelles. It should be noted that the area per polar group is larger than in the long-range ordered phases (Table XI) in agreement with the rule discussed previously.

TABLE XI. Micellar solutions

	t	Spherical micelles	Onset of the sphere-rod transition	Rod-like micelles	Onset of the hexagonal phase	R_{par}	n	S micelle	S hexagonal
	°C	c	c	c	c	Å		Å²	Å²
CTACl	27	0.05	0.40		0.40	21.7	84	74	65
ONa	27			0.04	0.20				
SLS	27	0.07	0.25		0.40	17.8	67	65	59
SLS	70	0.05	0.15		0.40	17.0	57	68	
$C_{12}Na$	70	0.05	0.10		0.36	12.5	25	76	51
$C_{14}Na$	70	0.06	0.10		0.28				
$C_{16}Na$	80	0.05	0.18		0.23				
$C_{18}Na$	90	0.05	0.16		0.22				
CTAB	27		0.05	0.10	0.25				
CTAB	50	0.05	0.17		0.26				
CTAB	70	0.05	0.25		0.32				

Approximate concentration range for the different types of micelles and parameters of the spherical micelles. R_{par}: radius of the paraffinic part of the micelle; n: number of lipid molecules per micelle; S: area per polar group on the surface of the spherical micelles and of the cylinders of the hexagonal phase. (From Reiss-Husson and Luzzati, 1964).

V Lipids of Biological Interest

The family of lipids assembled under this headline is quite heterogeneous. The hydrophilic moieties are of the various types common among biological lipids; the paraffin chains vary in length and in degree of unsaturation. Only in a few cases pure chemical species, available in sufficiently large amounts, were used for a complete X-ray study. The majority of the samples, solvent extracts from biological materials or chromatographic fractions of these extracts, contain a variety of chemical species.

The chemical parameters, and more particularly the lipid composition and the integrity of the components, are of crucial importance for the phase diagram and yet it is by no means easy to keep them under proper control. For most of the lipids described here the extraction, the purification and the chemical analysis were carried out at the same time as the X-ray study. With mitochondria lipids the effects of some modifications of the extraction procedures and of the chemical alterations (mainly oxidation and hydrolysis) have been investigated (Gulik-Krzywicki *et al.*, 1967).

Although the description will be limited here to a few recent results, the pioneering study of Bear. *et al.* (1941) and Palmer and Schmitt (1941) should be mentioned. These authors were the first to analyse by X-ray diffraction techniques the mesomorphic phases obtained by mixing water and natural lipids. They emphasized the presence of only one lamellar phase in mixed lipids and noted that different phases might be found if each component of the lipid mixture were studied separately; they interpreted the presence of a broad band near 4.5 Å as an indication of the disordered conformation of the paraffin chains. Finean (1953) has carried out more recently an X-ray study on several synthetic and natural lipids as a function of temperature. The X-ray data were interpreted within the framework of the lamellar structures with stiff paraffin chains; these should perhaps be reconsidered in the light of the more recent results described here. Chapman *et al.*, (1966) have examined by spectroscopic and X-ray data a whole series of phosphatidylethanolamines and made different interpretations.

A Structure of the Liquid-Paraffin Phases

On the high-lipid and low-temperature region of the phase diagrams the paraffin chains are at least partially ordered as shown by the presence of sharp reflections around 4.2 Å.

The liquid-paraffin phases of the anhydrous lipids and of the lipid-water systems were studied in all the cases. The phases are those described previously.

The hexagonal phase is observed over an extended concentration range in four of the systems: lysolecithin, phosphatidylethanolamine, brain and mitochondria lipids (Figs 14, 15 and 19).

By analogy with the soaps, it may be shown that in lysolecithin the structure of the hexagonal phase is of type I. Indeed for this structure S is almost independent of concentration (Fig. 14 B) and its value is close to that found in the lamellar phase of lecithin over the same concentration range (Fig. 13 B). On the contrary if the structure were of type II, S would be strongly concentration dependent, much more than in any other lipid at similar concentration (Fig. 16). Furthermore Reiss-Husson (1967) has shown that the intensities of the reflections agree quite well with the model type I.

In the other systems the structure of the hexagonal phase is most likely of type II. The reason are as follows:

(a) The hexagonal phase is often observed at such high lipid concentration (Figs 14 A, 15 A and B) that no water is available to fill the gap between the lipid rods if the structure were of type I.

(b) The hexagonal phase is found at high lipid concentration, with respect to the lamellar phase (Fig. 15). The opposite occurs in all the cases in which the structure is of type I (Table VIII).

(c) Only if the structure is of type II does S increase as the concentration decreases in accordance with the rule previously discussed (Figs 16, 14 A and 15 A).

(d) An independent confirmation was provided by Stoeckenius (1962), who succeeded in fixing the hexagonal phases of the two types and observing them under the electron microscope (Fig. 17). In type I a honeycomb-like distribution of black lines is observed, in the other a hexagonal array of black spots; the two pictures look like the negatives of each other.

B Monoglycerides, Phospholipids, Sphingolipids

The liquid-paraffin phases of the anhydrous lipids and of the lipid-water system will be described here. The crystalline structure of these compounds, and the polymorphic transitions that take place in the crystalline state, are outside the scope of this article (see review in Chapman, 1965 and Chapman *et al.*, 1966).

The most complete analysis of the liquid-paraffin phases is that of Reiss-Husson (1967) who has studied a few lipids of the three families either in the form of pure chemical compounds, or as chromatographic fractions of biological preparations. (Note. The chemically pure lipids (monoglycerides and dipalmitoyl-lecithin) are synthetic compounds; the chromatographic fractions contain several molecular species, all with the same hydrophilic group but with paraffin chains of different length and degree of unsaturation.) The purity of all the lipids was controlled by thin-layer chromatography. The phase diagram analysis was carried out over the temperature-concentration range in which the chemical degradation is not too fast (see Reiss-Husson, 1967). The results are summarized in Figs 13 and 14.

The high-lipid ($c > 0.95$) and high-temperature region of the lipid-water phase diagram of both natural (hen eggs) and synthetic lecithins has been studied recently (Luzzati *et al.*, 1968 b). Several phases have been observed; three of these, namely H, R and Q (see Fig. 8), belong to the "rod-like" class discussed above (see Section IV-B).

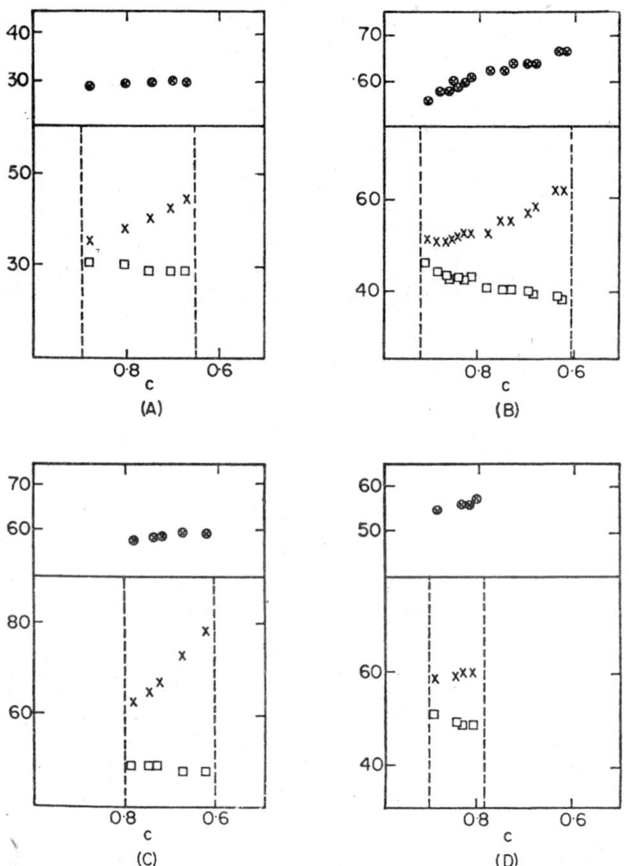

Fig. 13. Dimensions of the lamellar phase of lipid-water systems. The dotted lines show the limits of the pure phase. (A) glyceryl-1-monododecanoate, 45°C; (B) egg lecithin, 25°C; (C) beef brain sphingomyelin, 40°C; (D) beef brain cerebroside, 72°C; $\otimes$: area S; $\times$: repeat distance d; $\square$: thickness d_l of the lipid leaflet (replotted from Reiss-Husson, 1967).

The most common-water-containing phase is the lamellar. The structure parameters of some of the systems are plotted in Fig. 13. The hexagonal phase is observed in lysolecithin at 37°C and in phosphatidylethanolamine

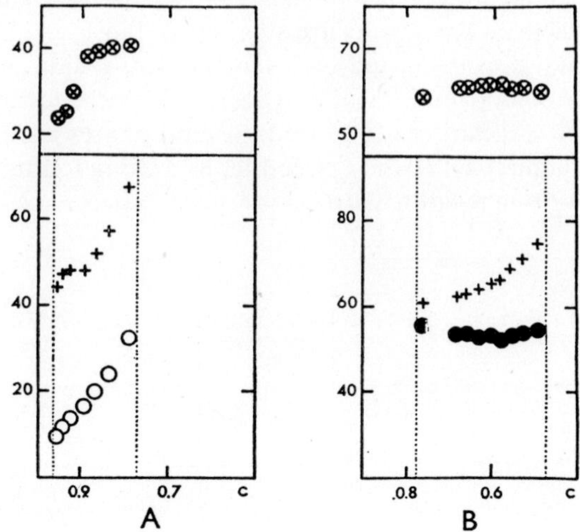

Fig. 14. Dimensions of the hexagonal phases of lipid-water systems. (A) egg phosphatidylethanolamine, 55°C; (B) egg lysolecithin, 37°C. $\otimes$: area S; $+$: distance d between the cylinder axes; $\bullet$ type I, diameter d_l of the lipid cylinder; $\bigcirc$: type II, diameter d_w of the water cylinder (replotted from Reiss-Husson, 1967).

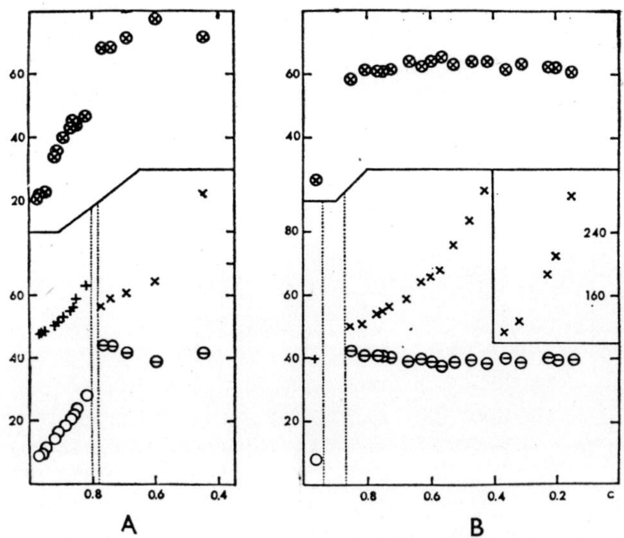

Fig. 15. Dimensions of the liquid-paraffin phases of lipid-water systems. (A) human brain, 37°C (Luzzati and Husson, 1962); (B) beef heart mitochondria, 25°C (Gulik-Krzywicki *et al.*, 1967). Symbols as in Figs. 13 and 14.

at 55°C (Fig. 14); it has been shown previously that the structure is of type I in the former and of type II in the latter.

The phosphatidylethanolamine-water system was studied at lower temperature as well: 35 and 25°C. Under these conditions two phases, one lamellar, the other hexagonal, are simultaneously observed over an extended concentration range; the relative proportion of the hexagonal to the lamellar decreases as the temperature is lowered.

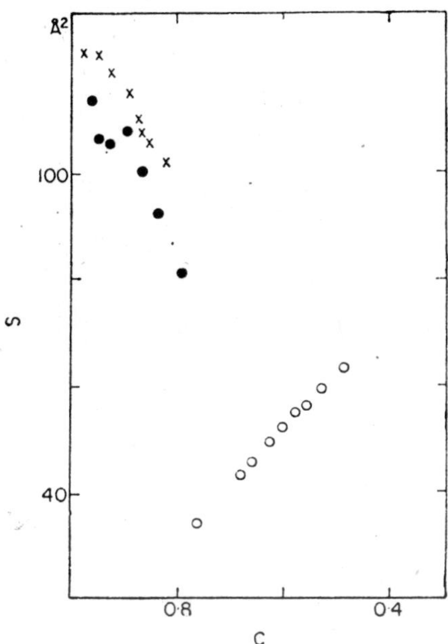

Fig. 16. Plot *S vs c* for the hexagonal phase, assuming that the structure is of the type now presumed incorrect. ×: brain lipids, type I (see type II in Fig. 15); ●: phosphatidylethanolamine, type I (see type II in Fig. 14A); ⊙: lysolecithin, type II (see type I in Fig. 14B)

In all the systems described here the organized phase, either lamellar or hexagonal, can take up only a fairly small amount of water. At very low concentration, with the exception of lysolecithin, the preparations are heterogeneous and contain the most highly hydrated ordered phase, dispersed in water. This is shown by the aspect of the preparations and by the presence, in the X-ray diffraction diagrams, of the reflections of the ordered phase; as the amount of water increases, the intensity of the reflections decreases without any change of the spacings. With lysolecithin an isotropic micellar solution is observed, similar to that of soaps and detergents.*

* Larsson (1967) has reported recently a detailed X-ray study of several glyceride-water systems as a function of temperature and concentration. The lamellar phase is common to all the systems; in addition a cubic phase was observed with 1-monopalmitin and a hexagonal II phase with 1-monobehenin.

B   A

Fig. 17. Electron microscope observations of the hexagonal phases.

(A) hexagonal I: Na linolenate-water: $c = 0.46$; Os O_4 fixation at 22°C. Centre to centre distance approx. 40 Å (X-ray study of this system by Husson, 1961).

(B) hexagonal II: human brain lipid-water, $c = 0.97$; Os O_4 fixation at 37°C. Centre to centre distance approx. 44 Å (see Fig. 15A). (From Stoeckenius, 1962).

C Brain Lipids

An ether extract from human brain, provided by Dr. Stoeckenius and containing approximately 52% phosphatidylethanolamine, 35% lecithin and 13% phosphatidylinositol, was studied by X-ray scattering methods (Luzzati and Husson, 1962).

The phase diagram was explored as a function of temperature and concentration; the position of the experimental points is shown in Fig. 18. No systematic study was carried out at concentrations lower than 0.40).

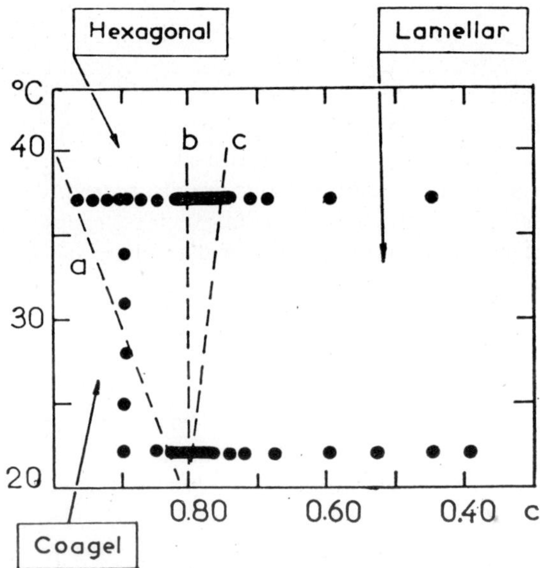

Fig. 18. Phase diagram of the brain lipid-water system, with the position of the experimental points (From Luzzati and Husson, 1962).

On the left and lower side of the line *a* (Fig. 18) the presence of sharp reflections around 4.2 Å indicates that the paraffin chains are somewhat ordered; this region is named "coagel" in the figure. The phase encompassed by the lines *a* and *b* is hexagonal, type II (see above). The lamellar phase is present on the right of the line *c*.

The dimensions of the structure elements were determined for the two phases as a function of concentration. The results at 37°C are plotted in Fig. 15.

D Mitochondria Lipids

The results reported here were obtained by Gulik-Krzywicki *et al.* (1967). The lipids were extracted from intact beef heart mitochondria by a procedure derived from that of Folch Pi *et al.* (1957). The composition, as determined

162   V. LUZZATI

by quantitative thin layer chromatography, is approximately 34% lecithin, 29% phosphatidylethanolamine, 10% phosphatilinositol, 20% cardiolipids, 2% cholesterol and 5% neutral lipids. The lipids of more than ten preparations were used for the X-ray study; the results were perfectly reproducible.

The phase digram is shown in Fig. 19. Four phases can be distinguished, each clearly characterized by X-ray diffraction; the approximate range of existence of the pure phases is shown in the figure. Only the phases H_{II}, $L\alpha$ and $L\gamma$ were obtained pure; $L\beta$ was always observed in the presence of another phase.

The structure of the phases will be described. The classification into ordered and liquid-paraffin phases, adopted here, is not clear cut in this system as in soaps.

Hexagonal, observed at very high lipid concentration (Figs 15 and 19). The structure is most likely of type II, as previously shown. The diffuse band near 4.5 Å shows that the paraffin chains are disordered.

Lamellar $L\alpha$, *high-temperature form*, above the *a-a* line in Fig. 19. The structure is that of the liquid-paraffin lamellar phase of other systems. At constant temperature the thickness of the lipid leaflet, and as a consequence the area S, are almost constant over an extended concentration range; for

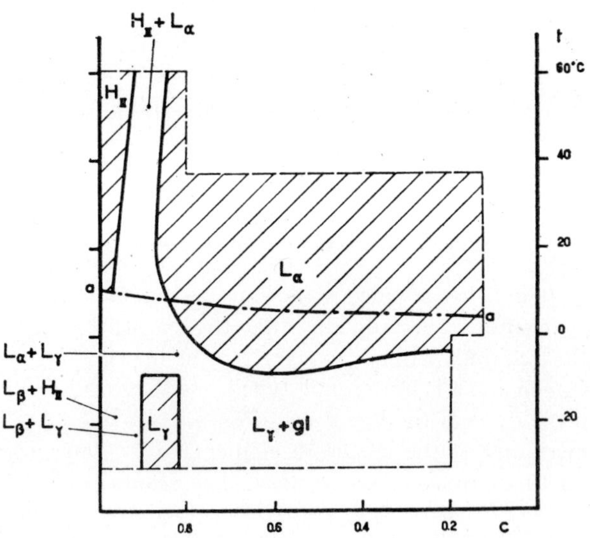

Fig. 19. Phase diagram of the mitochondria lipid-water system. The region explored is defined by the dotted line. Five phases are observed: hexagonal type II (H_{II}), three lamellar ($L\alpha$, $L\beta$ and $L\gamma$) and ice (gl.). Below the *a-a* line the conformation of the paraffin chains begins to become ordered. The pairs of phases observed in some of the transition regions are indicated. Other regions have more than two phases in equilibrium and were not studied in detail (from Gulik-Krzywicki *et al.*, 1967).

example at 25°C d_l remains very close to 40 Å from $c = 0.85$ to $c < 0.14$, whilst the thickness of the water layer varies from 7 to 250 Å (Fig. 15). This situation is particularly favourable for a crystallographic verification of the structure model which is described in Appendix 2. The thickness of the lipid lamellae decreases with rising temperature as required by the disordered conformation of the paraffin chains (Appendix 1).

Lamellar, Lα low temperature form. If, at constant concentration, the temperature is lowered, above the *a-a* line, the X-ray diffraction diagrams remain unchanged (neglecting the small thermal contraction, see Appendix 1). As the *a-a* line is crossed a sharp reflection appears at 4.2 Å whose intensity increases, with respect to that of the 4.5 Å band, as the temperature decreases. At the same time the number, spacing, sharpness and intensity of the small angle reflections remain the same as above the *a-a* line. It is most unlikely, under these circumstances, that more than one phase is present; furthermore it appears that the phase contains regions with "liquid" chains, responsible for the 4.5 Å band, and regions with stiff, free-rotating and hexagonally packed chains, responsible for the 4.2 Å reflection (see Section II-B-1). The existence of lamellae (or of large patches) with all the chains stiff and hexagonally packed is incompatible with some of the experimental observations. Indeed the cross-section of the ordered paraffin chains is $\Sigma = 20.4$ Å^2 and the average area per chain on the plane of the lamellae is $S/2 = 29$ Å^2. As a consequence if the chains were stiff across the whole paraffin layer, they should be tilted on the plane of the lamellae and the CH_3 end groups would be localized at the centre of the lipid leaflet. Such concentration of CH_3 groups of low electron density would perturbate the intensities of the reflections that, in fact, are not found to vary (see Gulik-Krzywicki *et al.*, 1967 and Appendix 2). The structure may be visualized as follows (Fig. 20C). The ordered regions are limited to a layer, in the centre of the paraffin leaflet, in which the chains issued from the polar groups sitting on the opposite faces of the lamella interdigitate over part of their length. The ordered layers are surrounded by two "liquid" layers that contain a segment of each of the chains involved in the ordered regions and some whole chains.

Lamellar Lβ. This phase is obtained at very low water concentration (Fig. 19). Several sharp reflections, all integral orders of one repeat, show that the structure is lamellar; a sharp and intense 4.2 Å reflection replaces the 4.5 Å band completely. At $c = 0.94$, d is 60.6 Å. Assuming $\bar{v}_l = 0.98$ and $\bar{v}_w = 1.00$, $d_l = 56.6$ Å and $S = 40.7$ Å^2. This value of S is very close to twice the cross section of one stiff chain ($\Sigma = 20.4$ Å) and is thus consistent with a model formed by a double layer of hexagonally packed stiff chains as represented in Fig. 20B (see also Vincent and Skoulios, 1966c). Since the paraffins are of unequal length, the presence, in the middle of the paraffin layer, of a thin disordered region was postulated. The agreement of the observed and calculated intensities confirms the model (Appendix 2).

11*

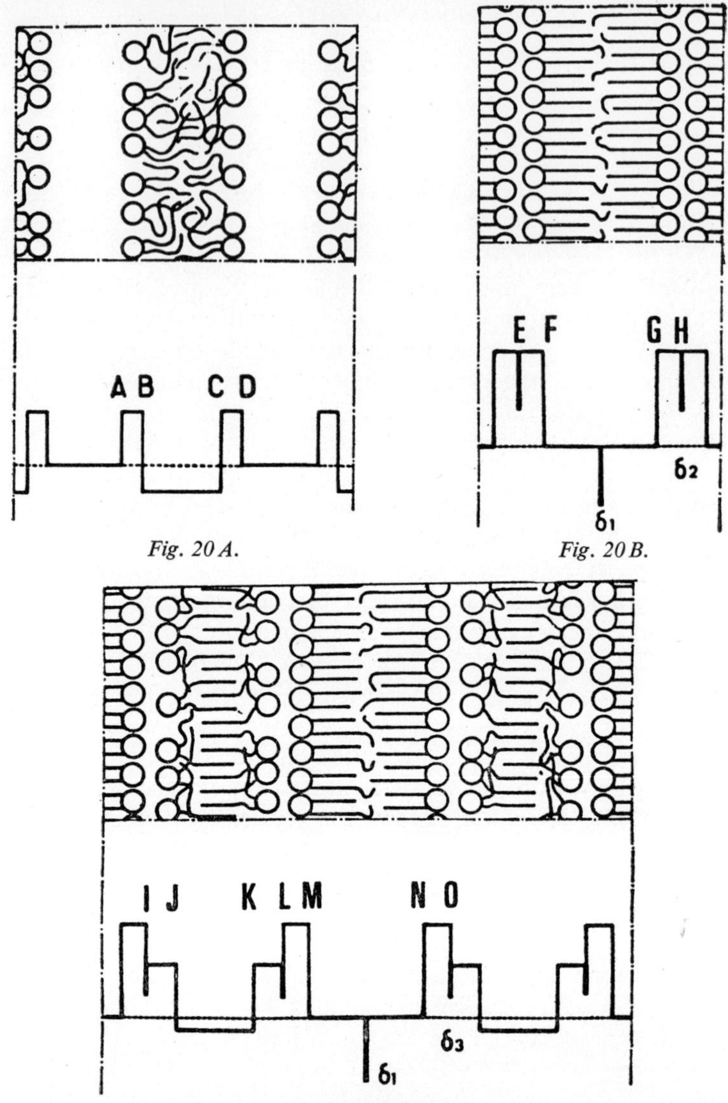

Fig. 20. Structure model and distribution of the electron density for the lamellar phases of the mitochondria lipids-water system (Figs. 15B and 19). The hydrophilic groups are represented by a circle, the paraffin chains by a line.

(A) Lα, high-temperature form (above the line *a-a* in Fig. 19). The paraffin chains are completely disordered.

(B) Lβ, the paraffin chains are stiff and are packed in a two-dimensional hexagonal lattice. A thin disordered layer is present in the centre of the paraffin layer in order to take into account the difference in length of the chains. The thick bar represents delta functions due to the localization of the ends of the lipid molecules.

(C) Lγ, formed by the alternate sequence of Lα and Lβ layers. Lα is in the low-temperature form with some of the chains stiff and hexagonally packed over part of their length.

The dimensions adopted for the calculation of the intensities are shown in Table XII (see Gulik-Krzywicki *et al.*, 1967).

Lamellar Lγ *complex.* This phase is observed alone, at low temperature, over a narrow concentration range ($0.9 > c > 0.8$, Fig. 19). It is characterized by a strong and sharp 4.2 Å reflection and by a large number of small-angle reflections, all integral orders of one repeat, the value of which varies from 114 to 122 Å, according to concentration. It is impossible to take into account such a large repeat with one lipid leaflet, the maximum thickness of which is 57 Å (Fig. 20B), and 20% water; the structure must be complex. Various models were tried; the most satisfactory, shown in Fig. 20C, is formed by an alternate sequence of lamellae of types Lα and Lβ, as the repeat of Lγ is almost exactly the sum of those of Lα and of Lβ. A confirmation of the model is provided by the comparison of the observed and calculated intensities (Appendix 2).

E Remarks

Some of the salient observations can be summarized:

(a) Even when the lipid is a mixture of many chemical species, these are perfectly miscible over the extended one phase regions of the phase diagrams. On the contrary, in the regions in which more than one phase is present, some segregation of the different species takes place as the properties of the system formally require the presence of more than one lipid component.

(b) The temperature dependence of the phase diagram of the phosphatidyl ethanolamine-water system, and similar phenomena observed in other systems (T. Gulik-Krzywicki, E. Rivas and V. Luzzati, unpublished), suggests that the predominance of the hexagonal II phase at high temperature is a general rule.

(c) Unsaturation and heterogeneity of the paraffin chains lower the temperature at which the chains become ordered. As an example, dipalmitoyl lecithin yields a liquid-paraffin lamellar phase, in the presence of water, only above 60°C, whilst egg lecithin does so at 0°C (Reiss-Husson, 1967).

TABLE XII

	Δx Å	$\Delta\varrho = \varrho - \varrho_{\text{water}}$ Electrons per Å^3	$\int \delta(x)\, dx$ Electrons per Å^2
AB=CD=IJ=KL	7.5	+0.095	
BC=JK	29.0	−0.044	
EF=GH=LM=NO	9.6	+0.176	
FG=MN	41.4	0	
IJ=KL	10.45	+0.098	
JK	32.2	−0.018	
$\delta_1=\delta_2$			−0.724
δ_3			−0.362

(d) The number of paraffin chains per hydrophilic group appears to be determinant upon the type of the hexagonal phase; type I for one chain (lysolecithin, soaps), type II for two chains (phosphatidylethanolamine, etc.). (One exception is 1-monobehenin, in which Larsson (1967), observed a hexagonal II phase.)

(e) The rule discussed previously that S increases as the concentration decreases seems to apply to the lipids of this chapter as well as to soaps and detergents.

(f) One of the parameters in each phase is little dependent of concentration, at least compared to the others; the thickness of the lipid leaflet in the lamellar, the diameter of the lipid rods in the hexagonal I, the distance $(d-d_w)$ between the surface of the water rods in the hexagonal II (see Figs 13, 14, 15).

(g) The concentration dependence of those slowly varying parameters is much the same for the various lipids; it decreases as the amount of water increases (Figs 13, 14, 15). This phenomenon is reminiscent of the soaps (see Figs 10 and Table IX).

(h) The chemical heterogeneity of the paraffin chains does not prevent the paraffin chains from taking up a fairly ordered conformation at low temperature; it causes the order–disorder transitions to be gradual (Lα, low temperature form, mitochondria lipids) and the lipids to segregate into two different types of lamellae (Lγ, mitochondria lipids).

VI Discussion and Conclusions

It is clear, from the results described in the previous chapters, that the number and the variety of the structures of the lipid-water systems are indeed very large. It is perhaps surprising to note that for so many years the widespread occurrence of non-lamellar phases has passed unnoticed by numerous authors who have studied those systems by X-ray diffraction techniques. The reason for this, apart from the frequent use of inadequate techniques, is the uncritical presumption that the conformation of the paraffin chains is always crystalline; this postulate inevitably restricts the choice to the lamellar structures. Such assumption is even more difficult of justify when one is reminded that as early as 1936, Hartley, and later Bear *et al.* (1941), had put forward lucid arguments showing that the conformation of the paraffin chains is disordered.

The association of a highly developed long range order with an almost complete short range disorder is one of the most remarkable features of the lipid–water phases. In fact, the liquid structure of the paraffin chains is a necessary condition for polymorphism as only liquid chains can fill up volumes of various sizes and shapes. The extensive miscibility of the different kinds of lipid molecules is another consequence of the disorder of the paraffins.

Moreover, fairly large amounts of lipo-soluble water-insoluble substances are known to dissolve into the lipid paraffin regions of the lipid-water phases; a few ternary systems (ethylbenzene—$C_{14}Na$—water, Spegt *et al.*, 1961; cholesterol—mitochondria lipids—water) and a quaternary system (bile salt-lecithin-cholesterol-water, Small *et al.*, 1966) have been studied by X-ray techniques.

Some of the properties of the phase diagrams, and the role of the chemical parameters, have been discussed at the end of each section. One rule has been stressed in this chapter; as the concentration increases, at constant temperature, the area S decreases or remains constant but never increases even if phase boundaries are crossed. The nature and the sequence of the phases are related to the chemical structure of the lipid at least in one obvious way; phases with high surface to volume ratio are promoted by bulky hydrophilic groups, with respect to the paraffin moiety, and vice versa. Illustrations of this rule are provided by the soaps and detergents and more strikingly by the phospholipids; the diacyl compounds (lecithin, phos-phatidylethanolamine) yield lamellar and hexagonal II phases, while lysolecithin, a monoacyl compound, yields the hexagonal I phase. The chemical disorder in the paraffin chains (unsaturation, length heterogeneity) lowers the temperature of the transitions to the liquid-paraffin phases (compare egg and dipalmitoyl lecithins). Furthermore, increasing disorder, for example by raising the temperature, shifts the equilibrium towards the hexagonal phases.

The dimensions of all the structure elements vary with concentration although in each phase one of the parameters, directly related to the length of the lipid molecules, varies much less than the others; the thickness of the lipid leaflet in the lamellar phase, the diameter of the lipid rod in the hexa-gonal I, the distance between the surfaces of the water rods in the hexa-gonal II. The concentration dependence of this parameter is generally the less pronounced the larger the amount of water and eventually fades away completely if the organized phase is present at sufficiently low concentration (see $L\alpha$ phase of mitochondria lipids, Fig. 15B). The role of the interfaces in the definition of the dimensions of the structure elements has been discussed in the section on soaps and in Appendix 1. It is clear that the forces are analogous to interfacial tensions and involve the activity of water and ions in the volume surrounding the lipid elements, as well as some geometric factor, specific for each type of phase.

At low concentrations the soap and the detergent molecules remain asso-ciated in micelles of different size and shape; the micelles are dispersed in water. Certain natural lipids also form micellar solutions, for example lysolecithin. In contrast, other lipids, like the diacyl phospholipids and the sphingolipids, do not yield a homogeneous phase at low concentration. With these lipids, on increasing the amount of water, the ordered phase reaches a hydration limit and remains in equilibrium with the excess water. A different phenomenon is observed with mitochondria lipids; large amounts of water can be intercalated between the lipid lamellae without upsetting the mesomorphic organization.

As the paraffin chains take up an ordered conformation, several properties of the lipid-water systems become strongly dependent upon the nature of the paraffin chains, of the hydrophilic groups and of the counterions. Only chemically pure lipids crystallize into fully ordered three-dimensional lattices; nevertheless a fairly high degree of order is observed in the paraffins even when the chains are quite heterogeneous in length and degree of unsaturation. The order-disorder transitions are sharp for the pure compounds and become gradual as a consequence of the chemical heterogeneity.

The question may now be asked, to what extent do the phenomena which take place in lipid-water systems have a bearing on the structure and function of biological membranes. Although a direct answer is not at hand, some correlations can be sought between the two orders of phenomena.

It must be noted first that the structure of membranes is still largely unknown, at least at the molecular level. The electron microscope observations, generally presented as the most direct evidence, cannot be accepted uncritically as the structures involving lipids are so labile that they are not likely to withstand the usual treatments (fixation, dehydration, embedding). As an example, only with special precautions was Stoeckenius able to observe the hexagonal phases, in spite of their widespread occurence. It could rightly be asked whether the structure of membranes must be envisaged as a static feature or rather as a dynamic property, governed by the physiological conditions and variable in time and space. Some of the physiological functions of membranes could even be related to polymorphic transitions, analogous to those that take place in lipid-water systems, induced by the action of parameters of more direct physiological significance. It may be noted, in this connection, that the physico-chemical conditions (concentration, temperature) at which the transitions take place in the lipid-water systems are not too different from those that prevail in the living cell.

One important parameter is the conformation of the paraffin chains. In myelinated nerves, one of the rare cases in which this problem has been investigated *in situ*, the conformation has been shown to be liquid (Schmitt *et al.*, 1941). In fact the question could be asked whether the order–disorder transitions in the paraffin chains are of any biological significance, especially since the cation specificity dramatically changes at this transition; for example the structure of the gel and coagel is quite different for the Na and the K soaps, while the liquid-paraffin phases are very little sensitive to this difference of cations.

The transitions between liquid-paraffin phase probably involves drastic alternations of the properties of the system, such as permeability and electrical resistivity, similar in nature to those that occur in membranes. The hexagonal II phase suggests a particularly interesting model for permeation as it is formed by narrow water channels lined with the polar groups of the lipid molecules (Luzzati *et al.*, 1966).

VII Acknowledgements

The author wishes to express his gratitude to Dr. F. Reiss-Husson, without whose long lasting, friendly collaboration this article could not be written, and to his past and present coworlers, Drs H. Mustacchi, A. Skoulios, P. Spegt, E. Rivas, T. Gulik-Krzywicki, R. P. Rand and A. Tardieu who generously supplied data and ideas.

This work was supported in part by grants from the "Délégation Générale à la Recherche Scientifique et Technique, Comité de Biologie Moléculaire" and from the "Direction des Recherches et Moyens d'Essais, Ministère des Armées".

Appendix I

The Disordered Conformation of the Paraffin Chains

The liquid-paraffin phases have some interesting thermodynamic properties. These will be discussed by reference to the lamellar phase; similar conclusions would be reached if any other phase were taken into consideration.

The lamellae contain disordered paraffin chains, each anchored to a hydrophilic group at the interface. Thickening of the hydrocarbon leaflet (at constant volume) increases the area S available to one hydrophilic group; thus a surface tension acting against an increase of S is equivalent to a force stretching the paraffin molecules in the direction perpendicular to the lamella.

Each lamella is thus analogous to a rubber probe, i.e. a disordered linear polymer, stretched by an external force against the thermal motion. It is clear that as temperature rises, disorder increases and the length of the probe decreases. This phenomenon is indeed observed in all the lipid-water systems; *in the lamellar and in the hexagonal I phases, the thickness of the lipid leaflet and the diameter of the lipid rods decrease as the temperature is raised* (Luzzati *et al.*, 1960; Luzzati and Husson, 1962). In fact two conditions must be satisfied for this phenomenon to occur: (a) the conformation of the paraffin chains must be disordered and (b) the interface must be compressible or, in other words, the organization of the hydrophilic groups must be disordered.

If a precise model is adopted for the conformation of the chains, a quantitative treatment of the phenomenon can be carried out. In the case of a random conformation, the following equation is obtained (Treolar, 1958, pp. 54 and 62).

$$f = 2kTb^2r = c_1Tr/L \tag{1}$$

where f is the stretching force applied to the ends of the molecules, r is the distance between the ends, T is the absolute temperature, L is the contour length, c_1 is a constant. If f is independent of r and T, the linear thermal expension is:

$$\alpha = (1/d)(\Delta d/\Delta T) = (1/r)(\partial r/\partial T) = -1/T \tag{2}$$

which is in excellent agreement with the experimental values; for example, $\alpha = -2.7 \times 10^{-3}$ for the lamellar phase of the K soaps, from 45 to 104°C (Gallot and Skoulios, 1966a) (see also Luzzati *et al.*, 1960; Luzzati and Husson 1962).

This model leads to another prediction. If in a series of homologous compounds (for example the saturated soaps of one cation) the conformation of the paraffin chains is random, r/L is proportional to $1/S$ and Eq. (1) becomes:

$$f = c_2T/S. \tag{3}$$

The force is thus independent of the length of the paraffin chain. f, and its equivalent the surface tension, is likely to be a function of the thermodynamic properties of the aqueous regions (i.e. of the activity of the various species) and thus of the molal concentration of the polar groups in the water of the system. As a consequence it may be expected that in each phase S *is a function of the molality of the polar groups, for all the compounds of a homologous series, and at all concentration*. This phenomenon was indeed observed by Gallot and Skoulios (1966a) in the Na, K, Rb and Cs saturated soaps, from C_8 to C_{22} (see Fig. 10) (although these authors appear to misinterpret their observation).

Appendix 2

Some Crystallographic Verifications

The traditional verification of the results of the X-ray structure analysis is to compare the observed and the calculated intensities of the reflections. This test can be applied to lipid-water systems (see below) whenever the number of the reflections recorded in one X-ray diffraction experiment is sufficiently high. In many cases, in fact, this number is small; nevertheless the amount of data is often quite large when the experimental study is carried out as a function of concentration. A particularly simple case, often met in lipid-water systems, is one phase formed by elements of constant dimensions, separated by variable amounts of water. In this case the amplitude of the reflections is proportional to the Fourier transform of the structure element sampled at the lattice points; the ratios of the observed amplitudes must match the Fourier transform (Husson *et al.*, 1960; Vincent and Skoulios, 1966a).

The lamellar Lα phase of mitochondria lipids is an excellt case for such verification as the thickness of the lipid leaflet is almost constant over an extended concentration range (Fig. 15B). The distribution of the electron density, shown in Fig. 20A, was determined by adopting a step function and taking into account the molecular weight and the density of the lipid molecules and of the paraffin and polar moities; the only adjustable parameter is the thickness of the polar layer (Gulik-Krzywicki *et al.*, 1967). The Fourier transform, and the visually estimated amplitude of the reflections, are plotted in Fig. 21; the agreement is excellent as evidenced, for example, by the position of the zeros.

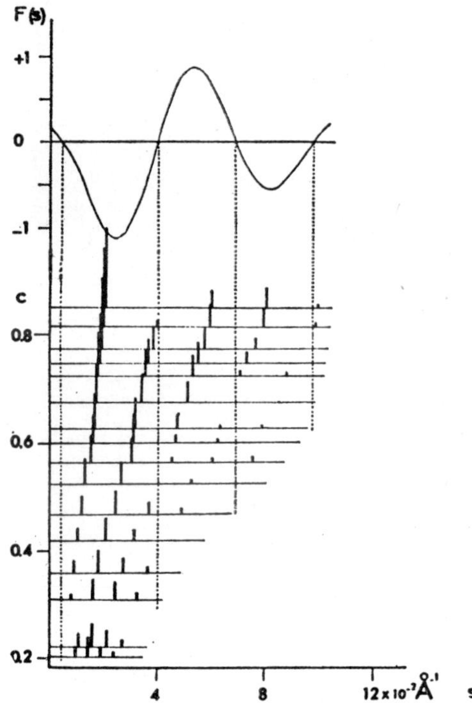

Fig. 21. Crystallographic verification for the Lα phase of mitochondria lipids. $F(s)$ is the Fourier transform of the electron density distribution shown in Fig. 20A. Each horizontal line represents one X-ray picture; the concentration is given by the ordinate. The spacings of the reflections are shown in the abscissae. The thick vertical bars are proportional to the amplitudes which were estimated optically. The fading out of the reflections, as a function of s, increases for decreasing concentration, as a consequence of disordering of the one-dimensional lattice (from Gulik-Krzywicki *et al.*, 1967).

The phases Lβ and Lγ of mitochondria lipids are observed only over a very narrow concentration range; in both cases, nevertheless, the number of the observed reflections is sufficiently high to warrant a calculation of the structure factors. The electron density distributions are shown in Fig. 20B and C.

This was determined, in the case of Lβ, with the same assumptions made for Lα; the only difference is the presence of two delta functions, one (δ_1) in the middle of the paraffin layer, the other (δ_2) between the polar groups, in order to take into account the precise localisation of the ends of the lipid molecules (Gulik-Krzywicki, *et al.*, 1967). The electron density of Lγ (Fig. 20C) is a combination of Lα and Lβ. The calculated intensities, modulated by the function exp (-90s^2), are given Table XIII; the agreement with the observed intensities is excellent.

TABLE XIII

h	s 10^{-3} Å^{-1}	Lβ I obs	I calc	sign	s 10^{-3} Å^{-1}	Lγ I obs	I calc	sign
1	16.5	vvS	7.94	—	8.8	w	0.77	—
2	33.0	vw	0.00	+	17.6	vvS	19.37	—
3	49.6	0	0.02	—	26.4	vvw	0.51	—
4	66.1	vS	3.05	—	35.2	vvw	0.59	+
5	82.6	m	0.23	+	44.0	0	0.01	+
6	99.2	S	1.12	—	52.8	0	0.22	—
7	115.7	0	0.03	—	61.6	S	4.91	—
8	132.2	m	0.24	—	70.4	m	1.43	—
9	148.7	vvw	0.00	—	79.2	w	0.54	+
10	165.2	vw	0.23	—	88.0	0	0.02	—
11					96.8	w	1.17	—

The observed intensities were estimated visually. vvS: extremely strong; vS: very strong; S: strong; m: medium; w: weak; vw: very weak; vvw: extremely weak (from Gulik-Krzywicki *et al.*, 1967).

References

Andersen, D. E. and Carpenter, G. B. (1953). *J. Am. chem. Soc.* **75**, 850.

Bear, R. S., Palmer, K. J. and Schmitt, F. O. (1941). *J. cell Comp. Physiol.* **18**, 355.

Benton, D. P., Howe, P. G., Farnard, R. and Puddington, I. E. (1955). *Can. J. Chem.* **33**, 1798.

Brady, G. W. (1951). *J. chem. Phys.* **19**, 1547.

Chapman, D. (1965). *In* "The Structure of Lipids", Methuen and Co., London.

Chapman, D., Byrne, P. and Shipley, G. G. (1966). *Proc. R. Soc.* A, **290**, 115.

Clunie, J. S., Corkill, J. M. and Goodman, J. F. (1965). *Proc. R. Soc.* A, **285**, 520.

Dervichian, D. G. (1964). *In* "Progress in Biophysics and Molecular Biology." **14**, p. 263, Pergmaon Press, London.

Doscher, T. and Vold, R. (1948). *J. phys. Colloid Chem.* **52**, 97.

Finean, J. B. (1953) *Biochim. biophys. Acta* **10**, 371.

Folch Pi, J., Lees, M. and Stanley, G. H. S. (1957). *J. biol. Chem.*, **226**, 497.

Friedel, G. (1922). *Annls Phys.* **18**, 273.

Gallot, B. (1965). Thesis, University of Strasbourg.

Gallot, B. and Skoulios, A. E. (1962). *Acta crystallogr.* **15**, 826.

Gallot, B. and Skoulios, A. E. (1966a). *Kolloidzeitschrift* **208**, 37.
Gallot, B. and Skoulios, A. E. (1966b), *Kolloidzeitschrift* **209**, 164.
Gallot, B. and Skoulios, A. E. (1966c). *Kolloidzeitschrift* **210**, 143.
Gallot, B. and Skoulios, A. E. (1966d). *Molec. Cryst.* **1**, 263.
Gulik-Krzywicki, T., Rivas, E. and Luzzati, V. (1967). *J. molec. Biol.*, **27**, 303.
Hartley, G. S. (1936). "Aqueous Solutions of Paraffin Chain Salts", Hermann, Paris.
Hughes, E. W. (1950). *Nature, Lond.* **165**, 1017.
Husson, F. (1961). *Ct. r. hebd. Séanc. Acad. Sci., Paris* **253**, 2948.
Husson, F., Mustacchi, H. and Luzzati, V. (1960). *Acta crystallogr.* **13**, 668.
International Tables for X-ray Crystallography, The Kynoch Press, Birmingham (1952), Vol. 1.
Larsson, K. (1967). *Z. phys. Chem.*, **56**, 173.
Luzzati, V. and Husson, F. (1962). *J. Cell Biol.* **12**, 207.
Luzzati, V., Mustacchi, H. and Skoulios, A. E. (1957). *Nature, Lond.* **180**, 600.
Luzzati, V., Mustacchi, H. and Skoulios, A. E. (1958). *Discuss. Faraday Soc.*, **25**, 43.
Luzzati, V., Mustacchi, H., Skoulios, A. E. and Husson, F. (1960). *Acta crystallogr.* **13**, 660.
Luzzati, V. and Reiss-Husson, F. (1966). *Nature, Lond.* **210**, 1351.
Luzzati, V., Reiss-Husson, F., Rivas, E. and Gulik-Krzywicki, T. (1966). *Ann. N. Y. Acad. Sci.* **137**, *Art.* 2, 409.
Luzzati, V. and Spegt, P. A. (1967). *Nature, Lond.* **215**, 701.
Luzzati, V., Tardieu, A. and Gulik-Krzywicki, T. (1968a), *Nature, Lond.* **217**, 1028.
Luzzati, V., Gulik-Krzywicki, T. and Tardieu, A. (1968b). *Nature, Lond.* **218**, 1031.
Marsden, S. S. and McBain, J. W. (1948). *J. Am. chem. Soc.*, **70**, 1973.
Mattoon, R. W., Stearns, R. S. and Harkins, W. D. (1947). *J. phys. Chem.* **15**, 209.
McBain, J. W. and Hoffman, D. A. (1949). *J. phys. Colloid Chem.* **53**, 39.
McBain, J. W. and Lee, W. W. (1943). *Oil and Soap* **20**, 17.
Müller, A. (1932). *Proc. R. Soc. A.* **127**, 417.
Palmer, K. J. and Schmitt, F. O. (1941). *J. cell. comp. Physiol.* **18**, 385.
Reiss-Husson, F. (1963). Thesis, University of Strasbourg.
Reiss-Husson, F. (1967). *J. molec. Biol.* **25**, 363.
Reiss-Husson, F. and Luzzati, V. (1964). *J. phys. Chem.* **68**, 3504.
Reiss-Husson, F. and Luzzati, V. (1966). *J Colloid and Interface Sci.* **21**, 534.
Reiss-Husson, F. and Luzzati, V. (1967). *Adv. biol. med. Phys.* **11**, 87.
Schmitt, F. O., Bear, R. S. and Palmer, K. J. (1941). *J. cell. comp. Physiol.* **18**, 31.
Skoulios, A. E. (1959). Thesis, University of Strasbourg.
Skoulios, A. E. and Luzzati, V. (1961). *Acta crystallogr.* **14**, 278.
Small, D. M., Bourgès, M. and Dervichian, D. G. (1966). *Nature, Lond.* **211**, 816.
Spegt, P. A. (1964). Thesis, University of Strasbourg.
Spegt, P. A. and Skoulios, A. E. (1963). *Acta crystallogr.* **16**, 301.
Spegt, P. A. and Skoulios, A. E. (1964). *Acta crystallogr.* **17**, 198.
Spegt, P. A. and Skoulios, A. E. (1966). *Acta crystallogr.* **21**, 892.
Spegt, P. A., Skoulios, A. E. and Luzzati, V. (1961). *Acta crystallogr.* **14**, 866.
Stauff, J. (1939). *Kolloidzeitschrift* **89**, 224.
Stoeckenius, W. (1962). *J. cell. Biol.* **12**, 221.
Treloar, L. R. G. (1958). "The Physics of Rubber Elasticity", 2nd Ed., Oxford University Press, London.
Vincent, J. M. and Skoulios, A. E. (1966a). *Acta crystallogr.* **20**, 432.
Vincent, J. M. and Skoulios, A. E. (1966b). *Acta crystallogr.* **20**, 441.
Vincent, J. M. and Skoulios, A. E. (1966c). *Acta crystallogr.* **20**, 447.
Vold, R. D. (1941). *J. Am. chem. Soc.* **63**, 2915.
Vold, R. D. and Vold, M. J. (1939). *J. Am. chem. Soc.* **61**, 808.
von Sydow, E. (1956). *Ark. Kemi* **9**, 231.

Vittorio Luzzati, T. Gulik–Krzywicki, A. Tardieu,
E. Rivas and F. Reiss–Husson

LIPIDS AND MEMBRANES*

Introduction

Lipids, one of the major components of the cell, are specifically located in membranes, unlike other membrane components (proteins for example), which belong to a variety of cellular structures. In this respect lipids can be considered as the characteristic component of membranes; yet little is known about their physiological function. For some time the opinion seemed to prevail that lipids constitute passive barriers to diffusion, as clearly illustrated by the Danielli-Davson model; more recently some authors have elaborated molecular models of membrane function in which only the proteins are taken into account. An alternative assumption is to invest lipids with some active and specific function: our thesis is that polymorphic transitions analogous to those observed in lipid-water systems are associated with some of the membrane functions. These concepts, and more generally the dynamic aspects of membrane structure and function, have recently become a favourite subject of speculations.

Our interest (which we share indeed with many others) is the relation between the physical structure and the physiological function of membranes. As a basis for future studies we have concerned ourselves with the structure of lipid-water systems; we are now moving on to more complicated systems that contain proteins, pigments, ions, in addition to lipids and water. We shall summarize here those aspects of our work that may be relevant to membranes, and we shall discuss some of the biological implications.

Structure of the lipid-water phases

The number of phases observed in lipid-water systems, as a function of composition and temperature, is quite large. These phases can be described and classified according to different criteria (see ref. 1).

a) Short-range conformation

Full three-dimensional crystalline order is of little relevance to the biological problems with which we are concerned here. In the phases described in this article the water and paraffin regions can be highly disordered

* Presented at the Symposium "Molecular Basis of Membrane Function", Duke University Medical Center, August 20–23, 1968. D. C. Tosteson, Editor, Prentice-Hall, Englewood Cliffs, N. J., 1969, and published with permission of the Editor.

(phases $L\alpha$, H, Q, R, T, called in short "liquid-paraffin" phases) or the paraffin chains can take up a partly ordered conformation. In phase $L\beta$ (fig. 1 b) the chains are stiff and perpendicular to the plane of the lamellae, and are organized with rotational disorder in a two-dimensional hexagonal lattice. In phase $L\delta$ (and probably $P\delta$) each chain probably is folded into a helix; the helices, perpendicular to the plane of the lamellae, are organized with rotational disorder in a two-dimensional square lattice (unpublished results). In phase C the chains are stiff and tilted with respect to the plane of the lamellae, and display a higher degree of order that in $L\beta$ and in $L\delta$ (unpublished results). It should be noted than in all the cases the partly ordered conformation involves heterogeneous molecules with paraffin chains of different length and degree of saturation (see ref. 2).

b) Long-range organization

With the exception of the micellar isotropic solution, present in some lipid-water systems at high water concentration, the other phases display a highly ordered long-range organization. The structure of these phases could be described, and classified, according to formal crystallographic criteria (one-, two- and three-dimensional lattices, symmetry elements, see ref. 1); we choose here a more pictorial criterion that allows us to sort the phases into two main classes:

Lamellar. The structure elements are lamellae: these may be infinite planar sheets packed in one-dimensional (smetic) lattices, infinitely long ribbons organized in two-dimensional lattices, discs organized in three-dimensional lattices (fig. 1).

Rod-like. The structure elements are rods, all identical and crystallographically equivalent, either infinitely long or of finite length. The phase H (Fig. 2a) consists of infinitely long rods (one-dimensional network) packed in a two-dimensional hexagonal lattice. The phases T and R (Fig. 2b and c) consist of rods of finite length, linked three by three or four by four, forming two-dimensional hexagonal or square networks that are stacked into three-dimensional lattices. Phase Q (Fig. 2d) consists of rods joining three by three, and forming two interwoven three-dimensional networks.

c) Distribution of the paraffin and polar regions

In all the phases, with the exception of those formed by infinite sheets ($L\alpha$, $L\beta$, $L\gamma$, $L\delta$) a topological distinction can be made between the "inside" and the "outside" of the structure elements. This distinction leads to the classification of the phases in two categories: those whose structure elements (rods, ribbons, discs) are filled by the paraffin chains and are surrounded by the polar medium, and those with the paraffins "outside" and the polar

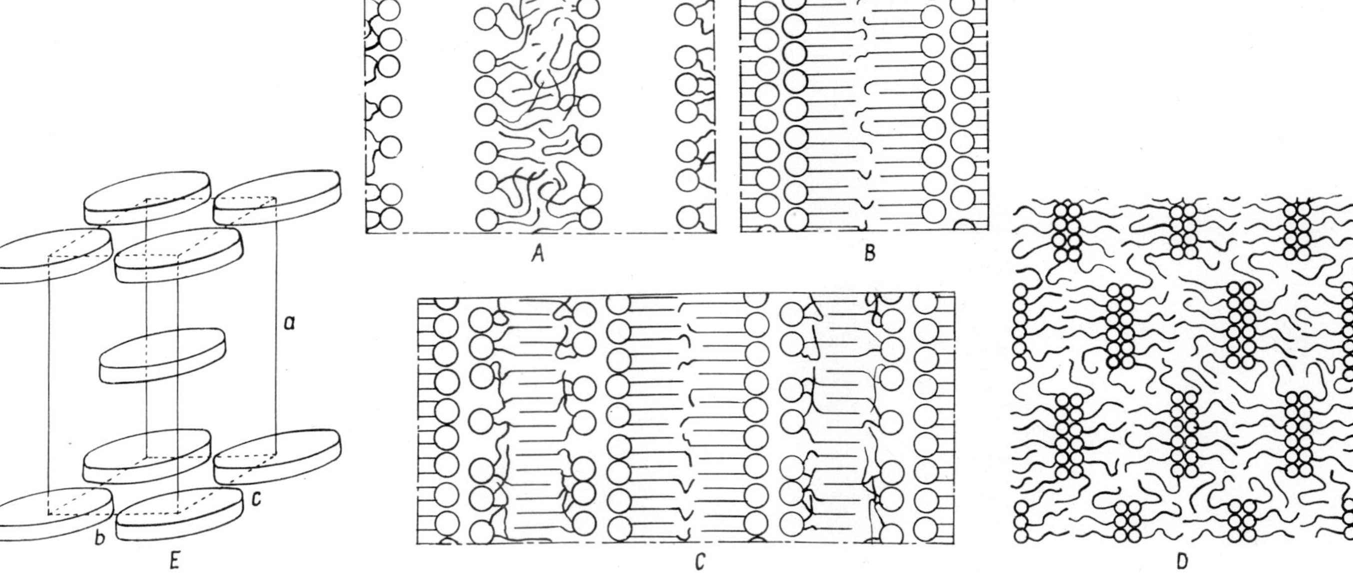

Fig. 1. The lamellar phases.

A) *Lα*. The structure consists of infinite two-dimensional lipid sheets, intercalated with water layers, and stacked in a one-dimensional lattice. The paraffin chains (represented by wriggles) take up a "liquid" conformation; the polar groups (represented by circles) are located on the water-paraffin interface (from ref. 2).

B) *Lβ*, consists of infinite planar lipid sheets. The paraffin chains are stiff, and are packed with rotational disorder in a two-dimensional hexagonal lattice. The thin disordered layer in the middle of the paraffin leaflet takes into account the length heterogeneity of the chains (from ref. 2).

C) *Lγ*, formed by the alternate sequence of lipid leaflets of types *Lα* and *Lβ*; the *Lα* leaflet is shown in its low temperature form, with the paraffin chains partly ordered and partly disordered (from ref. 2).

D) *Ribbons*. The width of the lamellar elements is finite, the length is infinite. The ribbon-like elements are packed in a centred rectangular two-dimensional lattice (from ref. 5).

D) *Discs*. The lamellar elements are flat discs of finite dimensions, organized in a body-centred orthorhombic lattice (from ref. 5).

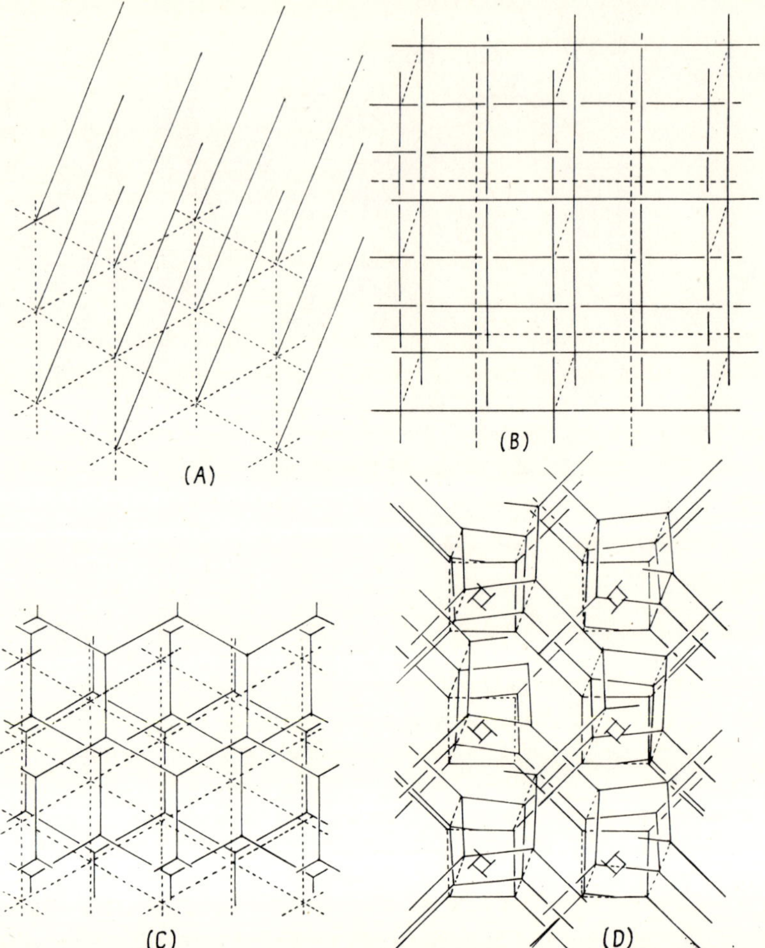

Fig. 2. The rod-like phases. The rod elements are either infinitely long (H) or of finite length (T, R, Q); in each phase the rods are all identical and crystallographically equivalent. Besides the rods may either contain the paraffin chains (type I) or the polar groups (type II) (see text). The heavy lines represent the rod axes; the dotted lines show the cell boundaries in projection.

A) *H*. Two-dimensional hexagonal array of infinitely long parallel rods (two-dimensional space group p6).

B) *T*. The rod elements, linked four by four, form planar two-dimensional square networks; the networks are orderly stacked in a three-dimensional lattice (space group I 422) (from ref. 6).

C) *R*. The rods, linked three by three, form planar two-dimensional hexagonal networks; the networks are stacked in a three-dimensional lattice (space group R$\bar{3}$m) (from ref. 6).

D) *Q*. The rods, linked three by three, form two interwoven and unconnected three-dimensional networks (space group Ia 3d) (from ref. 16).

medium "inside": we call I (oil-in-water) the first type of structures, II (water-in-oil) the second. In all these phases, with the notable exception of Q, either the paraffinic or the polar medium forms a continuous matrix into which are fitted the structure elements of opposite polarity; in phase Q the two media are continuous throughout the three-dimensional lattice (see Ref. 3).

Some lipid-water systems

The number of systems that have been studied is now quite large. We summarize here some of the recent results obtained with soaps and with two lipid preparations of biological origin, egg lecithin and mitochondria lipids. These systems display a particularly large variety of phases and provide excellent illustrations to the problems that we wish to discuss in this article.

a) Anhydrous Saturated Soaps

A large number of phases have been identified, and their structure has been determined as a function of temperature, length of the paraffin chain and nature of the cation. The structure of high temperature phases, in which the conformation of the paraffin chains is disordered, depends on the nature of the cation. For the monovalent cations (lithium,[4] sodium[5] and potassium[4]) the phases belong to the lamellar class: the polar groups are clustered in planar sheets, in ribbons of infinite length and finite width, or in discs (Fig. 1). For the divalent cations (magnesium, calcium, zinc, strontium, cadmium, barium) the phases belong to the rod-like class:[6] the polar groups are clustered in rods, and the rods form one-, two- and three-dimensional networks, organized in the two- and three-dimensional lattices of phases H, T, R, Q (see Fig. 2). It may be noted that all these phases, lamellar and rod-like, are of type II, with polar groups inside the structure elements.

b) Soap-Water

These systems were studied several years ago,[7,8] and have often been described (see Ref. 1): we wish to emphasize here some of the results that are of direct interest to the discussion. In all these systems the predominant phases are $L\alpha$ and H (of type I). Among several other phases, often observed in the intermediate region, one seems to be widespread: its structure is that of phase Q (Fig. 2d), of type I [3]. It may be noted that in all the soaps-water systems the order of the sequence of the phases, as the amount of water

12*

increases, is $L - Q - H$; this order has been shown to be characteristic of rod-like phases (H and Q) of type I, namely with paraffin chains inside the rods (see below).

c) Egg Lecithin

This lipid preparation is a mixture of several molecular species, all having the same polar group but with heterogeneous paraffin chains, of different lengths and degrees of unsaturation.

One portion of the phase diagram, near the "dry" end, is shown in Fig. 3 (see Ref. 9); the more hydrated region contains the $L\alpha$ phase, until

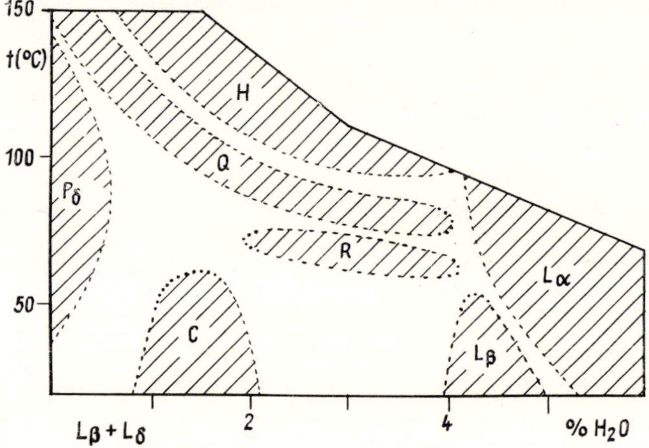

Fig. 3. The high-temperature high-lipid region of the egg lecithin–water system; the study at higher temperature is hindered by chemical degradation. The one-phase regions are hatched: the limits are not precisely known. Two or three phases are usually observed in the intermediate regions. Phase $L\delta$ was never observed quite pure in this system (from ref. 9). The higher water region is described in ref. 10.

ca $c = 0,45$, and a mixture of the most hydrated $L\alpha$ phase and of water, for lower lipid concentrations.[10] The phase $L\gamma$, not shown in Fig. 3, is observed at lower temperature ($-10°C$) and near $c = 0,15$. H, Q, R and $L\alpha$ are "liquid paraffin" phases; the paraffin chains are partly ordered in phases $L\beta$, $L\gamma$, $L\delta$ and $P\delta$. The phases $L\alpha$, $L\beta$, $L\gamma$, $L\delta$ and $P\delta$ belong to the lamellar class; H, Q and R are rod-like. The structure of the rod-like phases is of type II; indeed it may be noted, by contrast with the saturated soaps, that these phases are located on the "dry" side of $L\alpha$.

In this system, as well as with other uncharged lipids,[10] the phase $L\alpha$ is found to contain only a fairly small amount of water. The maximum hydration can be increased by incorporating small amounts of charged lipids, either anionic or cationic, into the lecithin leaflets.[11] This result, which emphasizes the contribution of the net electrical charges to the stability of the lipid-water phases, is confirmed by the fact that the phase $L\alpha$ of other charged lipids (phosphatidic acid, phosphatidylinositol, cardiolipins, unpublished results; mitochondria lipids, see below) may incorporate enormous amounts of water.

It is interesting to note that lysolecithin, derived from lecithin by removal of one paraffin chain from each molecule, displays a predominantly hexagonal phase, of type I (see Ref. 10) in the presence of water.

c) Beef heart Mitochondria

This preparation is a complex mixture of a variety of lipid molecules that differ by the nature of the polar groups and by the length and degree of unsaturation of the paraffin chains. The phase diagram is shown in Fig. 4

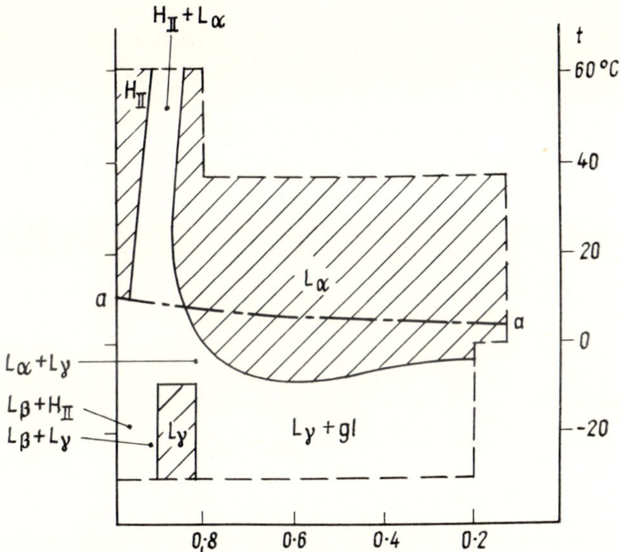

Fig. 4. Phase diagram of the system containing mitochondria lipids and water (see legend of Fig. 3). Below the a-a line the conformation of the paraffin chains begins to become ordered (gl means ice) (from ref. 2).

(see Ref. 2). In phases $L\alpha$ (above the line $a - a$) and H the paraffin chains are "liquid": phase H is of type II, as indeed it is observed at higher lipid concentration than phase $L\alpha$. Phase $L\alpha$ can incorporate very large amounts of water without disturbing the ordered sequence of equidistant lipid layers: the thickness of the water layer varies from 8 to over 300 Å. This fact should be correlated with the fairly high concentration of charged lipid species, (cardiolipins, phosphatidylinositol). In phase $L\beta$ the structure of the chains is partly ordered, as discussed above. The structure of phase $L\gamma$ is more complex, as it contains two types of lipid lamellae (Fig. 1c).

Discussion and conclusions

The number and variety of structures displayed by the lipid-water systems should be emphasized, as well as the remarkable fact that a highly developed long-range order is compatible with a disordered short-range conformation and with a wide chemical heterogeneity of both the paraffin chains and the polar groups.

It is perhaps not surprising that heterogeneous lipid molecules blend into the "liquid-paraffin" phases; more puzzling is the fact that phases with partly ordered structures of the paraffin chains ($L\beta$, $L\delta$, C) involve molecules with quite different chains. Only in one phase, $L\gamma$ (see Fig. 1c), does the heterogeneity of the chains manifest itself; indeed the different lipid molecules probably segregate differently into the two types of leaflets,[2] as $L\gamma$ has been observed so far only in lipid systems in which the chains are heterogeneous (mitochondria lipids and egg lecithin). Some correlations can be brought out between the properties of the lipid-water phases and the nature of the polar groups. It is clear, for example, that the presence of net electrical charges is required for $L\alpha$ to swell and to incorporate large amounts of water.[11] Moreover, the bulkiness of both the polar and the paraffin groups are important factors in the phase equilibrium.[1] This is shown, for example, by the difference between egg lecithin and lysolecithin[10] and by the correlations between the nature of the lipid and the structure of the rod-like phases (type I in soap-water systems, type II in lecithin, mitochondria lipids, anhydrous divalent cation soaps).

Some comments of technical interest should be made, which have some bearing on the strategy of the experimental approach to the structure of biological membranes. Phases R and T, which may be of special interest for membranes (see below), can be visualized as lamellar structures, with stronger cohesion in the plane of the lamellae than between lamellae, and can be expected to display order-disorder phenomena whenever the inter-lamellar correlations become sufficiently weak.[6] Such phenomena are indeed observed; our experience shows that a thorough X-ray diffraction analysis is required in order to discriminate the ordered phases from the pseudo lamellar disordered structures. Furthermore, it may be noted that most of the previous studies on lecithin were carried out in the presence of large amounts of water, under conditions in which the "trivial" $L\alpha$ phase is predominant; the more complex X-ray diffraction diagrams that we now ascribe to phases H, R, Q were sometimes observed in the past, but were either rejected as "artefacts" (experience in the authors' laboratory) or were misinterpreted in terms of segregations of the different chemical species.[12] It should now be remembered that membranes are usually studied by X-ray diffraction techniques in the presence of large amounts of water, supposedly required to prevent "denaturation"; under these conditions the lamellae are parallel and equidistant, without other correlations. It may be wondered whether information should be sought instead in fairly dry preparations, in which the relative positions of the lamellae may hopefully become more closely correlated. More complex X-ray diffraction diagrams have indeed been reported under such conditions, but these results have been disregarded so far on the claim that a segregation of lipids and proteins takes place (see for example Ref. 13).

The interpretation of the electron microscope study of membranes, and more generally of lipid-containing preparations, deserves some comments, as the operations usually involved (fixation, dehydration, embedding, freezing) are likely to expose the lipids to conditions promoting polymorphic transitions. We have discussed in previous occasions some aspects of this problem; two additional examples are suggested by our recent results. One is the observation of regular mosaic structures, sometimes reported in membrane preparations, and assumed to reveal the presence of a two-dimensional array of proteins. This interpretation should also take into account the existence of the same type of two-dimensional network (phases R and T, Figs. 2b and c) in lipid systems devoid of proteins. The other is phase $L\gamma$; if such a structure (Fig. 1c) were observed in a membrane preparation it would probably be interpreted as a peculiar distribution of lipids and proteins, rather than a lipid artefact, since lipids are generally assumed to have the structure of lamellae 40 to 70 Å thick.

Some of the possible biological implications can now be discussed. A conspicuous property of lipids, indeed characteristic of this class of substances, is the ability to display a variety of structures under conditions (water content, temperature, ionic strength, etc...) that are not too remote from those prevailing in the living cell. We are reluctant to accept the idea that this property is a mere physico chemical curiosity, of no relevance to membranes, although the experimental evidence in support of this opinion is quite scanty. It seems more fruitful at present to try to envisage how polymorphic transitions analogous to those that are observed in lipid-water systems might play a rôle in membranes. We have discussed previously different aspects of this problem: the correlation between the physiological functions of different cell organelles and the chemical composition of the lipids;[14] the change of permeability presumably involved in the order-disorder transitions of the paraffin chains and in other transitions between liquid-paraffin phases;[15] the possible rôle of lipids in sense transducers.[15] We wish to add here a few remarks suggested by the more recent results.

One obvious limitation of our previous speculations was the fact that while membranes are two-dimensional objects, the structure of all the lipid phases known at that time was three-dimensional, with the exception of the lamellar phases. The discovery of phases R and T removes this limitation, as the structures are essentially two-dimensional, and yet are not formed by uniform lipid leaflets. A fabric-like structure could well be imagined, with "threads" formed by lipid rods organized in two-dimensional networks; the protein molecules could be fitted into the two-dimensional lattice, either sitting on both faces, or accommodated in the plane of the framework, between the rods. It could be objected that the rod-like phases are observed in almost dry preparations, at least with lipids of biological origin (see above); in fact this objection is not too serious since structures of opposite polarity, with the paraffin chains inside the "threads", can well exist in more hydrated preparations, and in the presence of proteins (compare phases Q and H in soaps and lecithin).

It may be noted that this fabric-like model reconciles one aspect of the Danielli-Davson model, namely the existence of a continuous paraffin matrix, with the ordered two-dimensional structure required by the mosaic-type models. This structure is also consistent with the presence of a variety of permeable sites, each characterized by the local distribution of lipids and proteins, without the mechanical continuity of the lipid matrix being disrupted. One might also picture the membrane as comprising regions of this structure, as well as domains of quite different structure. Moreover the fabric-like model could be thought to correspond to a transient state of certain regions of the membrane, possibly travelling over the membrane, endowed with particular physical properties (for example permeability). In connection with the dynamic aspects of membrane functions, it should be noted that the lipid composition is not necessarily homogeneous, but that it may be visualized as a variable parameter in time and space; indeed displacements of the small lipid molecules are more likely to occur than those of proteins.

Acknowledgements

We thank Dr. C. Cohen for help with the manuscript. This work was supported in part by a grant from the Délégation Générale à la Recherche Scientifique et Technique, Comité de Biologie Moléculaire.

References

1. V. Luzzati, in *Biological Membranes*, (Ed. D. Chapman), Academic Press, London, 1968.
2. T. Gulik-Krzywicki, Rivas, E., and Luzzati, V., J. Mol. Biol., **27**, 303 (1967).
3. V. Luzzati, A. Tardieu, T. Gulik-Krzywicki, E. Rivas, and F. Reiss-Husson, *Nature*, **220**, 485 (1968).
4. B. Gallot and A. E. Skoulios, *Acta Cryst.*, **15**, 826 (1962).

5. A. E. Skoulios and V. Luzzati, *Acta Cryst.*, **14**, 278 (1961).
6. V. Luzzati, A. Tardieu, and T. Gulik-Krzywicki, *Nature*, **217**, 1028 (1968).
7. V. Luzzati, H. Mustacchi, A. E. Skoulios, and F. Husson, *Acta Cryst.*, **13**, 660 (1960).
8. F. Husson, H. Mustacchi, and V. Luzzati, *Acta Crist.*, **13**, 668 (1960).
9. V. Luzzati, T. Gulik-Krzywicki, and A. Tardieu, *Nature*, **218**, 1031 (1968).
10. F. Reiss-Husson, *J. Mol. Biol.*, **25**, 363 (1967).
11. T. Gulik-Krzywicki, A. Tardieu, and V. Luzzati, Molec. Cryst. **8**, 285 (1969).
12. M. Bourgès, D. M. Small, and D. G. Dervichian, *Biochim. Biophys. Acta*, **137**, 157 (1967).
13. J. E. Thomson, R. Coleman, and J. B. Finean, *Biochim. Biophys. Acta*, **150**, 405 (1968).
14. V. Luzzati, T. Gulik-Krzywicki, E. Rivas, F. Reiss-Husson, and R. P. Rand, *J. Gen. Phys.*, **51**, 37 s (1968).
15. V. Luzzati, F. Reiss-Husson, E. Rivas, and T. Gulik-Krzywicki, *Ann. N. Y. Ad. Sci.*, **137**, Art. 2, 409 (1966).
16. V. Luzzati and P. A. Spegt, *Nature*, **215**, 701 (1967).

T. Gulik-Krzywicki, E. Shechter, Vittorio Luzzati and M. Faure

INTERACTIONS OF PROTEINS AND LIPIDS: STRUCTURE AND POLYMORPHISM OF PROTEIN–LIPID–WATER PHASES

The problem of the structure of biological membranes and the correlations between physical structure and physiological functions may to a large extent be reduced to that of the interactions of the three major components, proteins, lipids and water. Although these problems may eventually be solved by the study of intact membranes, such an approach is at present seriously hindered by the great heterogeneity of membrane preparations. Indeed, membranes embrace a wide variety of organelles; further, each membrane is probably not homogeneous over its surface. Moreover, the structure of membranes is labile, and probably does not withstand all the operations required by some of the physical techniques (in electron microscopy, for example, fixing, drying, embedding). One way out of these pitfalls that has often been taken in the study of biological problems is to focus the experimental work on model systems, chosen sufficiently simple to provide reliable information and yet capable of mimicking some of the properties of biological systems.

We have applied this approach to the structure of membranes. The first stage has been the analysis of lipid—water systems by X-ray diffraction[1, 2]. This revealed the remarkable property that lipids take up a wide variety of structures in experimental conditions not too remote from those of the living cell. We have discussed elsewhere the biological implications of this polymorphism[2]; our main conclusion has been to put forward the hypothesis that polymorphic transitions analogous to those observed in lipid–water systems may well play a part in the physiological functions of membranes. It is clear, nevertheless, that the gap from lipid–water phases to membranes is wide; our purpose here is to narrow it down by the study of more complex systems, of chemical composition closer to that of membranes. Proteins are the most obvious component to add to lipids and water and we describe here some properties of protein–lipid–water systems. Although the proteins used in this work, chosen among the most common and stable ones, are of dubious relevance to membranes, and although the experimental analysis of the three-component systems is still incomplete, a multiplicity of structures has been observed that reveals a subtle interplay of a variety of interactions.

Most of the results described here were obtained by X-ray diffraction analysis, using techniques and methods similar to those used with lipid–water systems[1]. Besides these, extensive use has been made of spectroscopic techniques, namely absorbance and circular dichroism (CD), great care being taken to carry out the spectroscopic experiments under conditions as close as possible to those of the X-ray work. The purpose of this study is twofold. On the one hand, the optical properties of well organized (and liquid–crystalline) systems are interesting *per se*, and may provide useful information on the structure of the phases. On the other hand, we are seeking a correlation between spectroscopic properties and structure, in the hope of reaching a better understanding of the optical phenomena, and thus laying the ground for a future interpretation of the spectroscopic properties of membranes in terms of structure. Indeed, a great wealth of spectroscopic data has recently been gathered for biological membranes, but the interpretation still is confusing and controversial[3–7].

Ferricytochrome *c*—Phosphatidyl Inositol

We explored the three-component (protein–lipid–water) phase diagram fairly carefully at room temperature, by X-ray diffraction and CD experiments. We mixed the ingredients in fixed amounts and waited for equilibium. In addition to the pure components and to a variety of lipid–water phases (to be described elsewhere), two protein–lipid phases were observed, each with constant protein/lipid ratio and with variable water content (see Table 1). In the intermediate regions two or three phases are found in equilibrium and could be separated by high speed centrifugation. The X-ray diffraction diagrams and CD spectra are the sum in varying proportions of those of the pure phases.

TABLE 1. Ferricytochrome *c*-Phosphatidyl Inositol-Water

Phase	$T(^\circ C)$	$d(\text{Å})$	c_p/c_1	c_0	$d_p(\text{Å})$	$d_1(\text{Å})$	$d_0(\text{Å})$
I	20	78.5	0.78	0.18	23.0	39.8	15.7
	20	68.0	0.78	0	24.8	43.2	0
II	20	112	1.49	0.23	42.9	39.6	29.5
	20	91	1.49	0	47.0	43.8	0
Lipid	20			0.2 to 0.8		39.5	

Horse heart ferricytochrome *c*, purchased from Sigma (type VI), was used without further purification. Phosphatidyl inositol, extracted from wheat germ[15], was used in the form of sodium salt. The protein, lipid and water concentrations were determined by chemical analysis (Kjeldahl, phosphorous, Karl Fischer). d is the repeat distance, d_p, d_1, d_0 are the "partial thickness" of the protein, lipid, water layers: c_p, c_1, c_0 are the weight concentrations of each component. The expressions for d_p, d_1, d_0 are $d_p = \varphi_p d$, and so on, where φ_p, φ_1, φ_0 are the volume concentrations, $\varphi_p = c_p \bar{v}_p (c_p \bar{v}_p + c\bar{v}_1 + c_0\bar{v}_0)^{-1}$, and so on, and $\bar{v}_p$, $\bar{v}_1$, $\bar{v}_0$ are the partial specific volumes ($\bar{v}_p = 0.725$, $v_1 = 1.00^{12}$, $v_0 = 1.00\,\text{cm}^3\,\text{g}^{-1}$). The dimensions for each phase correspond to its most hydrated form, and to the dry form obtained by evaporating the water from the hydrated form.

Neither temperature (0°–60°C) nor the presence of excess water in the *p*H range 4.5–6.5 disturb the structure of either of the protein–lipid phases. Electrolytes (NaCl, 1 M) bring about the dissociation of both phases into protein and lipid, ferricytochrome c being recovered in these conditions in its native state according to the optical properties. These experiments were performed on preparations that had never been dried, for rehydration of dried samples is not a fully reversible operation.

The X-ray diffraction diagrams of the two lipoprotein phases are formed by several (up to 10) sharp small-angle reflexions ($s < (10 \text{ Å})^{-1}$), all integral orders of one fundamental repeat, and by a few high-angle diffuse bands, the strongest of which, near $s = (4.5 \text{ Å})^{-1}$, is typical of the "liquid" paraffin chains[1]. Such X-ray diagrams are characteristic of a long range organization of the smectic type, namely of a structure formed of planar lamellae, parallel and equidistant, with no other correlations in position and orientation[1]. The fact that the same kind of structure is observed in the absence of water strongly suggests that the seat of the disorder is a continuous layer of "liquid" paraffins. We are thus driven to put forward a structure consisting of lipid lamellae with intercalated protein–water layers (Fig. 1).

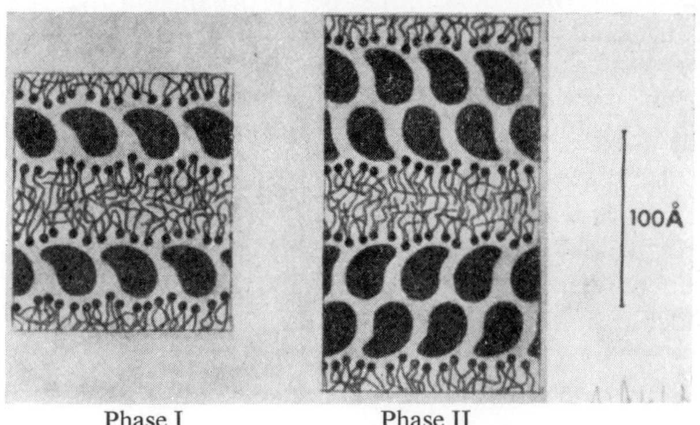

Fig. 1. Ferricytochrome c-phosphatidyl inositol-water; the structure of the lamellar phases I and II, in the hydrated form (see text and Table 1). The sections are perpendicular to the planes of the lamellae. The densely and the lightly hatched areas represent the protein molecules and the water regions (both of arbitrary shape). The polar groups of the lipid molecules are represented by a black dot, the "liquid" paraffin chains by a wriggle. Note that the thickness of the lipid laeflet is the same in both phases, and that the polar leaflet contains one layer of protein molecules in phase I, two layers in phase II. The distribution of the protein molecules is represented as if it were quite regular, the only evidence being the fact that the molecules are extremely closely packed (area per protein molecule $\sim$630 Å^2; cytochrome c is approximately spherical with diameter $\sim$31 Å).

The "partial thickness" of the protein, lipid and water layers, defined as the thickness of the planar slabs the volume of which is the volume occupied by each of the components in the (one-dimensional) unit cell, can be determined if the repeat distance, the concentration and the partial specific volumes are known. The values are given in Table 1.

An inspection of the data suggests several things. The thickness of the water layer varies with the nature and the composition of the phase. For each of the protein–lipid phases two dimensions are given Table 1, one for the dry, the other for the most hydrated form obtained in the presence of excess water. The thickness of the lipid layer is the same in the two protein–lipid phases, both in the dry and in the hydrated forms and in the lamellar lipid-water phases. These observations, together with the dissociating effects of electrolytes, suggest that the interactions between proteins and lipids are weak and involve chiefly the polar regions of the structure. The most striking difference between the two protein–lipid phases is in the thickness of the protein layer which in one case is twice the other.

The spectroscopic study of the two phases was carried out on aliquots of the samples used in the X-ray diffraction experiments. Clearly, at such high protein concentration the preparations must be extremely thin. Furthermore, it is highly desirable that the samples are optically isotropic around the axis of the light beam. Both results were achieved by pressing a drop of the viscous preparation between two silica disks, separated by thin "Teflon" spacers. In these conditions the absorbance in the Soret region is lower than 2.5, the planes of the smectic phase are oriented parallel to the silica disks and consequently the CD curves are invariant on a rotation of the sample in its plane. The length of the optical path is of a few microns (5 to 25) but was not measured accurately. The A/CD ratio was verified to be independent of thickness at constant wavelength.

We report here only the CD results obtained in the Soret region that are highly specific for the different phases. The spectroscopic analysis in the regions of the absorption of the peptidic and of the aromatic chromophores is hindered by the high optical absorption and by the unfavourable CD/A ratio. The absorbance of the Soret band (around 400 nm) as well as the absorbance and the CD of the α and β bands of the haem (500 to 600 nm) are identical to those of the free protein. The CD spectra of the two protein–lipid phases are represented in Fig. 2. On the same figure are drawn the CD spectra of dilute ferricytochrome c solutions in the native, intermediate and denatured forms[8,9] (in the case of the native form the CD spectrum was shown to be independent of protein concentration up to $c_p = 0.50$). The CD spectra of the two protein–lipid phases are remarkably different from each other as well as from those of the free protein in its various forms. Some similarities may be noted instead with the CD spectra of the haemopeptides, that various authors have ascribed to haem–haem interactions[9-11].

The data of Table 1, together with the optical and chemical information, and the size of the cytochrome c molecules (quasi-spherical, diameter 30 Å) support the structure models presented in Fig. 1. These consist of continuous lipid sheets (not necessarily planar) filled by the "liquid" paraffin chains and covered by the polar groups of the lipid molecules, alternated with polar leaflets containing protein and water. The protein molecules form a single layer in one of the phases, a double layer in the other. The CD spectra in the Soret region do not seem to arise from conformational transitions of cytochrome c, but rather from the orientation of the haem groups and from the haem–haem interactions. Besides, the ease with which the protein is recovered in its native form is hardly compatible with a conspicuous conformational rearrangement. It may be noted that a similar structure has been put forward recently for a system containing cytochrome, c, lecithin, phosphatidylserine, water[17].

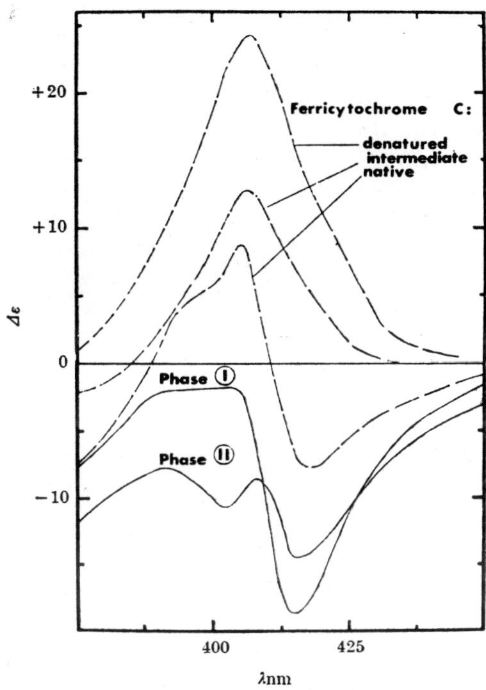

Fig. 2. Ferricytochrome c–phosphatidyl inositol–water; circular dichroism spectra. The spectra were recorded on the Dichrographe II (Jouan, Paris). Phases I and II are described in Table 1 and in Fig. 1. The experimental conditions are discussed in the text. The different curves for ferricytochrome c are taken from ref. 8. $\Delta\varepsilon = \Delta A/cl$, where ΔA is the experimentally observed circular dichroic absorbance, c is the protein concentration (moles/l.), l is the path length (cm). In the case of phases I and II the product cl was estimated from absorption measurements.

Ferricytochrome c—Cardiolipins

Only a small region of the three-component phase diagram was explored in this system, approximately from $c_p/c_l = 0.78$ to 2.18, in the presence of excess water. Two lamellar phases were observed, the compositions and repeat distances ($c_p/c_l = 1.70$, $d = 108$ Å; $c_p/c_l = 0.89$, $d = 75$ Å) of which are very close to those of the protein–lipid phases of the previous system

    V. LUZZATI

(see Table 1), thus suggesting that the structures are very similar to those represented in Fig. 1. These results are independent of temperature from 20° to 60°C.

Ferricytochrome c—Mitochondria lipids

These lipids, extracted from beef heart mitochondria, differ from the other lipids used in this work by a broader chemical heterogeneity, for in addition to containing a variety of fatty acids they are a mixture of lipid species with different types of polar groups[12].

Three protein–lipid phases were observed at room temperature. Two of these are lamellar, with $d = 86.5$ Å and $d = 116$ Å. The other displays a two-dimensional hexagonal organization characterized by a set of X-ray small-angle reflexions the spacings ratios of which are: $1 : \sqrt{3} : \sqrt{4} : \sqrt{7}$: and so on[1], with $a = 83$ Å. In the absence of direct chemical analysis no other dimensions can be determined for these phases.

Lysozyme—Cardiolipins

The study of the phase diagram was limited in this system to the phases that can be found in equilibrium with free water, precipitated out when dilute solutions of protein and lipid are mixed. In these conditions, and at pH 6 to 7, two phases were observed; one, designated III in Table 2, found if the protein is in excess, the other (IV) if the lipid is in excess, and a mixture of both in the intermediate cases. Another (lamellar) phase was observed at pH 8, but that will not be described here.

TABLE 2. Lysozyme-Cardiolipins-Water

Phase	T(°C)	d(Å)	c_p/c_l	c_0	d_p(Å)	d_l(Å)	d_0(Å)
III	25	92	1.13	0.28	29.0	34.8	28.2
	25	73	1.13	0	34.5	38.5	0
IV	25	77.0	1.69	0.17	35.0	27.0	15.0
	25	67.0	1.69	0	36.9	30.1	0
V	35	85.2	1.69	0.17	38.8	29.9	16.5
	25			0.2 to 0.8		35.0	
Lipid	35			0.2 to 0.8		34.5	

(See legend to Table 1.) Lysozyme is a Sigma product, first grade. Beef heart cardiolipins are in the form of di-sodium salt[16].

The effect of temperature is different on the two phases. The crystallographic properties of phase III, and consequently its structure, are independent of temperature from 0° to 60°C. On the contrary, phase IV undergoes an irreversible transition. We suspect this transition to involve a chemical reaction between the protein and the lipid, for we have failed to separate the two components in the thermally treated samples, while in the other cases the addition of divalent cations leads to the precipitation of the cardio-lipins, leaving the lysozyme in solution in its native form (according to spectroscopic evidence).

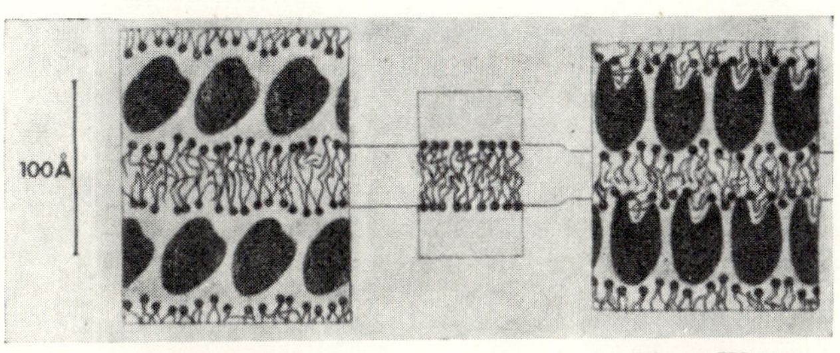

Fig. 3. Lysozyme–cardiolipins–water; the structure of the lamellar phases (see text and Table 3). The symbols are those of Fig. 1. The middle frame represents the lamellar lipid–water phase. Note that the thickness of the lipid leaflet is the same in phase III and in the lipid–water phase, and that it decreases in phase IV. This shrinkage (see text) is interpreted to involve hydrophobic contacts with the lipid molecules, shown in the figure. The area per molecule is 640 $Å^2$ in phase III, 531 $Å^2$ in phase IV; the approximate dimensions of lysozyme molecules are $45 \times 30 \times 30$ Å. Thus the packing of the protein molecules is extremely compact.

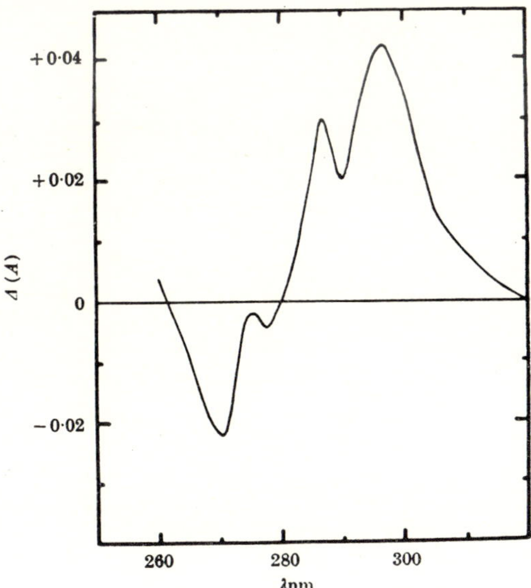

Fig. 4. Lysozyme-cardiolipins-water; spectrophotometric differential curves (phases III or IV minus native lysozyme).

194 V. LUZZATI

The X-ray diffraction diagrams are typical of a lamellar (smectic) structure, containing "liquid" paraffin chains. The data and dimensions are given in Table 2.

The thickness of the lipid layer (see Table 2) displays more interesting variations than any other parameter in this system. The value of d_l is the same in phase III and in the lamellar lipid–water phase, a fact suggesting that the interactions between proteins and lipids are weak and polar. On the other hand, the lipid layer of phase IV shrinks quite extensively with respect to the lipid–water phase. In the lipid–water phase the paraffin chains are shielded from the water by the polar groups of the lipid molecules[1]. Because the surface/volume ratio of the lipid layer increases as its thickness decreases, in phase IV some of the paraffin chains become exposed to the protein–water layer. The contacts probably involve the non-polar region of the protein molecules (Fig. 3).

In the case of phase III the spectroscopic study was carried out on thin isotropic samples made with aliquots of the preparations used for the X-ray diffraction experiments. Only the region of aromatic absorption was explored in this phase, for the absorbance is much too high in the region of peptidic absorption. The absorbance spectrum is similar to that of phase IV (see Fig. 4) and is discussed here: the CD spectrum is shown in Fig. 5.

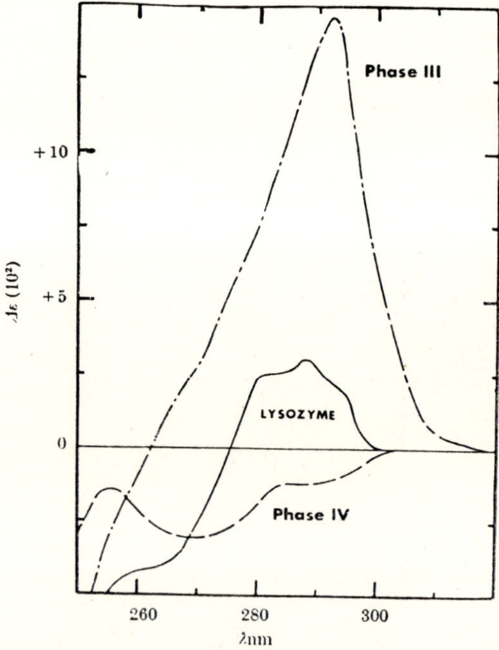

Fig. 5. Lysozyme–cardiolipins–water; circular dichroism spectra in the region of aromatic absorption. "Lysozyme" refers to the native protein in solution.

In the case of phase IV a satisfactory orientation of the smectic preparations could not be obtained, and the spectroscopic study was carried out on
the clear supernatant of a precipitate obtained in the presence of a small
excess of lipid. The protein/lipid ratio, and the presence of a thermal
transition near 35°C (Fig. 6 and Table 2), absent in the free lysozyme and in

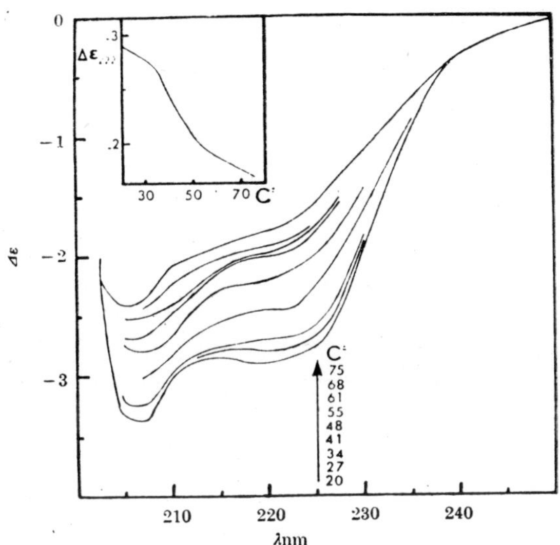

Fig. 6. Lysozyme–cardiolipins–water; the thermal transition of phase IV displayed by
circular dichroism spectra. Each CD curve was recorded at fixed temperature. The transition
followed at 222 nm is plotted in the inserted graph.

phase III, are consistent with the presence of phase IV in the supernatant.
Because the solutions are clear, the spectroscopic study was performed over
a wide spectral range. The red-shift of the aromatic bands (see Fig. 4) is a
phenomenon usually observed in protein–detergent complexes[13], and usually
ascribed to the exposure of some of the aromatic groups to a less polar
medium[14]. More striking are the CD differences of the region of aromatic
absorption (Fig. 5) and, to a smaller extent, those of the region of peptidic
absorption (Fig. 7).

The structure of the two phases can be discussed, in the light of the whole
of the experimental evidence (see Fig. 3). For reason given previously, both
phases appear to contain a continuous lipid leaflet, with "liquid" paraffin
chains, and a protein–water layer consisting of a single layer of protein
molecules (the approximate dimensions of lysozyme are 45 × 30 × 30 Å).
The contacts between proteins and lipids involve chiefly the polar regions in
phase III, and both polar and non-polar regions in phase IV (see discussion
earlier). The CD in the region of peptidic absorption (Fig. 7) indicate that
in phase IV the conformation of the protein molecules is somewhat disturbed

13*

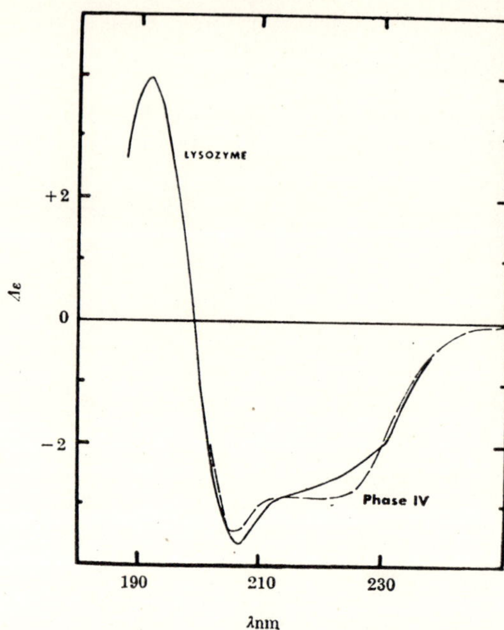

Fig. 7. Lysozyme–cardiolipins–water; circular dichroism spectra of the native protein in dilute solution and phase IV. The concentration (*c* in legend of Fig. 2) used here is mole of protein residue per litre.

with respect to the native state. The conformational changes of phase IV probably become more extensive at the thermal transition, as shown by the alterations of the CD spectrum in this region (Fig. 6). The exceptionally large changes observed in the CD spectra of the aromatic bands (Fig. 5) could perhaps be ascribed to conformational transitions, although effects of such sign and magnitude are more likely to arise from the orientation and the interactions of the protein molecules.

Lysozyme– Phosphatidyl inositol

The number of phases observed in this system is exceptionally high, and their structures are more varied than in any of the other systems. Some of the phases were isolated, all in the form of precipitates obtained by mixing protein and lipid solutions at fixed *p*H and temperature. The X-ray diffraction diagrams contain several sharp small-angle reflexions, whose spacings ratio is specific for each of the lattice types; $1 : 2 : 3 : 4 :$, and so on, for the lamellar, $1 : \sqrt{3} : \sqrt{4} : \sqrt{7} :$, and so on, for the two-dimensional hexagonal, $1 : \sqrt{2} : \sqrt{4} : \sqrt{5} :$, and so on, for the two-dimensional square. The chemical composition and the dimensions of the various phases are given in Table 3. All the transitions that take place in the temperature ranges shown in Table 3 are reversible. The structure of the lamellar phases probably is similar to that of the lamellar phases of the previous systems. The structure of the other phases, namely the distribution of the proteins, lipids and water in the two-dimensional lattices, is not yet known.

TABLE 3. Lysozyme-phosphatidyl Inositol-Water

pH	Temperature (°C)	c_p/c_1	c_0	Lattice type	Lattice dimensions (Å)
4	0 to 35	1.09	0.27	Two-dimensional square	63·5
4	0 to 35	1.09	0	Two-dimensional square	57.0
5	25	0.50	—	Lamellar	74.0
5.5 to 7	0 to 35	1.96	0.23	Two-dimensional hexagonal	80 to 82.5
7	0	—	—	Two-dimensional hexagonal	96
7	30	—	—	Lamellar	106
7	40	—	—	Lamellar	83
8	25	0.97	—	Lamellar	106
8	40	—	—	Lamellar	83

(See legend to Table 1.) Some of the concentrations were not determined in this system.

In addition to the phases periodically ordered in one and two dimensions enumerated in Table 4, a few crystalline phases, periodically ordered in three dimensions, were observed in this system, but the X-ray reflexions have not yet been indexed in a satisfactory way.

Discussion

The number and variety of the phases are too great to fit into a simple and general picture. Indeed, if the lamellar phases seem to comply with the requirements of the Danielli–Davson model in the sense that they contain a continuous lipid leaflet covered by the protein molecules, several other phases display more highly ordered structures involving complex distributions of proteins and lipids. In fact the polymorphism observed in the protein–lipid–water systems is by no means simpler than that found in lipid–water systems[1,2] and the results of this work lend further support to the hypothesis that polymorphic transitions may take place in membranes and play a part in some of the physiological functions[2].

The very observation of a variety of structures, specifically dependent on chemical composition, temperature, pH, is perhaps surprising in view of the fact that the systems studied here involve proteins and lipids that are not biologically related and have not been selected to display particular affinities for each other. It may thus be inferred that the capacity to display complex and subtle interactions is a general property of proteins and lipids, and that most likely the interactions elicited by the model systems are of the same nature as those that stabilize the structure of membranes.

The various types of interactions analysed in the discussion of each phase belong to three major classes: hydrophobic, polar, chemically specific. We have put forward here an operational definition of "hydrophobic bonds" between proteins and lipids, based on the observed contraction of the lipid layer in the protein–lipid phase as compared with the lipid–water phase (phase IV, see Fig. 3 and discussion in the text). Polar interactions may be expected to be particularly important in systems containing positively charged proteins and negatively charged lipids, like those described in this work. The dissociating effect of electrolytes and the action of pH (see the lysozyme–phosphatidyl inositol system) are consistent with this type of interaction. It should be noted nevertheless that the role of the polar interactions may well be amplified here by the fact that both proteins are highly soluble in water. Indeed, two cases should be mentioned (cytochrome b_2–phosphatidyl inositol and cytochrome b_2–cardiolipins, unpublished observation) in which lamellar phases are observed in systems in which both the protein and the lipid are negatively charged.

Several cases of chemically specific interactions are illustrated by the experimental observations. For example, the formation of two lamellar phases, one containing a single, the other a double protein layer (see Fig. 1), seems to be characteristic of ferricytochrome c, for it occurs only with this protein and with two lipids (phosphatidyl inositol and cardiolipins) (see also ref. 17). Nevertheless, the comparison of these systems with the one containing ferricytochrome c and mitochondria lipids shows that the role of the lipids may be quite specific as well. Another example is provided by the two systems containing lysozyme, in which the structure of the phases is strongly dependent on the nature of the lipid (see Tables 2 and 3).

The remarkable specificity of the spectroscopic properties emphasizes the need for carrying out the optical experiments on well defined phases. The interpretation of the spectroscopic observations in terms of structure is still at a very preliminary stage, and several phenomena must be taken into account the effect of which cannot yet be clearly discriminated, for instance optical properties of the liquid–crystalline media, conformational transitions of the protein molecules, orientation of the individual chromophores with respect to the optical beam, interactions between chromophores. The propagation of circularly polarized light in a liquid crystal may in principle set some problems, which we have felt justified in neglecting here, on account of the particular orientation of the smectic phases and of the linear relationship between CD and absorbance. The evidence suggesting that conformational transitions take place in the protein molecules was discussed in each case, although it was pointed out that the transitions are unlikely to be conspicuous, given the ease with which the proteins can be separated from the lipid and recovered in their native form. More important causes of spectroscopic perturbations appear to be the fixed orientation of the protein chromophores with respect to the optical beam, and the interactions between chromophores carried by different protein molecules located in the same or in adjacent layers. These effects have been discussed here, especially in the case of ferricytochrome *c*.

It should be noted that the optical phenomena due to the liquid–crystalline structure and to the orientation of the chromophores are a consequence of the experimental conditions used in this work, while the effects of protein conformation and chromophore interactions are present in membrane preparations as well.

We thank Drs C. Cohen, D. Caspar and A. Klug for their critical analysis of the manuscript and Melle N. Pasdeloup for technical collaboration. This work was supported by grants from the Délégation Générale à la Recherche Scientifique et Technique. Comité de Biologie Moléculaire, and from the Commissariat à l'Energie Atomique.

Received June 20, 1969

References

1. Luzzati, V., in *Biological Membranes* (edit. by Chapman, D.) (Academic Press, New York, 1968).
2. Luzzati, V., Gulik-Krzywicki, T., Tardieu, A., Rivas, E., and Reiss-Husson, F., *J. Gen. Physiol.*, containing Proc. Symp. Molecular Basis of Membrane Function (edct. Testeson, D. C.) (Prentice-Hall, Englewood Cliffs, 1969).
3. Wallach, D. F. H., and Zahler, P. H., *Proc. US Nat. Acad. Sci.*, **56**, 1552 (1966).
4. Lenard, J., and Singer, S. J., *Proc. US Nat. Acad. Sci.*, **56**, 1828 (1966).
5. Urry, D. W., Mednicks, M., and Bejnarowitz, E., *Proc. US Nat. Acad. Sci.* **57**, 1043 (1967).
6. Wallach, D. H. F., and Gordon, A., *Fed. Proc.*, **27**, 1263 (1968).
7. Urry, D. W., and Ji, T. H., *Arch. Biochem. Biophys.*, **128**, 802 (1968).
8. Shechter, E., and Saludjian, P., *CR Acad. Sci.*, **264**, 1501 (1967).
9. Saludjian, P., and Shechter, E., *Biopolymers*, **5**, 561 (1967).
10. Urry, D. W., *J. Amer. Chem. Soc.*, **89**, 4190 (1967).
11. Urry, D. W., and Pettegrew, J. W., *J. Amer. Chem. Soc.*, **89**, 5276 (1967).
12. Gulik-Krzywicki, T., Rivas, E., and Luzzati, V., *J. Mol. Biol.*, **27**, 303 (1967).
13. Yanari, S., and Bovey, F. A., *J. Biol. Chem.* **235**, 2818 (1960).
14. Wetlaufer, D. B., *Adv. Prot. Chem.*, **17**, 303 (1962).
15. Coulon-Morelec, M. J., and Faure, M., *Bull. Soc. Chim. Biol.*, **39**, 947 (1957).
16. Faure, M., and Coulon-Morelec, M. J., *Ann. Inst. Pasteur*, **95**, 180 (1958).
17. Shipley, G. G., Leslie, R. B., and Chapman, D., *Nature*, **222**, 561 (1969).

Etudes de Lipides par Résonance Magnétique Nucléaire

P. Rigny et J. Charvolin

Centre d'Etudes Nucléaires de Saclay

P. Rigny et J. Charvolin

ETUDE DE LIPIDES PAR RESONANCE MAGNETIQUE NUCLEAIRE

Les lipides et les systèmes lipides-eau donnent fréquemment des phases où un ordre à longue distance coexiste avec un désordre à courte distance, mais les études cristallographiques renseignent surtout sur le premier aspect (1). Il est donc intéressant de préciser la nature de ces phases par des études de résonance magnétique nucléaire qui permettent d'en atteindre l'organisation locale.

Lawson et Flautt (2) ont étudié très complètement la structure des chaînes paraffiniques de plusieurs savons de sodium (stéarate, laurate, plamitate, myristate, oléate, élaidate) ainsi que du diméthyldodécylamine ($DC_{12}AO$), dans les phases cristallines et mésomorphes que présentent aussi bien les savons anhydres que les systèmes eau-savons. Ils ont également étudié la phase aqueuse de mélanges eau-$DC_{12}AO$. Plus récemment, nous avons entrepris une étude du système laurate de potassium-eau (3).

Nous ne reviendrons pas sur les diagrammes de phase qui sont présentés dans les articles qui précèdent. Disons simplement que les systèmes eau-savons ont été étudiés aux concentrations où les chaînes paraffiniques sont "liquides" au sens de la cristallographic et qu'ils présentent une phase lamellaire L_α aux faibles concentrations en eau, puis une phase cubique Q_I et une phase hexagonale H_I précédant la phase micellaire.

Les résultats obtenus sur la structure des chaînes paraffiniques et sur celle des zones aqueuses sont présentés successivement.

I Structure des chaînes paraffiniques

1. Introduction

La largeur de la raie d'absorption de résonance magnétique nucléaire est reliée à la grandeur des interactions dipolaires magnétiques entre les spins résonnants (4). Sa mesure renseigne donc sur les positions relatives des atomes porteurs des spins nucléaires. Pour des estimations quantitatives, on utilise la formule de Van Vleck qui relie le second moment de la raie d'absorption $y(H)$ aux paramètres structuraux:

$$M_2 = \int_{-\infty}^{+\infty} (H - H_0)^2\, y(H)\, dH \bigg/ \int_{-\infty}^{+\infty} y(H)\, dH$$

$$= A \sum_{i<j} (\cos^2 \theta_{ij} - 1)^2\, r_{ij}^{-6}. \tag{1}$$

H_0 est la valeur du champ de résonance au centre de la raie d'absorption, A est une constante qui dépend des spins résonannts supposés tous identiques; θ_{jj} et r_{ij} sont l'azimuth et le module du vecteur qui joint les deux noyaux i et j, l'axe polaire étant le long du champ magnétique appliqué.

Pour les mesures faites sur des échantillons polycristallins, comme celles qui ont été faites sur les lipides, le second moment mesuré est la moyenne de poudre $\bar{M}_2$ de M_2. Par exemple le second moment de la raie de résonance du proton du stéarate de potassium, calculé par la formule (1) dans l'hypothèse où les chaînes sont parfaitement rigides est 28 gauss^2; la plus grande contribution à ce second moment (environ 15 gauss^2) provient des interactions entre protons d'un même groupe —CH_2—.

L'intérêt de la mesure de la largeur de la raie de résonance pour l'étude structurale des lipides, vient surtout de ce que le second moment est extrêmement sensible à l'existence de mouvements moléculaires.

Il est en effet facile de voir qu'en présence d'un mouvement, le second moment observé est

$$m_2 = \langle M_2 \rangle \tag{2}$$

où $\langle M_2 \rangle$ est la moyenne de M_2 au cours du temps. Pour un échantillon polycristallin, le second moment est

$$\bar{m}_2 = \overline{\langle M_2 \rangle} \tag{2'}$$

la moyenne en temps devant bien entendu être prise avant la moyenne de poudre. Les formules (2) ou (2') sont valides si le temps τ caractéristique du mouvement moléculaire est assez court pour que

$$(M_2 - m_2)^{1/2}\, \tau \ll 1. \tag{3}$$

Le cas extrême d'un mouvement moléculaire se rencontre dans les liquides, où tous les mouvements sont rapides au sens du critère ci-dessus. Le second moment M_2 est alors nul, la largeur de la raie de résonance est due à des effets du second ordre et devient extrêmement faible (10^{-3} gauss est une valeur typique).

Dans les cas de mouvements partiels la mesure de $\bar{M}_2$ renseigne sur le type de mouvement qui est responsable du rétrécissement de la raie d'absorption. Egalement, des mesures dans la zone de rétrécissement fournissent des valeurs approximatives de la vitesse et de l'énergie d'activation du mouvement.

2. *Etudes de savons anhydres* (2)

Lawson et Flautt ont étudié les largeurs des raies d'absorption dans différents savons de sodium ainsi que dans l'oxide de dimethyldodécylamine ($DC_{12}AO$). Le Tableau I, indique les valeurs de second moment appropriées au stéarate de sodium, pris comme exemple.

La réduction de second moment qui intervient à 85°C où aucune transition n'est observée aux rayons X, correspond à la mise en rotation des chaînes autour de leur axe. Un rétrécissement de la raie de résonance pourrait apparaître indépendamment d'une transition cristalline si à partir d'une certaine température le temps caractéristique d'un mouvement thermiquement activé venait à satisfaire au critère (3). Des études calorimétriques indiquent qu'il s'agit ici d'une transition solide-solide probablement du second ordre; le temps caractéristique de la rotation des chaînes est environ 1 μs et son énergie d'activation environ 3 kcal/mole.

TABLEAU I

Valeurs typiques des seconds moments des raies de resonance des protons du stearate de potassium anhydre

		M_2(Gauss^2) observé	M_2(Gauss^2) théorique
Phases	$T <\ 85°$C	25.8 ± 1.5	28.2 ± 1.0 G^2
cristallines	$85° < T < 114°$C	8.7 ± 0.2	9.6
Phases	$114° < T < 131°$C	0.84	
mésomorphes	$131° < T < 158°$C	0.36	
	$158° < T < 180°$C	0.24	
	$180° < T < 200°$C	0.11	

La transition phase cristalline-phase mésomorphe s'accompagne d'une réduction très brutale du second moment. Ceci est qualitativement en accord avec la structure liquide des chaînes paraffiniques vue cristallographiquement. La raie d'absorption a en fait une forme que Lawson et Flautt ont qualifiée de "superlorentzienne", et qui montre que toutes les parties de la chaîne ne jouissent pas de la même liberté de mouvement (Fig. 1).

On peut considérer que les têtes polaires des molécules sont presque fixes et que les barrières de potentiel qui s'opposent aux rotations sont approximativement les mêmes pour toutes les liaisons carbone-carbone de la chaîne. La distribution des orientations des vecteurs $H-H$, de deux protons d'un même groupe méthylène par exemple, est alors fortement anisotrope près des têtes polaires, mais presque isotrope en bout de chaîne. Les protons de la molécule ne sont donc pas tous soumis aux mêmes interactions dipolaires moyennes et donnent une raie de résonance d'autant plus fine qu'ils sont plus éloignés de la tête polaire. Ces considérations qui sont qualitativement en accord avec la forme "superlorentzienne" de la raie de résonance pourraient être rendues plus quantitatives par l'application des méthodes d'analyse conformationnelle classiques (5).

La structure des phases mésomorphes correspond à une organisation des têtes polaires en rubans où les chaînes paraffiniques sont dirigées vers l'extérieur. Les transitions successives correspondent à des diminutions de la largeur des rubans et corrélativement à une plus grande liberté de mouvement des chaînes paraffiniques et à une diminution du second moment.

Les paramètres dynamiques du mouvement des protons des chaînes ne peuvent être déduits des raies d'absorption. Le critère (3) indique simplement que le temps caractéristique du mouvement est inférieur à 6 μs. La mesure des temps de relaxation T_1 et T_2 pourrait préciser cet aspect.

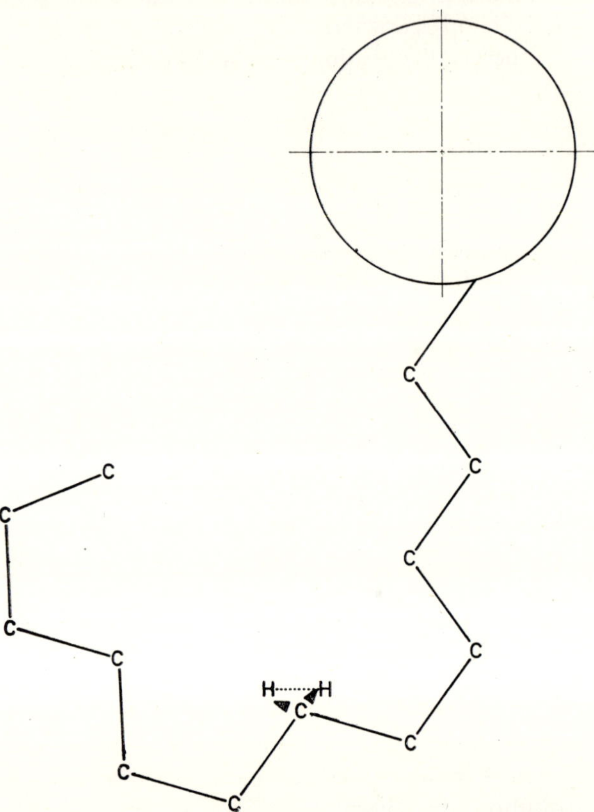

Fig. 1. *Schéma d'une molécule de savon.* La distribution angulaire du vecteur H-H d'un groupe CH_2 est d'autant plus isotrope que ce groupe est plus éloigné de la tête polaire.

3. *Systemes eau-savons (2)*

a) Phases lamellaire et hexagonale

Les raies d'absorption obtenues ici sont essentiellement de la même forme que les raies superlorentziennes des savons anhydres. Un caractère semi-liquide des chaînes paraffiniques, analogue à celui que nous avons décrit plus haut existe donc dans ces phases. Les largeurs à mi-hauteur des raies d'absorption vont de 100 à 200 milligauss et sont plus faibles dans les phases hexagonales que dans les phases lamellaires par un facteur d'environ

70%. Ceci correspond à une compacité et une mobilité des chaînes croissant avec la concentration en eau. D'un autre côté, les largeurs des raies dépendent peu de la concentration en eau dans chaque phase; il en est donc probablement de même de la structure des zones paraffiniques.

b) Phase cubique

Le $DC_{12}AO$ donne (en haute résolution à 100 MHz) des spectres presque analogues en phases cubique et micellaire. Des raies relativement fines et résolues sont obtenues pour les différents types de protons. Des mouvements, de translation des molécules, rapides au sens du critère (3), interviennent donc, même dans la phase cubique.

Ce fait est assez paradoxal, la viscosité macroscopique de la phase cubique étant très élevée. Ce paradoxe est même renforcé par des études, encore préliminaires, faites par écho de spin sur le laurate de potassium et qui mettent en évidence une diffusion des molécules à grande échelle (environ $1\,\mu$ en 100 ms).

Un schéma du motif structural des phases cubiques est indiqué sur la Fig. 2. On peut voir que les cylindres formés par les têtes polaires sont très courts, ne permettant pas d'accommoder plus de trois à cinq têtes polaires le long d'une génératrice. Une molécule n'est ainsi jamais éloignée d'une zone d'intersection entre cylindres, où les irrégularités doivent être plus nombreuses et on comprend qu'une grande mobilité des molécules puisse exister dans les phases cubiques malgré la cohésion de la structure tridimensionnelle.

Il est à noter d'ailleurs qu'un mouvement analogue pourrait exister dans les phases lamellaires et hexagonales, mais il aurait un effet moins

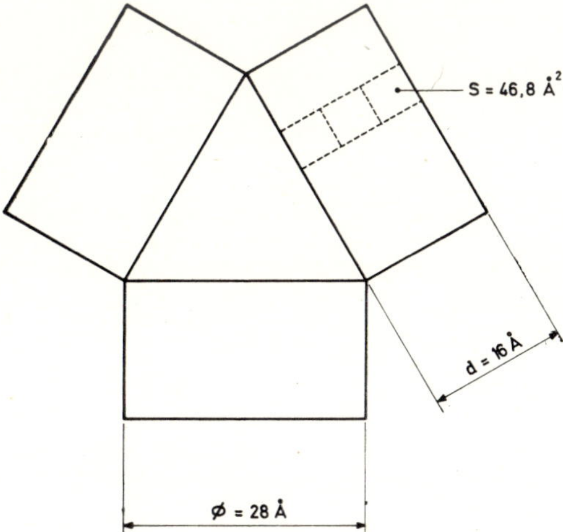

Fig. 2. Schéma du motif structural du système laurate de potassium-eau en phase cubique. La longueur très faible des cylindres peut expliquer l'existence d'une diffusion á trois dimensions des molécules.

marqué sur la résonance, aussi bien parce que les cristallites sont en général très petits dans ces phases, que parce qu'il aurait lieu sur les surfaces nonisotropes.

II Etude de la phase aqueuse

1. Introduction

La structure de l'eau qui sépare les doubles couches lipidiques, c'est-à-dire par exemple son degré de mobilité, les types de liaisons qu'elle forme avec les têtes polaires, le rôle des ions éventuellement présents, pose des problèmes qui peuvent être abordés par des études de résonance magnétique nucléaire. Une méthode féconde qui a été employée aussi bien pour le laurate de potassium que par Lawson et Flautt pour le $DC_{12}AO$ est de remplacer l'eau légère par de l'eau lourde et d'étudier la résonance du deutérium. Cette méthode permet d'étudier l'environnement électrostatique des molécules d'eau, particulièrement important pour les problèmes que nous nous posons.

Le noyau du deutérium a un spin 1 et possède un moment quadrupolaire Q. On peut voir (4) qu'en présence d'un gradient de champ électrique axial q, son signal de résonance présente deux pics séparés d'une distance

$$\Delta v = \frac{3e^2 qQ}{4h}\,(3\cos^2\alpha - 1) \tag{4}$$

où α est l'angle entre le champ magnétique extérieur et l'axe du gradient de champ électrique.

Comme plus haut l'expression du second moment, la formule (4) doit être modifiée en présence d'un mouvement moléculaire suffisamment rapide. Si le temps τ caractéristique du mouvement est tel que

$$\tau[\Delta v - \langle\Delta v\rangle] \ll 1 \tag{5}$$

l'intervalle mesuré est

$$\langle\Delta v\rangle = \frac{3e^2 Q}{h}\,\langle q(3\cos^2\alpha - 1)\rangle. \tag{6}$$

Dans ce cas l'étude de la résonance renseigne sur le type et la vitesse du mouvement moléculaire.

Dans les hydrates cristallins, où les molécules d'eau sont fixes en première approximation, Δv est de l'ordre de 200 à 300 kHz. Au contraire, dans l'eau liquide où les mouvements sont rapides dans toutes les directions, on observe une raie fine unique ($\langle\Delta v\rangle = 0$).

2. Résultats et discussion

a) Phases lamellaire et hexagonale

Aussi bien dans le laurate de potassium que dans le $DC_{12}AO$, les spectres obtenus en phase lamellaire ou hexagonale sont semblables.

Dans le $DC_{12}AO$ le signal obtenu est caractéristique de molécules d'eau identiques en moyenne et soumises à un gradient électrique moyen non nul. Dans le laurate de potassium au contraire, on observe en plus d'une raie qui manifeste des effets quadrupolaires, une raie unique qui correspond à des molécules d'eau soumises à un gradient moyen nul (Fig. 3).

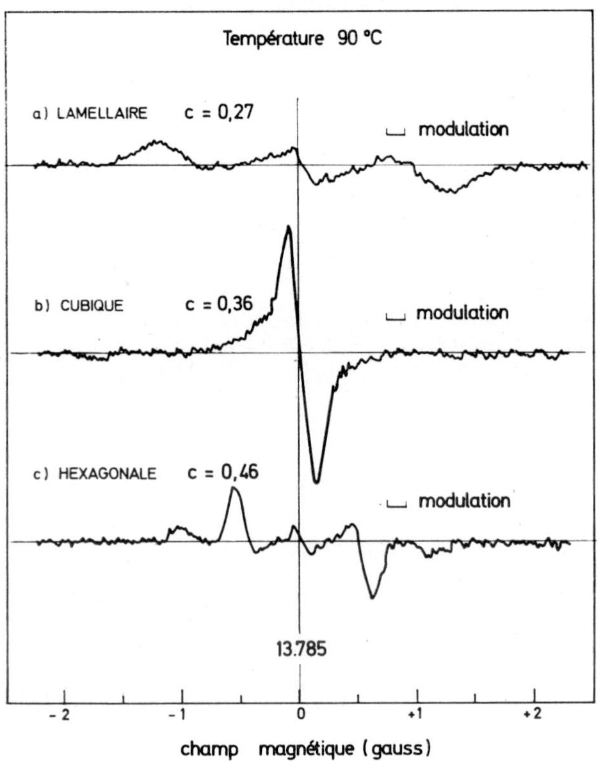

Fig. 3. Dérivées des spectres de résonance du deutéron enregistrées dans les phases lamellaire (*a*) cubique (*b*) hexagonale (c) du système laurate de potassium-eau lourde a 90°C. La puissance radiofréquence choisie permet l'observation simultanée de toutes les raies.

Pour comprendre ces résultats, il faut distinguer deux types de molécules d'eau:
– celles qui sont voisines des têtes polaires et sont soumises à des effets électriques moyens; ce sont en quelque sorte des molécules adsorbées sur les surfaces des têtes polaires;
– celles qui sont suffisamment éloignées des têtes polaires pour ne plus ressentir leurs effets électriques.

Pour étayer cette distinction entre deux types d'eau, il est important d'examiner les interactions électriques auxquelles sont soumis les noyaux de deutérium. Celles-ci sont résumées dans le tableau II.

Les valeurs expérimentales des gradients électriques q, déduits de la forme des raies de résonance par la formule (6) moyennée sur toutes les orientations, sont de 1 à 3 kHz environ. On doit donc en rechercher l'origine soit dans des liaisons hydrogène assez mobiles entre les molécules d'eau et les têtes polaires, soit, pour le laurate de potassium, dans des liaisons de solvatation avec les ions ou les atomes de potassium des molécules de sel.

TABLEAU II

Estimation des gradients electriques moyens présents sur les noyaux de deuterium

Origine du gradient électrique	Ordre de grandeur
Effet électrostatique de la surface	Très faible ($<$1 khz) et rapidement décroissant avec la distance
Liaison hydrogène	
molécule d'eau statique	200 à 300 khz
molécule d'eau mobile	0 à 200 khz
Solvatation	
sur un ion K^+ en rotation	0
sur un atome K non ionisé	quelques khz

Ces deux contributions (qui sont d'ailleurs probablement de signes opposés) doivent être aussi efficaces l'une que l'autre, les énergies de la liaison hydrogène ou de la solvatation étant toutes deux de l'ordre de 6 à 12 kcal/mole.

Les résultats expérimentaux montrent alors le point suivant:

Dans le $DC_{12}AO$ un échange rapide intervient entre les deux types d'eau si bien que seul un gradient moyen est observé. Au contraire cet échange, s'il existe, est beaucoup plus lent dans le laurate de potassium et deux signaux séparés sont observés. Des études préliminaires de relaxation indiquent d'ailleurs qu'un tel échange a effectivement lieu, son temps caractéristique étant compris entre 10 et 200 ms.

On peut également expliquer par cette description la variation de gradient mesuré avec la concentration en eau. Dans le $DC_{12}AO$ le gradient moyen décroît régulièrement quand la concentration en eau augmente, car l'importance relative de la phase adsorbée décroît régulièrement. Dans le laurate de potassium, le gradient mesuré à 80°C sur la raie quadrupolaire passe par un minimum pour une concentration de quatre molécules d'eau par molécule de savon (Fig. 4). Aux faibles concentrations en eau, le gradient décroît probablement du fait d'une compétition entre plusieurs molécules d'eau pour le même site de solvatation. Pour environ quatre molécules d'eau par potassium, l'ionisation des molécules de savons doit avoir lieu, causant une croissance du gradient pour des concentrations d'eau plus élevées.

Pour nous résumer, disons que la présence de potassium sur les têtes polaires.

– modifie l'état de liaison de l'eau sur les surfaces des têtes polaires.

– ralentit considérablement l'échange entre les deux types d'eau, ce qui suggère la formation d'une double couche d'ions potassium ionisés.

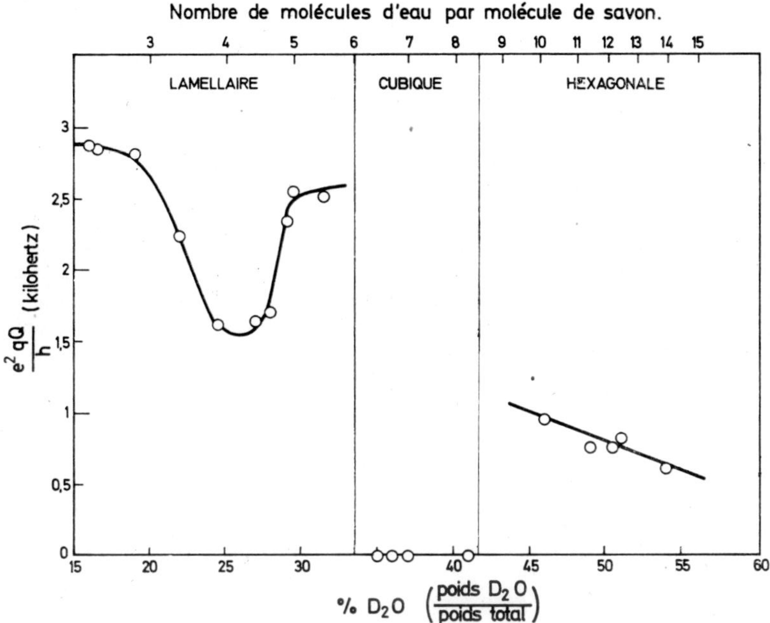

Fig. 4. Variation de la constante de couplage quadrupolaire $\dfrac{e^2qQ}{h}$ du deutéron, en fonction de la concentration en eau des mésophases du système laurate de potassium-eau lourde à 90°C.

b) Phase cubique

Aucun effet quadrupolaire n'est jamais visible sur les spectres de l'eau lourde dans les phases cubiques étudiées.

Ceci indique l'existence d'un mouvement de translation des ions sur les surfaces des têtes polaires, dont le temps caractéristique est inférieur à 10^{-4} s. On peut penser que ce mouvement existe aussi dans les autres phases, mais qu'il n'a pas le même effet, car

$$\langle 3\cos^2\alpha - 1\rangle_{\text{plan ou cylindre}} \neq \langle 3\cos^2\alpha - 1\rangle_{\text{surface isotrope}} = 0.$$

Par ailleurs, l'étude du comportement des signaux de résonance en fonction de la puissance radiofréquence, montre que là encore les deux types

14*

d'eau sont distincts du point de vue de la résonance magnétique, et donc ne s'échangent que très lentement dans le laurate de potassium, alors qu'ils s'échangent rapidement dans le $DC_{12}AO$.

Les différents mouvements de molécules d'eau mis en évidence dans le laurate de potassium au cours de ces études: rotations déduites des valeurs des gradients en phases lamellaires et hexagonale et translations déduites de l'absence de tout gradient en phase cubique, sont résumés dans le tableau III. Des valeurs plus exactes des temps caractéristiques peuvent être obtenus par la mesure des temps de relaxation.

TABLEAU III

Types de mouvements de molécules d'eau mis en evidence dans le laurate de potassium

Molécules d'eau non adsorbées	Rotations dans toutes les directions telles que $\tau_{rot} \ll 10^{-6}$ s; ($\langle q \rangle = 0$)
Molécules d'eau adsorbées	Rotations anisotropes ($\langle q \rangle \neq 0$), telles que $\tau_{rot} < 10^{-6}$; ($\langle q \rangle$ très faible) Translations telles que $\tau_t < 10^{-4}$ s ($\langle q \rangle = 0$ en phase cubique)
Echange entre les 2 types d'eau	10 ms. $< \tau$ ech < 200 ms.

Nous avons montré dans ce qui précède comment les études des formes des raies d'absorption de résonance nucléaire ont précisé la structure locale des chaînes paraffiniques dans les différentes phases que présentent les lipides et les systèmes lipides-eau ainsi que les modifications des mouvements moléculaires qui accompagnent les transitions cristallines. Ces renseignements doivent être précisés en particulier par la détermination des paramètres dynamiques des mouvements par des études de relaxation actuellement en cours.

L'autre type de résultats obtenu concerne la structure des zones aqueuses des mélanges eau-lipides, et particulièrement les interactions entre les molécules d'eau et de savons, ainsi que le rôle des ions. Là encore des études des temps de relaxation doivent déterminer les temps caractéristiques des mouvements et préciser la description des liaisons que forment les molécules d'eau.

Références

1. V. Luzzati, *X-ray Diffraction Studies of Lipid-Water Systems*, Biological Membranes, Ed. D. Chapman, Acad. Press 1968; "Interactions of Proteins and Lipids, Structure and Polymorphism of Protein-Lipid-Water Phases, *Nature*, 1969 (to be published); *Lipids and Membranes*, Proceedings of the Symposium on Molecular Basis of Membrane Function, Duke Univ. Med. Center, Society of General Physiologists 1969, to be published.

2. K. D. Lawson, et Flautt, T. J., *Phys. Chem.*, **69**, 4256 (1965); *Mol. Cryst.* **1**, 241; (1966); *J. Phys. Chem.*, **72**, 2066 (1968).
3. J. Charvolin, et Rigny, P., Colloque sur les cristaux liquides, Montpellier (1969) à paraître dans *Jour. Physique* **C4**, 76; (1969) *Compte Rendus Acad. Sci.* **269**, 224; (1969).
4. A. Agragam, *Les principes du magnétisme nucléaire*, PUF (1961).
5. Bershtein et Ptytsin, *Conformation of Macromolécules*. Interscience (1966).

Bimolecular Phospholipid Membranes

E. J. A. Lea

Centre de Génétique Moléculaire, C.N.R.S.

E. J. A. LEA

BIMOLECULAR PHOSPHOLIPID MEMBRANES

Introduction

Physical studies of the structure of membranes were initiated by Gorter and Grendel[1] when they extracted the lipids from red cells with acetone, spread them as a monolayer at an air-water interface and found the area to be about twice the total surface area of the red cells. This suggested that the cells were covered by a double layer of lipid molecules. In addition, the early work of Langmuir had suggested that at an air-water interface, the lipid molecules would orient themselves with the polar "head" groups in the water and the hydrocarbon tails in the air. This meant that in a double layer of molecules, the polar head groups would be on the outside of the membrane and the hydrocarbon tails on the inside (see Fig. 1).

The technical problem of forming a bimolecular membrane between two water phases was solved by Mueller, Rudin, Tien & Wescott.[2] This marked an important advance in membrane studies since it meant that a suitable analogue could be made for the study of interfacial, steady state and electrical phenomena particular to the cell membrane. It is with these physico-chemical aspects of bimolecular lipid membranes or black films that this article is primarily concerned.

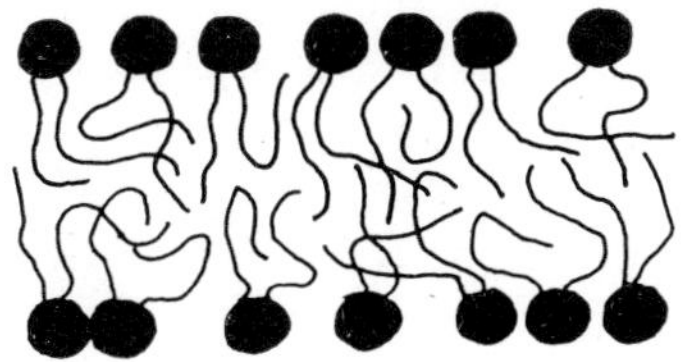

Fig. 1. The phospholipid bimolecular leaflet.

Formation of Black Films

Black films, bimolecular phospholipid leaflets, can be formed by painting solutions of lipids in decane over a circular hole diameter 2–6 mm, separating two salt solutions.

Initially the film may be seen as a bright silver surface in white reflected light; during the subsequent draining process, several stages may be recognised: as the hydrocarbon solvent drains upwards (density of decane is 0.73) the films thins and coloured interference bands may be observed spreading from the bottom; following this, a grey area (sharply separated from the coloured part) appears at the bottom of the film which grows until it almost completely fills the aperture. This is called the "black" film.

A thorough review of technique is given by Howard and Burton.[3] A very simple technique free from difficulties encountered in many others is described by Lea and Croghan.[4]

So far as thickness of the films is concerned, there are two important questions both of which bear on the relation between the films and natural membranes. The first concerns the number of layers of phospholipid molecules in the film i.e. is the film a bilayer? The second concerns the amount of solvent (if any) left in the film because the presence of the solvent many affect the properties.

Two methods have been used to estimate thickness, one optical[5,6] and the other electrical.[7,8] Both are questionable. The optical method depends on classical relations between reflectance, film thickness and refractive index the validity of which has never been established for measurements where film thickness is much smaller than the wave length of light used. The electrical method involves measurement of capacitance and consideration of the film as a parallel plate capacitor of capacitance C given by

$$C = \frac{\varepsilon}{4\pi d}. \tag{1}$$

Estimation of thickness d (the thickness of the hydrocarbon part of the film) depends on the choice of a value for ε which in turn depends on the solvent and the (unknown) organisation of the hydrocarbon chains in the leaflet.

At the best, therefore, the results of these investigations can only be regarded as first approximations indicating films of about 50 Å thickness, sufficient evidence nonetheless to support the hypothesis that the structure is a bilayer.

Water Movement

The mechanism of water movement across the cell membrane has long been a goal of physiologists. This is not at all surprising in view of the importance of water regulation in plants and animals. One of the most important problems has been a fundamental one concerned with the measurement of water movement itself. This is as follows.

There are two methods of measuring water permeability; one is an osmotic method and the other a diffusion method. If two solutions are separated by a membrane permeable only to the solvent, solvent will flow down its chemical potential gradient. This process is called *Osmosis*. Such an ideal state of affairs is found in an "unmodified" bimolecular phospholipid membrane. More usually, membranes are permeable to solute as well as solvent and the most correct approach is through the use of the theory of irreversible thermodynamics.

According to this theory, the flows of solutes and solvent may be expressed in terms of linear functions of their driving forces (chemical potential differences, $\Delta\mu$'s).

e.g.
$$\left.\begin{aligned} \phi_s &= L_{ss}\,\Delta\mu_s + L_{sw}\,\Delta\mu_w \\ \phi_w &= L_{ws}\,\Delta\mu_s + L_{ww}\,\Delta\mu_w \end{aligned}\right\} \tag{2}$$

where ϕ_s and ϕ_ω are respectively the fluxes of solute and water. The L's are the so called phenomenological coefficients which describe the effect on the flow of one species, of the driving force of the other. Since osmotic experiments involve measurement of pressure, concentration, and total volume flow (rather than water flow), it is more convenient to describe the process in terms of ΔP and ΔC_s (respectively differences of pressure and solute concentration) as driving forces together with their conjugate flows.

This may be readily accomplished by making use of the fact that in an isothermal system the *dissipation function* Φ is given by

$$\Phi = \sum_i J_i X_i \tag{3}$$

where the J's are flows and X's the driving forces.

This means that
$$\Phi = \phi_s\,\Delta\mu_s + \phi_w\,\Delta\mu_w$$
$$= J_v\,\Delta P + J_D RT\,\Delta C_s. \tag{4}$$

After a considerable amount of re-arrangement it turns out that the most useful equations are
$$J_v = L_p(\Delta P - \sigma RT\,\Delta C_s) \tag{5}$$
$$\phi_s = \omega RT\,\Delta C_s + J_v(1 - \sigma)\,\bar{C}_s. \tag{6}$$

$J_v = \phi_\omega \bar{V}_\omega + \phi_s \bar{V}_s$ is the total volume flow across the membrane, $\bar{C}_s$ is the average of the concentration of the two solutions and L_p, σ and ω are three new coefficients analogous to the three coefficients in the first set of equations. $\bar{V}_\omega$ and $\bar{V}_s$ are the partial molar volumes of water and solute respectively.

For derivations of these equations the reader is recommended to refer to the papers of Kedem & Katchalsky.[9,10] The physical significance of the three coefficients may be seen as follows.

If the solutions are the same on both sides of the membrane, $\Delta C_s = 0$ and, from equation (5)

$$J_v = L_p \Delta P. \tag{7}$$

L_p is (suitably) called the hydraulic conductivity.

If the total volume flow J_v is zero

$$J_v = 0$$

and thus

$$\sigma = \frac{\Delta P}{RT \Delta C_s}. \tag{8}$$

This means that the hydrostatic pressure just balances $\sigma RT \Delta C_s$ so the ratio $\frac{\Delta P}{RT \Delta C_s}$, when $J_v = 0$, may be regarded as the ratio of the osmotic pressure, measured with a solute leaky membrane, to the true osmotic pressure.

Also, when $J_v = 0$

$$\phi_s = \omega RT \Delta C_s \tag{9}$$

ω is a solute permeability coefficient.

In diffusion experiments, the water on one side of the membrane is labelled and rate of movement ϕ_ω^* of label across the membrane is measured.

This is given by Fick's Law

$$\phi_\omega^* = -P_d \Delta C_\omega^* \tag{10}$$

where P_d is the diffusion permeability coefficient.

If the mechanism of water flow produced by a difference of water chemical potential were diffusive (as is movement of label) then the coefficients of water permeability (expressed in the same units) would be the same i.e.

$$L_p \frac{RT}{\bar{V}_\omega} = P_d. \tag{11}$$

The fact is that in biological membranes, $L_p \dfrac{RT}{\bar{V}_\omega}$ has been found to be several times greater than P_d. This led to the explanation that the membranes contained water filled pores (so that in osmotic experiments bulk flow occurred). Dainty[11] pointed out that P_d had always been underestimated because the "unstirred" or stagnant layers of solution, always present adjacent to the membrane, control to some extent the water flow through the system. The water permeabilities of cell membranes and untreated artificial membranes are very high see table I. The electrical conductance of the artificial membranes is very low. This alone argues against the presence of water filled pores.[12] Moreover, taking into account the effects of the unstirred layers, the two permeability coefficients have now been shown to be the same.[13,14] It must therefore now be accepted that a probable mechanism for water movement across membranes is diffusion through "statistical" pores of the liquid paraffin chains. Whether this is the most important rate-limiting process is another matter. In experiments on evaporation through fatty acid monolayers at an air-water interface the most significant barrier to evaporation has been shown to be the polar part of the film as opposed to the paraffin chains.[15]

In experiments on black films Finkelstein & Cass[18] have shown that the water permeability depends on the phospholipids used (see table 1) though they rightly point out that until studies of paraffin chain composition of their lipids are carried out it is impossible to say whether the observed difference in water permeabilities is due to a difference in polar or paraffin chain composition. The same authors have shown that as the cholesterol/ phospholipid ratio is increased, so the water permeability decreases (see table 1). On the grounds that increasing the concentration of sterol in hydrocarbon solutions increases the viscosity of the solutions, they suggested that reduction of L_p by cholesterol could be attributed to an increase in the viscosity of the hydrocarbon region of the film resulting in a decrease of the diffusion coefficient in this phase.

TABLE I—Water Permeability

Reference	Source	L_pRT cm sec^{-1}	Temperature °C	mole ratio cholesterol / phospholipid
18	egg lec	1.8×10^{-3}	20	1.95
16	egg lec	1.9×10^{-3}	36	2
19	egg lec	2.4×10^{-3}	25	2.14
19	egg lec	3.2×10^{-3}	25	1.07
19	egg lec	4.2×10^{-3}	36	0
18	ox brain	1.8×10^{-3}	36	0
18	ox brain	0.9×10^{-3}	36	1
18	ox brain	0.5×10^{-3}	36	2

There is one final point which should be made in discussing water movement. The fact that water does move across artificial membranes in the absence of water filled pores does not imply that water filled pores do not exist in natural membranes. Indeed Solomon & co-workers have demonstrated that for red cell membranes (which by the way are in certain respects anomalous), there is a difference between the two permeability coefficients which could be interpreted in terms of pores.

Resistance, Conductance and Potential Difference

The *resistance R* or the *conductance G* of black films is measured by passing a current I amps cm^{-2} through the film and measuring the potential difference V volts produced.

Then

$$R = \frac{V}{I} \text{ ohm cm}^2 \tag{12}$$

and

$$G = \frac{I}{V} = \frac{1}{R} \text{ mhos cm}^{-2}. \tag{13}$$

Whatever the source of phospholipids used (e.g. lipids from brain, red cells, mitochondria, egg lecithin synthetic lecithins) the resistance of untreated black films in salts is always about $10^9\ \Omega\ \text{cm}^2$ compared with $10^3\ \Omega\ \text{cm}^2$ for natural cell membranes.

There are, however, several groups of substances which reduce membrane resistance.

The *cyclopeptides* and *cyclic ethers* as their names suggest are ringlike structures. In the presence of these substances, the black films become highly conducting and highly selective with respect to the ions in the system.[20,21,22] The *uncoupling agents* are weak acids known to uncouple electrontransport from ATP formation in mitochondria.[23,24] Their effect on black films is to make then highly conducting, the conductance being strongly pH dependent.[25,26,27,28] see Fig. 2 In common with the cyclopeptides and cyclic ethers, it now seems probable that their effect results from their expected ability to form ionic complexes of sufficiently low charge density to be soluble in the lipid hydrocarbon part of the film. If this is correct (and there is chemical[29] evidence for complexes involving uncoupling agents and X-ray crystallographic evidence for ion-cyclopeptide complexes[30] then their electrical properties should be predictable. To a certain extent this is so and the theory and results are outlined below.

There are other substances too which exhibit marked effects on the properties of black films: e.g. polyene antibiotics[31,16] which lower the resistance of those films which contain cholesterol; proteins.[32] Proteins have been shown to produce "excitable" type behaviour i.e. switching between different membrane resistance states. Unfortunately, however, the anonymity of the protein has so far prevented a serious examination of the mechanisms.

The conductance G of a film depends on the concentration C_{im} of charged substance able to carry current, the mobility u_i of the substance in the film, valence z_i and the thickness of the film d.

G is given by the relation

$$G = \sum (z_i F)^2 \frac{u_i C_{im}}{d}. \tag{14}$$

Of course the concentrations cannot be measured inside the film, only the concentrations outside but these are related by equating electrochemical potentials for C_i across the interface.

Thus

$$O = \Delta\mu_i^0 + z_i F(\psi_m - \psi_0) + RT \ln \frac{C_{im}}{C_{io}} \tag{15}$$

where $\Delta\mu_i^0$ is the difference between the standard electrochemical potentials of C_i in the membrane and aqueous phases, the ψ's are the potentials of the indicated phases; the subscripts m & o refer to membrane and external aqueous phases respectively.

After re-arrangement this becomes

$$C_{im} = k_i C_{io} \exp\left\{\frac{z_i F}{RT}(\psi_0 - \psi_m)\right\} \tag{16}$$

where k_i is a constant.

Lea & Croghan[4] have shown that under experimental conditions for uncoupling agents the exponent is of the order of 10^{-5} so that (surprisingly)

$$C_{im} = k_i C_{io} \tag{17}$$

Eisenman *et al.* derive a similar relation which holds under experimental conditions for cyclo-peptides and cyclic ethers.

Thus to a good approximation

$$G \propto C_{io}. \tag{18}$$

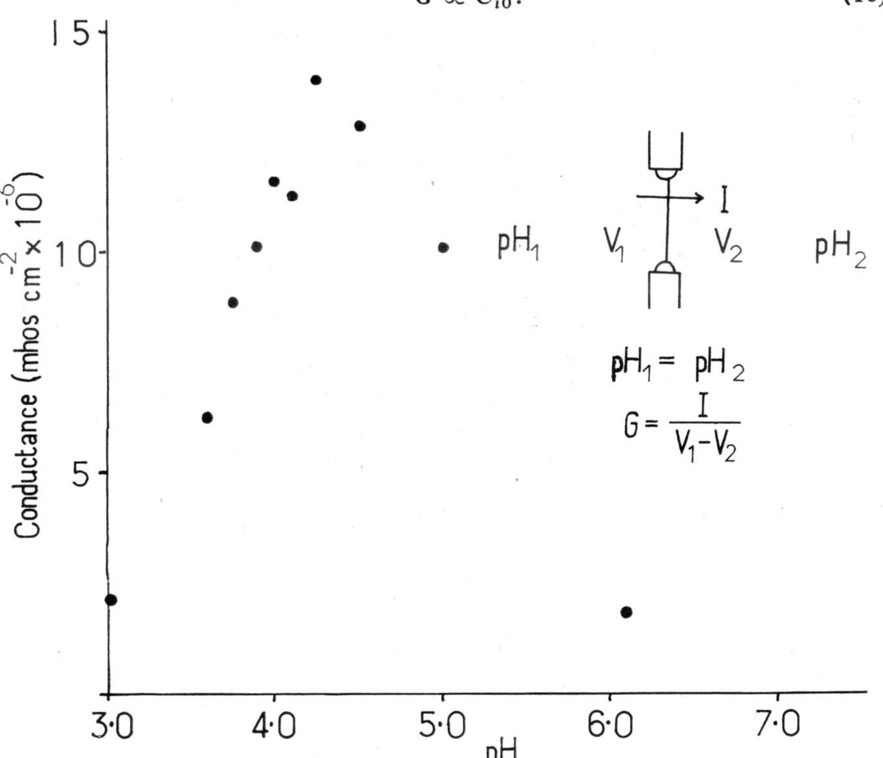

Fig. 2. The variation of conductance G with *pH* in the presence of *1mM/L.* 2,4 dinitro-phenol.

This means that the conductance depends on the concentration of complex in the external aqueous solution.

In the case of dinitrophenol a complex of the form HP_2^- is probably formed. (H represents a hydrogen ion and P the anion dinitrophenate).

Thus

$$G \propto [HP_2]_0. \tag{19}$$

The term for the complex may be expanded in terms of its components thus

$$G \propto [H]_0 \, [P]_0^2. \tag{20}$$

Since dinitro phenol is a weak acid with dissociation constant $K (= 1 \cdot 1 \times 10^{-4})$ $[P]$ may be expressed in terms of H and K_D

$$[P]_0 = \frac{K_D}{[H]_0 + K_D} \tag{21}$$

so that,

$$G \propto H_0 \left(\frac{K_D}{[H]_0 + K_D} \right)^2. \tag{22}$$

This equation (which possesses a maximum value for G at $[H]_0 = K$) describes closely the observed variation of G with pH.

Likewise for Monactin (X-ray evidence suggests a 1 : 1 potassium monactin complex)

$$G \propto [KM]_0 \tag{23}$$

i.e.

$$G \propto [K]_0 \, [M]_0 \tag{24}$$

where K and M refer to potassium ions and monactin respectively. Within the limits of the approximation of Eq. (24), this predicts a linear relation between G and monactin concentration and also a linear relation between G and potassium concentration. These relations have been found experimentally.

The importance of these findings for cyclo peptides and for uncoupling agents is that they strongly support the hypothesis that current can be carried across thin phospholipid films by "carriers"—low charge density complexes which are dissolved in the liquid hydrocarbon "middle" of the film, selectivity and properties of the treated films depending on the properties of the complexes.

Potential Measurements

The movement of a species of ion i under the influence of gradients of concentration $\dfrac{dC_{im}}{dx}$ and potential $\dfrac{dV_m}{dx}$ is given by the Nernst Planck equation

$$J = -RT \sum_i u_{im} \left(\frac{dC_{im}}{du} + C_{im} z_i \frac{F}{RT} \frac{dV_m}{dx} \right). \tag{25}$$

J, the net current is zero in black film experiments. u_{im} is the mobility of ion species i in the membrane.

This may be integrated, taking $J = 0$, to give

$$V_1 - V_2 = - \frac{RT}{z_i F} \ln \frac{[\Sigma\, u_{im} C_{im}]_1}{[\Sigma\, u_{im} C_{im}]_2} \qquad (26)$$

i.e. $V_1 - V_2$ is the difference of potential between points just inside the membrane on sides 1 and 2 providing that z_i are all equal to 1 or all equal to -1.

Considering the two examples described above, Eq. (26) becomes for Monactin

$$V \simeq V_1 - V_2 = - \frac{RT}{F} \ln \frac{[MK]_1}{[MK]_2} = - \frac{RT}{F} \ln \frac{[M]_1\,[K]_1}{[M]_2\,[K]_2} \qquad (27)$$

and for 2,4 dinitrophenol

$$V = - \frac{RT}{F} \frac{[HP_2^-]_1}{[HP_2^-]_2}. \qquad (28)$$

In these two cases the phase boundary potentials may be neglected [see Eqs. (16) and (17)] so that the difference of potential between the two aqueous phases is expressed in terms of complex concentrations in the aqueous solutions in sides 1 and 2.

Equation (27) shows that when the concentrations of monactin are the same on both sides of the membrane.

$$V = - \frac{RT}{F} \ln \frac{[K]_1}{[K]_2} \qquad (29)$$

i.e. the membrane behaves as a potassium electrode. This kind of dependence has been observed. Equation (27) also shows that when the concentrations of potassium are the same, on both sides of the membrane,

$$V = - \frac{RT}{F} \ln \frac{[M]_2}{[M]_1} \qquad (30)$$

i.e. the membrane behaves as a Monactin electrode even though Monactin itself is neutral. No definitive experiments have been carried out to see if this is so, although anomalous potential differences which seem to arise out of differences of Valinomycin (a similar cyclopeptide) concentrations have been reported. For dinitrophenol the situation is complicated by unstirred layer problems; however taking these into account Eq. (28) has been expanded and satisfactorily fitted to the experimental results see Fig. 3 giving the dependence of potential difference on pH difference.

The results for monactin confirm the hypothesis that a $1:1$ monactin potassium complex is formed and the results for 2,4 dinitrophenol suggest that a complex of the form HP_2^- is involved. It should not be forgotten

15

however, that these two substances monactin and 2,4 dinitrophenol are respectively representatives of the groups of similarly acting substances, the cyclopeptides and the uncoupling agents. Moreover acetic acid which is not an uncoupling agent is an example of another group, weak acids, whose effect may be explained also in terms of lipid soluble complexes.

It seems reasonable to suggest, therefore, that the diffusion of substances though membranes as low charge density complexes may be a much more universally occuring process than it was originally thought to be.

This paper was written whilst the author was in receipt of or EMBO Fellowship.

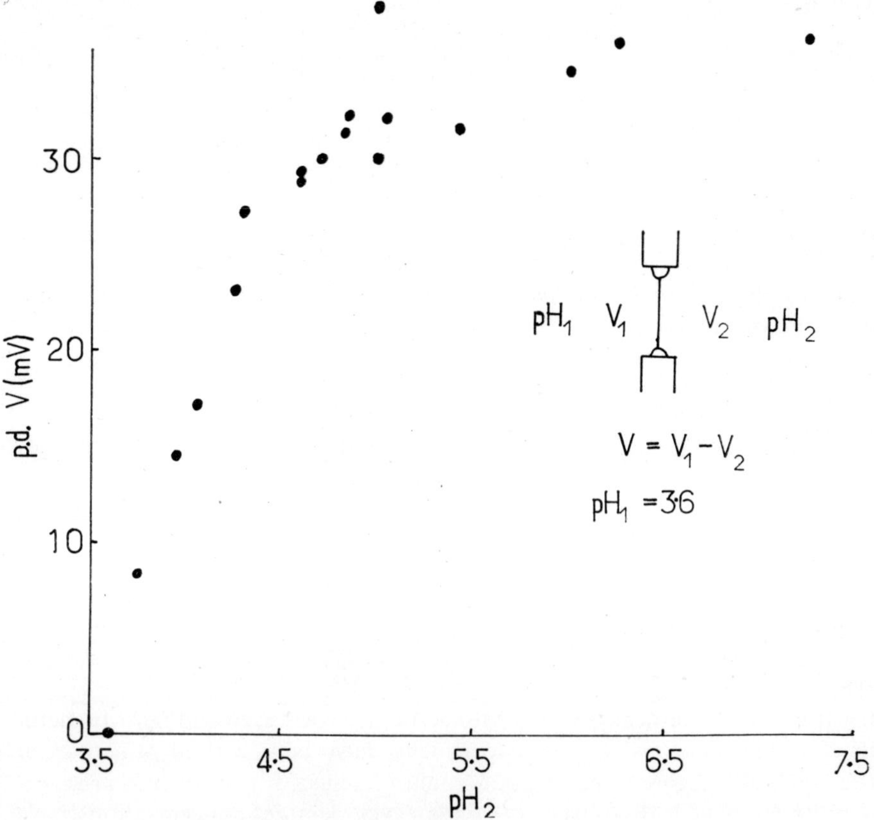

Fig. 3. The variation potential difference *V* with *pH* difference in the presence of *lmM/L* 2,4 dinitrophenol.

References

1. E. Gorter and F. Grendel, *J. Exp. Med.*, **41**, 439 (1925).
2. P. Mueller, D. O. Rudin, H. T. Tien, and W. C. Wescott, *Circulation*, **26**, 1167 (1962).
3. R. E. Howard and R. M. Burton, *J. Amer. Oil Chem. Soc.*, **45**, 202 (1968).
4. E. J. A. Lea and P. C. Croghan, *J. Mem. Biol.*, **1**, 225–237 (1969).

5. C. Huang and T. E. Thompson, *J. Mol. Biol.*, **13**, 183 (1965).
6. H. T. Tien and E. A. Dawidowicz, *J. Colloid. Sci.*, **22**, 438 (1966).
7. T. Hanai, D. A. Haydon, and J. Taylor, *Proc. Roy. Soc. A.*, **281**, 377 (1964).
8. C. T. Everitt, and D. A. Haydon, *J. Theoret. Biol.*, **18**, 371 (1968).
9. O. Kedem and A. Katchalsky, *Biochim. Biophys. Acta*, **27**, 229 (1958).
10. O. Kedem and A. Katchalsky, *J. Gen. Physiol.*, **45**, 143 (1958).
11. J. Dainty, *Adv. Bot. Res.*, **1**, 279 (1963).
12. T. Hanai, D. A. Haydon, and J. Taylor, *J. Theoret. Biol.*, **9**, 422 (1965).
13. T. Hanai, D. A. Haydon, and W. R. Redwood, *Ann. N. Y. Acad. Sci.*, **137**, Art. 2, 731 (1966).
14. A. Cass and A. Finkelstein, *J. Gen. Physiol.*, **50**, 1765 (1967).
15. M. Blank, *J. Phys. Chem.*, **68**, 2793 (1964).
16. A. Finkelstein and A. Cass, *J. Gen. Physiol.*, **52**, 145 s (1968).
17. R. T. Sha'afi, G. T. Rich, V. W. Sidel, W. Bossert, and A. K. Solomon, *J. Gen. Physiol.*, **50**, 1377 (1967).
18. T. Hanai and D. A. Haydon, *J. Theoret. Biol.*, **11**, 370 (1966).
19. H. D. Price and T. E. Thompson, **41**, 443 (1969).
20. P. Mueller and D. O. Rudin, *Biochem. Biophys. Res. Commun.*, **26**, 398 (1967).
21. D. C. Tosteson, *Fed. Proc.*, **27**, 1269 (1968).
22. G. Eisenman, S. M. Ciani, and G. Szabo, *Fed. Proc.*, **27**, 1289 (1968).
23. P Mitchell, *Nature*, **191**, 144 (1961).
24. P. Mitchell, *Biol. Rev.*, **41**, 445 (1966).
25. P. C. Croghan, E. J. A. Lea, and J. Lelièvre, *J. Physiol.* (*Lond.*), **200**, 114 P (1969).
26. J. Bielawski, T. E. Thompson, and A. L. Lehninger, *Biochem. Biophys. Res. Commun.*, **24**, 948 (1966).
27. U. Hopfer, A. L. Lehninger, and T. E. Thompson, *Proc. Nat. Acad. Sci.*, **59**, 484 (1968).
28. E. A. Liberman and V. P. Topaly, *Biochim. Biophys. Acta*, **163**, 125 (1968).
29. N. V. Sidgwick and F. M. Brewer, *J. Chem. Soc.*, **127**, 2379 (1925).
30. B. T. Kilbourne, J. D. Dunitz, A. R. Pioda, and W. Simon, *J. Molec. Biol.*, **30**, 559 (1967).
31. T. E. Andreoli and Marcia Monahan, *J. Gen. Physiol*, **52**, 300 (1968).
32. P. Mueller and D. O. Rudin, *J. Theoret. Biol.*, **18**, 222 (1968).

15*

X-Ray Diffraction Studies of Protein Structure

D. M. Blow

Medical Research Council Laboratory of Molecular Biology, Cambridge, England

D. M. BLOW

BIBLIOGRAPHY TO LECTURES ON X-RAY DIFFRACTION STUDIES OF PROTEIN STRUCTURE

The content of these lectures can be found in the following references:

General Aspects of Protein Structure

G. H. Haggis, D. Michie, A. R. Muir, K. B. Roberts and P. M. B. Walker. *Introduction to Molecular Biology*; Longmans, 1964. (2nd edition in preparation).

L. Pauling. *The Nature of the Chemical Bond*, (3rd edition), George Barton, 1960.

J. T. Edsall and J. Wyman. *Biophysical Chemistry*, Vol I: *Thermodynamics, electrostatics and the biological significance of the properties of matter.* Academic Press, 1958.

G. M. Ramachandran (Editor). *Conformation of biopolymers.* Academic Press, 1967, (Symposium volumes).

X-ray Crystallography

A. Guinier. *X-ray diffraction in crystals, imperfect crystals and amorphous bodies*, Freeman. 1963.

H. Lipson and W. Cochran. *The determination of crystal structures.* 3rd edition, Bell, 1966.

K. C. Holmes and D. M. Blow. The use of X-ray diffraction in the study of protein and nucleic acid structure. *Methods of Biochemical Analysis*, **13**, 113 (1965), reprinted as an Interscience Reprint, 1966.

Enzymes

T. C. Bruice and S. Benkovic. *Bioorganic Mechanisms*, Benjamin, 1966.

S. A. Bernhard. *Structure and Functions of Enzymes*, Benjamin, 1968.

W. P. Jencks. *Catalysis in Chemistry and Enzymology*, McGraw-Hill, 1969.

W. P. Jencks, in *Current Aspects of Biochemical Energetics*, Eds. N. O. Kaplan and E. P. Kennedy, Academic Press, 1966.

D. C. Phillips, D. M. Blow, B. S. Hartley and G. Lowe (organisers). A discussion on the structures and functions of proteolytic enzymes (Symposium volume). *Phil. Trans. Roy. Soc.*, **B 256**, (1970).

Haemoglobin and Myoglobin

H. C. Watson. The stereochemistry of the protein myoglobin, *Progr. in Stereochemistry*, **4**, 299 (1969).

C. L. Nobbs, H. C. Watson and J. C. Kendrew. Structure of deoxymyoglobin. A crystallographic study. *Nature*, **209**, 339 (1966).

M. F. Perutz and H. Lehmann. Molecular pathology of human haemoglobin. *Nature*, **219**, 902 (1968).

M. F. Perutz. The haemoglobin molecule. The Croonian Lecture 1968. *Proc. Roy. Soc.*, **B**, **173**, 113 (1969).

M. F. Perutz, H. Muirhead, L. Mazzarella, R. A. Crowther, J. Greer and J. V. Kilmartin. Identification of the residues responsible for the alkaline Bohr effect in haemoglobin. *Nature*, **222**, 1240 (1969).

J. V. Kilmartin and L. Rossi-Bernardi. Inhibition of CO_2 combination and reduction of the Bohr effect in haemoglobin chemically modified at its α-amino groups. *Nature*, **222**, 1243 (1969).

Lysozyme

C. C. F. Blake, L. N. Johnson, G. A. Main, A. C. T. North, D. C. Phillips, V. R. Sarma, Crystallographic studies of the activity of hen egg-white lysozyme, *Proc. Roy. Soc.*, **B 167**, 378 (1967).

C. A. Vernon. Mechanisms of hydrolysis of glycosides, *Proc. Roy. Soc.*, **B 167**, 389 (1967).

L. N. Johnson, D. C. Phillips and J. A. Rupley. The activity of lysozyme: an interim review of crystallographic and chemical evidence, *Brookhaven Symposia in Biology*, **21**, 120 (1968).

Chymotrypsin

P. B. Sigler, D. M. Blow, B. W. Matthews and R. Henderson. Structure of crystalline α-chymotrypsin. II. A preliminary report, including a hypothesis for the activation mechanism. *J. Mol. Biol.*, **35**, 143 (1968).

D. M. Blow, J. J. Birktoft and B. S. Hartley. Role of a buried acid group in the mechanism of action of chymotrypsin. *Nature*, **221**, 337 (1969).

D. C. Phillips, D. M. Blow, B. S. Hartley and G. Lowe (organisers). A discussion on the structures and functions of proteolytic enzymes (Symposium volume). *Phil. Trans. Roy. Soc.*, **B 256**, (1970).

The Absence of "Heme-Heme" Interactions in Hemoglobin

R. G. Shulman

Bell Telephone Laboratories

R. G. Shulman, S. Ogawa, K. Wüthrich, T. Yamane, J. Peisach,
W. E. Blumberg

THE ABSENCE OF "HEME-HEME" INTERACTIONS IN HEMOGLOBIN

Hemoglobin, the oxygen-transporting protein of blood, is composed of two pairs of subunits, the α- and β-chains. Each subunit contains a single heme, which can combine reversibly with oxygen so that each hemoglobin molecule can bind as many as four oxygen molecules. The affinity of hemoglobin for oxygen increases as more oxygen is bound, and the explanation of this "cooperativity" has been sought for many years. In this article we present results of nuclear magnetic resonance (NMR) and electron paramagnetic resonance (EPR) experiments which show that no changes are detected in the heme groups themselves when neighboring heme groups are ligated. We also show that ligand-induced conformational changes do occur in myoglobin, which resembles a hemoglobin subunit, and we have indications of similar tertiary structural changes within the subunits of hemoglobin. These, it is suggested, lead to the cooperativity. The free-energy changes responsible for the cooperative oxygen binding come from the dependence of the interaction energy in the protein moiety of the sub-units upon the degree of oxygenation. Hence *subunit interaction* is a more suitable term than *heme-heme interaction* to describe the cooperativity.

Excellent reviews of the research on ligand binding to hemoglobin are available. In particular, the investigations made before 1964 are reviewed by Rossi-Fanelli, Antonini, and Caputo;[1] in the same volume appears Wyman's[2] definitive analysis of the properties of linked functions in proteins, particularly in hemoglobin. To emphasize the cooperative nature of oxygen binding to hemoglobin, a comparison should be made with myoglobin (Mb), which contains one heme and which binds one mole of oxygen per mole of protein, according to the reaction

$$Mb + O_2 \rightleftharpoons MbO_2. \tag{1}$$

Hence, in the case of Mb, oxygen binding follows the hyperbolic curve predicted for bimolecular reactions of noninteracting binding sites. On the other hand, hemoglobin, which contains two α- and two β-chains, cooperatively binds four oxygen molecules, so the oxygen-binding curve has the familiar sigmoidal shape. From measurements of the binding of oxygen to sheep hemoglobin, Wyman has calculated that, to saturate hemoglobin with

* The authors are affiliated with the Bell Telephone Laboratories, Murray Hill, New Jersey. This article is adapted from an address presented 28 February 1969 at the 13th Annual Meeting of the Biophysical Society, in Los Angeles, California.

oxygen, the total free energy of interaction liberated, ΔF_1, is 3.0 kilocalories per mole. This interaction energy is about 10 percent of the value of the total free energy change during oxygenation of hemoglobin in solution. In order to differentiate between various possible contributions to ΔF_1, it is conceptually helpful to write

$$\Delta F_\mathrm{I} = \Delta F_\mathrm{IH} + \Delta F_\mathrm{IP}$$

where ΔF_IH and ΔF_IP refer to the free energy contributions of the heme groups and the protein parts, respectively. From the NMR and EPR measurements on the heme groups of hemoglobin presented here, we have tried to evaluate the relative contribution of ΔF_IH to ΔF_I.

When hemoglobin is oxygenated, structural changes occur. In 1938, Haurowitz[3] observed that crystals of deoxygenated hemoglobin shatter when the hemoglobin is oxygenated, and he suggested that the shattering indicated structural changes. Considerable biochemical evidence for this structural change was accumulated before the structural change was clearly demonstrated by Perutz's[4] beautiful x-ray crystal-structure determination. These studies at a resolution of 5.5 angstroms, for both oxygenated and deoxygenated hemoglobin, showed that, upon oxygenation, the two β subunits roll upon the α subunits to form different $\alpha\beta$ contacts, thereby changing the quaternary structure of the molecule.

Two kinds of questions can be asked about this change in molecular structure upon oxygenation. First, what contribution does this structural change make to ΔF_I? Is it a negligible contribution, in which case ΔF_IH dominates ΔF_I and one would expect large changes at one heme group as its neighbors are oxygenated? Or is ΔF_IP large, so that the main contributions to ΔF_I are from the protein? Note that ΔF_IP can include contributions from the quaternary structural changes at the subunit interfaces as well as from tertiary structural changes within the protein moiety of the subunits.

The second kind of question concerns the origin of this structural change. It is triggered by ligand-induced conformational changes? Or does it arise because oxygenation shifts the equilibrium between two forms[5] of hemoglobin which exist in the absence of oxygen? Answers to these questions are provided by the NMR and EPR experiments discussed below.

High-resolution proton NMR is particularly useful in studying heme proteins[6] because of two mechanisms which operate to increase the resolution of the spectra. The first depends upon the magnetic moment of the unpaired electrons delocalized around the porphyrin ring, which shift the NMR lines of the porphyrin protons by hyperfine interactions.[6, 7] In this way, the proton resonances of the heme group are well separated from those of the polypeptide chains. Hyperfine shifts of proton resonances are inversely proportional to the absolute temperature, and the temperature-dependence of the shifts makes it possible to identify hyperfine shifted lines. The magnetic field at which an NMR line appears may shift as much as 100 parts per million as a result of a hyperfine interaction.

Ring-current shifts, the second useful interaction, arise from the local magnetic fields of aromatic residues near the observed protons, the largest effects coming from the porphyrin ring.[8] These shifts are temperature-independent and thereby are experimentally distinguishable from hyperfine shifts. Ring-current shifts are very sensitive to the relative positions of the hydrogen nuclei whose resonances are observed and the aromatic ring responsible for the shift. Hence they are sensitive indicators of the conformation and conformational changes of a protein.

The EPR signal of high-spin ferric hemoglobin can be observed[9] in frozen aqueous solutions at low temperatures. If the iron is in a site of tetragonal symmetry, where the x and y axes in the porphyrin plane are indistinguishable, the spectrum consists of a weak line at an external magnetic field corresponding to a g-value of 2.0 and a strong line at $g \approx 6$. In sites of lower symmetry, where the x and y directions differ, the $g \approx 6$ resonance broadens, or it may even split into two lines in more extreme cases.

In the experiments discussed here, we use these NMR and EPR properties as indicators of changes in the vicinity of the heme group. Both types of magnetic resonance experiments, insofar as their results are sensitive to changes of the electronic properties of the heme, complement optical absorption measurements of the heme groups.

Experimental Methods and Materials

The NMR spectra were measured at 220 megahertz with a Varian HR-220 spectrometer. The signal-to-noise ratios were improved by averaging with a Fabritek 1062 computer. The volumes of the samples studied by NMR were 0.3 to 0.5 milliliter, and the heme concentrations were approximately 6 $\times$ 10^{-3} M. The resonance positions are relative to the internal standard DSS (3,-3-dimethyl-3-silapentane-5-sulfonate). The EPR spectra were obtained at 1.4°K in an x-band superheterodyne spectrometer operating at a frequency near 9500 megahertz. Samples (volume, 0.6 milliliter) were pipetted into the bottom of a rectangular silveredglass EPR cavity and were frozen quickly by immersion in liquid nitrogen.

Human oxyhemoglobin A was prepared from freshly drawn blood by the method described by Bunn and Jandl.[10] Beta chains were prepared as oxyhemoglobin $H(\beta_4)$.[11] Oxyhemoglobin was separated into individual chains with parachloromercuribenzoate (PMB) by the method of Bucci and Fronticelli.[12] The PMB was removed from the oxy-α-chains by absorption on a column of sodium carboxymethylcellulose (CMC) and washing with mercaptoethanol.[13] The oxy-α-chains were then eluted from the column, and for samples of ferric α-chains they were quickly oxidized in the cold with excess ferricyanide and separated from excess oxidant through absorption on a Sephadex G-10 gel filtration column. More than 85 percent of the sulfhydryl groups of the isolated ferric α-chains were found to be intact after the oxidation, as measured by the method of Boyer.[14] An equivalent amount of oxyhemoglobin H was added to this oxidized α-chain preparation to give a mixed-state hemoglobin $[\alpha^{III}(H_2O)\,\beta^{II}(O_2)]_2$ (see Ref. 15). Deoxygenation of samples was generally accomplished through alternating purified nitrogen gas with a vacuum, although, to preparate the deoxy-chains for NMR, dithionite was used. The state of oxygenation was monitored by means of optical absorption spectra. After deoxygenation, the NMR samples were stored at 4°C until used.

Mixed-state hemoglobin was also prepared from aged oxyhemoglobin by means of Bio-Rex 70 ion absorption chromatography.[16, 17] After deoxygenation and after several hours at room temperature, the sample was oxygenated and rechromatographed. The chromatographic elution pattern was the same as before, indicating that negligible amounts of oxyhemoglobin $A(HbO_2)$ or ferric hemoglobin $A[Hb(H_2O)]$ tetramers were generated through heme, subunit, or electron exchange.

Experimental Results

The experiments are arranged in three sections. First, we compare the NMR spectra of the isolated hemoglobin chains with the spectrum of the tetramer; second, we present the NMR results which indicate conformational changes upon oxygenation; and third, we describe the resonance experiments on mixed-state hemoglobins.

Spectra of the chains and of the tetramer. Figure 1 shows the low-field region of the NMR spectra of deoxygenated α-chains and β-chains as their SH derivatives and compares them with the spectrum of deoxyhemoglobin A (Hb). The spectra of the α-chains and the β-chains differ from each other, and both differ greatly from the spectrum of the tetrameric form. The positions of these resonances are all temperature-dependent, and thus evidently arise from hyperfine interactions. For the case of Hb, the temperature dependence is shown in Fig. 2, where it may be seen that the resonance shifts decrease with increasing temperature, as one would expect for hyperfine shifts.

In addition to detecting these changes while the chains are in the deoxygenated state, it has been possible, by these magnetic resonance techniques, to detect differences between the isolated chains and the chains in the tetrameric form in ligated states. For example, EPR studies have shown that a frozen solution of $Hb(H_2O)$ in the high-spin state gives a single absorption in the vicinity of $g \approx 6$, with derivative extrema separated by ~ 40 gauss; this observation indicates that the iron environment has approximately tetragonal symmetry. Isolated ferric α-chains, $a^{III}(H_2O)$ (see 17), on the other hand, exhibit a split EPR signal with two well-resolved

g-values of 6.18 and 5.78, both of which come from a single species in an environment of lower symmetry.

In an analogous way the shifted NMR resonances[18] of the cyanide complexes of the ferric α- and β-chains differ slightly from each other and differ slightly also from their positions in tetrameric ferric hemoglobin cyanide (HbCN).[19] These differences between the isolated chains and the tetrameric form are much smaller than those shown in Fig. 1, where the samples were in the deoxygenated state.

Conformational changes upon oxygenation. A comparison of the central region of the spectra of Hb and HbO_2 is presented in Fig. 3. In the spectrum of Hb, a well-resolved line with intensity corresponding to approximately six protons per subunit group is observed close to DSS. The position of this line was independent of temperature between 10° and 35°C. Hence this line is evidently shifted by ring currents and its position is sensitive to conformational changes in the molecule. The resonance observed at this position in Hb is not observed in HbO_2. The most likely explanation of its disappearance is that the subunits in HbO_2 and Hb have different tertiary structures.

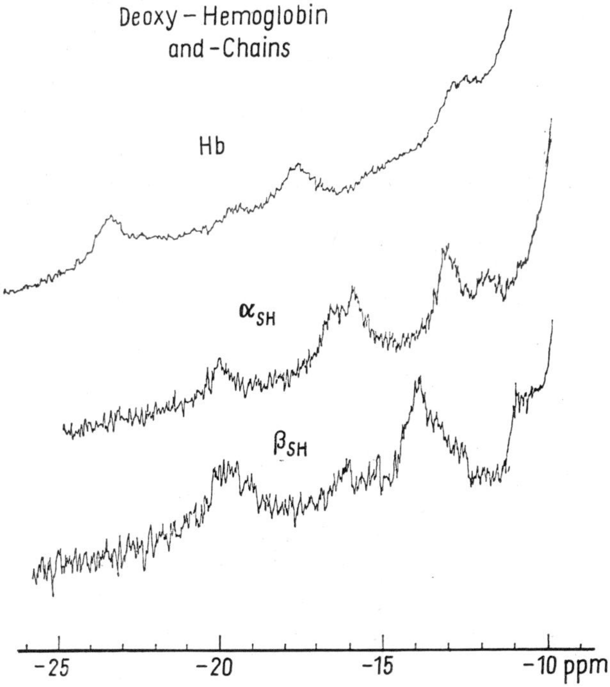

Fig. 1. A comparison of the low field NMR hyperfine shifted lines at 21°C of (top spectrum) deoxyhemoglobin and (middle and bottom spectra, respectively) deoxy-α_{SH} and deoxy-β_{SH} chains.

Because the NMR spectra of the isolated chains and myoglobin are better resolved, it is easier to obtain details of tertiary structural changes upon oxygenation from these smaller proteins than from tetrameric hemoglobin. Evidence for conformational changes upon oxygen binding within the single chain of myoglobin has been obtained[20] by a comparison of the ring-current-shifted resonances in Mb and MbO_2. For example, one well-resolved temperature-independent resonance with the intensity of two protons is observed at -6.20 parts per million in Mb but not in MbO_2, as shown in Fig. 4. In the discussion below, reasons are given for associating this resonance with the two protons in the meta positions of phenylalanine CD1. In addition to this particular resonance, there are many differences between the NMR spectrum of Mb and that of MbO_2 in the aromatic region shown in Fig. 4, as well as in other spectral regions—differences which appear to indicate extensive structural changes between the two states.

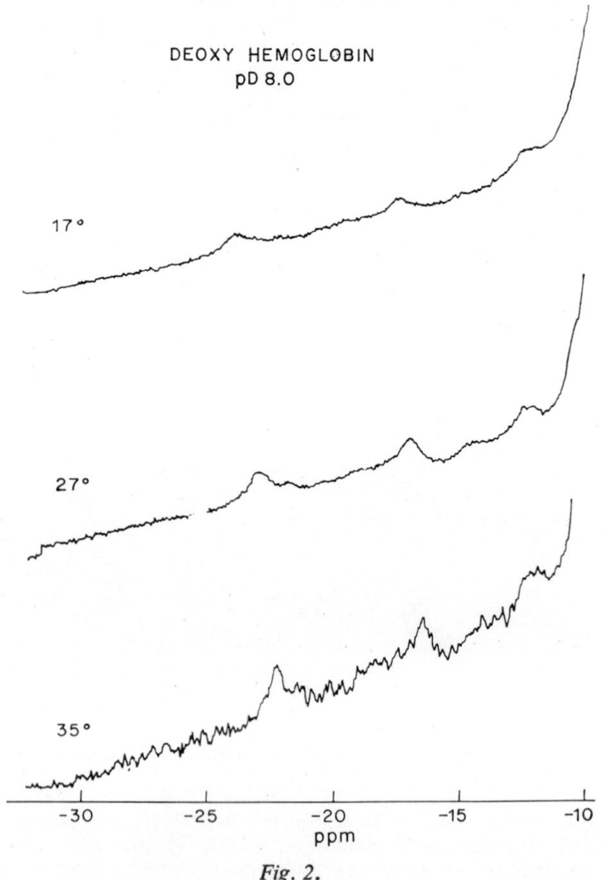

Fig. 2.

Mixed-state hemoglobin. Nuclear magnetic resonance experiments were made on both preparations of mixed-state hemoglobins described above, with similar results.

It has been reported elsewhere[19] that the hyperfine shifted resonances from the ferric heme cyanide in a mixed-state hemoglobin composed of

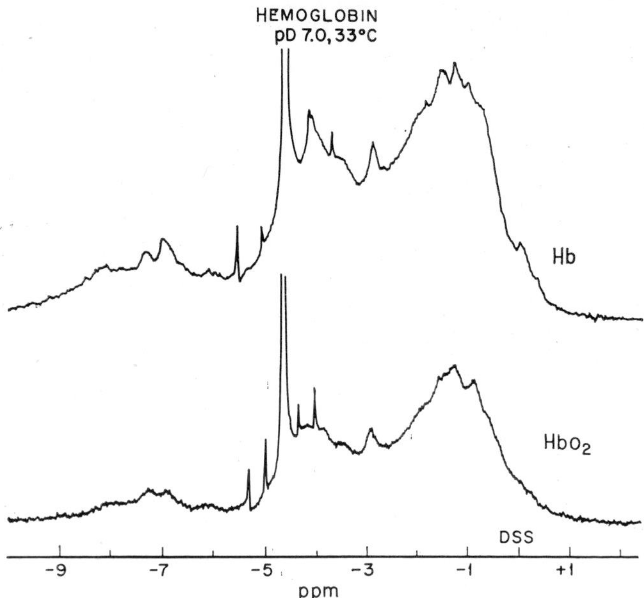

Fig. 3. A comparison of the central region of the NMR spectra of deoxyhemoglobin with that of oxyhemoglobin. Temperature, 33°C; *p*D, 7.0.

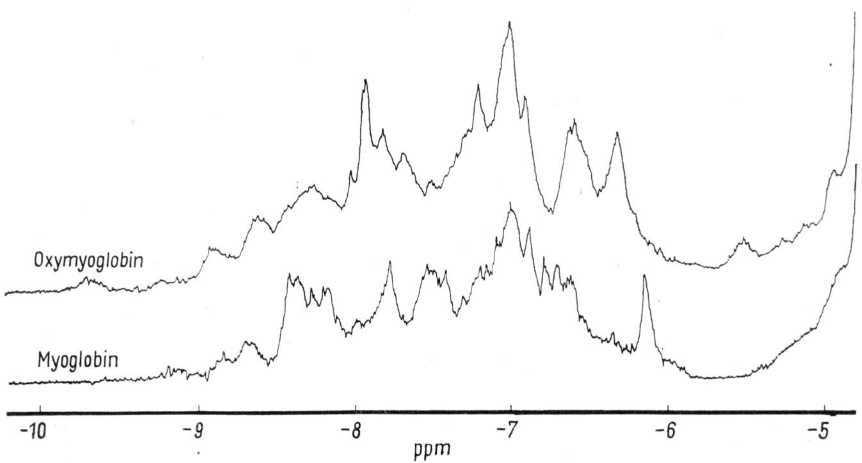

Fig. 4. A comparison of the aromatic region of the NMR spectrum of deoxymyoglobin with that of oxymyoglobin.

oxy- and ferric cyanide chains were the same as those in ferric HbCN. This indicates that the distribution of unpaired electrons in the ligated heme of one chain was unchanged when the ligands of the other chains were changed from cyanide to oxygen. Recently we have determined that the shifted resonances in mixed-state hemoglobins composed of deoxy- and ferric chains (Fig. 5) and also deoxy- and ferric cyanide chains are a superposition of the resonances of Hb and $Hb(H_2O)$, and Hb and HbCN, respectively. Figure 5 shows that the shifted resonances at 25°C of deoxy- and ferric mixed-state hemoglobin are at the same positions as those observed for the corresponding tetramers, Hb and $Hb(H_2O)$, within the limits of experimental error. Similar results are obtained at 18°C, so evidently the temperature dependence of the resonances is the same as that of the homogeneous tetramers.

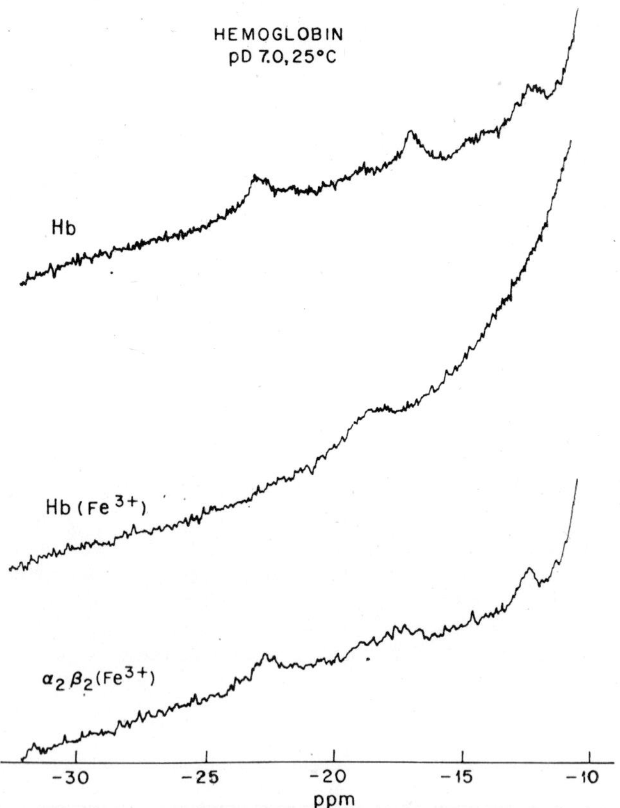

Fig. 5. A comparison of the NMR spectra, at 220 megahertz, of (top spectrum) Hb^{II}, (middle spectrum) Hb^{III}H$_2$O, and (bottom spectrum) mixed-state hemoglobin $[\alpha^{II}\beta^{III}(H_2O)]_2$, showing that the mixed-state spectrum is a sum of the other two. Temperature, 25°C; pD, 7.0.

An analogous EPR experiment was performed at 1.4°K on the high-spin ferric heme groups in mixed-state hemoglobin composed of deoxy- and ferric chains prepared from aged hemoglobin.[14,17] The EPR signal of the ferric chains had a g-value of 5.92 $\pm$ 0.02 and a separation between derivative extrema of 41 $\pm$ 4 gauss in the oxygenated samples. These properties did not change as the ferrous chains in the mixed-state tetramers were alternately oxygenated and deoxygenated, and they are identical to the values observed in the ferric hemoglobin tetramers. In the deoxygenated form of $[\alpha^{III}(H_2O)\,\gamma^{II}]_2$ which had been reconstituted from chains, a weak, broad line ~ 250 gauss wide appeared, in addition to this resonance. In thoroughly deoxygenated samples (~ 95 perccent deoxygenated, as judged by optical spectroscopy) the broad line was present, with integrated intensities which ranged from 10 to 40 percent of the total intensity of the ferric chains. Because the weak broad line which appeared in the ferric α-chains when the β-chains were deoxygenated varied in intensity from sample to sample and was weakest in the sample that was shown, by chromatographic and optical criteria, to be the best, we regard it as due to an artifact of unknown origin.

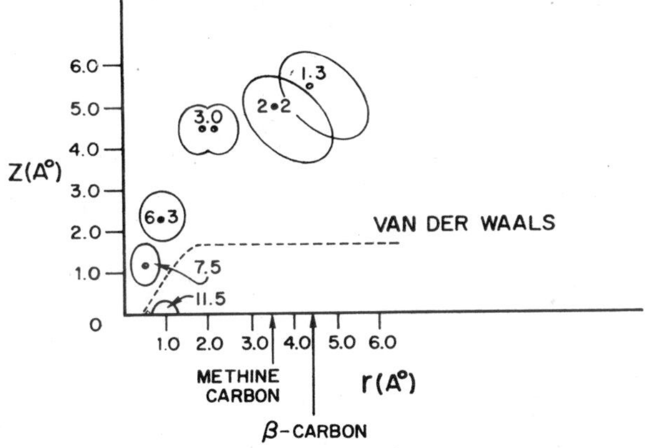

Fig. 6. A plot of the ring-current shifts measured (*28*) in porphyrin and phthalocyanine complexes where the positions can be deduced from the chemical formulas. The estimated uncertainties in the positions are indicated by the ellipses and are larger than the errors obtained in deriving the ring-current shifts from measured positions. The coordinates Z and r refer to the distances perpendicular to the plane of the ring and outward in the plane of the ring, respectively. The van der Waals thickness of the prophyrin π-electron system is indicated by the dashed line

Discussion

The NMR and EPR experiments on mixed-state hemoglobins show that the properties of the heme groups of the α-chains are not affected by the state of ligation of the β-chains in the same molecule, and vice versa. No differences were observed between the heme groups in mixed-state hemoglobins and in

16*

the corresponding homogeneous tetramers. From the NMR spectra we have shown that the proton resonances of the hemes of the deoxy- chains in mixed-state hemoglobin composed of deoxy- and ferric chains are the same as in deoxyhemoglobin even though the former has a high affinity for oxygen,[21] almost as high as that of the isolated chains, while deoxyhemoglobin has a low affinity for oxygen. Furthermore, the ligated ferric chains in the NMR experiments on mixed-state hemoglobins had the same NMR spectra regardless of whether the ferrous hemes in the other chains were or were not oxygenated. The ligated-chain spectra also remained the same when the other hemes were in the ferric states and were bound by the same ligand, either cyanide or water, to form homogeneously ligated tetramers.

In the parallel EPR experiment on the high-spin ferric chains in mixed-state hemoglobin, the major component of the low-temperature EPR spectrum was unchanged as the ferrous hemes were successively oxygenated and deoxygenated. Furthermore, this major component of the ferric-chain resonance in the mixed-state hemoglobin was the same as that observed in the ferric-hemoglobin tetramers. Results of this EPR experiment on mixed-state hemoglobin A differ from results of the experiment recently reported on HbM Hyde Park,[22] a hemoglobin in which tyrosine replaces the normal proximal histidine in residue $\beta 92$ and the β-chains are oxidized to the ferric state. In HbM Hyde Park there was a change in the line-splitting in part of the EPR spectra of the ferric β-chains as the α-chains were alternately oxygenated and deoxygenated, but this dependence was not observed in two other M-type mutants. Thus, whereas in Hb M Hyde Park there is evidence for a change in the electronic properties of the ferric β-chain heme upon oxygenation of the α-chain heme, there is no such evidence in the case of the mixed states of normal hemoglobin.

In contrast to the lack of changes at the heme group of mixed-state hemoglobin during oxygenation, large differences between the properties of the heme groups of isolated chains and of tetramers are observed. In the deoxystate these changes are expected, since it is well known that the Soret band of the optical spectrum changes with the change from isolated chains to tetramers.[23] No changes in the optical spectra of isolated chains relative to tetramers when the hemes were in the ligated form have been reported. However, by EPR and NMR techniques we have been able to observe heme-group changes between chains and tetramers of the ligated ferric-state hemoglobins. These observations show the great sensitivity of these resonance techniques to the environment of the heme group.

The sensitivity of the NMR measurements to small conformational changes near the heme is further illustrated by an experiment on ferric myoglobin cyanide (MbCN). Changes of ~ 200 hertz in the position of a heme methyl group which we had tentatively identified as the methyl group on the right vinyl pyrrole are observed[24] upon the addition of cyclopropane to MbCN. X-ray crystallography has shown[25] that the cyclopropane sits above the right vinyl pyrrole, while the Fourier difference synthesis shows no change of heme crystallographic coordinates upon introduction of the cyclopropane. Hence, it is clear that NMR measurements of the heme-group protons are sensitive to changes which cannot be detected by x-ray crystallography. As a further illustration of the sensitivity of NMR line-shifts to the environment of the heme group, we note that the ferric cyanide forms of fetal hemoglobin[26] and the hemoglobins from various mammals[27] show NMR spectra different from the spectrum of the ferric cyanide form of human hemoglobin A.

The sensitivity of ring-current-shifted NMR lines to molecular structure is mentioned above, and Fig. 4 shows the difference between the resonances of Mb and MbO_2 in the aromatic region. In order to calibrate the dependence of ring-current-shifts produced by porphyrins (or porphyrin-like molecules), we have plotted in Fig. 6 values for these shifts reported elsewhere[28] relative to coordinates for compounds whose structure can be estimated reasonably well. The ellipses indicate uncertainties concerning the positions in the model compounds. Using Kendrew and Watson's coordinates for myoglobin,[29] the known amino acid proton resonance positions, and an empirical expression for the porphyrin ring-current shifts designed to fit the measured shifts of Fig. 6, we have simulated the complete NMR spectrum of myoglobin. In this way we identified the resonance at -6.20 parts per million (shown in Fig. 4) with the two protons in the epsilon positions of phenylalanine CD1, since no other protons are expected within ± 0.4 part per million. In Fig. 4, it may be seen that in MbO_2 this resonance has moved downfield by at least 0.2 part per million. As may be seen in Fig. 6, this resonance shift corresponds to a displacement of ~ 0.2 angstrom away from the iron in the likely event that the phenylalanine ring remains parallel to the porphyrin ring. Hence it is clear from these NMR studies that small but definite changes of structure have been determined within the myoglobin molecule when oxygen binds. As shown in Fig. 5, changes in ring-current-shifted resonances in hemoglobin are observed upon oxygenation, indicating that in hemoglobin, too, there are structural changes upon oxygen binding. It seems most likely that these changes in the hemoglobin NMR spectrum also come from changes of the tertiary structure.

At present it is not possible to calculate with any rigor how the NMR hyperfine shifts would respond to changing oxygen affinity of the heme group. However, our estimates indicate that these shifts should be approximately proportional to the binding energy, so it is hard to see how energy changes larger than a few percent could be undetected in the NMR measurements.

Yet ΔF_I is about 3 kilocalories per mole, out of a total[30, 31] oxygen-binding free energy of ~ 25 kilocalories per mole. Hence, if any appreciable fraction of ΔF_I had shown up at the other heme group as an enthalpy change, we certainly would have detected it in our measurements. Furthermore, if such a fraction had shown up at the heme as a conformation or entropy change—and Wyman's analysis of Roughton's data indicates that ΔF_{I} is indeed an entropy change[2]—then, again, it should have been detected because of the high sensitivity of these resonance measurements to structural changes near the heme.

In summary, NMR and EPR measurements are very sensitive to enthalpy changes and structural changes at the heme group, yet they do not show any changes in the different mixed-state hemoglobin samples. Therefore we conclude that ΔF_{IH} makes a negligible contribution to ΔF_{I}. In other words, the explanation of heme-heme interaction between heme groups separated by ~ 30 angstroms in hemoglobin is that there is none! While this conclusion is consistent with the idea that conformational changes are responsible for the cooperativity of ligand binding, it represents a departure from previous thinking in that it definitely eliminates the heme group as the site of these free-energy changes. A negligible contribution by the heme group to ΔF_{I} helps to explain the wellknown observation that ΔF_{I} is almost constant for many different ligands. Carbon monoxide,[32] nitroso aromatics,[33] various alkyl isocyanides,[34] and oxygen all show only small variations in ΔF_{I}, despite the fact that they cover a wide range of heme-ligand binding energies.

In the absence of direct heme-heme interaction we must look for changes in the protein—that is, $\Delta F_{\mathrm{I}} \approx \Delta F_{\mathrm{IP}}$. The hypothesis which, from our experiments and the published results of others, seems most likely is the following. Ligand binding changes the conformation of the subunit to which the ligand binds. Our experiments show that these conformational changes are not transmitted to the heme group of the neighboring subunits. Experiments by others[35] have shown that ligand-induced conformational changes in the α-subunits are not strongly felt at the $\beta 93$ residue of the β-subunits. Hence, ligand-induced conformational changes of the subunits cause the subunits to roll upon each other and to form the different quaternary structural arrangements revealed by the x-ray crystalstructure[4] determination. The free energy of cooperativity must be sought in protein itself, for example, in the different subunit interfaces of the ligated and unligated hemoglobin tetramers.

Koshland, Némethy, and Filmer[36] presented a general analysis of cooperativity in proteins composed of subunits. Haber and Koshland[37] subsequently extended these models of interacting subunits so as to include the symmetry-conserving case suggested by Monod, Wyman, and Changeux.[5] Although their generalized models included many different physical mechanisms, the model which Koshland, Némethy, and Filmer actually used to fit the observed sigmoid oxygenation curves of hemoglobin was their so-called simplest sequential model in which ligand-induced changes were confined to one subunit and in which all the contributions to ΔF_{I} were made by interaction of the rigid subunits at their interfaces.

This model is consistent with our present results, which, however, do not rule out the possibility that ligand-induced changes are propagated a short distance across the interfaces, but not as far as to the next heme. While Koshland *et al.*, fitted the oxygenation curves with their simplest sequential model, the fit could not be taken as proof of its validity. Monod *et al.* had previously shown that the same data could be explained by their allosteric symmetry-conserving model. Variants of Monod's tightly coupled model, such as Guidotti's dimer model,[38] have also satisfactorily explained the oxygenation data.

Another limitation on the extent to which ligand-induced changes are transmitted across subunit interfaces comes from the spin-label experiments of Ogawa, McConnell, and Horwitz[39] on mixed-state hemoglobin. These experiments showed that the local protein conformation around the label at the $\beta 93$ sulfhydryl group depends strongly on the state of oxygenation of the β-chain and less strongly on the states of oxygenation of neighboring α-chains. This means that there are ligand-induced conformational changes within a subunit, similar to those we have shown in myoglobin an hemoglobin NMR spectra, and that these conformational changes propagate to the region of subunit contact—that is, the $\alpha_1 - \beta_2$ contact, in this case, but that their effects beyond the interface are severely reduced.

Recent analogous experiments by Antonini and Brunori[35] show that the reactivity of the sulfhydryl group at $\beta 93$ toward PMB depends only on the state of ligation of the β-chains, and therefore are also consistent with the model presented here.

Additional evidence for a ligand-induced conformational change is found in Hb M Hyde Park, in which part of the EPR of the ferric β-chain does change when the α-chain is oxygenated.[22] As mentioned above, this change is not observed in our experiment on mixed-state hemoglobin or in other HbM samples, a fact which indicates that this mutant β-chain is more strongly influenced by oxygenation of the α-chain than the normal β-chain is. However, the interpretation of this experiment does require ligand-induced changes in the normal α-chain which can be transmitted to the $\alpha\beta$ interface region.

Our results show no evidence for the kind of conformational changes required by the allosteric model for hemoglobin proposed by Monod, Wyman, and Changeux.[5] In the mixed-state hemoglobin molecules the deoxy-chains have high affinity, and in the model of Monod *et al.* the entire tetramer must be in its high-affinity form. But we have found no change in the vicinity of the unligated or ligated heme which could explain the high affinity. Hence, the differences in oxygen affinity must be looked for away from the heme—that is, in the somewhat remote parts of the protein, where they must exist as structural changes. But remote conformational changes in one subunit upon ligand binding could by themselves lead to subunit interactions, as we postulate above. One could postulate conformational changes which are large enough to account for the interaction but which are still remote from both the heme group and the subunit interface, so the experiments discussed here do not disprove this model. They do, however, narrow the range of possible allosteric mechanisms.

These results complement the x-ray structural determination because they suggest that the cooperativity is to be explained by changes at or near the interfaces between the subunits, which have already been shown, at a resolution of 5.0 angstroms, to be different for oxy- and deoxyhemoglobin and have been described, at a resolution of 2.8 angstroms, for oxyhemoglobin.[40] When the structure of deoxyhemoglobin is obtained by Perutz and his collaborators at a resolution of 2.8 angstroms, that will be the time to ask just what specific ligand-induced conformational changes within the subunits might be responsible for the changes extending to the interfaces and to plan experiments to test these detailed mechanisms.

References

1. A. Rossi-Fanelli, E. Antonini, and A. Caputo, *Advan. Protein Chem.* **19**, 73 (1964).
2. J. Wyman, *ibid.*, p. 223.
3. F. Haurowitz, *Z. Physiol. Chem.* **254**, 266 (1938).
4. For references to earlier work, see W. Bolton, J. M. Cox, and M. F. Perutz, *J. Mol. Biol.* **33**, 283 (1968).
5. J. Monod, J. Wyman, and J. P. Changeux, *ibid*, **12**, 88 (1965).
6. K. Wüthrich, R. G. Shulman, and J. Peisach, *Proc. Nat. Acad. Sci. U.S.* **60**, 373 (1968).
7. A. Kowalsky, *Biochemistry* **4**, 2382 (1965).
8. C. C. McDonald and W. D. Phillips, *J. Amer. Chem. Soc.* **88**, 6332 (1967).
9. D. J. E. Ingram, J. F. Gibson, and M. F. Perutz, *Nature* **178**, 906 (1956); M. Kotani, *Advan. Quantum Chem.* **4**, 227 (1968).
10. H. F. Bunn and J. H. Jandl, *J. Biol. Chem.* **243**, 465 (1968).
11. Hemoglobin H(β_4) was kindly supplied by Dr. H. Ranney.
12. E. Bucci and C. Fronticelli, *J. Biol. Chem.* **240**, PC 551 (1965).
13. G. Geracci, L. J. Parkhurst, and Q. G. Gibson, in preparation.
14. P. D. Boyer, *J. Amer. Chem. Soc.* **76**, 4331 (1954).
15. The term *mixed-state hemoglobin* defines a state wherein the like chains have the same ligands and in which one pair is ferrous and the other is ferric. In the mixed-state samples reconstituted from chains, the compositions are indicated in the form given in the text. The roman superscripts denote the oxidation state of the iron—II, ferrous; III, ferric.
16. T. H. J. Huishman, A. M. Dozy, B. F. Horton, ans C. M. Nechtman, *J. Lab. Clin. Med.* **67**, 355 (1966); G. Guidotti, personal communication.
17. J. Peisach, W. E. Blumberg, B. A. Wittenberg, J. B. Wittenberg, and L. Kampa, *Proc. Nat. Acad. Sci. U.S.*, in press.
18. S. Ogawa, R. G. Shulman, and T. Yamane, in preparation.
19. K. Wüthrich, R. G. Shulman, and T. Yamane, *Proc. Nat. Acad. Sci. U.S.* **61**, 1199 (1968).
20. R. G. Shulman, K. Wüthrich, W. E. Blumberg, and T. Yamane, in preparation.
21. Y. Enoki and S. Tomita, *J. Mol. Biol.* **32**, 121 (1968).

22. H. Watari, A. Hayashi, H. Morimoto, and M. Kotani, in *Recent Developments of Magnetic Resonance in Biological System*, S. Fujiwara and L. H. Piette, Eds. (Hirokowa, Tokyo, 1968), p. 128.
23. R. Benesch, Q. H. Gibson, and R. E. Benesch, *J. Biol. Chem.* **239**, PC 1668 (1964); M. Brunori, E. Antonini, J. Wyman, and S. R. Anderson, *J. Mol. Biol.* **34**, 357 (1968).
24. J. Peisach, R. G. Shulman, and B. J. Wyluda, in preparation.
25. B. P. Schoenborn, *Nature* **214**, 1120 (1967).
26. D. G. Davis, N. L. Mock, V. R. Laman, and C. Ho, *J. Mol. Biol.* **40**, 311 (1969).
27. K. Wüthrich and R. G. Shulman, in preparation.
28. J. N. Esposito, J. E. Lloyd, and M. E. Kenney, *Inorg. Chem.* **5**, 1979 (1966); W. S. Caughey and P. K. Iber, *J. Org. Chem.* **28**, 269 (1963).
29. J. C. Kendrew and H. C. Watson, personal communication.
30. F. J. W. Roughton, A. B. Otis, and R. L. J. Lyster, *Proc. Roy. Soc. London, Ser B* **144**, 29 (1955).
31. R. Noble, *J. Mol. Biol.* **39**, 479 (1969).
32. C. G. Douglas, J. S. Haldane, and J. B. S. Haldane, *J. Physiol.* **44**, 275 (1912).
33. Q. H. Gibson, *Biochem. J.* **77**, 519 (1960).
34. R. C. C. St. George and L. Pauling, *Science* **114**, 629 (1951).
35. E. Antonini and M. Brunori, *Federation Proc.* **28**, 603 (1969).
36. D. E. Koshland, F. Némethy, and D. Filmer, *Biochemistry* **5**, 365 (1966).
37. J. E. Haber and D. E. Koshland, *Proc. Nat. Acad. Sci. U.S.* **58**, 2087 (1967).
38. G. Guidotti, *J. Biol. Chem.* **242**, 3704 (1967).
39. S. Ogawa, H. M. McConnell, and A. Horwitz, *Proc. Nat. Acad. Sci. U.S.* **61**, 401 (1968); S. Ogawa and H. M. McConnell, *ibid.* **58**, 19 (1967).
40. M. F. Perutz, H. Muirhead, J. M. Cox, and L. C. G. Goaman, *Nature* **219**, 139 (1968).
41. Part of J. Peisach's contribution to the investigation discussed here was performed at the Albert Einstein College of Medicine, where it was supported by Public Health Service research grant GM-10959 from the Division of General Medical Sciences, and by a Public Health Service Research Career Development Award (1-K3-GM-31,156) from the National Institute of General Medical Sciences. This article is communication No. 163 from the Joan and Lester Avnet Institute of Molecular Biology.

Electron Paramagnetic Resonance with Applications to Selected Problems in Biology

G. Feher

University of California

TABLE OF CONTENTS

G. Feher

ELECTRON PARAMAGNETIC RESONANCE WITH APPLICATIONS TO SELECTED PROBLEMS IN BIOLOGY

Introduction

This summer a conference was held in Russia commemorating the 25th anniversary of Zavoiski's (1945) discovery of Electron Paramagnetic Resonance. Twenty-five years is a long time for a field to be around. It has consequently reached a high degree of sophistication and ramification with literally thousands of papers to its credit (and, unavoidably, some to its discredit). Many fields, notably physics and chemistry, have profited greatly by this tool. The first application of EPR to biology was made by Commoner, Townsend, and Pake (1954). Since that time there have been hundreds of papers published in this field alone and there is now at least one international conference a year dealing with the applications of paramagnetic resonances to biology (next month, September, in Cagliari).

In spite of this "feverish" activity, many people are worried and often question the "real" importance of EPR in biological research (perhaps this is simply a sign of our times, "Resonators in search of relevance"). In my opinion, EPR is but one of the spectroscopic tools, much like optical absorption, I.R., O.R.D., C.D., N.M.R., etc. Like these, it has its range of applications, limitations, and potentials which a biologist should know about. It is very seldom that one has the good luck to solve a basic problem in biology with EPR alone. More often, it contributes its modest share to a solution as an adjunct to other methods, techniques and findings. But isn't this, anyway, the nature of most research?

The goal of these lectures is to give you some feeling for the field of EPR and its applications to biology so that you may answer for yourself the question that has been raised above.

The plan is to cover the basic principles of EPR followed by a discussion of their application to specific problems. These problems should be considered only as examples hopefully representative and interesting to you. Large areas of applications have been omitted altogether, for instance, radiation damage and EPR in whole organs (covered in a book by S. J. Wyard. 1969) and EPR of the triplet state (see, for example, McGlynn, Azumy, and Kinoshita, 1969). An audience like you, with a mixed background, raises the unavoidable difficulty concerning the level and scope of presentation. I have tried to include enough basic biology in each application to permit the physicists to understand the problem. On the other hand, for the non-physicists, I have endeavored to include qualitative explanations instead of or in parallel with the more exact formulation of the EPR theory. I hope that this will minimize the number of people bored with what they already know and "snowed under" with what they cannot comprehend.

In conclusion, I would like to apologize to all those whose work is not mentioned in these few lectures and to thank all who sent me reprints and preprints which greatly simplified the preparation of these lectures. I would also like to thank J. McElroy and Dr. D. Mauzerall for permitting me to talk about our joint unpublished work* on photosynthesis.

I Basic Principles of EPR

A Introduction

For a system to exhibit magnetic resonance phenomena, it must be composed of particles that possess both a magnetic moment and an angular momentum.* Nuclei and electrons satisfy this requirement. Nuclei have a magnetic moment about a thousand times smaller than electrons; consequently, NMR and EPR techniques are very different (NMR experiments are usually performed in the 10^6–10^8 Hz radio frequency range, whereas EPR is in the 10^{10}–10^{11} Hz microwave range) and different types of information are obtained by these two techniques. However, the basic underlying theory is common to both. Several excellent books have been published on this subject (e.g., Abragam, 1961; Pake, 1961; Slichter, 1963; Carrington and McLachlan, 1967) to which you are referred for detail and rigor. We shall discuss in the following section some aspects of the basic theory which should help to visualize the resonance phenomenon and help to appreciate the powers and limitations of EPR.

B Simple Resonance Theory

1 The Resonance Condition

A free electron has an angular momentum $\bar{p} = \hbar/2$, i.e., its spin S which is the angular momentum in units of $\hbar$ is one half. Its magnetic moment is given by

$$\bar{\mu} = \gamma\bar{p} = \gamma\hbar\bar{S} = g\beta\bar{S} \tag{I-1}$$

where γ (1.7×10^7 rad gauss^{-1}) is the magnetogyric ratio, β is the Bohr magneton ($\beta = e\hbar/2\,mc = 0.927 \times 10^{-20}$ erg gauss^{-1}) and g the electronic g value (2.00232 for a free electron).

* All the work referred to in these lectures which was performed in our laboratory was suported by a Public Health Service Grant (GM13191) and the National Science Foundation, Washington, D. C.

† In the electric analog, i.e., paraelectric resonance (Bron & Dreyfus, 1966; Feher, Shepherd, and Shore, 1966), the electric dipole does not possess an angular momentum. This requires the environment to provide the "spatial quantization". So far there have been only a few solids in which paraelectric resonances have been observed, none of them of any interest to biology.

If the electron is placed in a magnetic field H, there will be an interaction energy between them $-\bar{\mu} \cdot \bar{H}$. The simple Hamiltonian for the system is then

$$\mathscr{H} = -\bar{\mu} \cdot \bar{H}. \tag{I-2}$$

With the magnetic field pointing in the z-direction, we can rewrite this expression as

$$\mathscr{H} = -\gamma\hbar H_0 S_z \tag{I-3}$$

where S_z are the allowed components of the electron spin along the z-direction. The eigenvalues of S_z are $\pm\,{}^1/_2$ giving rise to an energy level diagram as shown in Fig. (I-1).

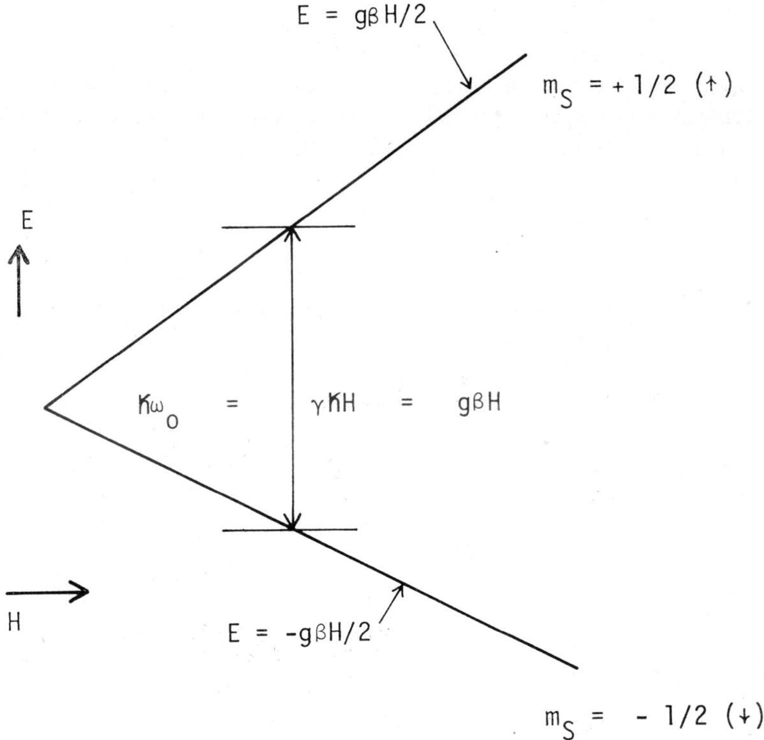

Fig. I-1. Energy level diagram of an electron in a magnetic field.

Such an energy level diagram immediately triggers the desire to induce transitions. To be able to do so, one needs an interaction that can produce these transitions (i.e., a matrix element connecting the levels). We shall postpone the discussion of this point for the moment and anticipate the result that an electromagnetic field at frequency ω_0 is able to induce the transition. From conservation of energy, we can write the resonance condition:

$$\hbar\omega_0 = \gamma\hbar H = g\beta H. \tag{I-4}$$

The numerical value of $\gamma/2\pi$ is 2.80 MHz/gauss. A microwave source operating at 9000 MHz will therefore satisfy the resonance condition for a free electron at a magnetic field of ~ 3200 gaus.

We note that in the above resonance condition, $\omega_0 = \gamma H$, Planck's constant has dropped out. This suggests that the resonance phenomenon can be treated classically. This is indeed the case and will be done in Sec. I-C.

2 Energy Absorption, Spin-Lattice Relaxation, Saturation

In the previous section we assumed that the $E-M$ field can produce transitions between the spin levels. It turns out that the oscillating magnetic field is equally likely to produce transitions from the lower to the upper state (energy absorption) as it is from the upper to the lower state (energy emission). How can this process then produce a net energy absorption? The answer is that in thermal equilibrium the number of spins in the lower state is larger (by the Boltzmann factor*) than the number of spins in the upper state, so that the number of energy absorbing transitions predominates over the number of energy emitting transitions. But if this is the case, will the microwaves not equalize the populations in the two states thereby eliminating the power absorption? This tendency indeed exists but the spins are in contact with their surrounding heat reservoir—the lattice†—which tends to restore the Boltzmann factor. The resonance phenomenon can thus be viewed as a competition between the external microwave field trying to equalize the populations and the lattice trying to restore the Boltzmann factor.

In order to treat these ideas quantitatively, let us write for the population difference

$$n = N\!\downarrow - N\!\uparrow \tag{I-5}$$

where $N\!\downarrow$ and $N\!\uparrow$ are the numbers of electrons with spin down and up, respectively. The rate of change of n is governed by the microwave field and the lattice

$$\frac{dn}{dt} = \frac{dn}{dt}\bigg)_{\text{Microwave}} + \frac{dn}{dt}\bigg)_{\text{Lattice}}. \tag{I-6}$$

---

* The Boltzmann factor at room temperature and a field of 3000 gauss is $e^{g\beta H/kT} = 1.001$, so that one works with only a small population difference. In optical absorption experiments the excited state and the ground state are usually far removed. The ground state is therefore the only state populated.

† By lattice, we don't necessarily mean an ordered array of atoms, but simply the solid or liquid that the spins are embedded in.

If $P(\uparrow\rightarrow\downarrow)$ is the transition probability with which the microwaves induce transitions from the upper state to the lower state, it can be easily shown that $P(\uparrow\rightarrow\downarrow) = P(\downarrow\rightarrow\uparrow)$.* We can then write

$$\frac{dn}{dt}\bigg)_{\text{Microwave}} = \frac{dN\downarrow}{dt} - \frac{dN\uparrow}{dt} = P(N\uparrow - N\downarrow) - P(N\downarrow - N\uparrow) = -2Pn.$$

$$(I-7)$$

The rate at which the lattice restores the population difference to its thermal equilibrium value n_0 is governed by the strength of the coupling of the spins to the lattice. This coupling is described by a characteristic time -- the spin-lattice relation time T_1. We can write then

$$\frac{dn}{dt}\bigg)_{\text{Lattice}} = (n_0 - n)\frac{1}{T_1} \qquad (I-8)$$

and for the total rate of change

$$\frac{dn}{dt} = -2Pn + (n_0 - n)\frac{1}{T_1}. \qquad (I-9)$$

In the steady state, $dn/dt = 0$ and from (I-9) we get

$$n = n_0\frac{1}{1 + 2PT_1}. \qquad (I-10)$$

This expression shows that for $P \gg (1/T_1)$, i.e., a situation in which the lattice cannot "keep up" with the transitions induced by the microwave field, the population difference n tends to zero. In EPR this condition is called Microwave Saturation, and can be avoided by reducing the incident microwave power.†

Since the EPR signal (i.e., the power absorbed from the microwave field) is proportional to n, large errors can be made in estimating the number of paramagnetic centers by working under conditions of saturation. There are numerous examples in the chemical and biological literature where this point was not fully appreciated and consequently wrong conclusions were arrived at.

Let me digress for a moment and discuss the measurement of T_1 since it ties in conceptually with the seemingly unrelated field of chemical kinetics, which you may have heard about in some of the previous lectures. One standard way to measure T_1 is to observe the change in the amplitude of

---

* This follows from perturbation theory. The transition probability is proportional to the matrix element squared and $\langle\uparrow|V|\downarrow\rangle^2 = \langle\downarrow|V|\uparrow\rangle^2$.

† The analogous optical phenomenon corresponds to a change in the extinction coefficient (Optical Density) of a sample at high incident light intensities. This can indeed be demonstrated with strong laser light.

17*

the EPR signal as the microwave power (i.e., P) is varied and then use Eq. (I-10) to calculate T_1. Another way is to disturb the equilibrium population of the spins, for instance, by an intense microwave pulse and measure the recovery time T_1 of the magnetization* (i.e., monitor the EPR signal). This method is exactly analogous to the chemical relaxation methods pioneered by Eigen and his group (Eigen and De Maeyer, 1963). They were interested in determining the rates at which chemical reactions proceed. In their method the chemical equilibrium is disturbed, for instance, by a short temperature pulse, and the rate of return to chemical equilibrium is measured (e.g., by monitoring the concentration of a chemical species). The analogy between the two methods is complete if we introduce the concept of spin temperature (Purcell and Pound, 1951). The spin temperature is the temperature of the spin system as defined by the Boltzmann factor, i.e., by the ratio of populations in the spin levels. For instance, at complete saturation, the populations are equalized, i.e., $N\uparrow/N\downarrow = 1 = e^{g\beta H/kT_s}$. This condition, in this case, is satisfied when the exponent is zero, i.e., when the spin temperature T_s is infinite.

C Classical Treatment of the Resonance Phenomenon

1 Equations of Motion of the Magnetization

In order to visualize the dynamic behavior of the spins, let us look now at the resonance phenomenon from classical point of view by considering the equation of motion of the magnetic moment $\bar{\mu}$ having an angular momentum $\bar{p}$. The rate of change of angular momentum of a system is equal to the torque which acts on it. The gyroscopic equation of motion of the magnetic moment in the magnetic field $\bar{H}$ is then

$$\frac{d\bar{p}}{dt} = \bar{\mu} \times \bar{H} \tag{I-11}$$

which can be rewritten as (see Eq. I-1)

$$\frac{d\bar{\mu}}{dt} = \gamma\bar{\mu} \times \bar{H}.$$

We consider now a system of N electrons with spin $S = {}^1/_2$. The macroscopic magnetic moment M of such a system is given by the magnetic moment of one spin $(g\beta/2)$ times $(N\uparrow - N\downarrow)$, i.e.:

$$M = \frac{g\beta}{2}(N\downarrow - N\uparrow) = \left(\frac{g\beta}{2}\right)N\frac{N\downarrow - N\uparrow}{N\downarrow + N\uparrow} = \frac{g\beta N}{2}\frac{1 - e^{\frac{-g\beta H}{kT}}}{1 + e^{\frac{-g\beta H}{kT}}}$$

$$= N\frac{g^2\beta^2 H}{4kT}. \tag{I-12}$$

* This method had been employed for nuclei already in 1949! by E. L. Hahn.

In the last step, we expanded the exponential $e^{g\beta H/2kT}$ by assuming $g\beta H/2kT \ll 1$. This expression can be generalized for electrons with spin S:

$$M = N \frac{g^2 \gamma^2 S(S + 1)}{3kT} H. \tag{I-13}$$

The corresponding susceptibility χ_0 is obtained from the above expression by the relation $\chi_0 = M/H_0$.

The macroscopic equation of motion of the system is

$$\frac{d\bar{M}}{dt} = \gamma \bar{M} \times \bar{H}_0. \tag{I-14}$$

The solution to this simple differential equation is illustrated in Fig. I-2.* The magnetization precesses with a constant angular velocity (Larmor frequency) $\omega_0 = \gamma H_0$, making an angle α with respect to H_0. Since α is a constant, the energy of the system $-\bar{M} \cdot \bar{H}_0$ remains unchanged, i.e., there is no energy absorption in this process.

In order to obtain an energy absorption, we have to tip the magnetization (i.e., change the angle α). This can be accomplished by applying a magnetic field rotating at the Larmor frequency ω_0 with its direction at right angles to the external field H_0. This magnetic field will always be in synchronism with the precessing magnetization producing a cumulative torque which will tend to change α (the torque is again $\bar{M} \times \bar{H}_1$, where H_1 is the amplitude of the rotating field). If the frequency of the oscillating field is different from ω_0, the torque will periodically change sign and no net power will be absorbed. Thus, we see qualitatively how the resonance absorption comes about.

The process of power absorption cannot continue for a long time, because after M has tipped by 180°, α will start to decrease again. In order to have a steady state power absorption, one has to let the magnetization interact with the outside world, i.e., a heat reservoir — the lattice. In the next section we will set up the equations that describe the motion of the magnetization in the presence of interactions.

2 The Bloch Equations

Tipping the magnetization changes the value of the z component M_z (z is the direction of the external magnetic field H_0) from its equilibrium value M_0.† The lattice will try to restore the z-component to its equilibrium value at a rate proportional to $1/T_1$ as explained in the previous section.

---

* The solution is the same as for a spinning top precessing in the earth's gravitational field.

† Note that in the macroscopic picture a change in the z-component of the magnetization is equivalent to a change in the populations $N\uparrow$ and $N\downarrow$ (see Eq. I-12).

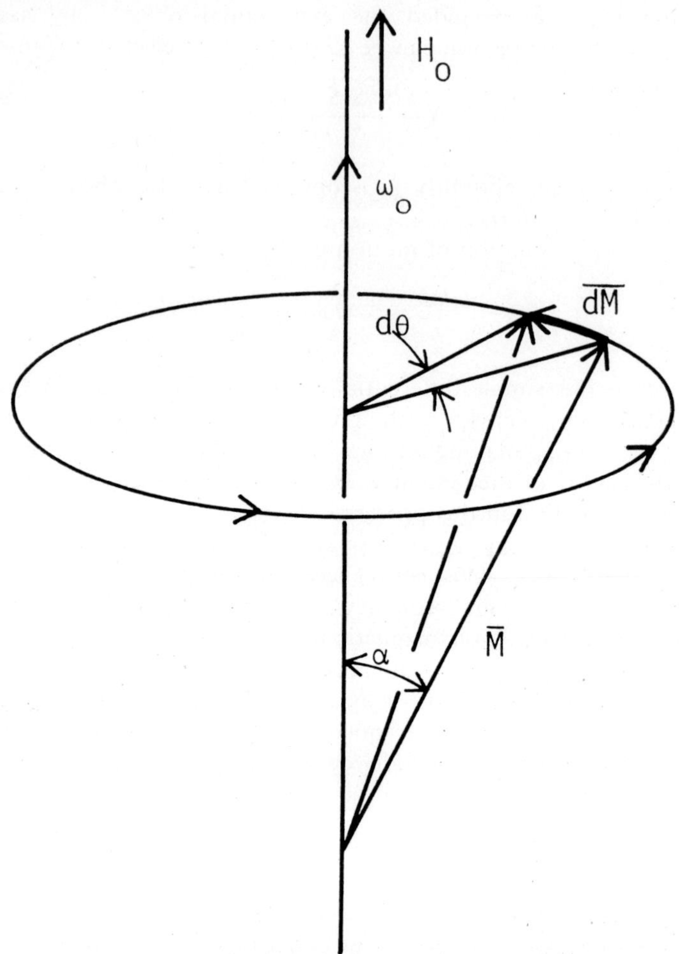

Fig. I-2. Precession of a magnetic moment $\overline{M}$ in an applied magnetic field.

We must add therefore a term to the equation of motion in the z direction, i.e.

$$\frac{dM_z}{dt} = \gamma(\overline{M} \times \overline{H})_z + (M_0 - M_z)\frac{1}{T_1} \tag{I-15}$$

where T_1 is called the longitudinal relaxation time or spin-lattice relaxation time.

The x and y components of the magnetization are zero in thermal equilibrium. When the magnetization is suddenly tipped by an angle α (see Fig. I-2), the x and y components will decay to zero with a characteristic time T_2 which, in general, is different from T_1. The basic difference between the two relaxation times is that T_1 requires an expenditure of energy (α is changing), whereas T_2 does not (α is constant). We can visualize this process in Fig. I-2 as a "fanning out" of the magnetization on the surface of a cone formed by the rotating magnetization at angle α. This fanning out process comes about from a spread in values of the precessional frequencies of different components of the magnetization. The different frequencies arise, for instance, from interactions of one spin with its neighbors which produce different local magnetic fields. T_2 is therefore called spin-spin relaxation or transverse relaxation time. Introducing T_2 into the equation of motion we write for the x and y components

$$\frac{dM_x}{dt} = \gamma(\bar{M} \times \bar{H})_x - M_x\left(\frac{1}{T_2}\right)$$

$$\frac{dM_y}{dt} = \gamma(\bar{M} \times \bar{H})_y - M_y\left(\frac{1}{T_2}\right). \tag{I-16}$$

Equations I-15, -16, are called the Bloch equation (Bloch, 1946). They are plausible but not exact since they neglect several types of interactions (e.g., Abragam, 1961). It is a straigthforward matter to obtain the special steady-state solutions of these equations.

Let the applied d.c. magnetic field $H_z = H_0$ and the external oscillating field $H_x = 2H_1 \cos \omega t$.* H_x will induce a magnetization with an in-phase component $2\chi'H_1 \cos \omega t$ and an out-of-phase component $2\chi''H_1 \sin \omega t$, i.e.

$$M_x = 2\chi'H_1 \cos \omega t + 2\chi''H_1 \sin \omega t \tag{I-17}$$

where χ' and χ'' are called the real and imaginary parts of the a.c. susceptibility.† If one solves the Bloch equations for M_x and compares the solution with (I-17), one obtains the following expressions for χ' and χ'':

$$\chi' = \frac{1}{2}\chi_0\omega_0 T_2 \frac{T_2(\omega - \omega_0)}{1 + T_2^2(\omega_0 - \omega)^2 + \gamma^2 H_1^2 T_1 T_2} \tag{I-18}$$

$$\chi'' = \frac{1}{2}\chi_0\omega_0 T_2 \frac{1}{1 + T_2^2(\omega_0 - \omega)^2 + \gamma^2 H_1^2 T_1 T_2}. \tag{I-19}$$

Equations I-18 and I-19 are plotted in Fig. I-3, for conditions such that no saturation occurs, i.e., for $\gamma^2 H_1^2 T_1 T_2 \ll 1$ (low microwave power). The line shapes of the absorption χ'' and dispersion χ' are called "Lorentzian" and are identical to the real and imaginary part of the current versus frequency relation of a tuned circuit. As expected, the resonance phenomenon

---

* This can be decomposed into a left and right handed rotating magnetic field by writing $H_x = H_1 \cos \omega t$ and $H_y = \pm H_1 \sin \omega t$ where $+$ and $-$ refer to the sense of polarization. One of these will be of the right sign to induce transitions (i.e., tip the magnetization).

† The a.c. susceptibility can be written as $\chi = \chi' - i\chi''$.

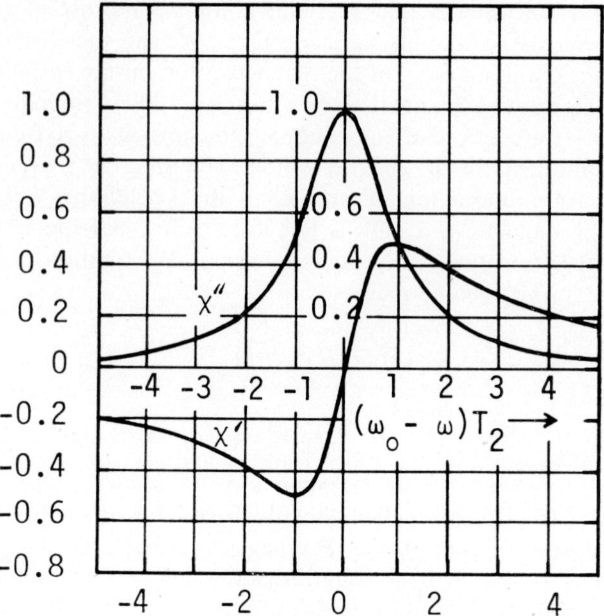

Fig. I-3. The dispersion χ' and absorption χ'' versus the dimensionless parameter $(\omega_0 - \omega)\, T_2$.

occurs in the vicinity of $\omega = \omega_0$ and the value of χ'' drops to one half of its resonance value at $(\omega - \omega_0) = \Delta\omega = 1/T_2$. Under saturating conditions χ'' saturates more strongly on resonance $(\omega = \omega_0)$ than off resonance, causing a broadening of the observed line.

Let us now calculate the power absorption, which is $\bar{H} \cdot d\bar{M}/dt$, averaged over one cycle of the microwave field, i.e.,

$$\text{Power absorbed} = \frac{\omega}{2\pi} \int_{t=0}^{t=2\pi/\omega} \bar{H} \cdot \frac{d\bar{M}}{dt}\, dt. \qquad (\text{I-20})$$

Substituting (I-17) for M, one obtains

$$\text{Power} = \tfrac{1}{2}\omega(2H_1)^2\chi''.$$

Substituting the value of χ'' at resonance $(\omega = \omega_0)$ from I-19

$$\text{Power} = \omega_0 H_1^2 \chi_0 \left(\frac{\omega_0}{\Delta\omega}\right)\left[\frac{1}{1 + (\gamma H_1)^2 T_1 T_2}\right]. \qquad (\text{I-22})$$

Comparing Eq. (I-22) with Eq. (I-10), we recognize that the expression $[1 + (\gamma H_1)^2 T_1 T_2]^{-1}$ (called the saturation parameter), represents the degree of saturation $[1 + 2PT_1]^{-1}$. By equating the two expressions, one obtains for the transition probability $P = {}^1/_2(\gamma H_1)^2 T_2$. This result is entirely consistent with a quantum mechanical calculation of the transition probability (Blumbergen, Purcell, and Pound, 1948), which will not be presented here.

The Bloch equations are only approximate and have to be modified in the presence of other interactions (see, for example, Abragam, 1961). The entire discussion up to now dealt essentially with free noninteracting spins. We have not treated spin-spin interactions (except to the extent that they were implicated in the T_2 mechanism), interactions of the electron spin with its orbit and the surrounding crystal field (to be treated in Sec. II), and the important interaction of the electron spin with its neighboring nuclei called the hyperfine interaction (to be treated in the following section).

D The Hyperfine Interaction

1 *Resolved Hyperfine Interactions*

By hyperfine interaction, one means the interaction of the paramagnetic electron with the magnetic moment of a nearby nucleus. There are essentially two distinct types of hyperfine interactions. One is the classical interaction of two dipoles $\bar{\mu}_S$ and $\bar{\mu}_I$ separated by a distance $\bar{r}$. This interaction depends on the angle between the line that joins the two dipoles and the direction of the external magnetic field.* It is therefore referred to as the anisotropic (or dipolar) interaction. Because of its directional nature, it plays an important role in determining orientations of paramagnetic species in a solid, and in spin labeling experiments (see Sec. IV).

The second interaction is non-classical and arises from the finite probability of finding the electron at the position of the nucleus, i.e., it is proportional to the square of the electronic wave function at the nucleus. This interaction is isotropic and is called the contact or Fermi interaction.† It is treated by adding a term $A\bar{I} \cdot \bar{S}$ in the Hamiltonian, where I is the nuclear spin. The Hamiltonian for the electron nuclear system (neglecting the anisotropic hyperfine interaction) then becomes

$$\mathcal{H} = -g\beta\bar{S} \cdot \bar{H}_0 + A\bar{S} \cdot \bar{I} - g_n\beta_n\bar{I} \cdot \bar{H}. \tag{I-23}$$

The last term represents the interaction energy of the nuclear moment with the magnetic field (i.e., the nuclear Zeeman energy). It is three orders of magnitude smaller than the analogous electronic (1st) term in the Hamiltonian.

---

* The classical interaction energy between two magnetic dipoles μ_1 and μ_2 separated by a distance r_{12} is given by

$$\frac{\bar{\mu}_1 \cdot \bar{\mu}_2}{r_{12}^3} - 3\frac{(\bar{\mu}_1 \cdot \bar{r}_{12})(\bar{\mu}_2 \cdot \bar{r}_{12})}{r_{12}^5}.$$

† The Fermi interaction is given by

$$\left(\frac{8\pi}{3}\right)\bar{\mu}_e \cdot \bar{\mu}_n |\psi(0)|^2$$

where $\psi(0)$ is the wavefunction of the electron at the nucleus.

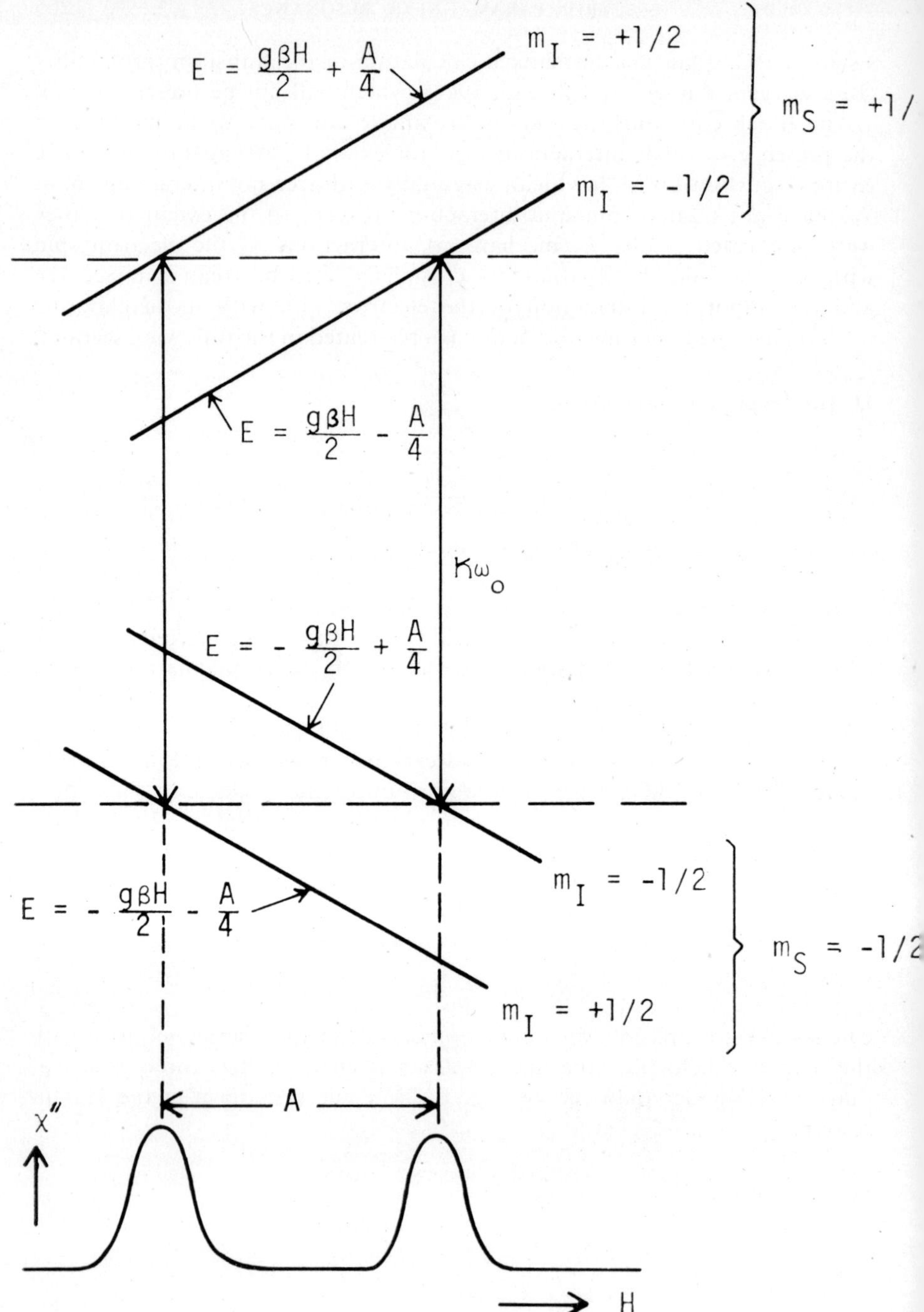

Fig. I-4. Energy level diagram and EPR spectrum of an electron-nuclear system with $S = {}^1\!/_2;\ I = {}^1\!/_2$.

In a high magnetic field, the first term in (I-23) predominates; S and I are independently quantized along H_0, i.e., m_S and m_I are good quantum numbers. Physically this means that the coupling between S and I has been broken by the strong magnetic field. Let us now consider the eigenvalues of a simple system with $S = {}^1/_2$ and $I = {}^1/_2$ in a high magnetic field and neglect for simplicity the small nuclear Zeeman term. The energy level diagram is shown in the upper part of Fig. I-4; the lower part shows the EPR spectrum expected from this system. The origin of this spectrum can be easily understood. The nucleus with $I = {}^1/_2$ can point either along or against the magnetic field. It will therefore either add or subtract a small magnetic field from H_0 at the site of the electron producing two different resonance conditions, i.e., a two-line spectrum.*

The existence of resolved hyperfine lines represents one of the most valuable aspects of EPR. The number and intensities of the hyperfine lines characterize a specific molecule, thereby helping in the identification of unknown paramagnetic species. The strength of the interaction enables one to calculate the electronic wave function at discrete points and compare it with existing theories.

The simple two line spectrum can easily be generalized to include more complicated situations. An electron interacting with n equivalent nuclei with spin I will give rise to $2nI + 1$ lines. If there are k classes of equivalent nuclei with respective spins I_k, the number of lines will be given by the product

$$\prod_{k=1}^{k} (2n_k I_k + 1). \tag{I-24}$$

The number of lines from a relatively simple molecule with several classes of equivalent nuclei can become very large. As a consequence, some of the EPR lines may not be resolved.

2 Unresolved Hyperfine Interactions — The Inhomogeneously Broadened Line

Let us apply Eq. (I-24) to the triphenylphenoxyl free radical (Hyde, 1967), whose structure is shown in Fig. I-5. The odd electron can interact with 17 protons belonging to 7 different classes (protons belonging to the same class are designated by the same letter). Equation (I-24) predicts for this case 4050!! lines. It is clear that one cannot observe all of these lines; if the difference in hyperfine interactions between two lines is smaller than their line widths, the lines will not be resolved. Instead the individual hyperfine components will contribute to the overall line width and one obtains an inhomogeneously broadened line (Portis, 1953). This situation is often encountered in an important class of problems in which the paramagnetic atom is embedded in a solid; and the odd electron interacts with the nuclei at the different lattice points.

---

* The selection rules for magnetic dipole transitions in an external time varying magnetic field are: $\Delta m_s = \pm 1$; $\Delta m_I = 0$ (i.e., the electron flips but the nucleus does not).

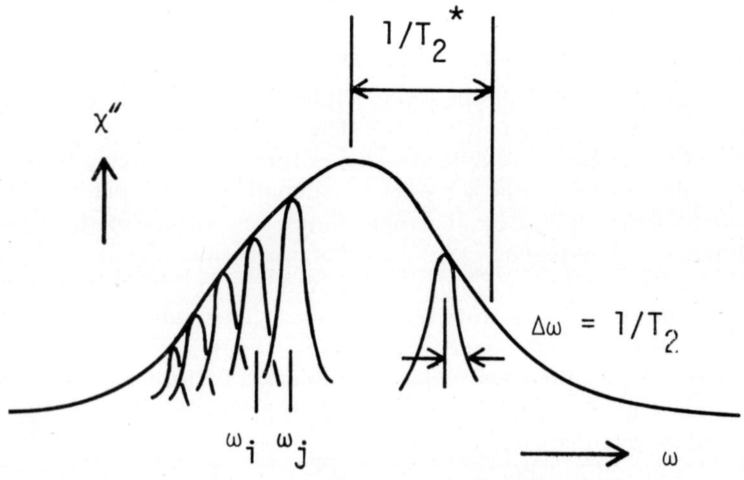

Fig. I-5. The triphenylphenoxyl free radical. Equivalent protons are designated by the same letter.

Figure I-6 shows an inhomogeneously broadened line. It is made up of "spin packets" resonating at different frequencies ω_i. A spin packet is composed of a group of electrons exposed to the same local field as dictated by the spin orientations of the neighboring nuclei. The line width of each spin packet is given by $1/T_2$ whereas the total line width is commonly designated by $1/T_2^*$.

Fig. I-6. An inhomogeneously broadened line.

What are the consequences of inhomogenous broadening on the observed EPR parameters? First, the line shape is altered. If the electron interacts with a large number of nuclei, the envelope of the line will be given by a Gaussian distribution* $\sim \exp -0.69(\omega - \omega_0)^2 T_2^{*2}$ instead of the Lorentzian distribution predicted by the Bloch equation (see Eq. I-19).

Second, the saturation behavior is altered. In an inhomogenously broadened line, each spin packet saturates independently of the others. The fractional decrease in χ'' at resonance and off resonance will therefore be the same, i.e., the line will not broaden upon saturation (compare this with the behavior of homogenous lines discussed in Sec. C-2). Portis (1953) has shown that at resonance the saturation parameter for an inhomogenously broadened line is given by $[1 + (\gamma H_1)^2 T_1 T_2]^{-1/2}$ instead of $[1 + (\gamma H_1)^2 T_1 T_2)^{-1}$ as obtained for homogenously broadened lines.

E The Electron Nuclear Double Resonance (ENDOR) Technique

Suppose that we are dealing with a "meager" EPR spectrum composed of one single inhomogenously broadened line without structure. In this case the rich information contained in the values of the hyperfine coupling constants is "hidden" within the observed line width. The question arises: is all this valuable information lost or can it be retrieved under certain circumstances by some appropriate experimental procedure? The answer, fortunately, is that the information is not lost and the technique which allows one to determine the hyperfine interactions under these conditions is called ENDOR (Feher, 1956, 1958). In this double resonance technique one observes the EPR signal under conditions of partial saturation while an auxiliary radio frequency field (at right angles to H_0) is applied. When the frequency of the radio frequency field equals the hyperfine interaction energy, the amplitude of the EPR signal changes. The way this comes about is illustrated in Fig. I'-7, where for simplicity a system with $S = \frac{1}{2}$, $I = \frac{1}{2}$ was again chosen. The magnetic field is set to the proper value to observe the microwave transitions $\hbar\omega_e$ as indicated by the arrow. The amplitude of the signal due to these transitions is proportional to the difference in populations in levels A and A'. If we partially saturate this resonance (by increasing the microwave field), the population difference will be dimished and the signal reduced. By inducing the nuclear transitions $\hbar\omega_N^+$ and $\hbar\omega_N^-$ (see Fig. I-7), the population difference in AA' is altered and a change in the electron signal is observed. One can view the ENDOR transition $\hbar\omega_N^-$ as providing a connecting link between levels B' and A', i.e., some of the population of B' will be infused into the A' level which had been depleted by the microwave saturation.

* This is due to the fact that the amplitude of a spin packet at ω_i is proportional to the number of possible ways of arranging the nuclei to produce a given local field at the electron. The number of nuclear configurations satisfying this condition falls off as a Gaussian from the center of the resonance line.

.The change in the EPR signal described above is of a transient nature since the microwave will resaturate the $\hbar\omega_e$ transitions. In order to obtain a steady-state change in the absorption of the microwave power, one has to change the effective relaxation time T_1, i.e., the saturation parameter. This can be accomplished by providing a parallel path through which the electrons can relax. An example is shown in Fig. I-7, where T_x represents a spinlattice relaxation path* which is ineffective in relaxing the levels AA'

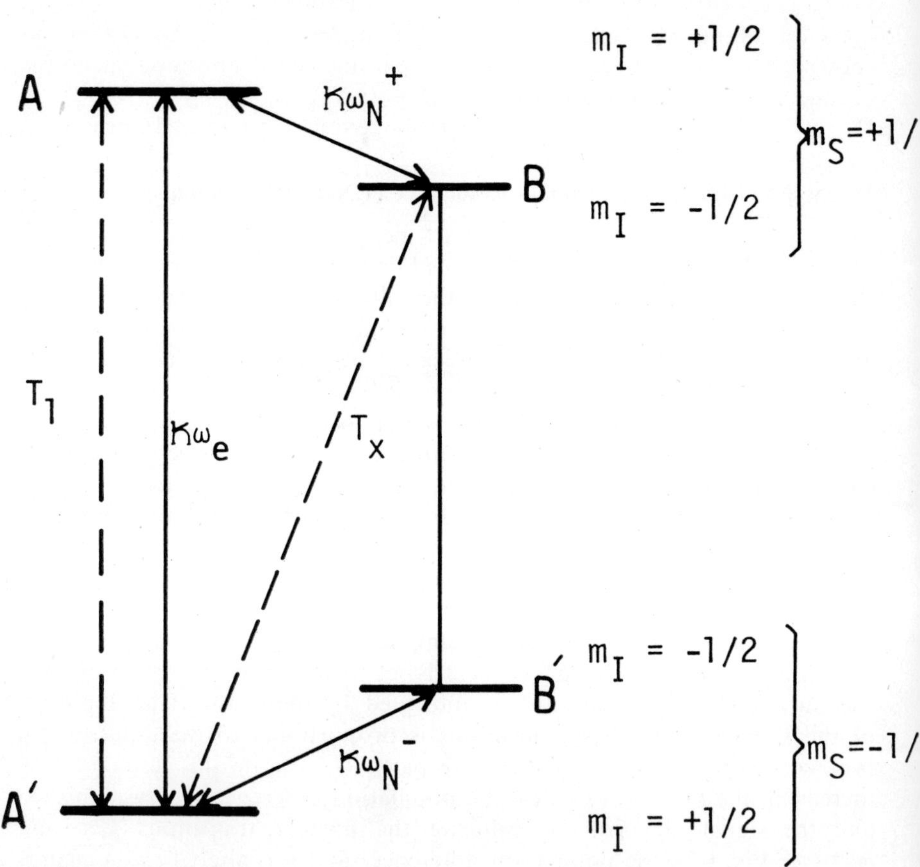

Fig. I-7. Energy levels of a system with $I = {}^1/_2$, $S = {}^1/_2$. The monitoring EPR transition occurs at $\hbar\omega_e$ and the two ENDOR transitions at $\hbar\omega_N^+$ and $\hbar\omega_N^-$. Dotted lines represent transitions due to spin-lattice relaxation processes.

* T_x represents an electron-nuclear "flip-flop" process, e.g., the electron flips from up to down and the nucleus from down to up with no net change in the angular momentum of the system. A relaxation process connecting levels A and B' would involve a change of two units of angular momentum and is therefore not allowed.

directly. The $\hbar\omega_N^{\pm}$ transitions provide the link in making T_x an effective relaxation process for the $\hbar\omega_e$ transitions, thereby shortening T_1 and increasing the observed EPR signal.

In the simple system described above, one will observe two ENDOR transitions at frequencies given by

$$\hbar\omega_N^+ = A/2 - g_N\beta_N H_0$$

$$\hbar\omega_N^- = A/2 + g_N\beta_N H_0 \qquad \text{(I-25)}$$

where the term $g_N\beta_N H$ arises from the nuclear Zeeman term (see Eq. I-23). The two transitions will be spaced by $2g_N\beta_N H$. Since $g_N\beta_N$ is known for all stable nuclei, the spacing serves as a "fingerprint" in identifying the nuclear species giving rise to the hyperfine interaction.†

Let us now return to the inhomogenously broadened line. Its main characteristic is that the individual spin packets do not "communicate" with each other and can therefore be saturated separately. If one saturates the line at ω_i, the rest of the line will stay unsaturated, as shown in Fig. I-8. We can now treat the hyperfine interactions as if they were resolved, like in

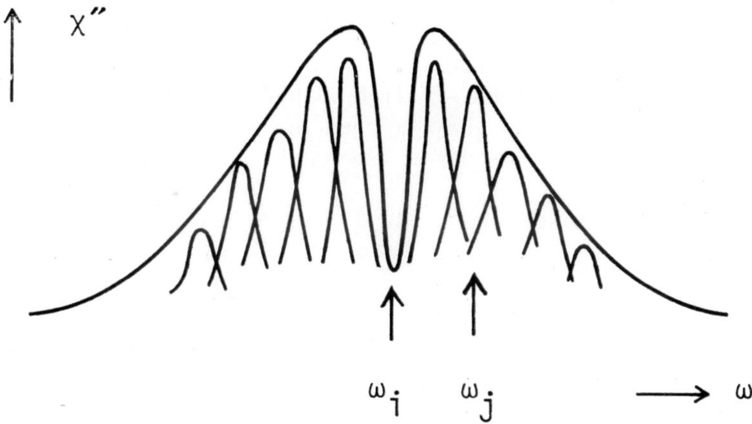

Fig. I-8. Inhomogeneously broadened line saturated at frequency ω_i.

Fig. I-7. Consider, for example, the spin packet resonating at ω_j. If we apply an external radio frequency field corresponding to the energy difference between ω_i and ω_j, then either the spin packet is shifted from ω_j to ω_i (see arrows in Fig. I-8) or the effective relaxation time of the spin packet ω_i

* Alternately, this property of ENDOR has been used to determine the nuclear moments of radioactive or rare nuclei (e.g., P^{32}, Ni^{61}, Fe^{57}). Since in this method one uses the EPR line to detect an NMR transition, ENDOR is many orders of magnitude more sensitive than straight NMR.

is changed, as explained before. Either process will produce an enhanced EPR signal at ω_i.

Besides the two simple ENDOR mechanisms explained above, there are others that have been considered to operate (Lambe, *et al.*, 1961). It is probably fair to say at this stage that the details of the ENDOR processes are very complex and difficult to calculate. The basic difficulty arises from the fact that one is dealing with a multilevel system with different relaxation rates operating between different levels*. It is fortunate that we are dealing with a spectroscopic technique which contains the bulk of the information in the *frequency* of the transitions rather than in their amplitudes.

The main advantage of ENDOR lies in the fact that its frequency resolution can be up to three orders of magnitude higher than that of straight EPR. However, even in cases where no improved resolution is to be expected, i.e., in a set of homogenously broadened hyperfine lines, ENDOR offers an advantage in simplifying the observed spectrum. The reason is that all equivalent nuclei give the same two ENDOR transitions (one corresponding to the electron pointing parallel to H_0 and the other antiparallel). If there are k classes of equivalent nuclei, only $2k$ ENDOR lines will be observed. In the example of triphenylphenoxyl cited earlier, there will be 14 ENDOR lines as compared with 4050 EPR transitions (Hyde, 1967).

The ENDOR method has been applied successfully to many inorganic crystals to obtain detailed "maps" of the electronic wavefunction of paramagnetic centers (e.g., Feher, 1959; Holton and Blum, 1962). More recently, Hyde and his collaborators have applied the method to free radicals in liquids (Hyde & Maki, 1964; Hyde, 1965) and to biomolecules (Ehrenberg, *et al.*, 1968).

Let us briefly consider some of the difficulties that may arise in applying ENDOR to paramagnetic centers and the conditions required to overcome them. One difficulty arises from the presence of spin diffusion (i.e., "crosstalk" between spin packets) which makes it difficult to saturate one part of the line without affecting the other parts. The detrimental effect of the spin diffusion is eliminated if the spin-lattice relaxation time T_1 (which tends to return the neighboring spin packets to their thermal equilibrium) is shorter than the characteristic diffusion time (which tends to saturate the neighboring spin packets). Since spin diffusion is usually a temperature-independent process whereas T_1 decreases with increasing temperature one will have an optimum temperature range for the ENDOR experiment. If T_1 becomes too short, the radio frequency power has to be very high. In fact, the approximate conditions for the observation of ENDOR are:

$$(\gamma_e H_1)^2 \gg 1/T_1 T_2 \qquad\qquad \text{(I-26)}$$

$$(\gamma_e H_1)^2 \approx (\gamma_N H_2)^2 \qquad\qquad \text{(I-27)}$$

---

* An additional complication arises from the fact that in many systems, there is some communication beetween ω_i and ω_j, i.e., a spin diffusion process takes place.

where H_2 is the amplitude of the radio frequency field (the rest of the symbols were defined before).

The first condition simply says that the EPR line must be saturated (see Sec. I-C-2). The second condition indicates that if one wants to de-saturate the EPR line the rate of inducing nuclear transitions $(\gamma_N H_2)^2$ must be comparable to the rate at which the EPR line is re-saturated $(\gamma_e H_1)^2$. As an example, let us take $T_1 \simeq T_2 \simeq 10^{-6}$ sec and $\gamma_N \simeq 10^4$ rad gauss^{-1}. From Eqs. (I-26) and (I-27) we obtain the required amplitudes $H_1 \approx 0.1$ gauss and $H_2 \approx 100$ gauss. Hyde (1965) has described a pulsed high power ENDOR spectrometer capable of producing radio frequency amplitudes of the above order of magnitude.

Another difficulty arises from anisotropic hyperfine interactions. In a sample where the paramagnetic centers are randomly oriented (e.g., poly-crystalline), the anisotropy will broaden the ENDOR lines thereby possibly reducing their amplitude below the level of detectability. This situation may be greatly improved if the EPR line itself is very anisotropic. Under these circumstances, the EPR resonance condition will automatically select molecules with a particular orientation with respect to the external magnetic field. The ENDOR experiment will therefore be performed on an essentially oriented set of molecules (Hyde, 1967).

We have mentioned above the "level of detectability"—a very important consideration in EPR measurements. We shall briefly consider that topic in the following section.

F Experimental Detection of EPR

The experimental techniques used to observe EPR signals have reached a high degree of sophistication to which justice cannot be done in such a short presentation as this (for details, consult, for instance, the book by Poole, 1967). We shall content ourselves here with discussing the principles of operation of a simple EPR spectrometer, pointing out its basic building blocks and estimating the minimum number of paramagnetic electrons that can be detected.

The block diagram of a simple spectrometer is shown in Fig. I-9. The microwave source (usually a klystron tube) feeds energy into a magic-T which can be considered to be the microwave analog of a Wheatstone bridge. Arm 1 of the bridge is terminated by a resonant cavity which enhances the microwave field H_1. The paramagnetic sample is placed into the region of maximum H_1, inside the cavity which, in turn, is situated in the external magnetic field H_0. The microwave field reflected from the cavity combines with the field from arm 2 and passes into arm 3 (see arrows in Fig. I-9) where it is detected. By adjusting the phase shifter and attenuator

18

in arm 2, one can detect either the in-phase (χ') or out-of-phase (χ'') component of the susceptibility.

From the point of view of noise (in particular, low-frequency noise), it is usually better to process a.c. rather than d.c. signals. For this purpose, the magnetic field H_0 is equipped with auxiliary coils which permit the modulation of the magnetic field by a small amount $H_M \cos \omega_M t$ (modulation

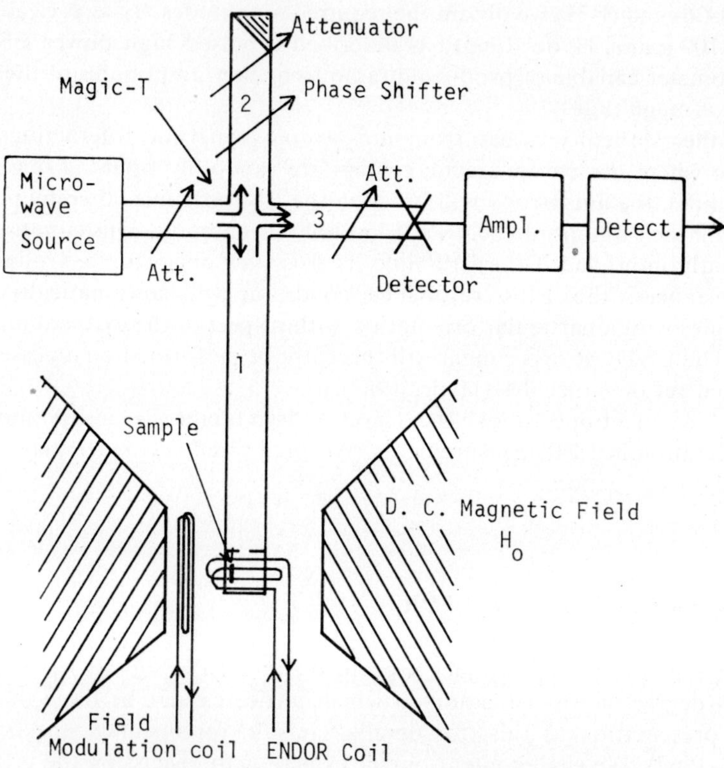

Fig. I-9. The basic components of an EPR Spectrometer.

frequencies $\omega_M/2\pi$ between 10 Hz and 10^6 Hz have been used by various workers). The signal at ω_M is then amplified and detected. If the modulation amplitude H_M is smaller than the line width $1/T^*$, the output of the spectrometer will be proportional to the *derviative* of χ' and χ''. This is the usual mode of operation of spectrometers and therefore all experimental curves that you will see in subsequent lectures (with the exception of Figs. II-14 and III-8) will be derivatives of curves like the ones shown in Fig. I-3.

Let us now briefly consider the operation of the spectrometer and estimate the minimum number of paramagnetic spins that can be detected. When the magnetic field is varied* to satisfy the resonance condition, power will be absorbed from the microwave field H_1. As a consequence the microwave field reflected from the cavity will experience a reduction in amplitude (associated with χ'') and also a phase shift (associated with χ'). The sensitivity of the spectrometer is then determined by how small a power absorption (or phase shift) one is able to detect when traversing a resonance.

Since we have derived expressions for the power absorption and phase shifts (see Eqns. I-18, I-19), it is a straightforward exercise to calculate the expected signal strength. It is, of course, not the strength of the signal that matters (one can always add another amplifier), but it is the signal to noise ratio that counts. The inherent noise of the system that can never be overcome arises from thermal "kT fluctuations." Equating the signal with this inherent noise, one obtains an expression (e.g., Feher, 1957) for the minimum detectable susceptibility per unit volume χ''_{MIN}

$$\chi''_{\mathrm{MIN}} = \frac{1}{Q_0 \eta \pi} \left(\frac{kT\Delta\nu}{2W} \right)^{1/2} \tag{I-28}$$

where Q_0 is the quality factor of the cavity, W the incident microwave power, k, Boltzmann's constant (1.4×10^{-16} erg deg^{-1}), $\Delta\nu$ the bandwidth of the receiver,† η is the filling factor which depends on the geometry of the cavity and sample and is given approximately by the ratio of sample to cavity volume ($\eta \approx V_s/V_c$).

Let us take a simple numerical example: $Q_0 = 5 \times 10^3$; $W = 10^{-2}$ Watts $\Delta\nu = .1$ Hz, $T = 300°$K. For this case we obtain from (I-28) a minimum detectable susceptibility $\chi''_{\mathrm{MIN}} V_s \approx 2 \times 10^{-14}$. In order to translate this into a minimum number of electrons, we assume a non-saturated resonance line with a width of $\simeq 2$ gauss at a resonance field of 3000 gauss (i.e., $\omega/\Delta\omega = 1.5 \times 10^3$). With the aid of Eqs. (I-12) and (I-19), we then obtain for the minimum number of detectable centers $N_{\mathrm{MIN}} \approx 10^{10}$. In practice, because of other noise sources that have been neglected, one does nowadays (routinely) about one order of magnitude worse than calculated for the idealized case above.

One device which is often used to bring the signal-to-noise ratio closer to the theoretical value is a signal averaging computer, commonly referred to as the "CAT" (Computer of Average Transients). It was first introduced into EPR by Klein and Barton (1963). Since the usefulness of this device and

---

* In the theoretical discussion we have always considered ω to be varied (e.g., Fig I-3). Experimentally, however, it is more convenient to vary H_0 since ω is fixed by the resonant frequency of the cavity. H_0 is, of course, related to ω_0 (i.e., $\omega_0 = \gamma H_0$) so that it does not matter which of the two is varied.

† The narrower the bandwith the smaller the fraction of the noise power that gets through but one has to collect the information for a longer time (i.e., one has to go slower through the resonance line). This is the "uncertainty relation" ($\Delta\nu\Delta t = $ constant) of experimental physics.

18*

the whole question of signal-to-noise are often misunderstood, I would like to make a few remarks about them.

The problem of signal-to-noise arises whenever the instantaneous amplitude of the noise is comparable or exceeds the amplitude of the signal. The question then is: How do we retrieve the signal under these conditions? The answer lies in the random nature of the noise. That is to say, the noise voltage will fluctuate from positive to negative values and over a period of time can, therefore, be averaged out. The signal amplitude on the other hand remains constant. Thus, we progressively gain in signal-to-noise as we increase the averaging period. Let us look at the process more quantitatively and at the averaging procedures that can be used.

The simplest averaging is done by a filter which is an electric network that passes frequencies in a certain frequency interval $\Delta \nu$.* The effective averaging period of such a filter is then given by $\tau = 1/\Delta \nu$ and the signal-to-noise in this case will be proportional to $(\tau)^{1/2} = (1/\Delta \nu)^{1/2}$ (see Eq. I-28). The time T required to scan through the resonance must, of course, exceed τ, otherwise we will average out (or distort) the desired signal.

Another way of averaging is the following: We divide the scanning time T into T/n intervals and make n scans, so that the total scanning time is the same as in the previous procedure. In order to avoid distortion of the paramagnetic resonance line, we have to choose now a time constant τ/n. The output of the scan is stored in the memory of a digital computer—the CAT. Let us see whether we gained in our signal-to-noise ratio. The noise per sweep is proportional to $(n/\tau)^{1/2}$. There are n scans that are added with random noise components to produce $(n)^{1/2}$ times the noise of a single scan, i.e., $(n)^{1/2} \cdot (n/\tau)^{1/2} = n/(\tau)^{1/2}$. The signal is added up to give n times the signal of a single scan so that the resulting signal-to-noise ratio is proportional to $(\tau)^{1/2}$. But that is the same result that we obtained for the simple network! Why then use an expensive and complicated CAT?

The reason lies in the fact that in the above analysis we used Eq. (I-28), which very often breaks down in the laboratory. In the derivation of this equation we assumed that the noise arises solely from the inherent thermodynamic fluctuations. For such a noise source the power per unit frequency interval is independent of the frequency (this is called white noise). In practice, however, the power of many noise sources is inversely proportional to frequency (this is called $1/f$ noise and occurs, for instance, in semi-

---

* The simplest network is composed of a resistor R in series with a capacitor C (see drawing). This filter passes effectively frequencies from zero up to a value given by $1/RC$.

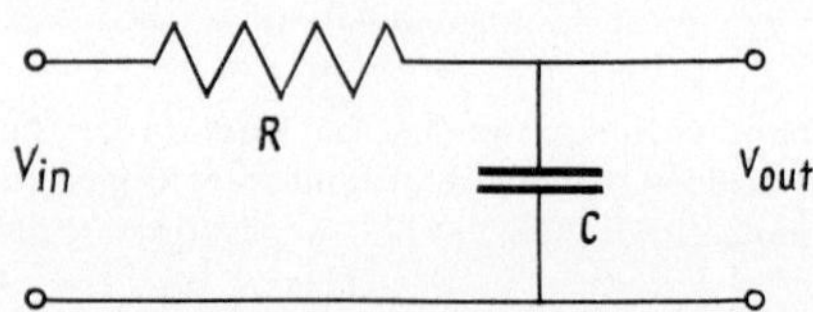

conducting rectifiers, rising helium bubbles in the waveguide, microphonics, people walking in the lab, banging doors, etc.). Under these conditions, Eq. (I-28) does not apply; and the large noise amplitudes at very low frequencies cannot be effectively filtered out by the electric network.* The effect of extreme low frequency noise exhibits itself in the experimental traces as a drift in the base line.

How does the CAT alleviate this problem? In this case each scan takes only $1/n$ of the total scan time. Therefore, slow drifts can do relatively little harm during the short time span of one scan.† On the other hand, sudden discontinuities in the base line are likely to exhibit themselves as a displacement of an entire single scan. In the addition of the scans, such D.C. offsets will do no harm since they can be subtracted out in the final read-out.

Another, practical, advantage of the CAT is based on the fact that if one particular scan is "bad" it can be taken out of the memory without affecting the rest of the scans. Connected with this point is another possible experimental situation that is very well handled by the CAT: Suppose that we are dealing with a very long filter time-constant and consequently a very slow single sweep—say, one hour. If something happens to the sample or equipment after half an hour, only one half of the trace (probably the less important half!) will be obtained. If we had been using the CAT, however, we would have accumulated half of the completed scans. This means that we would have obtained a complete trace with a signal-to-noise ratio of only $(2)^{1/2}$ times worse than after a successful onehour sweep.

In conclusion, we can therefore state that if one is dealing with a white noise source, the CAT offers no improvement. For the more commonly encountered noise sources, the CAT offers an effective improvement in signal-to-noise, as well as some practical advantages.‡

References—Section I

1. A. A. Abragam, *The Principles of Nuclear Magnetism*, Oxford University Press 1961.
2. F. Bloch, Phys. Rev. **70**, 460 (1946).
3. Bloembergen, Purcell and Pound, *Phys. Rev.*, **73**, 679 (1948).
4. W. E. Bron, and R. W. Dreyfus, *Phys. Rev.* Letters, **16**, 105 (1966).
5. A. Carrington, and A. D. McLachlan, *Introduction to Magnetic Resonance*, Harper and Row 1967.

* If, for example, most of the noise power is concentrated in a 2Hz bandwidth, then a reduction of the band pass from 20 Hz to 5 Hz will not appreciably reduce the noise power

† Formally, this comes about in the following way: The low frequency cut-off of the RC filter is at zero frequency, whereas, in the case of the CAT, frequencies lower than the reciprocal of a single scanning time (n/τ) are not effectively registered. In the latter case we are, therefore, excluding the region of the spectrum that is dominated by $1/f$ noise.

‡ We have not touched upon, in this discussion, the experimental techniques used to investigate pulsed EPR signals (see Sec. III-C3).In these mea surements, the CAT is almost indispensable.

6. Commoner, Townsend and Pake, *Nature*, **174**, 689 (1954).
7. Ehrenberg, Erikson and Hyde, *Biochim. Biophys. Acta*, **167**, 482 (1968).
8. M. Eigen, and L. de Maeyer a review in: *Investigations of Rates and Mechanisms of Reactions*, Ed. Friess, Lewis and Weissberger, Interscience Publ. Co., 1963.
9. G. Feher, *Phys. Rev.*, **103**, 500 (1956).
10. G. Feher, *Bell Syst. Tech.*, J. **36**, 449 (1957).
11. G. Feher, *Physica*, Suppl., **XXIV**, 80 (1958).
12. G. Feher, *Phys. Rev.*, **114**, 1219 (1959).
13. Feher, Shepherd and Shore, *Phys. Rev. Letters*, **16**, 500 (1966).
14. E. L. Hahn, *Phys. Rev.*, **76**, 145 (1949).
15. W. C. Holton, and H. Blum *Phys. Rev.*, **125**, 89 (1962).
16. J. S. Hyde, *J. Chem. Phys.*, **43**, 1806 (1965).
17. J. S. Hyde, and A. H. Maki, *J. Chem. Phys.*, **40**, 3117 (1964).
18. J. S. Hyde, in: *Magnetic Resonance in Biological Systems*; ed. by Ehrenberg, Malmstrom and Vangaard, Pergamon Press, 1961.
19. J. S. Hyde, *J. Phys. Chem.*, **71**, 68 (1967).
20. J. S. Hyde, to be published, (1969).
21. M P. Klein, and G. W. Barton, *Rev. Sci. Insts.*, **34**, 754 (1963).
22. Lambe, Laurance, McIrvine, and Terhune, *Phys. Rev.*, **122**, 1161 (1961).
23. S. P. McGlynn, T. Azumi, and M. Kinoshita, *Molecular Spectroscopy of the Triplet State*, Prentice-Hall, N.Y. 1969.
24. G. E. Pake, *Paramagnetic Resonance*, W. A. Benjamin, Inc., N.Y. 1962.
25. C. P. Poole, JR., *Electron Spin Resonance*, Interscience Publishers, N.Y. 1967.
26. A. M. Portis, *Phys. Rev.*, **91**, 1071 (1953).
27. E. M. Purcell, and R. V. Pound, *Phys. Rev.*, **81**, 279 (1951).
28. C. P. Slichter, *Principles of Magnetic Resonance*, Harper & Row, N. Y. 1963.
29. S. M. Wyard, *Solid State Biophysics*, McGraw-Hill, N. Y. 1969.
30. E. Zavoiski, *J. Phys. U.S.S.R.*, **9**, 221 (1945).

II EPR in Heme Proteins

Paramagnetic resonances can be observed in biomolecules that incorporate either atoms with unfilled shells or atoms with an unpaired outer electron (free radicals). In the next few lectures I will discuss biomolecules that fall into the first category. Most of these incorporate metal ions with unfilled d-shells (e.g., V, Mn, Fe, Co, Cu). However, I do not plan to survey the work done on this large number of diverse molecules. Instead, I will concentrate only on one class of these compounds: the heme proteins.

A The Role of Heme Proteins in Biology

Living systems derive their energy either from sun light (i.e., photosynthesis, to be discussed in Sec. III) or from the oxidation of foodstuff.* Heme proteins play a vital role in the energy-producing oxidation process (oxidative phosphorylation) and in the storage and transport of oxygen.

* From a broader point of view, sunlight is the ultimate source of all energy of the living world, since foodstuff molecules themselves have originally been synthetized by photosynthesis.

Let us briefly look at the energetics of the oxidation process (Lehninger, 1965; Mahler and Cordes, 1966). Oxidation means a removal of electrons or a removal of hydrogen atoms and is therefore also referred to as dehydrogenation. When a substrate is oxidized (i.e., dehydrogenated) and acting as a hydrogen donor, another entity will act as a hydrogen acceptor, i.e., it will be reduced. The usual machinery for biological oxidation involves an oxidation-reduction (donor-acceptor) couple. This process is schematically illustrated in Fig. II-1, where AH_2 is being oxidized and X reduced.

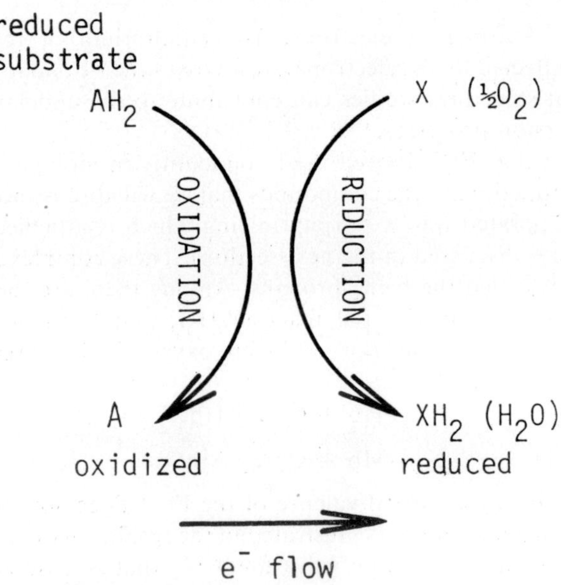

Fig. II-1. A simple oxidation-reduction couple.

If X in this example is molecular oxygen, this step would represent a direct oxidation of the substrate by oxygen (i.e., $AH_2 + \frac{1}{2}O_2 \rightarrow H_2O + A$). If the substrate is the foodstuff to be oxidized (e.g., carbohydrates, fats) such a direct single step process would proceed with a large free energy change—a burst of energy—which the biochemical machinery cannot utilize efficiently. The reason for this is that the biological energy currency is in the form of relatively small (7,000 cal/mole) packets* which represent the free energy of formation of adenosine triphosphate (ATP) from adenosine diphosphate (ADP) and inorganic phosphate. The energy-rich ATP is then utilized in all energy-requiring processes (e.g., muscle contraction, sperm mobility, active transport through membranes, the triggering of flashing fireflies, etc.). The detailed mechanism of this conversion is not understood.

---

* Compare this, for example, with a free-energy change of 686,000 cal/mole involved in the oxidation of glucose.

In order to tie efficienctly into the $ADP + P \rightarrow ATP$ conversion, the degradation of energy proceeds in a set of coupled oxidation-reduction steps. Since oxidation-reduction involves the transport of electrons, one can view this process as a flow of electrons down a potential gradient. In what ways has nature chosen to accomplish this electron "shuttling" process? Any ions that can change their valency do so by losing or gaining electrons; therefore they can be used as transient electron carriers. For instance, the reaction

$$Fe^{+++} + e^- \rightleftharpoons Fe^{++} \tag{II-1}$$

represents a shuttling of electrons. The equilibrium of reaction II-1 is enormously affected by the electronic structure of the Fe and its environment. It is here that structural studies can contribute to the understanding of the energy conversion processes.

It turns out that Fe is indeed used abundantly in biological processes to perform this function. In the compounds that we will discuss presently, the Fe atom is incorporated into a porphyrin ring which is attached to a protein (the structure is discussed in the next section). These complexes form a class of compounds called the heme proteins. Among them are the cytochromes which carry out essentially the reaction II-1, and hemoglobin (Hb) and myoglobin (Mb) which transport and store oxygen.*† Their reactions can be represented by

$$Hb + O_2 \rightleftharpoons HbO_2$$

$$Mb + O_2 \rightleftharpoons MbO_2. \tag{II-2}$$

In these reactions, the formal valence of the Fe^{++} does not change.

The role of heme proteins is illustrated in the respiratory chain in Fig. II-2. One starts with a high-energy substrate AH_2 that is oxidized in gradual steps, the last four of them with the aid of different cytochromes (their classification into, a, b, c, ... etc., is connected with their optical spectra). The energy gain per step, for instance, in the oxidation of cytochrome b and the accompanying reduction of cytochrome c_1 is utilized in the conversion of ADP to ATP (see Fig. II-2).

The different oxidative nonheme enzymes operating at the beginning of the respiratory chain will not be discussed here, although a great deal of EPR work has been performed on them. This work has been excellently reviewed by Beinert and Palmer (1965). The biochemistry of heme iron with emphasis on its magnetic properties has been discussed by A. Ehrenberg (1965). Nonheme iron proteins are covered, for instance, in the article by Tsibris, *et al.* (1968).

---

* Other substances are also used by nature for oxygen transport. Molluscs (e.g., snails), for instance, use a blue copper-containing protein called hemocyanin (the real "blue blood").

† The enzymes peroxidase and catalase, which break up hydrogen peroxide, are also heme proteins but will not be discussed here.

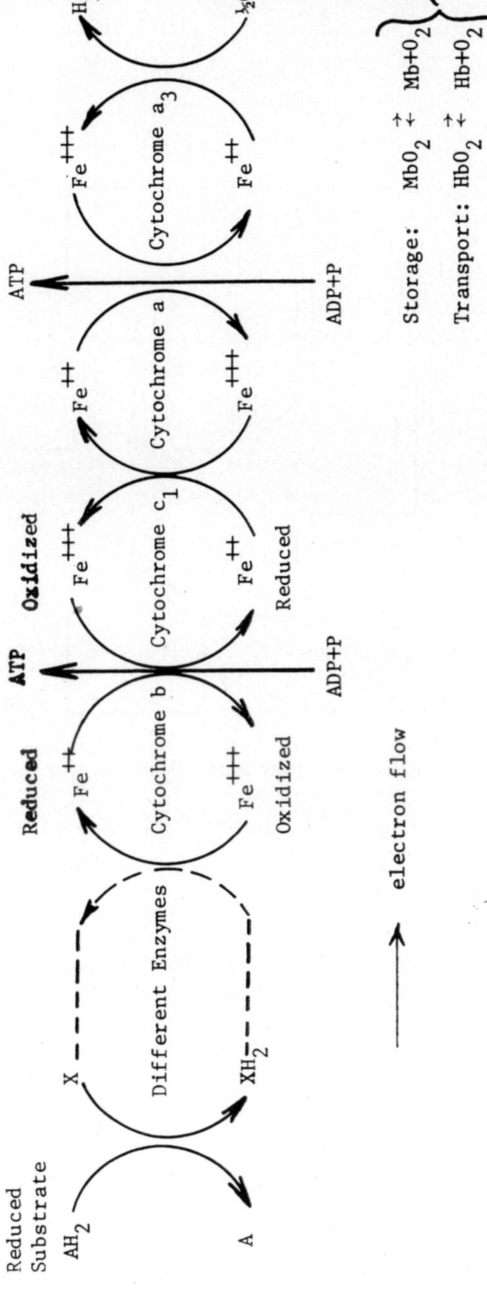

Fig. II-2. Schematic representation of the role of heme proteins in the respiratory chain. (Modified from Bennett and Frieden, 1967).

B The Structure of Heme Proteins

The prosthetic group (i.e., the business end) of the heme protein is the porphyrin ring whose structure is shown in Fig. II-3. It is a conjugated tetrapyrrole structure which has the ability to bind (chelate) a metal ion in its center.

For cytochrome c, Mb and Hb:

1, 3, 5, 8: —CH₃

2, 4: —CH=CH₂

6, 7: —CH₂—CH₂—C(=O)OH

Me≡Fe

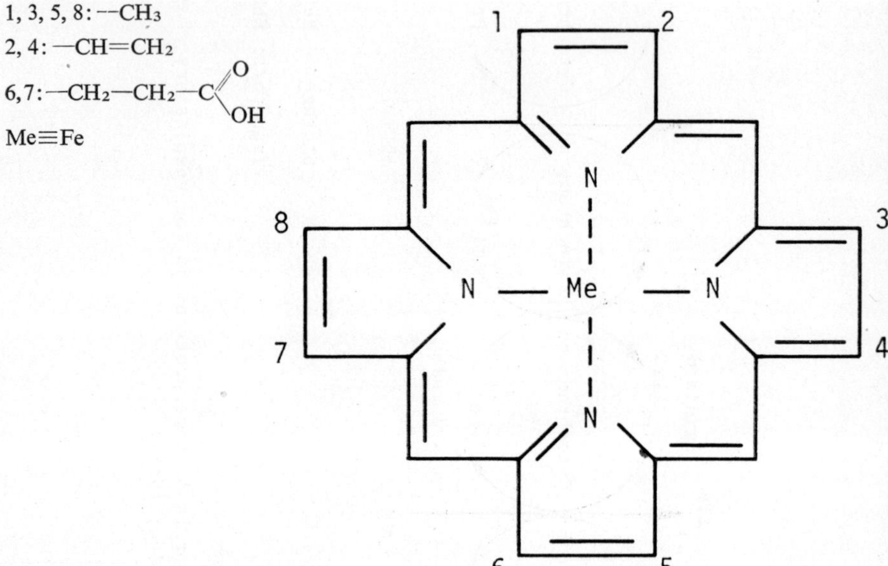

Fig. II-3. The basic structure of the porphyrin ring.

It is a ubiquitous biomolecule capable of performing diverse biological functions which depend to a large extent on the central atom. For instance, in chlorophyll the porphyrin has Mg at its center, in Vitamin B_{12} it has Co and in the heme proteins Fe.

There exists a large variety of heme proteins performing different functions (Fig. II-2 alone shows half a dozen of them). Their diverse chemical specificities depend on many factors, i.e., the substitutions at positions 1–8 (see Fig. II-3), the way the prosthetic group is bound to the protein, the structure of the protein and, finally, on the other groups (ligands*) attached to the central Fe. For example, cytochrome c, with its substitutions 1–8 as listed in Fig. II-3, is attached to a protein (M. W. = 13,000) at positions 2 and 4 via sulphur linkages with the cysteine residues of the protein. The six-coordinated Fe has 4 nitrogen ligands from the porphyrin ring (as

---

* By ligand, one means any ion or molecule attached to the central atom. The coordination number refers to the number of ligands that the central atom can accommodate.

shown in Figs. II-4,5) plus 2 nitrogen ligands from the imidazole group of the histidine residues of the protein.

Myoglobin and hemoglobin have the same groups attached to positions 1–8 as cytochrome c. They are attached to the protein, however, only by ionic bonds at positions 6 and 7 and by the imidazole group of the histidine residue at the 5th coordination site of the iron. The 6th coordination site is occupied by H_2O or O_2,* respectively. The entire three-dimensional structures of myoglobin (M. W. = 17,000) and hemoglobin (4 subunits with a total M. W. of 68,000) have been worked out by Kendrew (1962) and Perutz (1968). Part of their structure is shown in Fig. II-4 and Fig. II-5. Hemoglobin exhibits an additional interesting complication: due to the fact that it is made up of four subunits, its oxygen affinity depends on the overall degree of oxygenation. We will return to this cooperative oxygenation effect in Sec. IV.

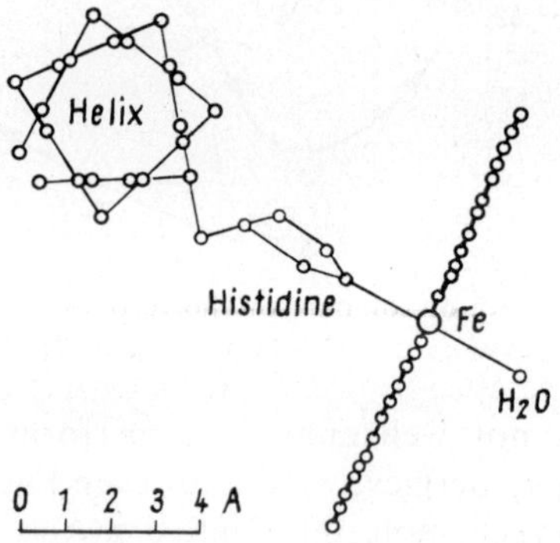

Fig. II-4. Attachment of the Heme to the polypeptide chain in Myoglobin (Kendrew, 1960)†.

Let us turn now to some of the unsolved problems in connection with the process outlined in Fig. II-2. The important biochemical problem lies in unravelling the details of the mechanisms operating in the ADP → ATP conversion and in the electron transport. One pictures the cytochromes being bound to membranes in a spatial arrangement that facilitates the sequential shuttling of the electrons along the chain. But by what mechanism? It is possible to postulate several mechanisms‡ but so far not enough is known about the structure and dynamics of these cytochrome aggregates to decide among them. The oxygenation of Hb and Mb is understood in a pheno-

---

* Incidentally, the high toxicity of carbon monoxide and cyanide is due to the fact that they block the 6th coordination site of Fe.

† *Reprinted from:* Nature, **185**, 422 (1960).

‡ For instance, conformational changes that facilitate the oxidation or reduction could propagate along the membrane and be "felt" by the cytochromes; or the conformation change of one cytochrome upon oxidation (reduction) could be passed on to the neighboring cytochrome (e.g., Chance, *et al.*, 1968).

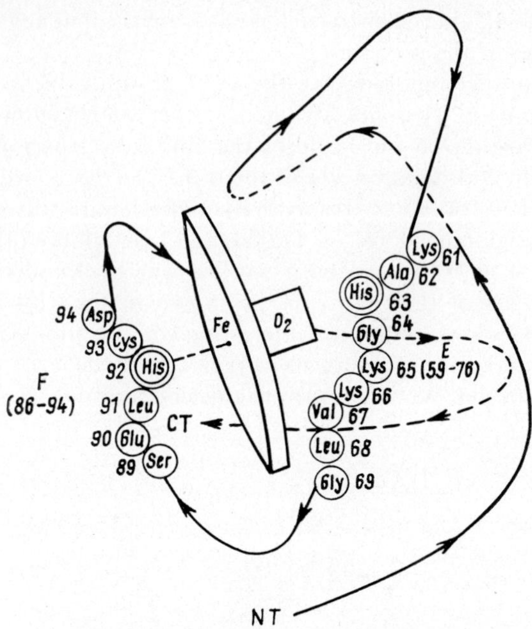

Fig. II-5. Schemitic representation of part of the tertiary structure of the β subunit of Hemoglobin (Watani, *et al.*, 1968).*

menological way but not well enough to perform calculations that will account for the binding energies; we do not even know the exact configuration of the bound oxygen molecule relative to the heme. A better knowledge of the electronic structure (wave function) of the central atom and its environment would certainly be of great help and it is just along this line that EPR can make its contribution. Once the electronic structure of the hemes has been elucidated, the next step will be to relate the structure to the function of the hemes (the relation between structure and function is a recurring theme throughout biochemistry and biology). Besides this primary goal, EPR can be used as a sensitive analytical tool to measure the oxidation states of the heme proteins, to study the kinetics of their oxidation and reduction and, as Ingram and his group have shown in their classic work, to establish the orientation of the heme plane with respect to the protein (Bennett, *et al.*, 1957).

The EPR experiments in heme proteins involve the electrons in the unfilled *d*-shell of Fe. This results in a situation that is more complicated than the free-spin case which was treated in Sec. I. We must therefore digress and discuss in the next section the principles of the crystal field theory and the spin Hamiltonian.

   * *Reprinted from:* Hirokawa Publishing Co., *Magnetic Resonance in Biological Systems,* Tokyo 1968, p. 128.

C The Crystal Field Theory

The crystal field theory had its origin with Bethe's 1929 paper but surprisingly has been applied only relatively recently (in the fifties) to chemical problems. We shall outline in this sections the main ideas underlying the theory and refer you to several books on the subject for a fuller elaboration (an excellent introductory book by L. E. Orgel, 1960, and more comprehensive treatises by J. S. Griffith, 1961, and C. J. Ballhausen, 1962).

Since we want to apply the theory to Fe, we will be conserned with d electrons in the unfilled $3d$-shell. It is just these electrons that are involved in the oxidation-reduction reactions described by Eq. II-1. A knowledge of their properties is therefore crucial in understanding the function of heme proteins. Fundamental to any discussion of the properties of the Fe ion are the electron densities, i.e., the wave functions. The angular dependence of the five orthogonal $3d$ wave functions (orbitals) is sketched in Fig. II-6. The orbitals d_{xy}, d_{xz}, d_{yz} are called t_{2g} or $d\varepsilon$ orbitals; d_{z^2} and $d_{x^2-y^2}$ are called e_g or $d\gamma$ orbitals. In the free ion the energy of all the five orbitals is the same, i.e., the ground state is fivefold degenerate. The cardinal point of the crystal field approach is that the effect of the environment (i.e., the ligands) is not the same on all d-orbitals and therefore the fivefold degeneracy is lifted.

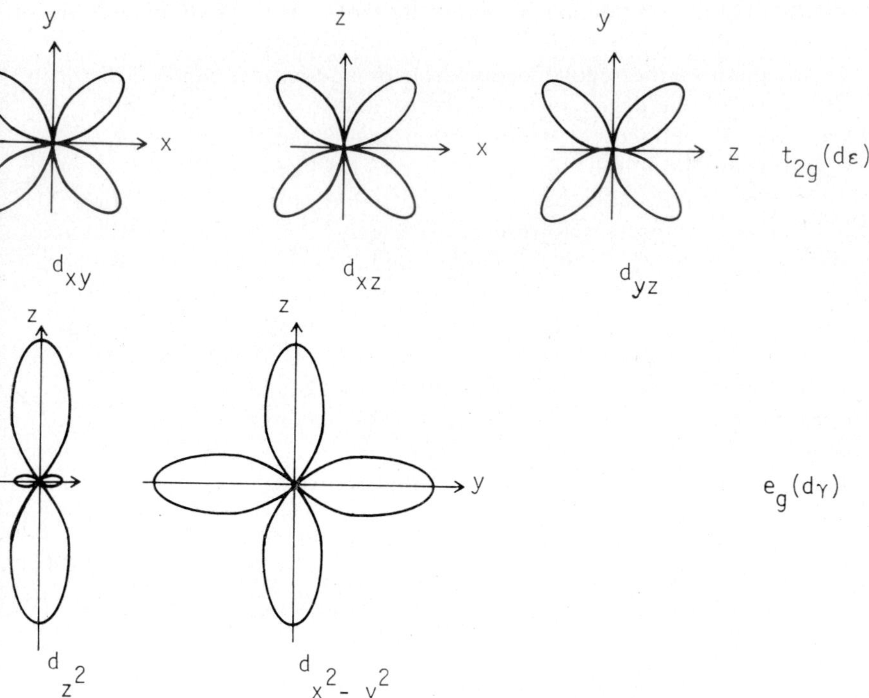

Fig. II-6. The angular part of the wave functions (orbitals) of a $3d$ electron.

The crystal field theory assumes that the paramagnetic ion resides in a crystalline electric field whose sources are point charges at the site of the ligands. This electrostatic approach can be greatly improved by considering the molecular orbitals of the ligands. The theory that deals with both the crystal field and the molecular orbitals is called the ligand field theory (Griffith and Orgel, 1957). For our qualitative discussion here the simpler crystal field theory will suffice.

The splitting of the degenerate electronic energy levels will clearly be sensitive to the symmetry of the environment. Let us choose for the environment a regular octahedron whose corners represent the negatively charged ligands. This is a first approximation to the heme problem in which the four nitrogens from the pyrrole rings and the 5th and 6th coordination of the Fe make up the six corners of the octahedron. If we place the metal ion with its d electrons into the center of the octahedron (see Fig. II-7), the origin of the splitting becomes immediately clear. The three t_{2g} orbitals (d_{xy}, d_{xz}, d_{yz}) are all avoiding the negative corners of the octahedron, whereas the e_g orbitals (d_{z^2} and $d_{x^2-y^2}$) are pointing straight at the negative charges. This will cost them a large Coulomb repulsive energy and they will consequently lie higher in energy. The energy difference between the t_{2g} and e_g oribitals* is called the crystal field splitting parameter Δ. Its value depends on the compound; in hemes it is of the order of magnitude of 10^4 cm^{-1}.

If one disturbs the regular octahedron by adding a tetragonal distortion (see Fig. II-7c) the degeneracies of the t_{2g} and e_g orbitals are further split. This is due to the fact that the distortion has moved the charges away from the central ion along the z-direction, thereby reducing the respulsive energy between the charges and the orbitals that point along the z-direction. One would expect therefore a lowering of the energy of the d_{z^2} orbital, and a splitting off of the d_{xy} orbital.† The d_{xz} and d_{yz} orbitals remain degenerate. By introducing a rhombic distortion (see dotted arrows in Fig. II-7c) the x and y axes are no longer equivalent and the d_{xz} and d_{yz} orbitals are split.

Having established the order of the energy levels, one has to decide next how to distribute the electrons among them. Is it energetically advantageous to put one electron into each orbital, thereby maximizing the total spin, or to put two electrons with opposite spin into each orbital, thereby minimizing the spin of the system? In the case of the free ion, it pays, because of the

---

* From the symmetry of the situation, it is clear why the t_{2g} orbitals are degenerate. It is not so obvious why the d_{z^2} and $d_{x^2-y^2}$ orbitals remain degenerate. We note, however, that the d_{z^2} orbital can be written as a sum of $d_{z^2-y^2}$ and $d_{z^2-x^2}$ orbitals, each of which is equivalent to the $d_{x^2-y^2}$ orbital. It is therefore plausible that the sum, i.e., d_{z^2} will also be equivalent to $d_{x^2-y^2}$.

† It does not follow from the simple crystal field theory that the d_{xy} orbital lies lower than the d_{xz} and d_{yz} orbitals. The more elaborate ligand field theory has to be applied to this problem (Griffith, 1961).

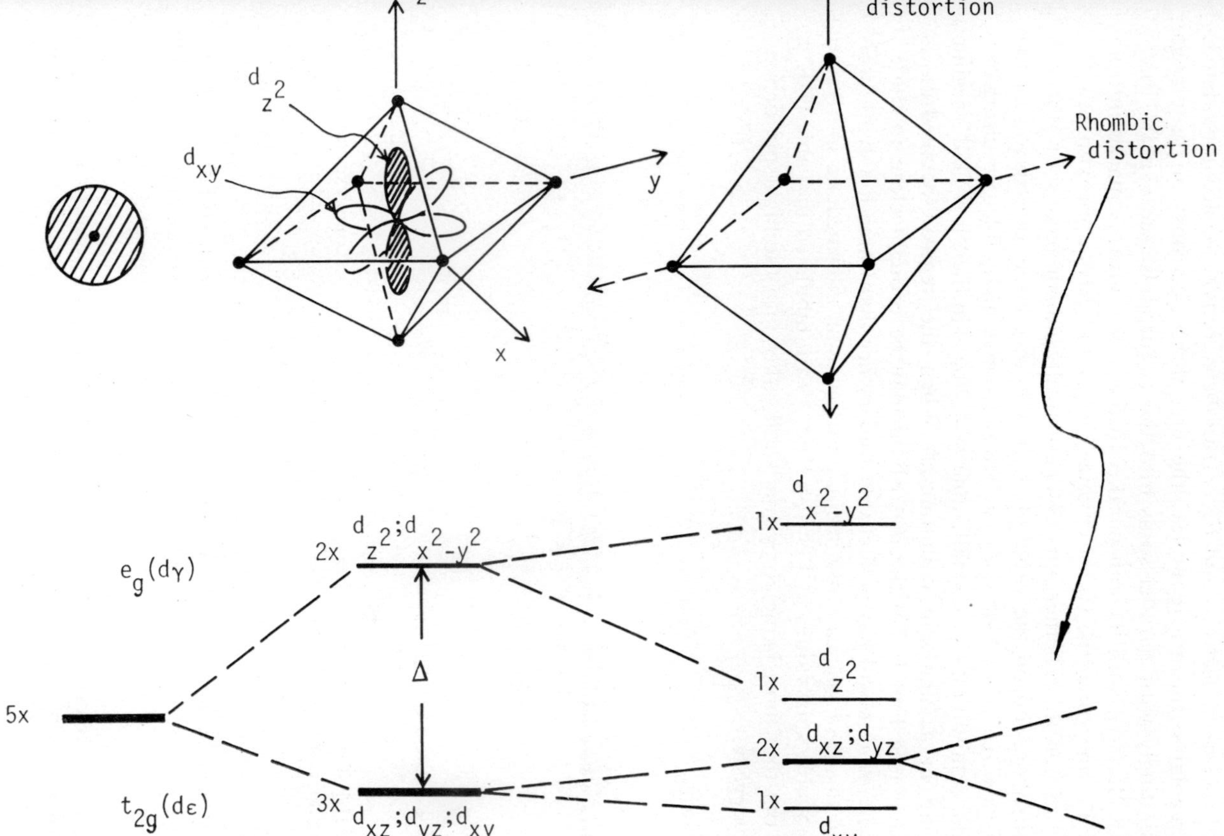

Fig. II-7. The effect of the crystal field on the energy levels of *d*-orbitals: (a) Free metal ion (spherical symmetry), (b) Octahedral environment, (c) Octahedron with tetragonal distortion. Note that the d_{z^2} orbital points directly at the negative charges, whereas the d_{xy} orbital is avoiding them. The resulting energy difference is denoted by Δ.

exchange energy,* to maximize the total spin (Hund's rule). Let us discuss what happens when the ion is no longer free.

Fe^{++} has six d-electrons and Fe^{+++} five d-electrons to be accommodated. In a regular octahedral complex, the first three electrons can be placed unhesitatingly with parallel spins into the t_{2g} orbitals (see Fig. II-7b). If the 4th electron, with its spin parallel to the other three, is placed into an e_g orbital one gains the spin exchange energy but pays approximately the energy Δ for it. Whether this is energetically advantageous or not will obviously depend on the value of Δ. If Δ is very large, one speaks of the "*high-field*" case in which the t_{2g} orbitals are maximally filled resulting in a *low-spin* compound. For a small value of Δ, one is in the "low-field" regime resulting in a high-spin compound.† When the regular octahedron is distorted (see Fig. II-7c) the d_{z^2} orbital may be brought close to the t_{2g} orbitals and one will have effectively four rather than three low-lying orbitals. In this case, one can obtain complexes with an intermediate spin value. The possible spin values of Fe^{++} and Fe^{+++} are tabulated in Table II-1. It turns out that most heme compounds fall either into the high-spin or low-spin category.

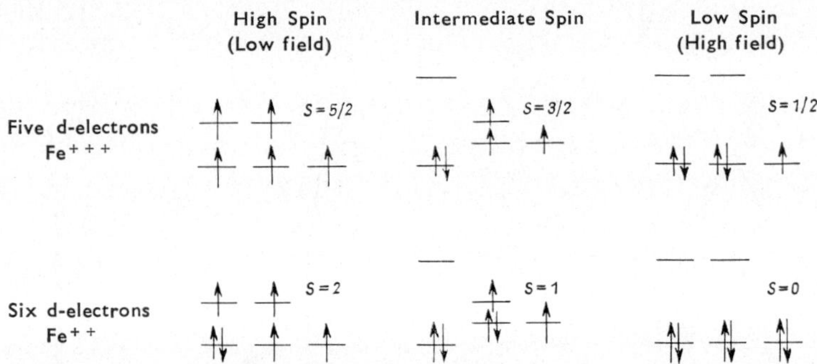

TABLE II-1. Tabulation of possible spin values of Fe^{++} and Fe^{+++} complexes. In a regular octahedral complex either the low-spin or high-spin case prevails. Intermediate spins can occur in a distorted octahedron (see Fig. II-7).

It should be noted that there is another way in which an effective intermediate spin may be obtained. If the energy difference between the high-spin and low-spin compound is small (of the order of kT), one may get an equili-

---

* This is a consequence of Pauli's exclusion principle which states that equivalent electrons with spins pointing in the same direction have to be spatially separated. Their repulsion is thereby reduced, and so their energy is lowered. This is also the reason why triplet states ($S = 1$) lie lower than singlet states ($S = 0$) in the excited states of molecules.

† In the older valence band picture of Pauling, the high field case should be equated to covalent and the low field to ionic bonding.

brium thermal mixture between the two species. EPR experiments or measurements of the temperature dependence of the magnetic moment can, in principle, tell us the origin of the intermediate spin behavior.

D The Spin Hamiltonian and Energy Levels

In Section I we have used the simple Hamiltonian $\mathscr{H} = -g\beta\bar{S}\cdot\bar{H} \simeq -2\beta\bar{S}\cdot\bar{H}$ (Eqs. I-1, I-2) and a slightly more complicated one in the presence of an isotropic hyperfine interaction (Eq. I-23). In dealing with a paramagnetic ion embedded in a crystal field, these simple Hamiltonians are inadequate. In this section we want to discuss the modifications that need to be made in order to represent the more complicated crystalline situation.

The straightforward approach to the problem would be to express all the interactions of the electron in terms of Hamiltonian operators and solve the Schrödinger equation to get the energies and wave functions. This generalized approach encounters formidable mathematical difficulties and one is forced to treat the various interactions by perturbation theory. Detailed discussions of the different interactions (e.g., interactions with the crystal field, spin-orbit interaction, spin-spin interaction, and the interaction with the external magnetic field) and their treatment are given, for instance, by Bleaney and Stevens (1953) and by Pake (1962).

In EPR experiments one is interested in the interaction of the electron with the external magnetic field H_0. The Hamiltonian representing this interaction is made up of an orbital part and a spin part as given by:

$$\mathscr{H} = \beta(\bar{L} + 2\bar{S})\cdot\bar{H}_0. \tag{II-3}$$

The magnetic moment is obtained by evaluating the expectation value of the operator $(\bar{L} + 2\bar{S})$. Naively, one might think that for a d-electron ($L = 2$), the magnetic moment will arise to a large extent from the orbital contribution. In fact, it turns out that in an appropriate crystal field the computed expectation values of L_x, L_y, L_z are zero, i.e., the orbital moment is *quenched* and only the spin moment remains. Let us see qualitatively how this "mysterious" quenching comes about.

The 5 separate d-wave functions depicted in Fig. II-6 do not possess an angular momentum by themselves. They can be viewed as standing waves pointing in certain directions. In order to imbue them with an angular momentum, we need rotating (travelling) waves. These can be obtained by forming a linear combination of the wavefunctions (e.g., $d_{xy} + id_{x^2-y^2}$). But a meaningful linear combination can be formed only between degenerate

19

wave functions. If, therefore, the crystal field splits the degeneracy, linear combinations can no longer be formed—the orbital angular momentum is quenched.*

When the spin-orbit interaction is introduced as an additional perturbation† a small amount of orbital angular momentum is mixed in with the spin (a small unquenching is introduced). The orbital part is affected by the crystal field; consequently, the admixture will depend on the direction of H_0 with respect to the crystal axes. The magnetic moment of the electron will therefore be anisotropic. Since the magnetic moment $\bar{\mu}$ is related to the spin $\bar{S}$ by the electronic g value (Eq. I-1), we can think of g as a tensor with its principal values g_x, g_y, g_z. Actually, because of the orbital admixture the wave functions do not represent pure "spin up" and "spin down" states. It is, nevertheless, convenient to speak of a definite spin S (in multiples of 1/2). This spin, in effect, is a fictitious spin to which one tries to relate the magnetic properties of the system. The Hamiltonian which makes use of these ideas is called an effective spin Hamiltonian (Abragam and Pryce, 1951) in which the Zeeman term can be written as

$$\mathscr{H}_z = \beta(g_x S_x H_x + g_y S_y H_y + g_z S_z H_z) \tag{II-4}$$

Similarly the hyperfine interaction can be anisotropic and represented by‡

$$\mathscr{H}_{hf} = A_x I_x S_x + A_y I_y S_y + A_z I_z S_z. \tag{II-5}$$

If one goes to a higher order of perturbation additional terms containing higher powers of the spin operator (e.g., S^2, S^4 ...) are added to the spin Hamiltonian. We can write then the effective spin Hamiltonian in the general

---

* To clarify this picture, consider the following optical analogy: Linearly polarized light oscillating in the x-direction, i.e , $A_x = A_0 \sin \omega t$, will have no rotation (i.e., no angular momentum) associated with it. If it is combined with another linearly polarized light beam oscillating in the y-direction at the same frequency but 90° out of phase, i.e., $A_y = A_0 \sin(\omega t \pm \pi/2)$, the resulting A vector will rotate at a frequency ω. This A vector describes circularly polarized light with an angular momentum whose sign depends on the sense of polarization (i.e., whether A_y leads or lags behind A_x). If the frequency of the y-component is changed by an amount $\delta\omega$ the resulting vector switches from one sense of rotation to another at a rate $\sim\delta\omega$. (Since A_y switches from leading to lagging at this rate). The average sense of rotation, i.e., the angular momentum, is therefore zero. Thus, we see that when A_x and A_y are degenerate in frequency, an angular momentum is obtained. When this degeneracy is lifted, the average angular momentum goes to zero. (In the case of wave functions we have talked about energies rather than frequencies, but these two quantities are of course related by $E = \hbar\omega$.)

† The spin-orbit interaction term in the Hamiltonian is of the form $\lambda \bar{L} \cdot \bar{S}$, where λ is called the spin-orbit coupling coefficient. Physically, it arises from the interaction of the electron spin with the magnetic field associated with the angular momentum of the electron.

‡ The principal axes of the g-tensor and hyperfine tensor are usually colinear, although, in general, they need not be.

form*

$$\mathscr{H} = \beta(g_x S_x H_x + g_y S_y H_y + g_z S_z H_z) + D' S_z^2 + E' S_x^2 + F' S_y^2 + \ldots \quad \text{(II-6)}$$

$$= \beta(g_x S_x H_x + g_y S_y H_y + g_z S_z H_z) + D[S_z^2 - 1/3 S(S + 1)] +$$

$$+ E[S_x^2 - S_y^2] + \ldots \quad \text{(II-7)}$$

In trying to simplify the Hamiltonian (i.e., to minimize the number of constants), we are greatly aided by the symmetry of the crystal field. For example, let us consider Eq. II-7 and impose the condition of axial symmetry (i.e., the x and y directions are equivalent). Under these conditions, E must be zero and $g_x = g_y$ can be written as $g \perp$, and g_z as $g\|$. Equation II-7 then simplifies to:

$$\mathscr{H} = \beta[g \| S_z H_z + g \perp (S_x H_x + S_y H_y)] + D[S_z^2 - 1/3 S(S + 1)]. \quad \text{(II-8)}$$

Phenomenologically we can view the spin Hamiltonian as a polynomial in the spin operators that reflects the symmetry of the crystal lattice. From an experimentalist's point of view the spin Hamiltonian provides a convenient framework for quoting the experimentally determined parameters $g_x, g_y, g_z,$ A_x, A_y, A_z, D, E, etc. It is up to the theoretician to correlate the values of these parameters with the electronic structure of the paramagnetic ion.

Having determined the spin Hamiltonian, the next task is to obtain the energy levels from it in order to predict and interpret the EPR transitions. As an example: Ingram and his coworkers (Bennett, *et al.*, 1955) observed the first EPR signal from heme proteins (Hb and Mb). They found that the g-tensor has axial symmetry with $g_x = g_y = g \perp \simeq 6$ and $g\| \simeq 2$. This remarkably large g-value was explained by Griffith (1956) by assuming that D in Eq. II-8 is much larger than the quantum of the microwave energy $\hbar\omega$ used in the EPR experiment. Let us see how this comes about:

Consider the case of Fe^{+++} in a weak axial crystal field, i.e., $S = 5/2$ (see Table II-1). In the absence of an external magnetic field the Hamiltonian becomes $\sim DS_z^2$. Quantizing the spin along the z-axis the energies are

$$W = Dm_S^2 \text{ with } m_S = \pm 5/2, \pm 3/2, \pm 1/2. \quad \text{(II-9)}$$

If the magnetic field points along the z-axis the quantization along the crystal axis is not disturbed and the new energies in the presence of the magnetic field are given by:

$$W = 2\beta H m_S + Dm_S^2. \quad \text{(II-10)}$$

If the magnetic field points perpendicularly to the z-axis and $D/\beta g H \gg 1$, one can show (by solving a 2×2 matrix) that the lavels $m_S = \pm 5/2$ and $m_S = \pm 3/2$ do not split to first order, whereas the $m_S = \pm 1/2$ splits with an

---

* Equation II-7 was obtained from II-6, by writting $E' S_x^2 + F' S_y^2 = 1/2(E' + F')$ $(S_x^2 + S_y^2) + 1/2(E' - F')(S_x^2 - S_y^2)$ and using the relation $S_x^2 + S_y^2 + S_z^2 = S(S + 1)$. Upon substituting $E = 1/2(E' - F')$ and $D = D' - 1/2(E' + F')$ and subtracting the constant term $[(1/3) D + 1/2(E' + F')] S(S + 1)$, eq. II-7 is obtained.

19*

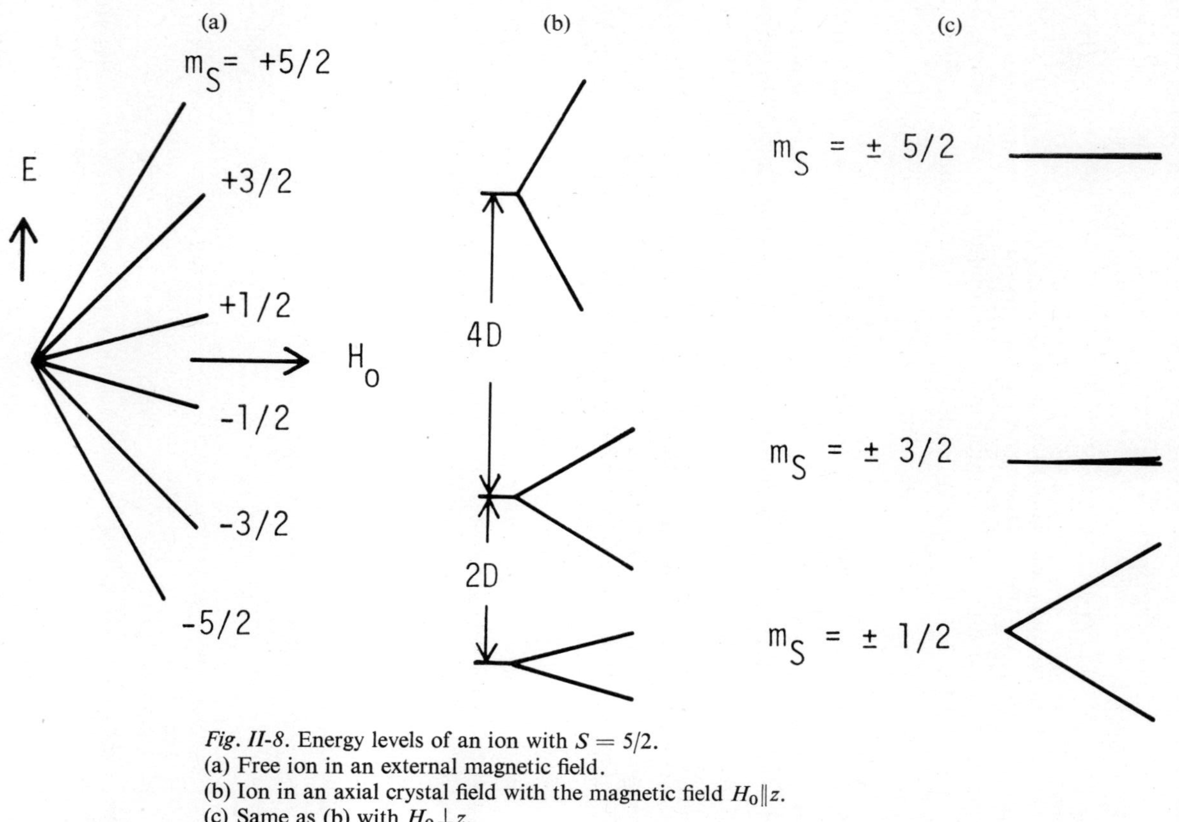

Fig. II-8. Energy levels of an ion with $S = 5/2$.
(a) Free ion in an external magnetic field.
(b) Ion in an axial crystal field with the magnetic field $H_0\|z$.
(c) Same as (b) with $H_0\perp z$.

effective g-value of 6* [or, in general, with a g value given by $(2S + 1)$]. This situation is illustrated in Fig. II-8.

If one adds a rhombic distortion, the value of E will no longer be zero and the Hamiltonian (II-7) has to be used. In the limiting case of a very large rhombic distortion, one can show (Castner, *et al.*, 1960; W. E. Blumberg, 1967) that the expected g value for an $S = 5/2$ ion will be isotropic with a value of 4.286† $(= 30/7)$.

This concludes the discussion of the background material needed to understand the EPR results covered in the next sections. For a more formal and detailed presentation of some of the ideas covered in this section, you can consult, besides the references already cited, a recent review article by M. Kotani (1968).

E EPR Results

A large number of papers $(\sim 10^2)$ have been published on EPR in hemes and related topics. It is impossible to cover here this material with any kind of thoroughness.‡ I will attempt instead to discuss some characteristic features that are common to all heme proteins.

---

* It might be instructive to give a qualitative "handwaving" argument concerning the origin of this remarkably high value for $g\perp$. Consider the vector diagram for a free ion with $S = 5/2$. The projection along the axis of quantization is given by the allowed m_S values. The Zeeman energy is given by $g\beta\overline{S} \cdot \overline{H}$, i.e., by the projection of S along the magnetic field. In a strong axial field such that $D \gg g\beta H_0$, the z-axis of quantization is along the crystal axis *irrespective* of the direction of the external magnetic field. This

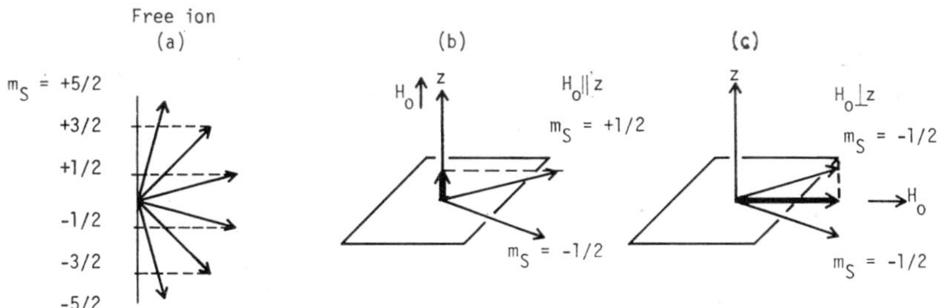

means that in the vector diagram representation the $m_S = \pm 1/2$ vectors will subtend the same angle with respect to the z-axis for $H_0\|z$ and for $H_0\perp z$ (and the same as they did in the free ion case). It is then clear from the accompanying picture that for $H_0\perp z$ the projection along H_0 is much larger than for $H_0\|z$, i.e., the Zeeman energy is larger for $H_0\perp z$. This is formally acounted for by assigning a larger value to $g\perp$.

† Note that in the case of axial symmetry, one obtains for a spin state of $S = 3/2$, a g value of 4 (i.e., $2S + 1$). Care should be taken not to confuse this $g = 4$ EPR line with the resonance from an $S = 5/2$ state in a rhombic field at $g = 4.3$. The latter is isotropic, the former is not.

‡ There seems to me to be an obvious need for an up-to-date review paper on this subject, which the present presentation clearly is not intended to be.

1 General Survey of Low and High-Spin Compounds

We have discussed in Section II-C the importance of the strength of the ligand field in determining whether the compound will have a high or a low spin. Since in heme proteins at least 5 out of the 6 available ligand sites are occupied by nitrogens, it is the 6th ligand that determines the fate of the spin state.

It has been shown by Ingram and his group (Gibson *et al.*, 1958) that H_2O and F^- are low-field ligands producing high-spin compounds, whereas OH^-, N_3^-, and CN^- are high field ligands. This classification of ligands holds for both Fe^{+++} and Fe^{++} in all hemoproteins investigated. In some cytochromes (e.g., cyt. *c*) the 6th ligand is contributed by the imidazole nitrogen from the histidine of the protein and like the N_3^- (azide) it produces a low-spin complex. The case of OH^- seems to be a little more complicated. Apparently, a pH dependent proton exchange accompanied by a change in spin state takes place (see Fig. II-9). These changes are also reflected in the optical spectrum (e.g., George, *et al.*, 1964). It is generally advantageous to combine EPR with optical spectroscopy. This is particularly desirable in the case of heme proteins since all EPR experiments are performed at low nonphysiological temperatures* (usually 77°K, or 1.3 to 4.2°K), whereas optical experiments can be performed at any temperature.

Let us summarize now the salient features of the different spin compounds (see Table II-1).

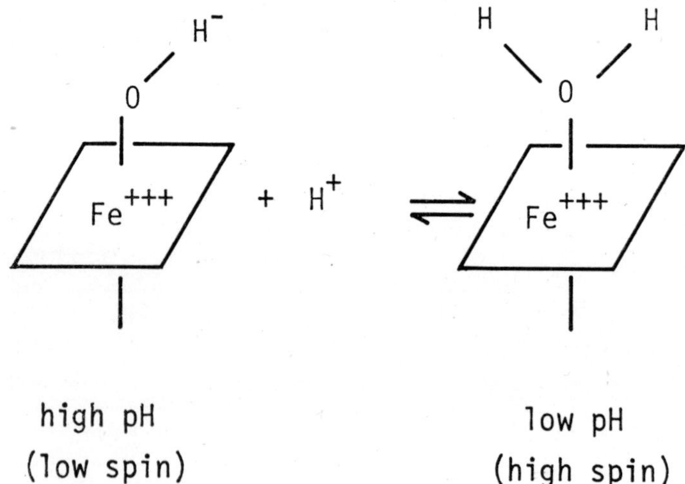

Fig. II-9. Schematic representation of the change in spin state with pH.

* The reason for this is that the temperature-dependent spin-lattice relaxation time becomes too short at room temperature. This causes an excessive broadening of the EPR lines as explained in Sec. I-B-2.

a *Fe^{+++}—high spin ($S = 5/2$):* In these compounds, the Fe is located in a predominantly axial field environment. A very small rhombic distortion has been observed in myoglobin in a careful investigation of the anisotropy of the EPR spectrum (Kotani and Morimoto, 1967). The following values were obtained: $|E/D| = 2.5 \times 10^{-3}$ for MbF$^-$ and $|E/D| = 3 \times 10^{-3}$ for MbH$_2$O. (E and D, as defined by Eq. II-7).

The rhombic distortion may arise either from the orientation of the imidazole plane at the 5th coordination site or from the asymmetrically located vinyl group on the porphyrin ring (see Fig. II-3). Another possibility is an off-axial hydrogen bonding of the 6th ligand (Kotani, 1968).

b *Fe^{+++}—low spin ($S = 1/2$):* There is, of course, no zero field splitting in these compounds (there is nothing to split off). Consequently, D and E, which are zero, cannot be used to describe the symmetry of the Fe site. Instead the three principal *g*-values* are used. Blumberg and Peisach (1969) have done a systematic study and tabulation of this class of compounds. An example of a compound with a large anisotropy is cytochrome *c* with $g_x = 1.24$; $g_y = 2.24$ and $g_z = 3.06$ (Salmeen and Palmer, 1968).

c *Fe^{++}—high spin ($S = 2$):* No EPR signals have been reported so far from these compounds. Possible reasons for the negative results become apparent when we consider the energy level diagram of a system with $S = 2$. Such a diagram is shown for the case of an axial crystal field† ($D/E \gg 1$) in Fig. II-10. The crystal field splits the levels into the magnetic sublevels: $m_s = 0$, $m_s = \pm 1$, and $m_s = \pm 2$. Depending on the sign of D, either the $m_s = 0$ or the $m_s = \pm 2$ state will lie lowest. The solid line arrows in the figure indicate the strongest microwave transitions which occur between levels separated by $\Delta m_s = \pm 1$. As can be seen, the levels $m_s = \pm 1$ are split off from the ground state by either D or $2D$. If this energy separation is larger than can be supplied by the microwave field, no EPR transitions are possible (see also discussion in Sec. II-F3). Even if the energy separation is smaller than the microwave quantum, the levels are likely to be broadened by random variations of the crystal field D (e.g., due to crystal imperfections) which will make the observation of the resonance difficult. Also, the lattice vibrations modulate the crystal field and hence D directly. This could shorten

---

* When the relevant wave functions are made up from the $3d\varepsilon$ orbitals, only two of the three *g*-values are independent.

† A field of lower symmetry than axial would break the double degeneracies of the $m_s = \pm 1$ and of the $m_s = \pm 2$ levels. It is important to note, however, that only in the case of an *even* number of electrons can the crystal field remove all degeneracies. For a system with an *odd* number of electrons, the crystal field can never reduce the degeneracy to less than twofold (this statement is known as Kramer's theorem.) In an EPR experiment this degeneracy is lifted by the applied magnetic field and transitions are induced between the two levels of the doublet. Therefore, in a system with an odd number of electrons it is always possible, in principle at least, to observe a paramagnetic resonance signal. No such assurance exist in our present case with an even number of electrons.

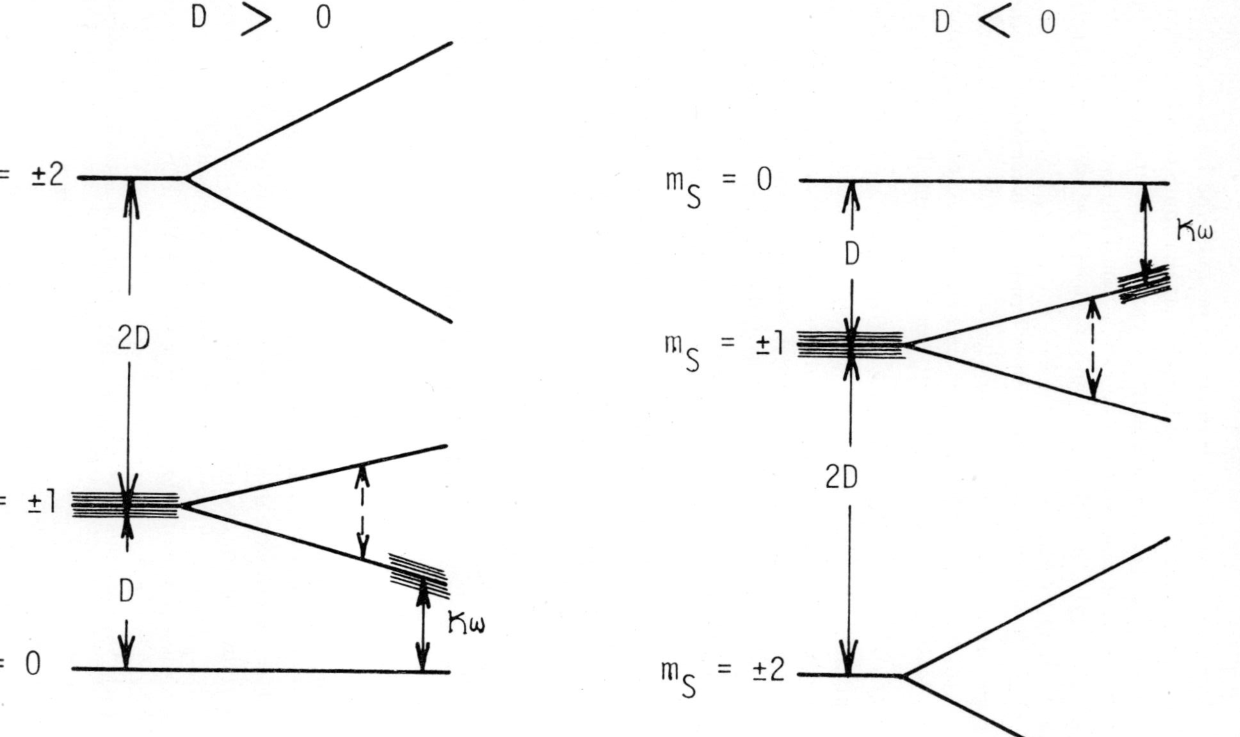

Fig. II-10. Energy level diagram of Fe^{++} ($S = 2$) in an axial field with $H_0 \| z$. The full line arrows indicate an allowed $\Delta m_S = \pm 1$ transition, the dotted arrows represent a "forbidden" $\Delta m_S = \pm 2$ transition. The level broadening, due to random variations in D, is schematically indicated for the $m_S = \pm 1$ level. For $D < 0$ transitions can only be observed at temperatures $kT \geq 2D_S$.

the spin-lattice relaxation time T_1 sufficiently to cause an additional broadening of the line. In the case where $D < 0$, one clearly has to work at a temperature that is high enough to populate the $m_s = \pm 1$ level (i.e., $kT \gg 2D$).

In view of the above discussion, EPR searches should be made at different temperatures on single crystals that are as perfect as possible (to reduce variations in the crystal field). Special attention should be paid to techniques that are particularly suitable for the observation of broad EPR lines (e.g., Feher, Isaacson, and McElroy, 1969; see also Sec. II-E4). Far infrared absorption spectroscopy (see Sec. II-F4) and measurements of the temperature dependence of the magnetic susceptibility should prove particularly helpful in exploring the energy levels of compounds like these with an even number of electrons.

d Fe^{++}—*low spin* ($S = 0$): These compounds are diamagnetic and therefore fall outside the applicability of the EPR technique.

2 Determination of the Orientation of the Heme Plane

In the previous discussions we were concerned with the symmetry of the Fe site with respect to the axes of the heme (porphyrin). In this section, we will concern ourselves with the determinations of the orientation of the heme plane with respect to the protein crystal. This is a classic piece of work performed by Ingram and his group (e.g., Bennett, *et al.*, 1957).

The method is based on the anisotropy of the electronic g value which allows one to locate the axes perpendicular to the heme plane. For axial symmetry, the g value in any plane passing through the axis of symmetry is given by (e.g., Bennett, *et al.*, 1957)

$$g_\theta^2 = g^2 \parallel \cos^2\theta + g^2 \perp \sin^2\theta \qquad \text{(II-11)}$$

where θ is the angle between the magnetic field and the axis of symmetry as shown in Fig. II-11.

The first crystals studied by Ingram's group were obtained from sperm-whale myoglobin. When grown from ammonium sulphate solutions, they form monoclinic crystals ($a \neq b \neq c$; $\alpha = \gamma = 90°$, $\beta = 105.5°$) with two molecules per unit cell. They have well formed ab (001) planes which makes it easy to orient them visually and to mount them in the microwave cavity. The precise crystallographic orientation can be obtained from the EPR spectrum. The way this is accomplished can be seen from Fig. II-12. The two curves correspond to the two heme molecules in the unit cell. Since the two hemes are oriented at equal angles to the crystal axes, it follows from symmetry that the a and b axes are determined by the crossover points as indicated in Fig. II-12. Two alternate ways in which the orientation of the heme planes can be deduced are given by Bennett, *et al.* (1957). The results on myoglobin are shown in Fig. II-13. The same technique has been applied to hemoglobin, which, with its four subunits, represents a more complicated situation.

The above work is a beautiful example of the usefulness of EPR, in particular when combined with other techniques like, in this case, X-ray crystallography.

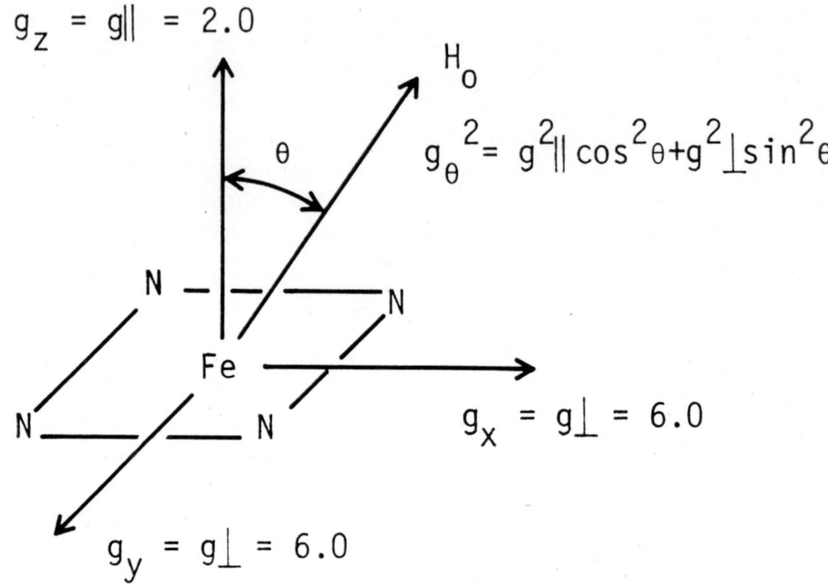

Fig. II-11. Angular variation of *g* with respect to heme plane.

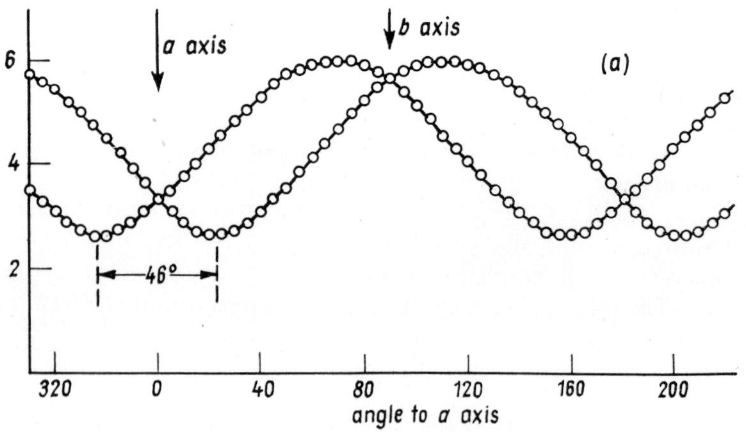

Fig. II-12. Angular variations of *g*-value in a myoglobina crystal with H_0 in the *ab* plane. (After Bennett, *et al.*, 1957).*

* Reprinted from *Proc. Roy. Soc.* (London), A 240, p. 67, 1957.

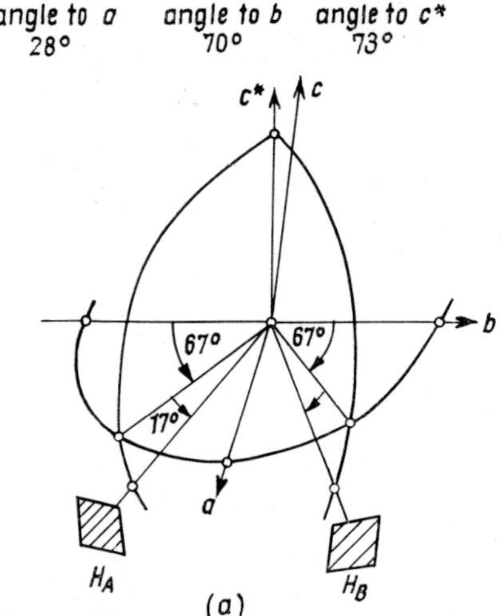

Fig. II-13. Orientation of heme normals with respect to the crystallographic axes in myoglobin. (After Bennett, *et al.*, 1957).*

3 Hyperfine Interactions

In order to elucidate further the electronic structure of hemes, it would be highly desirable to obtain the hyperfine coupling constants of the paramagnetic electrons with the six ligands, the Fe^{57} nucleus and any other neighboring nuclei. Unfortunately, there is only one EPR spectrum of a heme protein that exhibits even a partially resolved structure. This is the case of MbF^- in which the structure has been attributed to the hyperfine interaction of the electron with the fluorine ligand. Morimoto and Kotani (1966) obtained the following values for the hyperfine coupling constants: $A_x \simeq A_y \simeq 22$ Gauss and $A_z = 43$ Gauss.† In all other cases one deals with unresolved hyperfine interactions buried underneath the envelope of an inhomogenously broadened line. It is just in these situations that the application of the ENDOR technique might prove fruitful.

An ENDOR experiment on MbH_2O (acid) and MbN^- was reported by Eisenberger and Pershan (1967). They found a resonance at the free precession frequency of the protons. These lines arise from very weakly interacting protons (see Eq. I-25 with $A = 0$) and are called "distant ENDOR" (Lambe, *et al.*, 1961) or "matrix ENDOR" lines (Hyde, 1967). In addition, they saw broad ($\sim 10^6$ Hz) lines which were not identified. We have performed a preliminary experiment on MbH_2O and have observed

---

* Reprinted from *Proc. Roy. Soc.* (London), A 240, p. 67, 1957.

† For an electronic g-value of 6 thus corresponds to $\sim 19 \times 10^7$ Hz and 36×10^7 Hz, respectively.

strong "distant" ENDOR lines with a total line-width of only 5×10^4 Hz (Ehrenberg, *et al.*, 1968). This work is continuing in our laboratory and we believe that there is a good chance of improving the ENDOR conditions (see Sec. I-E) and observing meaningful and interpretable spectra.

The hyperfine interaction with the four pyrrole nitrogens has recently been measured by direct EPR spectroscopy in the model compounds hemin and hematin by Scholes (1969). Hemin and hematin are high spin Fe^{+++} compounds in which the heme is not attached to a protein. The Fe is penta-coordinated, with the 5th coordination site being chlorine in hemin, and hydroxide in hematin. Because of the anisotropy of the hyperfine interaction, single crystals of these compounds had to be obtained. However, the large magnetic interaction between neighbooring irons in an undiluted hemin crystal would wipe out the hyperfine interaction (in Mb and Hb, the protein "dilutes" this interaction*). To avoid this problem, Scholes incorporated hemin in a crystal of perylene which is a planar hydrocarbon† of approxi-mately the same size as the porphyrin ring. Scholes finds for the isotropic part of the hyperfine interaction a value of $A = 2.9 \times 10^{-4}$ cm^{-1} (i.e., 8.7×10^6 Hz). Undoubtedly, the host crystal perylene, as well as the attachment of the protein to the heme, will have some effect on the hyperfine interaction. However, because of the tightness of the binding of the Fe-heme complex, one would expect the hyperfine constant in heme proteins to be of the same order of magnitude.

The ability to observe hyperfine interaction is closely linked to the width of the EPR line. It seems, therefore, appropriate to conclude this section with a discussion of the broadening mechanism of the EPR line.

The observed line with in MbH_2O (acid) show a marked angular de-pendence. It is narrowest at $g = 6$ ($\theta = 90°$) and $g = 2$ ($\theta = 0°$) (see Eq. II-11) and increases up to tenfold at intermediate angles. This behavior is found to be temperature independent between 1.5°K and 77°K, and the magnitude of the angle-dependent width is found to be proportional to the microwave frequency (i.e., H_0) used. In view of the observed temperature

---

* Perhaps even in Mb and Hb the interaction is not sufficiently reduced for the ENDOR experiments to be successful. We are at present looking into the possibilities of making mixed crystals of Mb, in which the majority of the myoglobin molecules will be either diamagnetic or at least in the low Fe^{+++} spin state.

† The structure of perylene is:

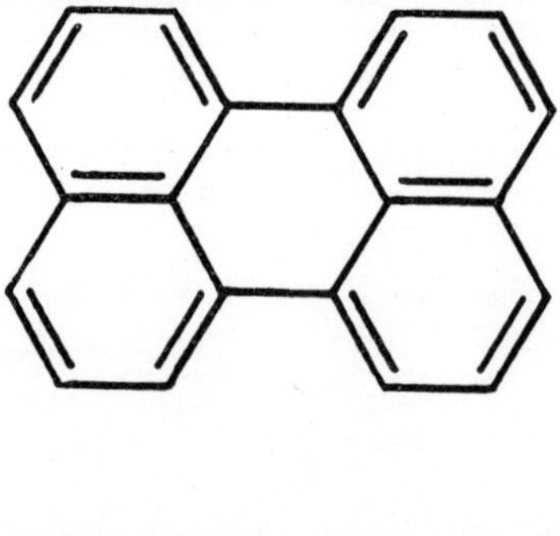

independence, the contribution of the spin-lattice relaxation can be neglected. Magnetic interactions between neighboring Fe are easily calculated and can also be shown to contribute a negligible amount. And hyperfine interactions cannot be invoked as a major contributing factor since they are field independent.

The origin of the angular dependence has been explained by Eisenberger and Pershan (1967), and Helcke, *et al.* (1968) by assuming a small random misorientation of the various unit cells in the single crystal.* This makes the principal g-components of the different heme groups not strictly parallel to each other. Because of the large g-anisotropy the resonances from the individual hemes will therefore occur over a range of magnetic field values resulting in a broadening of the line. This theory predicts the largest width at points where the g value changes most rapidly with orientation (a small misorientation causes a large spread in g values) and the narrowest width at inflection points ($g = 6$ and 2). This is indeed observed. The observed proportionality of the width with magnetic field is also satisfactorily accounted for by this theory (i.e., $\hbar\omega = g\beta H \therefore \hbar\Delta\omega = \Delta g\beta H$).

By assuming a standard deviation in angular distribution, $\Delta\theta$, of only $\sim 1.5°$, Eisenberger and Pershan (1967), and Helcke (1968) obtained a good theoretical fit of the observed angular variation of the line width. This value of $\Delta\theta$ may be of interest to X-ray investigators in evaluating the sharpness of electron densities. An angle of $1.5°$ in the heme orientation corresponds roughly to a movement of 0.1 Å of the outer groups. Present X-ray measurements cannot detect differences of this magnitude (Helcké, 1968).

The mechanism of the residual angle-independent broadening remains obscure. It is probably also associated with some structural imperfection of the crystal, since it is not a constant but varies from crystal to crystal. Helcké, *et al.* (1968) report a minimum line width of ~ 50 gauss,† in myoglobin whereas Eisenberg and Pershan (1967) report a value of 30 gauss. We have observed, under similar experimental conditions (9500 MHz), line widths of 18 gauss (Isaacson and Feher).

4 Spectra from Frozen Solutions of Heme Proteins

A solid state physicist always wants single crystals. These, unfortunately, the biochemist or biologist is seldom able to supply; heme proteins being the exception rather than the rule. But even in this favorbale class of substances there are many heme proteins that cannot be obtained in a suitable crystalline form. What information, if any, can be derived from polycrystalline samples or frozen solutions in which the molecules are randomly oriented?

---

* A similar theory had been worked out previously for the broadening mechanism in inorganic crystals (Elsa Feher, 1964) in which variations in the crystal field parameters were invoked.

† This is the separation in gauss between the two extremes of the derivative curve.

We just finished explaining in the last section that a misorientation of only 1.5° produces a severe line broadening. One might naively expect, therefore that the EPR spectrum from a polycrystalline sample will be hopelessly smeared out between magnetic field values corresponding to the extreme g values of 6 and 2 (i.e., a 2000 gauss line width at 9500 MHz). This, fortunately, is not the case and spectra with relatively sharp lines are observed. The reason is that molecules with axes pointing along certain preferential directions with respect to the external magnetic field will produce stronger absorption signals than others. In order to see this effect qualitatively, let us compare two classes of molecules: Those along directions giving rise to EPR signals at $g_x = g_y = 6$ ($\theta = 90°$) and those perpendicular to them producing a resonance signal at $g = 2$ ($\theta = 0°$). There are two orientations (g_x, g_y) for which the resonance occur at $g = 6$ and only one (g_z) for $g = 2$. Furthermore, the microwave transition probability (see Sec. I-C2) is proportional to $(\gamma H_1)^2$, i.e., to g^2. Both of these factors favor the $g = 6$ resonance which, from the above arguments, is expected to be ~ 18 times stronger [$(6/2)^2 \times 2$] than the $g = 2$ resonance. Several theoretical treatments of line shapes in polycrystalline samples have been published; they are conveniently summarized in the book by Poole (1967).

Experimental traces of EPR spectra obtained from a frozen solution of Ferrimyoglobin (MbH$_2$O acidic) are shown in Fig. II-14A. Trace A is a conventional trace taken with magnetic field modulation. This technique produces signals proportional to the derivative of the absorption. (See Sec. I-F.) A sharp strong line at $g = 6$ and a weaker line at $g = 2$ are clearly seen. The additional line at $g = 4.4$ is believed to arise from an impurity in the quartz sample holder. The g value is consistent with a Fe^{+++} high-spin ion in a strong rhombic field (see Sec. II-1) (Sands, 1955, and Castner *et al.*, 1960). Trace A was taken with magnetic field modluation which produces signals proportional to the derivative of the absorption χ''.

A new detection method, in which the EPR signal is proportional to the absorption itself rather than its derivative, was used in obtaining the lower trace (Fig. II-14B) (Feher, Isaacson, and McElroy, 1969). It involves the temperature modulation of the paramagnetic sample which is conveniently accomplished by periodic infrared light pulses. The temperature modulation changes the spin population in the paramagnetic levels and hence χ''. The EPR signals will therefore be proportional to:

$$S \propto \chi(T') - \chi(T'') \tag{II-12}$$

where $\chi(T')$ and $\chi(T'')$ are the susceptibilities at temperature T' and T''.

The temperature modulation method is particularly useful in observing broad resonance lines* and in obtaining the integrated intensity of the

---

* It would, for instance, be interesting to use this method to search for the resonance in high-spin Fe^{++} heme protein (see Sec. II-E1).

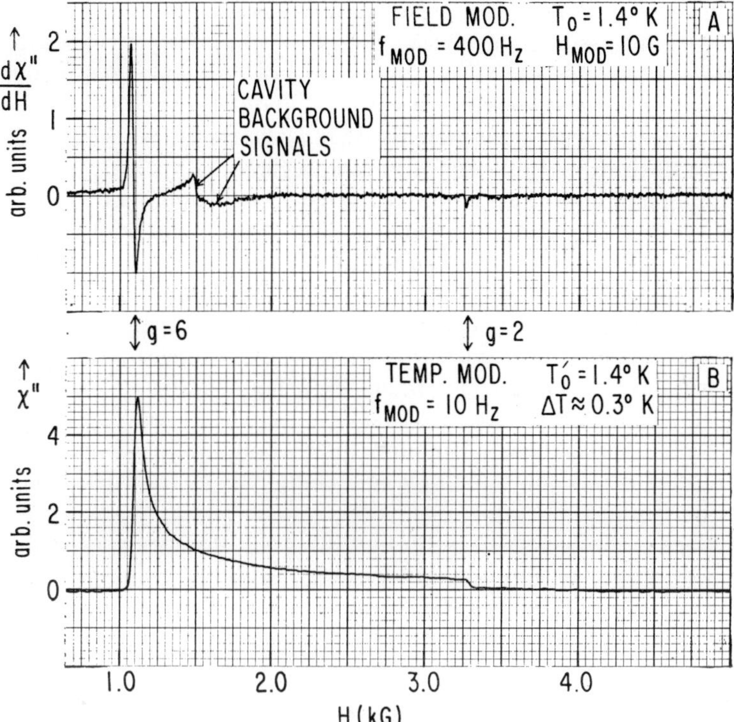

Fig. II-14. EPR spectra obtained from a frozen solution of Ferrimyoglobin at 9.4×10^9Hz. (A) with magnetic field modulation. (B) with temperature modulation. (From: Feher, Isaacson, McElroy, 1969).

absorption. It also discriminates against undesirable background resonance signals as can be seen in Fig. II-14).

5 Use of the Heme Iron in Probing Conformational Changes of the Protein

The conformational changes in hemoglobin and their importance in the cooperative oxygen binding effect will be discussed in connection with the spin labeling technique in a later lacture (see Sec. IV-3). Here we would like to mention briefly the use of the heme iron to probe conformational changes in the protein. These experiments were performed mainly by the Bell Labs group and you may have heard about them already from Dr. Shulman.

As we have mentioned before, hemoglobin is made up of four subunits; two α chains and two β chains. Ferrihemoglobin tetramers (pH = 6) show an EPR spectrum with $g_z = 2.0$ and $g_x = g_y = 6.0$. The single narrow resonance line at $g = 6.0$ indicates the nearly tetragonal symmetry of the iron site. When the tetramer was dissociated into its constituent subunits, Peisach, *et* al. (1969) found a partially resolved splitting of the $g = 6.0$ line

($g_x = 6.18$; $g_y = 5.78$). These results show a conformational change of the subunit upon dissociation which lowers the symmetry (to rhombic) (see Fig. II-7) at the Fe site. The maintenance of tetragonal symmetry in the tetrameric form must therefore be brought about by the contact interactions of the α chains with their neighboring β chains. No such changes were observed in the low-spin form of ferrihemoglobin.

Shulman and coworkers (1969) prepared a hemoglobin tetramer in which the two α subunits were in the high-spin Fe^{+++} state and the two β subunits in the Fe^{++} deoxy state capable of binding oxygen. They found that the EPR spectrum from the Fe^{+++} state did not change when the β chains were successively oxygenated and deoxygenated. This experiment strongly suggests that in these teramers the ligand-induced changes *do not propagate* across subunit interfaces. This is an important finding to which we shall return in a later lecture (see Sec. IV-3).

Another different type of subunit interaction was observed by Watari, *et al.* (1968) in an abnormal (mutant)hemoglobin called HbM Hyde Park. In this mutant a substitution of the fifth ligand Histidine 92 by Tyrosine has taken place (see Fig. II-5). They found that the EPR spectrum of the Fe^{+++} β chain does change upon oxygenation of the α-chains, i.e., in this mutant the ligand induced changes *do propagate* across the subunit interface.

F Experimental Determination of the Zero Field Splitting Parameter "D"

The zero field splitting parameters "D" and "E" play an important role in the theory of high-spin ferric compounds. The ratio D/E can be determined from the difference between g_x and g_y by solving the spin Hamiltonian II-7: for $D \gg g\beta H$ and $D \gg E$, one obtains the expressions (e.g., Kotani, 1968)

$$g_x = 6 + 24D/E; \quad g_y = 6 - 24D/E \tag{II-12}$$

However, the value of D alone cannot be obtained so directly from the EPR spectrum. There are several experimental methods that can be used to determine it. These methods are based on different properties of the system, namely:

(a) The temperature dependence of any physical parameter that depends on the population of the ground state.

(b) The change in $g\perp$ with magnetic field.

(c) The fact that certain levels come close to one another at high magnetic fields.

(d) The fact that far infrared transitions can be induced between magnetic sublevels.

Let us briefly discuss these methods in turn.

1 Temperature Dependence of a Physical Parameter

At absolute zero, only the lowest $m_S = \pm 1/2$ level is populatet (see Fig. II-8). As the temperature is increased and approaches the value of the zero field splitting (i.e., $2D/kT \sim 1$),* the higher-lying levels $m_S = \pm 3/2$ and $\pm 5/2$ will begin to be populated. Since the magnetic properties of the higher levels are different from those of the ground state, one expects to find a temperature dependence of the magnetic properties as the lowest level is thermally depopulated. Detailed theoretical expressions of this effect can be found in the review article by Kotani (1968).

This method was first employed by F. R. McKim (1961) who measured the temperature dependence of the anisotropy of the static susceptibility in $Mb(H_2O)$. Further refinements of this method were made by the Japanese group (Morimoto, *et al.*, 1965; Tasaki, *et al.*, 1967). Their values of D are presented in Table II-2. The integrated intensity of the EPR spectrum (i.e., the microwave susceptibility χ'') should also show a temperature dependence from which D could be obtained. Such an experiment has not been performed yet. The temperature dependence of the Mossbauer effect has been used by C. E. Johnson (1966) to measure D in hemin and by Lang and Marshall (1966) to measure D in HbF^-. These values are also shown in Table II-2.

TABLE II-2. Determination of the Zero Field Splitting D by Various Methods

Substance	D in Cm^{-1}	Method	Authors
MbF^-	6.5	Suscepti-bility $= f(T)$	Morimoto, *et al.*, (1965)
	7	Suscepti-bility $= f(T)$	Tasaki, *et al.*, (1967)
	6.0	Far Infrared	Brackett & Richards (1969)
$Mb(H_2O)$ (acid)	$2.5 < D < 7.5$	Suscepti-bility $= f(T)$	F. R. McKim (1961)
	10.0	Suscepti-bility $= f(T)$	Morimoto, *et al.*, (1965)
	10	Suscepti-bility $= f(T)$	Tasaki, *et al.*, (1967)
	$4.38 \pm .60$	$g\perp = f(H_0)$	Eisenberger & Pershan (1966)
HbF^-	7	Mossbauer effect $= f(T)$	Lang and Marshall (1966)
	$10.1 \pm .2$	Far Infrared	Allen, Blumberg, and Peisach (1968)

* Typical values of D are of the order of 10 cm^{-1}. This corresponds to a temperature of $\sim 14°K$ (1 cm^{-1} = 14.4°K).

20

2 Change in $g\perp$ with Magnetic Field

In Sec. II-D, we discussed the origin of $g\perp = 6.0$. This result has been derived under the assumption that $D \gg g\beta H_0$. This condition is not strictly satisfied in practice, and one expects to observe a deviation in $g\perp$ whose magnitude will depend on the ratio $D/g\beta H_0$.* By taking the EPR spectrum at two microwave frequencies† (i.e., two magnetic fields) and observing a change in $g\perp$, one can deduce the value of D.

This experiment has been performed by Eisenberger and Pershan (1966) on MbH$_2$O (acid). They used two EPR spectrometers, one working at a frequency of 1.3×10^{10} Hz and $T = 1.5°$K, the other at 3.5×10^{10} Hz and $T = 77°$K. These experiments are somewhat tricky; the g shifts are small, the lines are not very narrow, and the crystal axis has to maintain exactly the same orientation with respect to the magnetic field at both frequencies. The latter point is particularly important in view of the small rhombic distortion found by Kotani and Morimoto (1967) (i.e., it is not sufficient to have the magnetic field along "any" direction in the x-y plane). It is also unfortunate that, apparently for technical reasons, a different temperature was used at each operating frequency. Any temperature dependence in the g value would therefore introduce a systematic error. The value of D obtained by these authors is considerably lower than that obtained by other methods.

3 Close-Lying Levels at High Magnetic Fields

When the external magnetic field is parallel to the crystal field axis, the $m_S = -3/2$ and $m_S = +1/2$ levels approach each other with increasing magnetic field (see Fig. II-8 b). At a high enough field the levels can come close enough to be bridged by the energy of the microwave quantum and an EPR signal should be observable. From the value of the magnetic field and the microwave frequency, D can be obtained in a straightforward way. This experiment, to the best of my knowledge, has not been performed so far.‡ In a sense this method is a special case of the far infrared absorption experiments to be discussed next.

4 Direct Excitation of the Ground State by Far Infrared

In the previous method (c), we discussed the use of an external magnetic field to "pull" down the $m_S = -3/2$ level in order to be able to induce microwave

---

* Referring to the footnote on page 293, we can see qualitatively why the g value depends on the magnetic field. When H_0 increases, the axis of quantization is no longer strictly along the crystal field axis z but is tilted towards H_0. This will reduce the projection of S along H_0 thereby reducing $g\perp$.

† One needs two microwave frequencies since, in addition to this effect, there is also a field-independent contribution to the g-shift due to spin-orbit coupling whose magnitude is difficult to predict exactly.

‡ Note that the EPR line widths is expected to be broader than the one obtained from the $m_S = (+1/2 \leftrightarrow -1/2)$ transitions. For instance, any random variation in the value of D in the sample will cause a broadening of the $(-3/2 \leftrightarrow +1/2)$ transition.

transitions. But why be limited to microwaves? Submillimeter spectroscopy (i.e., far infrared) techniques have reached a high level of sophistication (e.g., D. H. Martin, 1967) and can be used to induce the zero field transitions directly.

The first experiments were performed on protoheme chloride* (Feher and Richards, 1967). Fig. II-15 shows the far infrared absorption at a frequency corresponding to $2D$ with $H = 0$ and $T = 4.2°K$. At higher temperatures, the $m_S + \pm 3/2$ level becomes populated and an additional transition ($= \pm 3/2 \leftrightarrow \pm 5/2$) is observed. The method has been applied to several other hemin compounds (Richards, et al., 1967) and more recently also to MbF^- (G. Brackett and P. L. Richards, 1969) and to HbF^- (Allen, Blumberg, and Peisach, 1968). The values of D for MbF^- are listed in Table II-2.

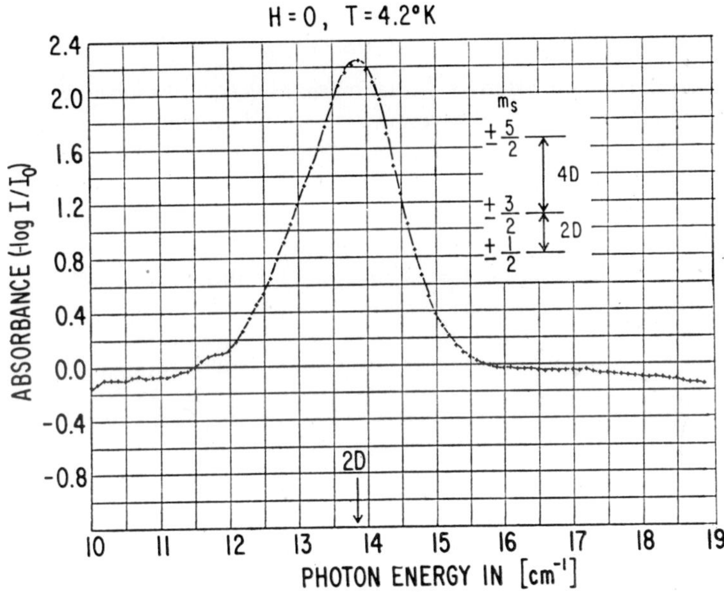

Fig. II-15. Far infrared absorption in protoheme chloride at $H = 0$. (Feher, Richardson, 1967).

The advantage of the infrared method is that it is a direct spectroscopic method capable of giving accurate and unambiguous values of D. In general, it seems to me that far infrared absorption techniques could be used very profitably in the investigation of heme compounds in order to determine the positions of other low-lying excited states. The position of these has

* This is the same substance (hemin) in which Scholes obtained the hyperfine interaction (see Sec. II-E3).

20*

so far been only inferred from the g-values and the zero field splitting parameters.

G A Note on the Electronic Structure of the Porphyrin Ring

In this lecture, I would like to digress from the mainstream of our discussion which dealt with the electronic structure and the EPR spectrum of the Fe atom. In the course of our experiments on myoglobin and chlorophyll (see Sec. III), ve became intrigued with the electronic structure of the porphyrin ring itself. So today I would like to discuss two experiments related to the electronic structure of the ring, namely: the Zeeman effect and Stark effect in porphyrins. These experiments were performed in collaboration with Drs. M. Malley and D. Mauzerall (Feher, Malley, and Mauzerall, 1967; Malley, Feher, and Mauzerall, 1968a, 1968b).

1 The Zeeman Effect of the Excited States

The porphyrins are heterocyclic aromatic planar molecules (see Fig. II-3). Each carbon atom has one electron in a p_z orbital perpendicular to the plane. These orbitals interact to produce very large electron paths so that the electron is delocalized over the entire molecule in so-called π-orbitals.

A simple model for describing this system is the free-electron model which discards all the details of the molecule and concentrates on the motion of the electrons in the π-orbitals. This model assumes completely free electrons in a cylindrically symmetric potential. In the simplest picture, one can thus view the molecule as a pill box in which the electrons move clockwise or counterclockwise with a certain angular momentum l (in units of $\hbar$). Placing the porphyrin in a magnetic field shifts the energies of the electrons up or down depending on their sense of rotation relative to the magnetic field. The shift of the energy levels in an external magnetic field will exhibit itself as a shift in the observed optical spectrum, called the Zeeman effect.

Simpson (1949) and Platt (1956) used the simple free-electron picture to explain the observed optical spectra of porphyrins. The striking characteristic of the spectra is a very intense absorption at $\lambda \simeq 4000$ Å, called the Soret band and a much weaker (about 20 times) absorption in the visible region. A typical spectrum of a porphyrin (the tetramethyl ester of zinc coproporphyrin I*) is shown in Fig. II-16.

In the free electron picture, one considers 18 electrons confined to the ring. They fill the orbitals up to levels with ± 4 units of angular momentum as shown in Fig. II-17. The ground state is a closed shell with no net angular

---

* Its structure is shown in Fig. II-3 with the following substituents: Me $\equiv$ Zn; 1, 3, 5, 7 — CH_3; 2, 4, 6, 8 — $CH_2CH_2COOCH_3$. For a detailed discussion of the physical and chemical properties of porphyrins, see J. E. Falk (1964).

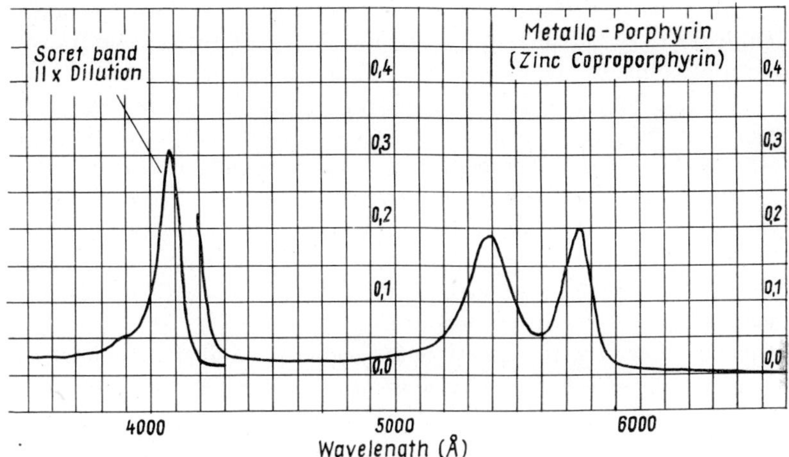

Fig. II-16. Optical spectrum of zinc coproporphyrin I in dioxane* at room temperature (from: M. Malley, 1968). In order to observe the intense absorption of the Soret band, the sample was diluted 1 : 11. (See break in trace at $\lambda \simeq 4300$ Å).

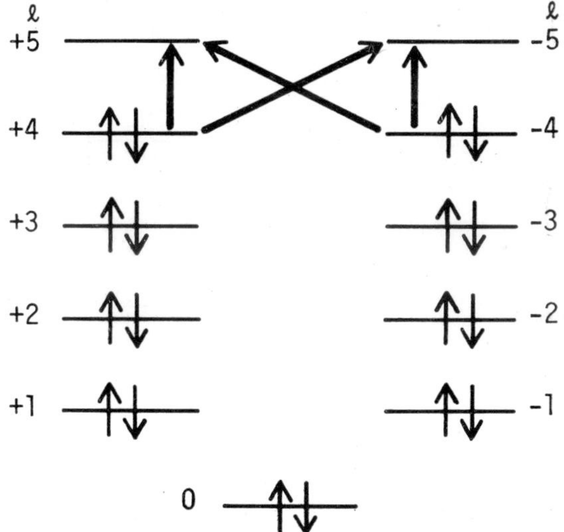

Fig. II-17. Single electron energy levels of the free electron model of porphyrins. The heavy arrows indicate transitions to excited states.

* The structure of dioxane is:

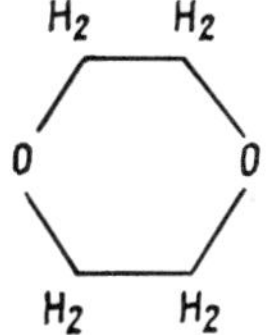

momentum (i.e., $L = 0$). There are four possible transitions to the lowest unoccupied $l = \pm 5$ orbitals (see arrows in Fig. II-16). These transitions yield four possible excited states with net angular momenta L of ± 1 and ± 9 units. The resulting molecular energy levels* are shown in Fig. II-18. In this picturer, the intense Soret band arises from the allowed optical transitions with $\Delta L = \pm 1$, whereas the weak visible bands are due to the relatively forbidden $\Delta L = \pm 9$ transitions.†

Application of a magnetic field splits the excited levels as shown in Fig. II-18. The amount of splitting can be directly related to L and thus provides a test for the correctness of the different models used to describe the electronic structure of the porphrins.‡

Let us consider now the experimental technique and the results. It turns out that in spite of the high magnetic fields at our disposal (100 kG) and

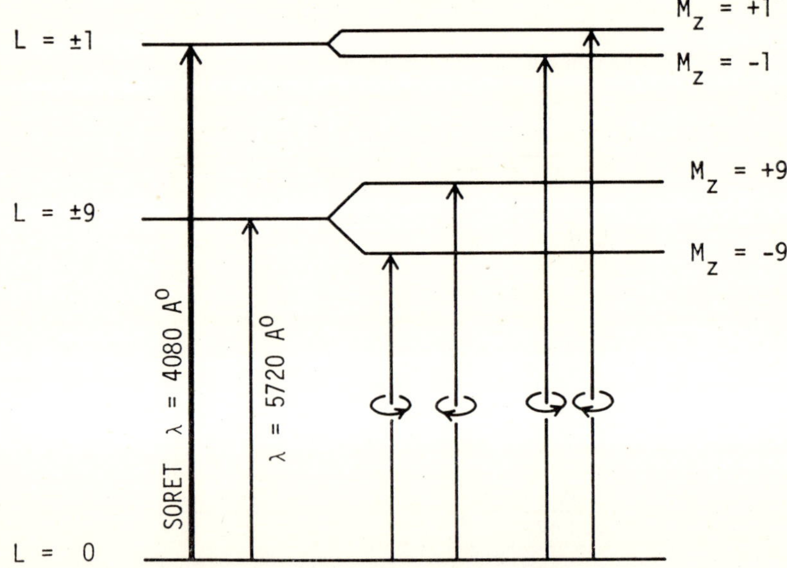

Fig. II-18. Molecular energy levels of the free-electron model with and without external magnetic field. The splitting of the 5720 Å transition can be resolved, as shown in Fig. II-19.

* Since the optical transitions take place only between singlet (i.e., $S = 0$) states, we have omitted the levels with $S = 1$.

† The second absorption line in the visible region (see Fig. II-16) is due to a vibrational overtone of the fundamental electronic transition.

‡ When the fourhold symmetry of the porphyrin ring is reduced to a twofold symmetry, the degeneracy of the $L = \pm 9$ level and of the $L = \pm 1$ level is removed. This quenches the magnetic moment and the linear Zeeman effect disappears (see Sec. II-D for a discussion on quenching). The two-fold symmetry can be easily achieved by protonating only two of the four nitrogens in a metal-free porphyrin (see Malley, Feher, Mauzerall, 1968, for details).

the large value of M_z of the visible bands, the width of the optical transition greatly exceeds the magnetic energy splitting. Therefore, a special technique had to be used to resolve the lines in a magnetic field. The technique is based on the fact that circular polarization of one sense induces transitions preferentially to the $+M_z$ states whereas circular polarization of the opposite sense will connect preferentially to the $-M_z$ states. Hence, spectra taken with the two opposite senses of polarization will be displaced by an amount $\Delta\lambda$ proportional to the Zeeman splitting of the excited state.

The experimental results on the tetramethyl ester of zinc coproprophyrin I in a magnetic field of 100 kG, are shown in Fig. II-19. The shift $\Delta\lambda$ of the absorption line with right and left-handed circular polarization is clearly seen. The observed value of $\Delta\lambda$ is related to the magnetic splitting of the excited state by the expression:

$$\Delta E_z = h\Delta\nu = \frac{hc}{\lambda^2}\Delta\lambda = (2L\beta H)\,(\eta) \qquad\qquad \text{(II-13)}$$

where β is the Bohr magneton and η is a geometrical spatial averaging factor which takes into account the fact that the maximum splitting will only be obtained when H points along the axis of symmetry of the porphyrin. (in our case, $\eta \simeq 1/2$; for a detailed discussion of its determination, see M. Malley, 1968).

The observed splitting of 14 Å in a field of 100 kG gives a value of $L = 8.9 \pm 0.6$. The Soret band was found to split at least one order of magnitude less, in accordance with its lower M_z value.

The above findings point to the essential correctness of the simple free-electron model which predicts $L = 9$ and $L = 1$ for the Soret and the visible band, respectively. Gouterman and coworkers (1965) have made extensive molecular orbital calculations and suggest (Gouterman, 1967) an angular momentum associated with the first excited state (i.e., visible band) of 6 to 7. LCAO* calculations performed by Louguet-Higgins, *et al.* (1960) predict the same value of angular momentum for both the excited states. This prediction is clearly in disagreement with the observed Zeeman results.

It should be noted that the Zeeman effect exhibits itself also, though indirectly, in measurements such as magneto-optical rotary dispersion (MORD) and magneto-circular dichroism (MCD). Hence, MCD and MORD measurements (V. A. Shashoua, 1965, and E. A. Dratz, 1966) can provide, in principle, the same information as the Zeeman effect. However, the advantage of the method described here is that it is based on the simple and direct observation of a shift in wavelength. It is therefore a spectroscopic method and does not involve absolute intensity calibrations (required in the MORD and MCD techniques) in order to obtain the desired information.

* Linear Combination of Atomic Orbitals.

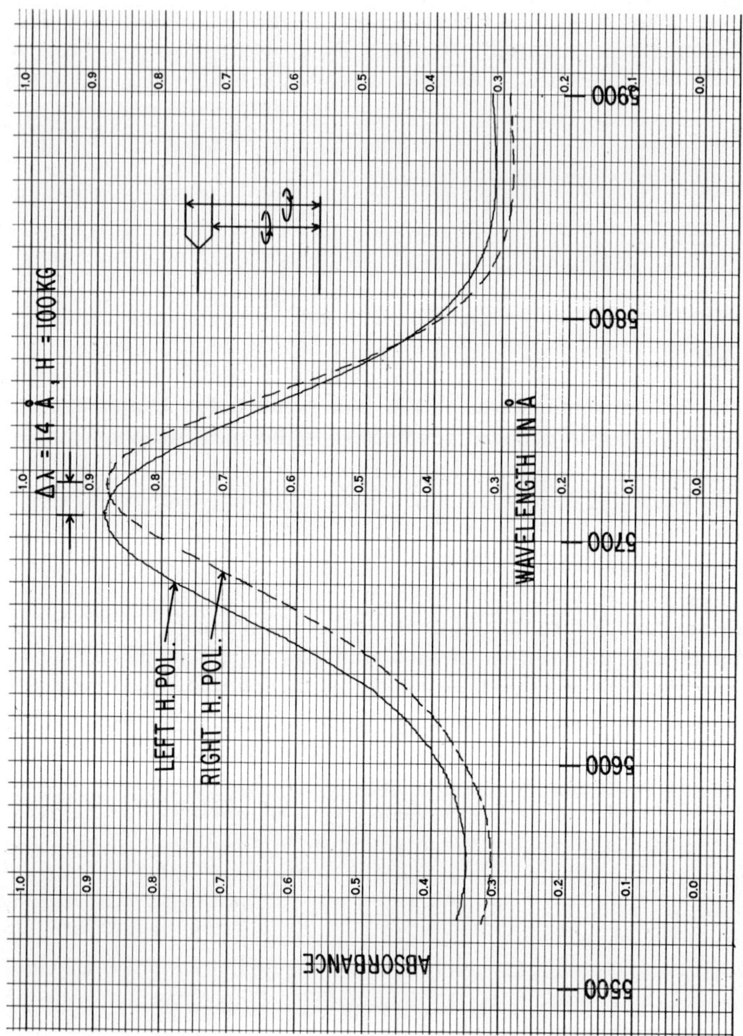

Fig. II-19. Optical absorption of zinc coproporphyrin I dissolved in dioxane for two senses of circular polarization in a magnetic field of 100 kG and $T \simeq 10°C$. (From: Feher, Malley, and Mauzerall, 1967).

2 The Stark Effect

In the preceding section we discussed the change of the optical spectrum of porphyrins in a magnetic field. In this section we turn to the change of the spectrum in an applied electric field, i.e., the Stark effect.

The Stark effect arises from a mixing of states of opposite parity by an electric field (for a discussion of the Stark effect in organic molecules, see, for instance, J. R. Platt, 1961). Classically, it can be ascribed to the displacement of the electronic charge distribution in the external electric field. If the molecule does not possess a permanent electric dipole moment, the observed shift ΔE_S of an absorption band in the presence of an electric field is given by

$$\Delta E_S = -\frac{1}{2}(\alpha_e - \alpha_0) E^2 \tag{II-14}$$

where α_e and α_0 are the polarizabilities of the excited and ground state, respectively, and E is the electric field seen by the molecule.

We see from Eq. II-14 that the Stark effect is proportional to the *square* of the external field (as different from the Zeeman effect which was linear in the applied field). This quadratic behavior suggests a convenient experimental procedure for observing very small shifts of the optical spectrum. If we modulate the applied electric field at a frequency ω, the quadratic field dependence will produce spectral shifts (or, at a given wavelength, an absorbance change) occurring at a frequency 2ω. This effectively discriminates against spurious signals (at ω). Using this technique we were able to detect absorbance changes of 1 part in 10^5.

The experimental results of the Stark effect in copper coproporphyrin* dissolved in polystyrene are shown in Fig. II-20. The top part of the figure shows an experimental trace of the rectified second harmonic of the applied electric field. From this trace one can calculate the absorbance change which, together with the absorption spectrum of the sample, is shown in the lower part of Fig. II-20.

From the value of the absorbance change, one obtains for an applied electric field of 10^6 V/cm a shift of $\Delta\lambda = 0.043 \pm 0.010$ Å to longer wavelengths. Substituting these values into Eq. (II-14), the difference in polarizability turns out to be ~ 4 Å^3.

How does the above value compare with theoretical estimates? To the best of my knowledge, there have been no serious calculations made on the polarizability of porphyrins. A simple estimate on the basis of a two-level model (M. Malley, 1967) predicts a shift that is an order of magnitude larger and in the opposite direction from the observed one. A quantitative explanation of the Stark effect requires a detailed knowledge of the energy

---

* The samples were prepared by dissolving porphyrin in polystyrene and heat molding the mixture at a pressure of 2,000 lbs/sq. in. and a temperature of 150°C (Kummamoto, Powers, and Heller. 1964). Transparent electrodes were applied to the samples (B. Gomer, 1953).

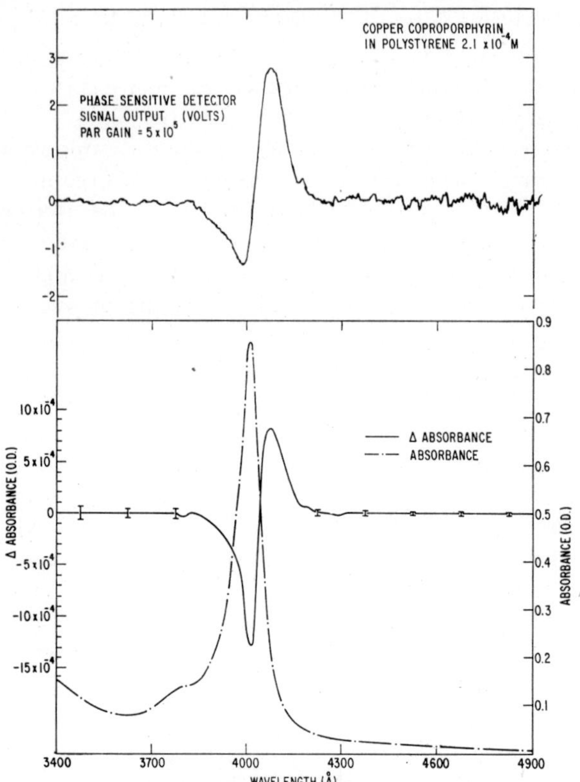

Fig. II-20. The Stark effect in copper coproporphyrin dissolved in polystyrene. The top trace is the output of the rectified second harmonic of the applied electric field (2ω = 10^3 Hz). The peak value of the applied field is 1.3×10^6 V/cm. The bottom trace shows the normalized absorbance change together with the absorption spectrum of the sample. (From: Malley, Feher, and Mauzerall, J. Mol. Spectra, **25**, 544, 1968).

levels and wavefunctions, not only of the ground state, but of the excited states as well. The Stark splittings provide, therefore, a good testing ground for the validity of theoretical models of the electronic structure of porphyrins.

The value of the polarizability of porphyrins served also as a test of the validity of a proposal by Libby (1965) in which he tried to explain the cooperative oxygenation effect in haemoglobin (see Secs. II-E5 and IV-3) by a direct heme-heme interaction. His model required a polarizability of 3000 to 4000 Å³. This is three orders of magnitude larger than the differenc in polarizabilities obtained from the Stark splitting data. Therefore, their theoretical model is not adequate.*

* It seems highly unlikely that the polarizabilities of the ground state and excited state should fortuitously cancel out to within one part on 10^3—in particular since essentially the same Stark splitting was obtained in a variety of porphyrins. Also, recent dielectric measurements by Minton and Libby (1968) showed that the polarizability of hemes is at least one order of magnitude smaller than required by Libby's theory.

Let me end by pointing out a possible application of the Stark effect to biology. Biological structures like membranes (nerves), support electric fields of the order of 10^5 V/cm; perhaps some suitable organic molecules could be used as probes to explore these fields.

References—Section II

1. A. Abragam, and M. H. L. Pryce, *Proc. Roy. Soc.*, (London) **A 205**, 135 (1951).
2. Allen, Blumberg, and Peisach, unpublished results (personal communication from W. E. Blumberg) 1968.
3. C. J. Ballhausen, *Ligand Field Theory*, McGraw-Hill, N. Y. 1962.
4. H. Beinert, and G. Palmer, *Adv. Enzymology*, **27**, 105 (1965).
5. Ingram, George, Bennett, and Griffith, *Nature*, **176**, 394 (1955).
6. Bennett, Gibson, and Ingram, *Proc. Roy. Soc.*, (London) **A 240**, 67 (1967).
7. P. Bennett, and E. Frieden, *Modern Topics in Biochemistry*, The Macmillan Co., N. Y. 1967.
8. H. A. Bethe, *Ann. Physik*, **3**, 133 (1929).
9. B. Bleaney, and K. W. H. Stevens, *Repts. Progr. Phys.*, **16**, 108 (1953).
10. W. E. Blumberg, *Magnetic Resonance in Biological Systems*, edited by A. Ehrenberg, B. G. Malmstrom, and T. Vanngard, Pergamon Press, 1962 p. 119.
11. W. E. Blumberg, private communication, to be published, 1986.
12. W. E. Blumberg, and J. Peisach, Johnson Foundation Symp., in press, 1969.
13. G. Brackett, and P. L. Richards, private communication, to be published, 1969.
14. Castner, Newell, Holton, and Slichter, *J. Chem. Phys.*, **32**, 668 (1960).
15. Chance, Lee, Mela, and de Vault, *Structure and Function of Cytochromes*, edited by Okuniki, Kamen, and Sekuzv, University of Tokyo Press, 1968.
16. E. A. Dratz, *University of California Rad. Lab. Rept.*, UCRL-17200, (1966).
17. A. Ehrenberg, *Zeit, Naturw.-mediz. Grundlagenforsch.*, **2**, 203 (1965).
18. Ehrenberg, Feher, and Isaacson, unpublished results, (1968).
19. P. Eisenberger, and P. S. Pershan, *J. Chem. Phys.*, **45**, 2832 (1966).
20. P. Eisenberger, and P. S. Pershan, *J. Chem. Phys.*, **47**, 3327 (1967).
21. J. E. Falk, *Porphyrins and Metalloporphyrins*, Elseview Publ., Co., Amsterdam, (1964).
22. E. Feher, *Phys. Rev.*, **136A**, 145 (1964).
23. G. Feher, and P. L. Richards, *Magnetic Resonance in Biological Systems*, edited by A. Ehrenberg, B. G. Malmstrom, and T. Vanngard, Pergamon Press, 1967, p. 141.
24. Feher, Malley, and Mauzerall, *Magnetic Resonance in Biological Systems*, edited by A. Ehrenberg, B. G. Malmstrom, and T. Vanngard, Pergamon Press, 1967, p. 145.
25. Feher, Isaacson, and McElroy, *Rev. Sci. Insts.*, **40**, 1640 (1969).
26. George, Beetlestone, and Griffith, *Rev. Mod. Phys.*, **36**, 441 (1964).
27. Gibson, Ingram, and Schonland, *Disc. Faraday Soc.*, **26**, 72 (1968).
28. B. Gomer, *Rev. Sci. Insts.*, **24**, 993 (1953).
29. Gouterman, Weiss, and Kobayashi, *J. Mol. Spec.*, **16**, 415, and earlier references cited therein, (1965).
30. M. Gouterman, private communication, (1967).
31. J. S. Griffith, *Proc. Roy. Soc.* (London) **A235**, 23 (1956).
32. J. S. Griffith, and L. E. Orgel, *Quarterly Reviews*, **11**, 381 (1957).
33. J. S. Griffith, *The Theory of Transition Metal Ions*, Cambridge Univ. Press, 1961.
34. Helcke, Ingram, and Slade, *Proc. Roy. Soc.*, (London) **169**, 255 (1968).
35. P. Hemmerich, *Proc. Roy. Soc.*, (London) **A302**, 335 (1968).
36. J. Hyde, *Magnetic Resonance in Biological Systems*, edited by A. Ehrenberg, B. G. Malmstrom, and T. Vanngard, Pergamon Press, 1967, p. 63.
37. R. Isaacson, and G. Feher, unpublished results, (1967).

38. C. E. Johnson, *Phys. Letters*, **21**, 491 (1966).
39. J. C. Kendrew, *Brookhaven Symposia in Biology*, **15**, 216 (1962).
40. Kendrew, Dickerson, Strandberg, Hart, Davies, Phillips, and Shere, *Nature*, **185**, 422 (1960).
41. M. Kotani, *Biochim. Biophys. Acta*, **102**, 624 (1965).
42. M. Kotani, and H. Morimoto, *Magnetic Resonance in Biological Systems*, edited by A. Ehrenberg, B. G. Malmstrom, and T. Vanngard, Pergamon Press, 1967, p. 135.
43. M. Kotani, *Advances in Quantum Chemistry*, edited by Per Olov-Lowdin, Vol. **4**, 227 (1968).
44. Kummamoto, Powers, and Heller, *J. Am. Chem. Soc.*, **86**, 1004 (1964).
45. G. Lang, and W. Marshall, *Proc. Phys. Soc.* (*London*), **87**, 3 (1966).
46. Lambe, Laurance, McIrvine, and Terhune, *Phys. Rev.*, **122**, 1161 (1961).
47. A. L. Lehninger, *Bioenergetics*, W. A. Benjamin, Inc. 1965.
48. W. F. Libby, *Science in the Sixties* (Univ. of New Mexico Office of Publications) 1965, Library of Congress Catalog No. 65-28687.
49. Longuet-Higgins, Rector, and Platt, *J. Chem. Phys.*, **18**, 1174 (1950).
50. R. Mahler, and E. H. Cordes, *Biological Chemistry*, Harper & Row 1966.
51. M. Malley, *Ph. D. thesis*, University of California, San Diego, (1967).
52. Malley, Feher, and Mauzerall, *J. Mol. Spectry*, **25**, 544 (1968 a).
53. Malley, Feher, and Mauzerall, *J. Mol. Spectry*, **26**, 218 (1968 b).
54. D. H. Martin, Editor: Spectroscopic Techniques for Far Infrared, Submillimeter and Millimeter Waves, North Holland Publ. Co. (1967).
55. F. R. McKim, *Proc. Roy. Soc.*, (London) **A 262**, 287 (1961).
56. A. Minton, and W. F. Libby, *Proc. Nat. Acad. Sci.*, **61**, 1191 (1968).
57. Morimoto, Izuka, Otsuka and Kotani, *Biochim. Biophys. Acta*, **102**, 624 (1965).
58. H. Morimoto, and M. Kotani, *Biochim. Biophys. Acta*, **126**, 178 (1966).
59. L. E. Orgel, *An Introduction to Transition-Metal Chemistry*, Methuen & Co. (1960).
60. Peisach, Blumberg, Wittenberg, Wittenberg, and Kampa, *Proc. Nat. Acad. Sci.*, in press, (1969).
61. Perutz, Muirhead, Cox, and Goaman, *Nature*, **219**, **131**, and references therein (1968).
62. J. R. Platt, *Radiation Biology*, Vol. III (Ed. A. Hollander) McGraw-Hill 1956, p. 71.
63. J. R. Platt, *J. Chem. Phys.*, **34**, 862 (1961).
64. Richards, Caughey, Eberspaecher, Feher, and Malley, *J. Chem. Phys.*, **47**, 1187 (1967).
65. I. Salmeen, and G. Palmer, *J. Chem. Phys.*, **48**, 2049 (1968).
66. R. H. Sands, *Phys. Rev.*, **99**, 1222 (1955).
67. C. P. Scholes, *Proc. Nat. Acad. Sci.*, **62**, 429 (1969).
68. V. E. Shashoua, *J. Am. Chem. Soc.*, **87**, 4044 (1965).
69. Shulman, Ogawa, Wuthrich, Yamane, Peisach, and Blumberg, *Science* **165**, 251 (1969).
70. W. T. Simpson, *J. Chem. Phys.*, **17**, 1218 (1949).
71. Tasaki, Otsuka, and Kotani, *Biochim. Biophys.*, Acta **140**, 284 (1967).
72. Tsibris, Tsai, Gunsalus, Orme-Johnson, Hansen, and Beinert, *Proc. Nat. Acad. Sci.*, **59**, 959 (1968).
73. Watari, Hayashi, Morimoto, and Kotani, *Magnetic Resonance in Biological Systems*, (Ed. S. Fujiwara and L. H. Piette), Hirokawa Publ. Co., Tokyo, (1968), p. 128.

III EPR and Photosynthesis

In the previous section we discussed the EPR signals arising from atoms with unfilled *d* shells and chose heme proteins as an example of this type of paramagnetic of biomolecule. Another large area of application of EPR lies in the investigation of free radicals created as intermediates during chemical reactions. EPR can be used as a tool to identify the intermediate chemical species, to elucidate its electronic structure, and to study the kinetics of the biochemical reaction. As an example of the application of EPR in this area, we have chosen the investigation of the primary photochemical reaction in bacterial photosynthesis. We shall start out with a brief discussion of photosynthesis and follow it with a description of work which is presently being pursued in our laboratory in collaboration with J. McElroy and Dr. D. Mauzerall. Thus, much of the information contained in this section has been obtained only very recently and is now being gathered and consolidated. Some of it should therefore be taken in the spirit of "work in progress" and not yet as hard established fact.

For a discussion of photosynthesis with amphasis on the physical (primary) processes, you are referred to the books by M. D. Kamen (1963) and R.K. Clayton (1967). The review articles by H. Beinert and G. Palmer (1965), and P. Hemmerich (1968) cover EPR of free radicals in other areas of biology.

A Introduction to Photosynthesis

Sunlight is the ultimate source of energy of the living world. Photosynthesis is the process by which this (electromagnetic) energy is converted into chemical free energy which can be utilized in the biosynthetic processes of the organism.

The net reaction that takes place in green plant photosynthesis can be written as:

$$nCO_2 + nH_2O^* + h\nu \rightarrow (CH_2O)_n + nO_2^*\uparrow \qquad \text{(III-1)}$$

i.e., carbon dioxide in the presence of light and water is utilized to synthesize carbohydrates with the evolution of oxygen.

The reaction as written misleads us into thinking that the process is simple. In actuality is consists of many complicated steps and chemical cycles that have been explored for the past 70 years. Also, the above reaction should be regarded—as was pointed out by Van Niel (1935) over 20 years ago—as a very specialized formulation of photosynthesis. In general (e.g., in bacterial photosynthesis), one can replace CO_2 by other carbon sources like simple alcohols or organic acids, and H_2O by other hydrogen donors like H_2S or H_2. Thus Eq. (III-1) represents merely green plant photosynthesis which comprises the smaller part of the total photosynthesis that takes place on earth.† The mass of material that is photosynthesized by bacteria exceeds that photosynthesized by plants. It is strictly a case of "mammalian chauvinism"—to quote Kamen's phrase—that made the in-

---

* Radioactive labeling experiments have established that this oxygen has been "split off" from the H_2O.

† There are approximately 10^{14} kgs. of organic material synthesized a year (Kamen, 1963).

vestigators stress the oxygen evolving mechanisms (Eq. III-1) of green plant photosynthesis (i.e., we feed on green plants or on rabbits which feed on cabbage).

In fact, it seems to us that in choosing a system for the study of photosynthesis the bacterial system offers two distinct advantages: First, it is simpler. Green plant photosynthesis employs two different systems, one for the reduction of CO_2 and the other for the evolution of O_2. These two systems are interconnected in a complicated way. Bacteria, on the other hand, do not liberate oxygen, and hence, need only one system.* The second advantage is that genetics and the other techniques of molecular biology are much more adaptable to the bacterial system. It is mainly for these reasons that our work and the following discussion will deal only with bacterial photosynthesis.† The role of EPR in photosynthesis has been reviewed by R. H. Ruby (1966), and more recently by E. Weaver (1968).

B The Primary Process in Photosynthesis

1 What We Mean by the Primary Process

We have mentioned earlier that Eq. (III-1) represents a large number of reactions. We will be concerned only with a small fraction of them; namely, with those which take place in the primary process. The word "primary" refers here to the temporal sequence of events after the photon is absorbed. Let us look briefly at these events and, following Kamen (1963), plot them on a time axis (see Fig. III-1). It is convenient to plot the negative logarithm of the time interval (Δt), measured in seconds, that it takes for an event to occur. This quantity $-\log(\Delta t)$ is conveniently called pt, in analogy to pH.

Figure III-1 shows the different processes and disciplines that are involved in the study of photosynthesis. After the light quantum is absorbed (pt 15 to 9) the first high energy chemical intermediates are formed. These are utilized to perform the biosynthesis required for all growth and division. If we were to plot on the ordinate of Fig. III-1, our level of ignorance of the various processes we would find a peak in the region of the intermediates,i.e., in the area of photochemistry and solid state physics. As we shall see shortly, it is in this region of photosynthesis that EPR and other physical methods can contribute to our knowledge.

Let us take a closer look at the locus—the photosynthetic unit—where the initial photosynthetic process takes place. (The existence of such units

---

* Recently two pigments associated with two systems have also been postulated for bacteria (Sybesma and Fowler, 1968). However, it is not known to what extent they are interconnected or even necessary, or whether they simply represent alternate paths. Perhaps this bacterial twin pigment system represents an evolutionary step towards the plant photosynthetic system.

† It is a pleasure, at this point, to thank Dr. M. D. Kamen and his group for their stimulation and help in getting us started in this field.

is based on the work of many people starting with Emerson, Arnold, and Van Niel sone 35 years ago. For a detailed discussion, see, for instance, the book by Clayton, 1967.) A photosynthetic bacterium (size $1–10\mu$) has a cytoplasmic membrane with many invaginations that can be broken off ultrasonically or by other mechanical shear forces. These rather irregular membrane fragments called chromatophores (size approximately $300–1000\,\text{Å}$) are capable of carrying out the quantum conversion steps of photosynthesis.

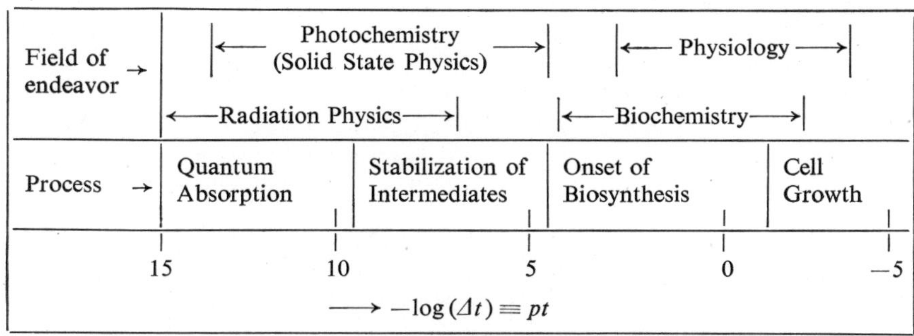

Fig. III-1. The different areas of photosynthesis (modified from Kamen, 1963).

The chromatophores contain, besides cytochromes and other biomolecules, a variety of pigments capable of absorbing the incident electromagnetic energy. The most important of these is chlorophyll which, as we mentioned in Sec. II, is essentially a porphyrin-like structure with a magnesium atom at its center. There are two kinds of chlorophylls attached to the chromatophores. The majority of the chlorophylls act as antennae for the incident light quantum which they shuttle to a particular specialized photochemically active chlorphyll called the reactionsite chlorophyll (or the trapping chlorophyll). This is nature's way of increasing the cross-section for the capture of a photon, i.e., the energy of light quanta absorbed *anywhere* in the ensemle of chlorophylls is delivered efficiently to the reaction site. There are approximately 50 light-harvesting chlorophylls for each reaction-site chlorophyll.

The transformation of the electromagnetic energy into chemical energy is initiated at the reaction site. One can visualize this process as a separation of a positive and a negative charge; an electron-hole pair in the nomenclature of solid state physics, or a reduced species (acceptor) and an oxidized species (donor) in the chemists' language. Figure III-2 illustrates this process schematically. The circles in the chromatophores represent the light-harvesting chlorophyll and the squares the reaction site. The energy difference between the charged species A^- and D^+ is utilized in synthesizing energy-rich compounds. One of these reactions, the synthesis of ATP, is indicated to the right of the dotted line in Fig. III-2. We rather arbitrarily define the processes to the left of the dotted line as the primary processes of photosynthesis.

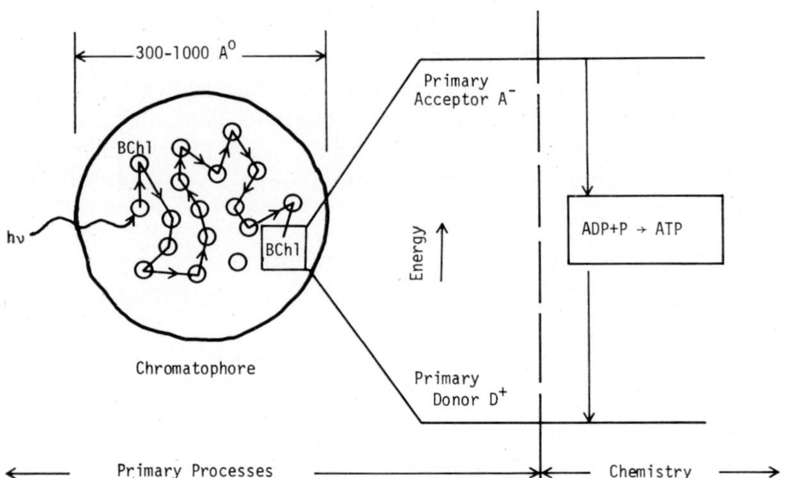

Fig. III-2. Schematic representation of the primary process in photosynthesis. The circles represent the light-harvesting chlorophylls and the square the reaction site.

2 *Some Problems Associated with the Primary Process*

There are several problems associated with the primary processes of photosynthesis. However, since these lectures deal primarily with EPR we tend to treat only those problems that are amenable to investigation by this technique. Lest we lose perspective and become "technique peddlers", let me at least mention in passing some of the other interesting questions in this area.

To start with, there is the question of accounting for the high efficiency (50–100%) with which the energy of the photon is shuttled to and absorbed by the reaction-site bacteriochlorophyll. The energy transfer between the light-harvesting chlorophylls is believed to occur via excited singlet states. Whether these states are localized and transmitted via a "random-walk" process or whether they are delocalized will depend on the strength of the coupling between the chlorophylls. This has been the subject of many discussions and I would like to refer you to the book by R. K. Clayton (1965) and a review by G. W. Robinson (1967).

Then, there is the question of the mechanism by which the excitation is trapped by the reaction-site BChl. The trapping must clearly be related to the nature of the specialized BChl. But in what way is the reaction-site BChl different from the light-harvesting BChl? Is its chemical structure different,*†

---

* Its chemical structure could be different (even the central Mg atom may be replaced by Zn) but may have espaced detection because of the large ratio of light-harvesting BChl to reaction-site BChl.

† *Note added in proof:* The above possibility of Zn replacing Mg in the reaction-site BChl does not exist. We have recently used *Atomic Absorption Spectroscopy* to determine the concentrations of the different metals that are present in reaction centers. The ratio of Zn to reaction-site BChl wes found to be less than 0.05.

or does its immediate environment differ from that of the light-harvesting BChl molecules? For instance, is it attached to a different protein, or are there other neighboring chemical molecules which alter its electronic structure? Much more work needs to be done on the structure of the specialized site before the above questions can be answered. (In this connection, see the circular dichroism work of Sauer, Dratz, and Coyne, 1968).

We finally come to the problem close to our heart: The determination of the identity of the *primary acceptor* (A^-) and of the *primary donor* (D^+). It is believed that the positive and negative charges that have been separated by the light quantum (see Fig. III-2) are not free electrons and holes (as they would be in a semiconductor), but are associated with definite chemical species—the primary acceptor and donor. The problem at hand is to determine the chemical identity of these primary reactants. Since both of them posses and unpaired electron (hole), they should be paramagnetic and therefore in principle amenable to investigation by EPR techniques. This is the problem to which we are addressing ourselves, but before discussing the observed results, we need to digress briefly and discuss the preparation of sub-chromatophore particles used in these investigations.

3 The Isolation of Reaction Centers

The chromatophores are not well defined, homogeneous particles. Also, they contain a large amount of material which is extraneous to the primary photochemical processes. If one is interested in studying the reaction site itself, the presence of the large amounts of light-harvesting bacteriochlorophylls is undesirable. Their optical absorption predominates, masking to a large extent the optical spectrum of the reaction-site BChl. It is therefore advantagous to "dissect" out of the chromatophores smaller units which contain only the specialized bacteriochlorophyll with its attendant "machinery" capable of performing the primary processes (e.g., the charge separation). These units are called reaction centers and their isolation was first accomplished by Reed and Clayton (1968). Their procedure has been modified and extended by several groups, including: Thornber *et al.* (1969); Gingras and Jolchine (1969); McElroy, Feher, and Mauzerall (1969 b).

We proceed now to a brief description of the procedure that we have adopted in isolating and characterizing reaction centers: The photosynthetic bacteria from which the reaction centers are obtained are a mutant strain (R-26) *Rhodopseudomonas Spheroides*. These mutants do not possess the usual carotenoid pigments of the wild type and consequently exhibit a much simpler optical spectrum. The bacteria are broken up by passing them at high velocities through a small orifice. The chromatophores obtained by differential centrifugation are subsequently exposed to a detergent* which

---

* This is a cricial step in the preparation. We use the detergent lauryl dimethyl amine-oxide (LDAO) instead of Triton X-100 used by Reed and Clayton.

solubilizes the reaction centers. The rest of the procedure follows standard biochemical techniques (e.g., centrifugations in density gradients, chromatography, dialysis, *etc.*), the details of which can be found elsewhere (e.g., Reed and Clayton, 1968; McElroy, *et al.*, 1969b).

The purified reaction centers, when viewed in the electron microscope,* show a rod-like structure (see Fig. III-3); the dimensions of each rod are approximately 80 Å × 200 Å. Occasionally they aggregate end-to-end to form longer filamentlike structures.† We are at present engaged in breaking up these particles in order to find the smallest unit capable of performing the primary process.

In trying to unravel the molecular basis of the energy conversion process, it is clearly more advantageous to deal with entities of macromolecular dimensions than with whole organisms. The necessary condition, of course, is that these macromolecular entities perform the elementary processes (e.g., the charge separation) outlined in Fig. III-2. We have two important physical tools with which we can assay the activity of these particles. They are optical absorption and EPR.

Let us start with the optical absorption of the reaction centers. The spectrum from a preparation of R. Spheroides is shown in Fig. III-4. The full curve shows the absorption (labeled "dark") with the sample illuminated only with the low light intensity (50 ergs/sec cm²) of the measuring beam.‡ The dotted line shows the absorption when the sample is illuminated with an additional light source (i.e., actinic light) at 8000 Å ($\sim 10^5$ ergs/sec cm²). The main effect of the actinic light is the bleaching of the peak at 8650 Å, a shift of the 8000 Å peak and the appearance of smaller peaks. The detailed changes of the optical spectrum upon illumination can best be seen from a difference spectrum, as shown in Fig. III-5. Such spectra on whole organisms and chromatophores were first obtained by Duysens (1952).*†

* We would like to thank Dr. D. McLean and Mrs. S. Beveridge for helping us with the EM work.

† Similar observations were made by Reed and Clayton (Reed, 1969).

‡ An additional peak not shown in Fig. III-4 occurs at 2800 Å. It is due to the protein in the sample and serves as a useful index of the amount of protein associated with the reaction center. The more the reaction centers are purified the smaller the ratio of the optical densities: O. D. (2800 Å)/O. D. (8000 Å). Preparations obtained recently in our laboratory by Dr. P. Thornber and J. McElroy (1969) gave ratios of 1.4. (Reed and Clayton, 1968, obtained a ratio of 5 for their preparations.)

When these reaction centers were treated with the detergent sodium dodecyl sulphate (NaDS), they broke up and migrated in acrylomide gel like a protein with a molecular weight of 50,000. (For a discussion of the acrylomide gel technique, see Weber and Osborn, 1969.)

* In chromatophores and whole bacteria the 8650 Å peak would be bleached by only ~2%, since the absorption of the preponderant light-harvesting chlorophyll does not change with illumination.

† The bacteriochlorphylls that are believed to be associated with the optical changes at 8000 Å and 8650 Å are sometimes referred to as P(800) and P(870), respectively.

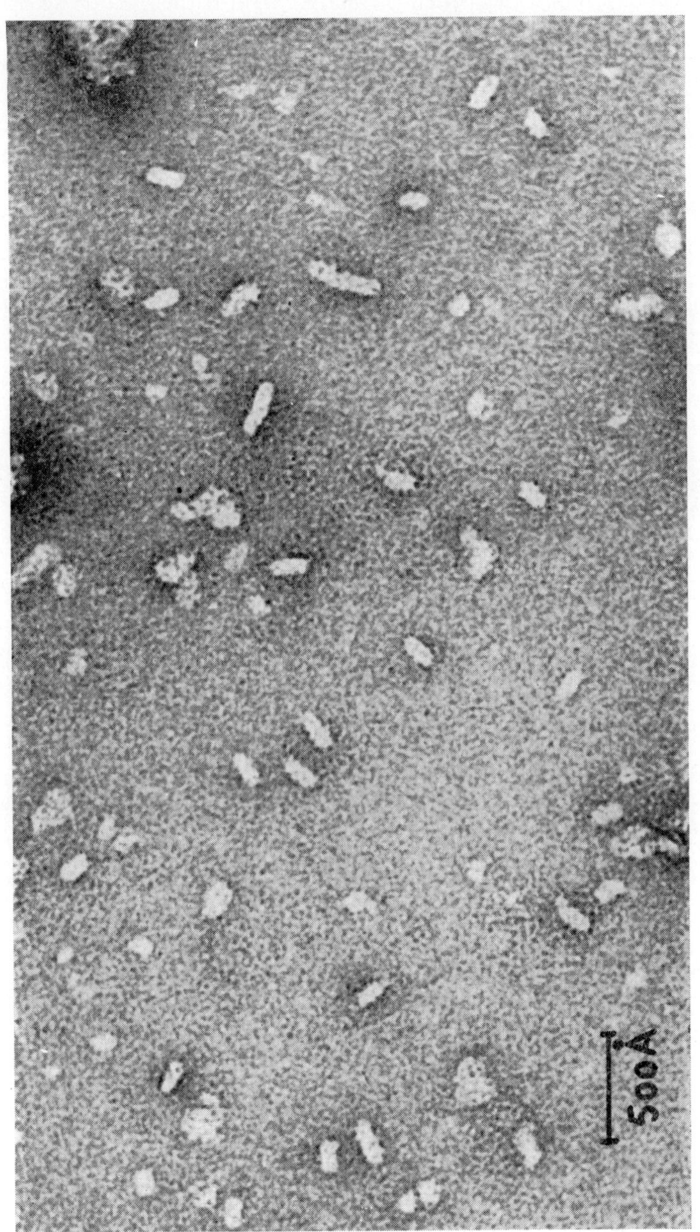

Fig. III-3. Electron microscope pictures of reaction centers of R-26 mutant of R. Spheroides negatively stained with 1% uranyl formate. (Pictures taken in collaboration with Dr. D. McLean and Mrs. S. Beveridge.)

An important characteristic of the optical density changes upon illumination is their reversibility; i.e., when the actinic light is turned off the original spectrum is reestablished. This reversibility persists down to liquid helium temperatures at which no ordinary chemical reactions can occur (W. Arnold

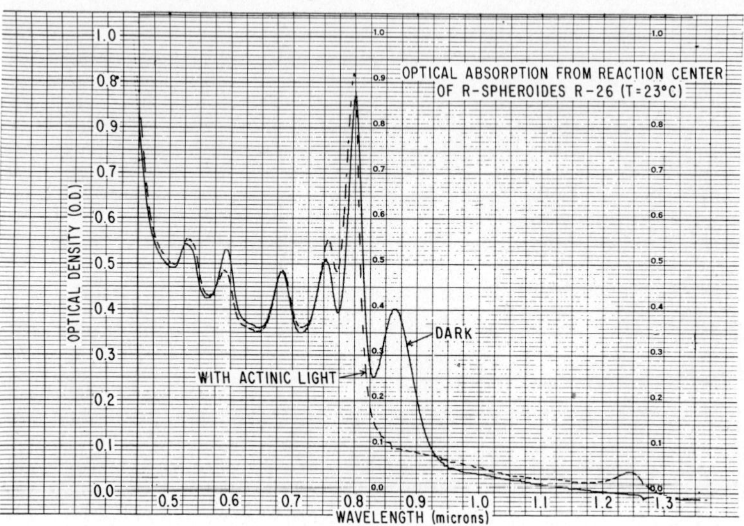

Fig. III-4. Optical absorption from reaction centers of R. Spheroides *R*-26 at $T = 23°C$. (McElroy, Feher, and Mauzerall, 1969 b.)

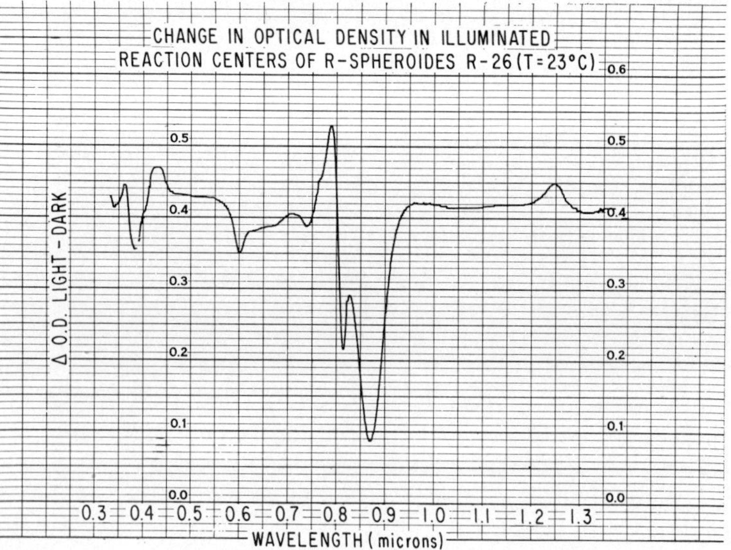

Fig. III-5. Difference spectrum of reaction centers of R. Spheroides R-26 at $T = 23°C$. (McElroy, Feher, and Mauzerall, 1969 b.)

and R. K. Clayton, 1960). This signifies that the bleaching is associated with a primary physical event. The fact that the optical changes upon illumination of the reaction centers and whole bacteria are identical assures us that we can use these changes as a convenient assay for the presence of the primary process.

There are many questions which immediately arise in connection with the bleaching process: What is the nature of the kinetic response of the process?; what is the temperature dependence of the kinetics?; can one obtain a "bleached spectrum" by chemical or other means? We shall answer all these questions after discussing the EPR results which, as we shall see, are closely related to them.

C Identification of One of the Primary Reactants

1 Characteristics of the Narrow $g = 2.0026$ EPR Signal

The first light-induced EPR signals from photosynthetic tissues were obtained by Commoner, Heise, and Townsend (1956), and Calvin and Sogo (1957). They observed two distinct resonance signals in green plants but only one in bacteria. Although these authors established the main characteristics of these signals many year ago, the origin, identification, and role in photosynthesis of the free radicals remained a puzzle until very recently. As we shall see in the next section, the identification of a newly observed broad resonance in bacteria still remains unsolved.

Figure III-6 shows the EPR signal obtained from reaction centers of R-26 R. Spheroides when illuminated at 1.3°K. A small signal is observed in the absence of illumination. This is believed to be due to the frozen-in (trapped) free radical. The amount of the trapped radical can be increased many-fold by illuminating the sample while cooling it to low temperatures. The EPR characteristics of the trapped radical are identical to those of the light-induced free radical, namely:

$$g = 2.0026 \pm .0001$$

$$\Delta H \text{ (peak to peak)} = 9.5 \pm 0.5 \text{ Gauss.}$$

These values are independent of temperature (1.3°K $< T <$ 300°K), of the bacterial species (Rhodospirillum, Chromatium, R. Spheroides) and of the physical state of the sample (whole bacteria, chromatophores, reaction centers). This implies that one is dealing with a free radical associated with the photosynthetic machinery of bacteria. The observation that the EPR signals, like the optical absorption signals, are completely reversible at low temperatures points to the fact that one is dealing with a physical process.

The line shape of the signal is strictly Gaussian *(see Sec. I-D2). This implies that the unpaired electron is subjected to the magnetic fields of a

---

* The theoretical fit to a Gaussian line shape is so good that it completely overlaps the experimental curve.

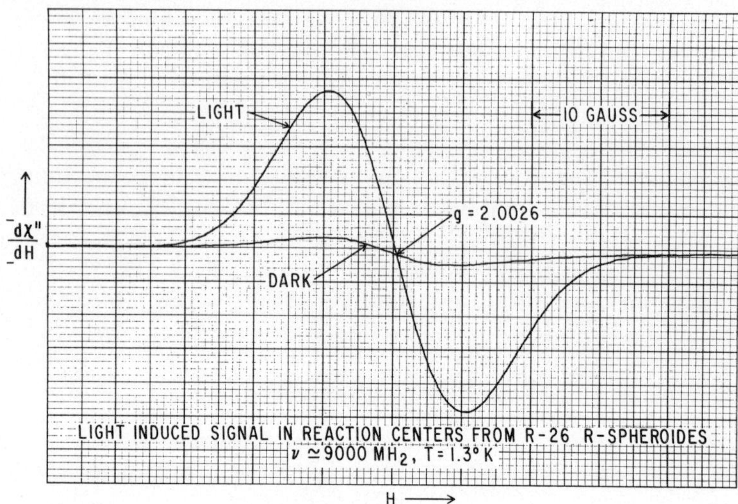

Fig. III-6. Light induced EPR signal $d\chi''/dH$ of R. Spheroides R-26 at 1.3°K and 9000 MHz. The small dark signal has the same EPR parameters as the light induced signal and is due to a small amount of frozen in free radical (McElroy, Feher, and Mauzerall, 1969 b.)

large number of randomly oriented nuclei, i.e., that the line width is due to unresolved hyperfine interactions (see Sec. I-D2).

2 Comparison of the narrow EPR signal with that of a model compound

Let us now address ourselves to the question of the chemical identity of the free radical. Unfortunately, the theoretical state of the art has not advanced to the point where one can predict the chemical structure of the molecule responsible for the EPR line from the line width and electronic g value. We must, therefore, resort to an empirical experimental approach in which the EPR parameters from different model compounds are compared with those of the unknown species. It is not unreasonable to suspect that the EPR signal is due to oxidized or reduced bacteriochlorophyll. Therefore, we chose bacteriochlorophyll which was chemically oxidized with iodine as one of our model compounds (MsElroy, Feher, and Mauzerall, 1969 a).

A comparison of the g values and line widths of the *in vitro* oxidized bacteriochlorophyll with those of the light-induced EPR signal from *Rhodospirillum Rubrum* is shown in Table III-1 (McElroy, Feher, Mauzerall, 1969 a). Both normal and fully deuterated bacteria and bacteriochrophyll were used.* As can be seen from the Table, the g values of the model compound and of the light-induced signal are the same within experimental error. This finding is consistent with (but cannot be used as a conclusive proof of) the fact that the light-induced free radical is an oxidized bacteriochlorophyll.

---

* These were obtained by growing the bacteria in a fully deuterated medium. We are indebted to Dr. J. J. Katz for providing us with a deuterium-adapted culture.

TABLE III-1

Comparison of g values and line widths of the oxidized bacteriochlorophyll EPR signal with those of the light-induced EPR signal from whole cells of R. Rubrum (From: McElroy, Feher, and Mauzerall, 1969a).
Experimental conditions: $\nu_e = 9$ GHz; temp., 77°K.

Species	Electronic g value	ΔH^* (Gauss)	$\dfrac{\Delta H_{normal}}{\Delta H_{deuterated}}$
Oxidized bacteriochlorophyll			
normal	2.0025 ± 0.0001	12.8 ± 0.5	2.4 ± 0.2
deuterated	2.0026 ± 0.0001	5.4 ± 0.3	
R. rubrum			
normal	2.0026 ± 0.0001	9.5 ± 0.5	2.3 ± 0.2
deuterated	2.0026 ± 0.0001	4.2 ± 0.3	

* Total width between inflection points of $d\chi''/dH$. All line shapes are Gaussian.

In order to strengthen this hypothesis, let us look at the ratio of the line widths of the normal and deuterated samples. It can be shown in general that the line width due to many identical nuclei is proportional to $\gamma[I(I + 1)]^{1/2}$ where γ is the magnetogyric ratio and I the spin of the nuclei (e.g., see A. Carrington and A. D. McLachlan, 1967). If the nuclei producing the broadening are protons, then upon deuteration the line width should be reduced by the ratio

$$\frac{(\Delta H)_H}{(\Delta H)_D} = \left[\frac{I_H(I_H + 1)}{I_D(I_D + 1)}\right]^{1/2} \frac{\gamma_H}{\gamma_D} = 4.0. \tag{III-1}$$

From Table III-1 we see that the experimentally determined ratio is much lower than 4.0. This means that an additional broadening mechanism is operative. Let us assume that this additional broadening is due to the hyperfine interaction (of the form $A\bar{I} \cdot \bar{S}$; see Eq. I-23) with the four nitrogen nuclei in the porphyrin ring* (see Fig. II-3). With this assumption the data in Table III-1 can be fitted with one value of A equal to 1.3 ± 0.2 gauss.†
It is significant that the additional broadening in both the model compound and the light-induced bacterial signal can be quantitatively accounted for by the same mechanism. This result, in conjunction with the identity of the g values leaves little doubt that the signal observed in photosynthetic bacteria is due to bacteriochlorophyll.

* One can postulate an alternate broadening mechanism due to a possible anisotropy in the electronic g value. This broadening mechanism is expected to be proportional to the applied magnetic field (i.e., the microwave frequency). Experiments performed at 35 GHz have ruled out this mechanism.
† This is very close to the value of 1.43 gauss obtained by Felton, et al. (1969) for the nitrogen hyperfine interaction constant in oxidized zinc tetraphenyl porphyrin.

Since the model compound is *oxidized* bacteriochlorophyll, it is reasonable to associate the light-induced signal with the oxidized species. However, to be completely certain of this assignment, one would have to show that the EPR characteristics of reduced bacteriochlorophyll are different. Unfortunately, all efforts in our laboratory to produce the reduced free radical species of bacteriochlorophyll have so far failed. We will show later (in Sec. III-C3) an additional, independent experimental result which again is consistent with attributing the light-induced signal to oxidized bacteriochlorophyll.

The relatively small difference in the absolute value of the line width between the model compound and the bacterial signal can be ascribed to the different environment of the bacteriochlorophyll *in vitro* and in the photosynthetic tissue (in the latter, we are dealing with a protein-chlorophyll complex).

Before concluding this section, I would like to mention the early and extensive work of Kohl, *et al.* (1965) on isotopic substitution. These authors suggest that the chlorophyll molecules do not provide the locus for the unpaired electron giving rise to the light induced signal. One of their main arguments is that an isotopic substitution of N^{14} by N^{15} did not show up in a change in line width. Unfortunately, the theoretical reduction in line width (or more precisely, the reduction of the non-hydrogenic component of the line width) on substituting N^{14} by N^{15} is only 13% (see Eq. III-1). The observable effect, because of the presence of the other nuclei, would be even smaller and may have eluded these authors. A repetition of their experiments with higher accuracy would clear up that question.

3. Comparison of the Kinetics of the Narrow EPR Signal and of the Light-Induced Optical Changes.

The light-induced optical changes discussed in Sec. III-B3 have been shown by several authors to be associated with the *oxidation** of the specialized bacteriochlorophyll in the primary photochemical process (e.g., Duysens, *et al.*, 1956; Goedheer, 1960; Loach, *et al.*, 1963). If it were possible to show that the light-induced optical changes and the light-induced EPR signal are associated with the same chemical species, we would have an additional and independent proof of the identy of the free radical. With this in mind, we performed a set of experiments comparing the kinetic parameters of the optical absorption changes with those of the EPR signal at cryogenic temperatures (McElroy, Feher, Mauzerall, 1969a).

* The main proof came from the fact that chemical *oxidation* of the sample produced the same changes in the optical absorption as were obtained with actinic light. Unfortunately, the optical changes associated with the reduction of the bacteriochlorophyll have not been obtained so far. If these changes should turn out to be identical with the ones that arise after oxidation, this argument will be invalidated. It is a similar predicament as the one mentioned in connection with the EPR spectrum of the oxidized model compound (see Sec. III-C2).

a Results of the comparison:

The experimental procedure was to illuminate the sample with rectangular pulses of actinic light obtained with a mechanical shutter; the light-induced signals were fed into a signal-averaging computer synchronized with the flashing actinic light. The light-induced optical and EPR changes remained reversible over many thousands of flashes. In order to insure a meaningful comparison, the *same* sample was used for both EPR and optical measurements.

Representative experimental results of the kinetic measurements on reaction centers of R. Spheroides at 77°K are shown in Fig. III-7. The top trace shows the time dependence of the illuminating actinic light. The EPR signal in the middle trace was obtained by setting the magnetic field to the maximum of the derivative signal (see Fig. III-6). The kinetics of the EPR signal follows an exponential rise and decay curve with characteristic times τ_{RE} and τ_{DE}. The kinetics of the optical transmission* changes, at an illuminating wavelength of 9000 Å and a measuring wavelength of 7950 Å, are

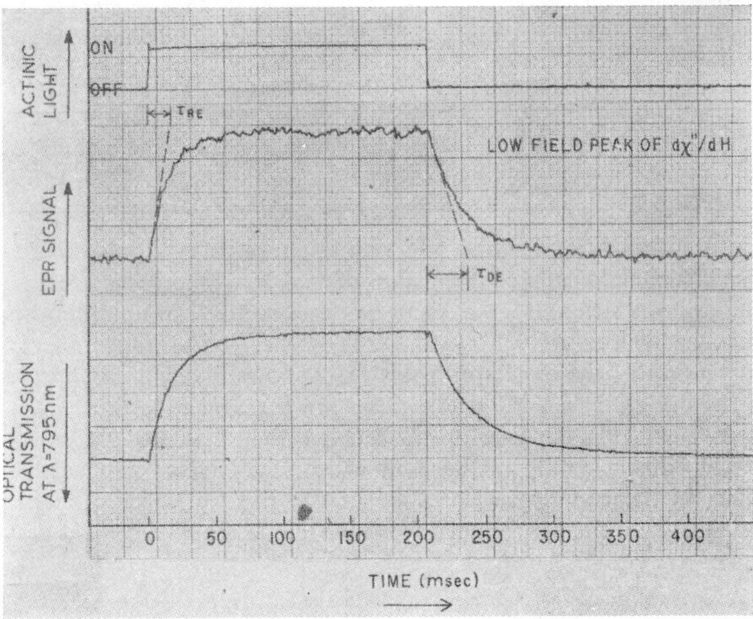

Fig. III-7. EPR and optical kinetics of reaction centers of R. Spheroides R-26 at 77°K. Wave length of actinic light $\lambda = 9000$ Å (McElroy, Feher, and Mauzerall, 1969a).

* Note that the optical transmission data have to be converted to absorbance changes before the comparison with the EPR data is made. If the intensities of the incident and emerging light beams are denoted by I_0 and I, respectively, the transmission (T) and absorbance (O.D.) are defined by the relation: $I/I_0 = T = 10^{-O.D.}$.

shown in the bottom trace. Identical results were obtained at measuring wavelengths of 8050, 8800,* and 12,420 Å, as expected from the optical spectrum of the bacteriochlorophyll in reaction centers (see Figs. III-4 and III-5).

Table III-2 summarizes the data of the optical and EPR decay experiments performed at different temperatures. A minor complication arises from the fact that at liquid helium temperatures the lifetime of the free radical, i.e., the "chemical" decay rate $1/\tau_{DE}$ becomes comparable to the spin life-time, i.e., the magnetic relaxation rate $1/T_1$ (see Sec. I-B2). When these conditions prevail the following two effects are observed: a) The EPR decay kinetics are slowed down and become non-exponential. b) The observed spin life-time T_s obtained from the recovery of the EPR signal (under steady illu-

TABLE III-2. Comparison of Optical and EPR Decay Times as a Function of Temperature.

Experimental conditions: R. Spheroides R-26 reaction centers suspended in 50% (v/v) glycerin; sample thickness 1 mm; $A_{890\,nm} = 0.7$ at 1.7°K; Actinic light source, $I_{max} = 10^5$ egrs. cm^{-2} · sec^{-1}; $\lambda = 900$ nm (Bausch and Lomb B-3 (NIR) interference filter); measuring beam intensity, 50 ergs. cm^{-2} · sec^{-1}. Rms. errors are quoted. (From McElroy, Feher, and Mauzerall, 1969 a).

Temp. (°K)	Optical decay time, τ_{DO} (msec) ($\lambda = 795$ nm)	EPR decay time, τ_{DE} (msec) (low-field peak)	Electron spin lifetime, T_s (msec)
1.7	28 ± 4	36 ± 5	27 ± 3
4.2	—	31 ± 5	13 ± 5
77	30 ± 2	30 ± 4	<1

mination) after the application of a saturating microwave pulse is not equal to T_1 but depends also on the value of τ_{DE}.† A theoretical treatment of this situation is straightforward and has been applied in obtaining the low temperature values of τ_{DE}. (Mc Elroy, Feher, and Mauzerall, 1969 b). An inspection of the results of Table III-2 shows that within experimental error the optical and EPR decay times are the same.

The rise time τ_{RE} depends on the incident light intensity and is equal to the decay time τ_{DE} only in the limit of low light intensities.‡ Table III-3 summarizes the experimental results of the rise times for different light intensities. Again, it can be seen from the Table that the optical and EPR rise times are equal.

---

* The absorption peak that occurs at room temperature at 8650°K shifts at low temperatures by about 200 Å to longer wave lengths.

† When the free radical is fozen in (as explained previously) its true relaxation time T_1 can be easily measured. It would be instructive to make a critical comparison of this value with the one obtained from the kinetic measurements.

‡ This result follows from simple photochemical considerations. The rate of bleaching of the pigment is the sum of the rate of the light-driven photoreaction and that of the dark decay (back) reaction. This sum reflects the equilibrium balance between the creation and decay of the bleached centers, i.e., unpaired spins.

The results presented in Tables III-2 and III-3 clearly indicate the identity of the free radical with the species undergoing the light-induced optical changes. Since the optical changes have been associated with the oxidation of the specialized chlorophyll, we arrive at the conclusion, consistent with the one discussed in Sec. III-C1, that the free radical is oxidized bacterio-chlorophyll.

TABLE III-3. Comparison of Optical and EPR Rise Times

Experimental conditions: temp., 77°K; other conditions as described in Table III-2. (From McElroy, Feher, Mauzerall, 1969a).

Ligth intensity (%) $(100\% = 10^5$ ergs.cm$^{-2} \cdot$ sec$^{-1})$	Optical rise time, τ_{RO} (msec)	EPR rise time τ_{RE} (msec)
100	12 ± 1	15 ± 2
50	17 ± 2	18 ± 3
21	23 ± 2	20 ± 5
8.1	28 ± 2	30 ± 5

Similar kinetic results were obtained with whole cells and chromatophores of Rhodospirillum Rubrum and its G-9 mutant, R. Spheroides and Chromatium. We feel, therefore, that the above results are general—at least for the purple photosynthetic bacteria.

Earlier room temperature experiments performed by Ruby, Kuntz, and Calvin (1964) showed the kinetics of the light-induced changes at $\lambda = 8650$Å to be different from the EPR kinetics. This result was apparently due to an experimental artifact (Loach and Sekura, 1967; Ruby, 1967). The more recent room temperature experiments by Bolton, Clayton, and Reed (1969) demonstrate the identity of the kinetics of the light-induced optical changes and the EPR signal. These authors independently conclude that the free radical is an oxidized bacteriochlorophyll.

b A note on some interesting features:

A notheworthy feature of the kinetic behavior is the absence of a lag between the onset of the light flash and the appearance of the signal. By expanding the scale at the origin of Fig. III-7, we have determined that within our time resolution of 0.3 msecs there is no lag. This is in contradiction with the early kinetic studies of Commoner, Kohl, and Townsend (1963). They reported a lag of 2–3 msecs and concluded that the free radical is not associated with the first photochemical step.* Later work by Bolton, Cost, and Frenkel (1968) and our work use the absence of a lag as an argument for implicating the free radical as the primary reactant. Very convincing evidence in favor of this conclusion comes from the fast optical flash experiments of W. W. Parson (1967, 1968).

* We had difficulties arriving at this conclusion from their published traces (See Commoner, *et al.*, 1963, Figs. 3 and 4.)

An interesting result of the kinetic measurements is the constancy of the decay times over the large temperature range between 1.7°K and 77°K. There are very few physical processes that one can think of that are independent of temperature in this range. One plausible mechanism involves electron tunneling.* This is a quantum mechanical process in which an electron penetrates a potential barrier instead of overcoming it by thermal excitation. For a barrier height ΔE (measured from the electronic level) and width d the tunneling rate $(1/\tau)_t$ is given by (e.g., Schiff, 1955):

$$\left(\frac{1}{\tau}\right)_t \simeq \nu_0 e^{-2d\left[\frac{2m\Delta E}{\hbar^2}\right]^{1/2}} \tag{III-2}$$

where m is the mass of the electron and ν_0 is the frequency with which the electron approaches the barrier.

In order to estimate d, let us assume for ΔE a value of 1 e.V. (approximately the energy of the incident photon), and for ν_0 a value of 10^{15} sec^{-1}, which corresponds to an energy of 5 e.V. The latter value is not critical since it is the exponential term that dominates the tunneling rate. Inserting these values into Eq. III-2, one obtains from the observed decay (i.e., tunneling) time of 30 msec a barrier width $d \simeq 30$ Å. Because of the exponential nature of expression (III-2), the decay rate is extremely sensitive to the value of d. As an example, for $d = 20$ Å one obtains a τ_t of 2×10^{-6} secs, and for $d = 40$ Å, τ_t increases to $4 \times 10^{+3}$ secs (1 hour!). This sensitive dependence of τ on d (i.e., the distance between the reactants) suggests a direct experimental verification of the tunneling hypothesis. Dimensional changes could be introduced experimentally and τ_{DE} measured. This could be accomplished, for instance, by applying pressures or by partially denaturing the protein, or—if hydrogen bonding is important in holding the center together—by deuteration of the sample.

It is interesting to speculate on the role of tunneling in biochemical reactions. We have seen that it provides an effective means of transporting charge carriers across dimensions of tens of Angströms, i.e., the size of proteins. It also suggests a very effective mechanism for drastically changing reaction rates by dimensional (i.e., conformational) changes of the proteins or other macromolecules.

Before concluding this section, let us explore other physical methods capable of determining the distance between the two primary reactants. The first involves the magnetic interaction between two paramagnetic species. In order to discuss this interaction we have to get ahead of our story and anticipate a result (to be discussed in the next section) which shows the

* This mechanism had been previously postulated by B. Chance and his coworkers in connection with the oxidation of a cytochrome in photosynthetic tissues (DeVault and Chance, 1966). This cytochrome seems to be a secondary electron donor which donates its electron to the ocidized bacteriochlorophyll, (W. W. Parson, 1968.) (See also discussion at the end of Sec. III.)

presence of a second paramagnetic species (A^-). What is the effect of A^- on the $g = 2.0026$ EPR line associated with $BChl^+$? The magnetic field at a distance d from a magnetic dipole μ is given by $\sim\mu/d^3$. The random spin orientation of A^- will produce a random magnetic field in its vicinity which can cause a broadening of the $BChl^+$ resonance line. At a low enough temperature and a high enough field ($\mu H/kT \gg 1$) the A^- spins will be aligned and produce an effective magnetic field at the $BChl^+$ site. This would exhibit itself as an apparent g-shift of the $BChl^+$ resonance line. No shifts have been observed within our experimental accuracy of ~ 1 gauss at 12,000 gauss between the temperatures of $1.5°K$ and $77°K$. Equating 1 gauss to μ/d^3 and assuming for μ one Bohr magneton ($\mu \simeq 10^{-20}$ erg deg^{-1}) one obtains $d \gg 20$ Å. This limit is consistent with the tunneling estimate but does not provide us with s new value of d. Besides this static effect, A^- will also produce a time-varying magnetic field at the site of $BChl^+$ thereby influencing its spin lattice relaxation time T_1. This effect will depend on the distance between the reactants* and can in principle be used to obtain a value for d. These experiments have so far not been carried out.

Another consequence of the charge separation A^-–$BChl^+$ is the creation of an electric dipole. This effect should exhibit itself as a change in the dielectric constant upon illumination. We did indeed find large changes by illuminationg a dried film of chromatophores placed in the E field of the microwave cavity (Feher, Isaacson, and McElroy, 1967). Such an effect has also been observed by M. Klein (1968). More quantitative measurements, in particular on the kinetic behavior of the dielectric changes, need to be made in order to correlate them with the formation of A^- and $BChl^+$.

D What Happened to the Other Primary Reactant?

In the preceding section we discussed the observation and origin of one species of light-induced free radical. However, as pointed out before (see Fig. III-2), there should be two species with unpaired spins. This follows simply from the fact that, if one electron is transferred from one diamagnetic molecule to another, two molecules with unpaired electrons,† i.e., an oxidized and a reduced species will result. One would expect, therefore, to observe two distinct light-induced paramagnetic signals. Where, then, is the second EPR signal?

In the past the absence of a second signal had been explained by assuming that the EPR characteristics of both signals were identical and, therefore,

---

* It also depends on the overlap between the two resonance signals and the relaxation time T_1 of A^-. One may also need to know T_1 of $BChl^+$ in the absence of A^-. This value could be obtained from the frozen-in signal.

† This argument applies strictly only to free radicals. If one of the species derives its paramagnetism from an unfilled d shell, then the transfer of an electron will result in a *change* in its paramagnetic property (e g., $Fe^{+++} + e^- \rightarrow Fe^{++}$).

they coalesced into a single line. The model that was advanced to explain this assumed the production of a pair of bacteriochlorophyll free radicals—a reduced and an oxidized species. However, the recent work of Bolton, Clayton, and Reed (1969) made this explanation untenable. These authors measured the number of incident photons and the number of unpaired spins which contributed to their observed EPR signal. They found that each photon gave rise to only *one* unpaired spin. If both bacteriochlorophylls had been contributing to the EPR signal, they would have obtained two unpaired spins per incident photon.

Another general and rather trivial explanation which can account for the absence of an observable EPR signal is the following: If the line width of the signal is very large, its amplitude will be small and the resulting signal-to-noise ratio may be too poor for the signal to be observed.* (See Sec. I-F). Following this line of thought we set out to find such broad signals, and we did, indeed, observe them (McElroy, Feher, and Mauzerall, 1969 b). We proceed now to explain our experimental methods and results.

1 Characteristics of the broad EPR signal

Weak broad signals are not only difficult to observe *per se*, but, in addition, they may be masked by, or mistaken for "cavity background." These are signals that arise from impurities in the walls of the cavity, sample container, etc. In order to avoid this problem, and to insure that only signals arising from the photochemical act would be observed, we employed light modulation rather than field modulation (see Sec. II-E4). To prove that no signal arose from the temperature modulation of the sample (see Fig. II-14), a background run was made in which the illumination was not photo-chemically active ($\lambda \simeq 2\mu$) but produced the same heating of the sample.

The EPR results obtained from reaction centers at 1.3°K and 9000 MHz are shown in Fig. III-8. The signals produced by the light modulation technique are proportional to the absorption χ'' and not to the derivative $d\chi''/dH$ as is the case with field modulation (e.g., Fig. III-6). The bacterio-chlorophyll free radical at $g = 2.0026$ is discernible as a large off-scale signal. With the gain settings used in Fig. III-8, its amplitude is approximately 20 times the full scale deflection.† The interesting new feature of the spectrum is the occurrence of the three broad lines at magnetic field values of 1800,

---

* It is, therefore, dangerous to conclude from the absence of an EPR signal that the sample is not paramagnetic. Such conclusions, which subsequently have been proven wrong, do crop up occasionally in the literature. The only conclusion one can draw from a carefully performed "negative" EPR experiment is that the line width for a given number of unsaturated spins must exceed a certain value.

† The inversion of the line is due to purely instrumental reasons. Because of its large amplitude, it has overloaded the computer memory of the signal averaging device (see Sec. I-F) which was used in these experiments to collect the data.

2900, and 3800 gauss, corresponding (at the operating frequency of 9700 MHz) to g values of 3.6, 2.2, and 1.8.

Further investigations of the broad resonance lines revealed the following facts (McElroy, Feher, and Mauzerall, 1968 b): a.) The light kinetics of the broad signal, as measured by the decrease in amplitude as the frequency of light modulation was increased, was found to be the same as that of the

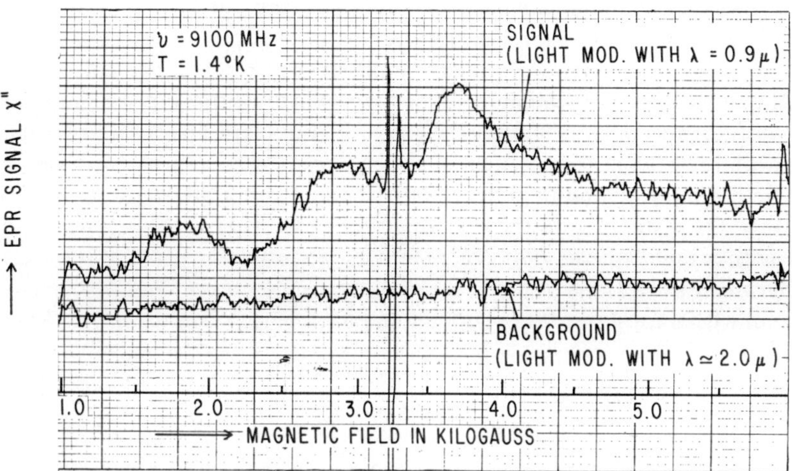

Fig. III-8. EPR spectrum from reaction centers of R. Spheroides R-26 at 1.3°K and 9000 MHz. The narrow signal at 3300 gauss is due to the bacteriochlorophyll free radical as shown also in Fig. III-6. The paramagnetic species associated with the broad signals has not been identified yet (McElroy, Feher, and Mauzerall, 1969 b.)

narrow signal (see Sec. III-C3). This indicates that the two paramagnetic species are closely associated with each other. b.) The integrated area of the three broad signals is 2.5 $\pm$ .7 larger than that of the narrow signal. c.) The microwave saturation behavior of the three broad signals seems to be the same, but was found to be different from of the narrow signal.

2 Speculations on the Origin of the Broad EPR Signal

What do these findings mean?; what is the chemical species responsible for the broad signal? We do not know yet. We can only speculate at this early stage. I hope that you won't mind if we enliven these lectures with some speculations and "unfinished business," (up to now we have dealt with more or less finished work and well-understood topics). One should, of course, keep in mind the preliminary nature of the experimental results and the experimental results and the possibility of subsequently being proven wrong.

Let us start out by excluding some candidates for the broad signals. In view of the g values and excessive widths of the lines, it is unlikely that they are due to simple free radicals. For instance, a quinone radical, which had been implicated in the primary photochemical process (e.g., Ke, *et al.*, 1968), could not give rise to the observed signals.

Now let us see what positive statements we can make concerning these signals: There exists the possibility that we are dealing not with one but with three distinct paramagnetic species having different g values. This could account for the larger integrated area. This possibility, besides being aesthetically unsatisfactory, seems unlikely in view of the fact that the broad signals behave similarly under microwave saturation.

Another possibility is that the EPR signal arises from a paramagnetic species with a large g anisotropy, such as an iron protein, as discussed in Sec. II.

The large integrated area may come the fact one that is not dealing with an $S = 1/2$ system (as in the case of a free radical) but with a paramagnetic ion with a higher value of S. In general, the transition probability (i.e., the integrated absorption) between the magnetic substates m_s and $(m_s - 1)$ for a system with a total spin S is proportional to (see, for instance, E. R. Andrew, 1955)

$$\text{Trans. Prob.} \sim (S + m_S)(S - m_S + 1). \tag{III-3}$$

For a system with $S = 1/2$ the above quantity is unity; for a system with $S = 1$ (e.g., Fe^{++} intermadiate field, see Table II-1), Eq. (III-3) gives a value of 2.

This brings us to another possibility, i.e., that of a triplet $S = 1$ state with an axial zero field splitting D (see Sec. II-D) as indicated in Fig. III-9.* For a small zero field splitting this indeed could give rise to two resonance lines around $g = 2$ and one line approximately at half the field. The latter represents a $\Delta m_s = \pm 2$ transition and becomes allowed only in the presence of a zero field splitting. The intensity of this transition depends on the orientation of the external magnetic field H with respect to the axial field and on the ratio of D/H†.

One can think of many different experimental approaches designed to prove (or disprove) the above mentioned possibilities. In this connection the employment of a higher microwave frequency (i.e., higher magnetic field H) should be of great help. Such experiments are now in progress in our laboratory and should bring us closer to the goal of identifying the second paramagnetic species associated with the primary photochemical process.

---

* For simplicity, we have assumed that $D \gg E$. With H pointing in other directions the energy diagram changes in analogy with Fig. II-8.

† Note that two strongly coupled paramagnetic species each with a spin of 1/2 will behave like an entity having a spin of 1.

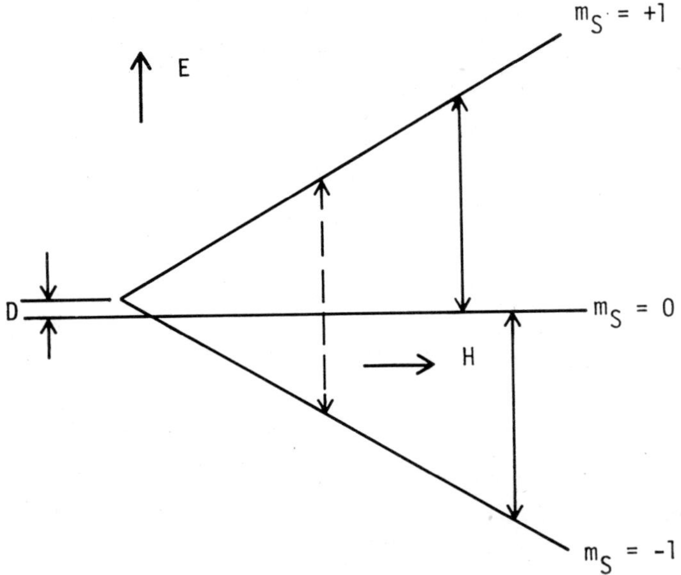

Fig. III-9. Energy level diagram of a system with $S = 1$ with the magnetic field H pointing parallel to the axial distortion. The dotted line represents a forbidden transition. It becomes partially allowed depending on the orientation of the external magnetic field H and on the ratio of D/H.

E Summary of our Knowledge about the Primary Reactants and Some Remarks about Future Extensions of this Work

Let us begin by representing schematically the energy levels and processes involved in the primary photochemical steps which were discussed in this section. This is done in Fig. III-10-a, b, c, d. We start out with a neutral acceptor and donor, both of which are diamagnetic. The donor D has two electrons with paired spins in its highest occupied energy level; the acceptor A is shown with an empty orbital (Fig. III-10-a). In the presence of light the donor is excited to its singlet state D^* (Fig. III-10-b). The electron from the excited level D^* can drop into the empty level of A creating two charged paramagnetic species D^+ and A^- (Fig. III-10-c). In the dark, the electron from A^- tunnels through a potential barrier to the ground state of D thereby restoring the two species D and A with which we started out (Fig. III-10-a — Fig. III-10-d). In the presence of light, a steady state concentration of D^+ and A^- is established which at low temperatures depends on the pumping rate (i.e., light intensity) and the tunneling rate τ_D.

In the preceding section we have presented arguments that strongly favor the identification of D^+ with oxidized bacteriochlorophyll. The identification of the primary acceptor (A^-), which we believe gives rise to the broad paramagnetic signal, remains a challenge for the future. Several possibilities

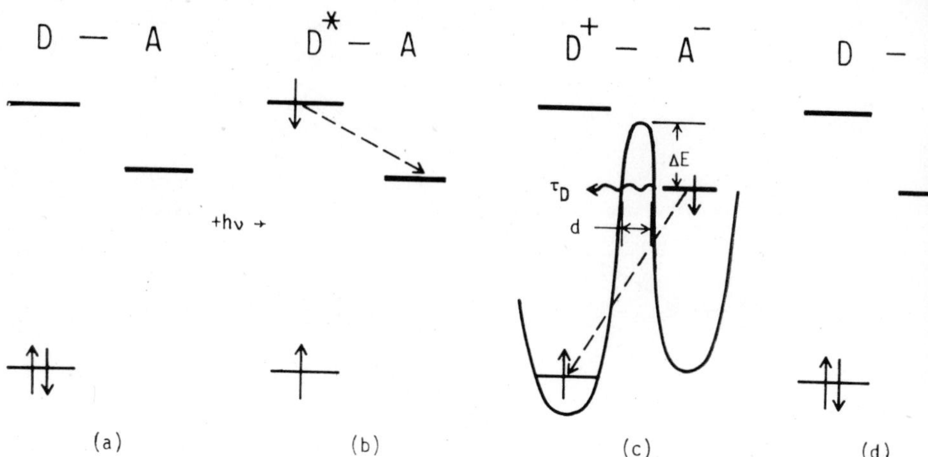

Fig III-10 Schematic representation of the primary photochemical steps. *D* has been identified with bacteriochlorophyll; the identity of A remains unknown. The EPR spectrum of the two paramagnetic species D^+ and A^- is shown in Fig. III-8.

concerning the identity of A^- and possible experiments to distinguish between them were discussed in Sec. III-D2. It would also be instructive to pursue the experiments designed to obtain a value for the distance between *A* and *D* as outlined in Sec. III-C3b.

The reactions depicted in Fig. III-10 do not, of course, represent an isolated event. They have to tie in with other secondary reactants and ultimately with the rest of the chemical machinery of the cell. It has been shown by Parson (1967, 1968) that cytochromes act as secondary electron donors capable of reducing D^+. This process is much faster at room temperature* than the reduction of D^+ by A^- via tunneling, as shown in Fig. III-10. This is fortunate since if it were not the case the quantum efficiency of photosynthesis would have been greatly lowered by the short-circuiting back reaction. At low temperatures the cytochrome oxidation is irreversible (Chance and Nishimura, 1960), a fact which allows us to observe the back reaction.

This is perhaps a good place to bring up a criticism voiced by many biologists. They argue that the use of non-physiological cryogenic temperatures makes the investigations meaningless "lamp-post"† experiments. The biological relevance of low temperature experiments will depend on the kind of questions one is asking. It would clearly make no sense to study, for instance, the rate of tumor growth at helium temperatures ("a new cure, it doesn't grow!!"). But the identity of the primary donor and acceptor will

---

* It occurs in a time of the order of 10^{-6} secs.

† This often-used expression comes from the story of the man who looks for his lost wallet under a lamp-post. Not because he lost it there but because the illumination is better in that place.

not depend on the temperature. Another example, from another area in biology, to illustrate this point: Life does not proceed in the presence of intense X-rays. Yet, where would biology be if X-rays had not been used to obtain the structure of DNA, proteins, etc.?

Let us end with some remarks about possible future extensions of this work. The availability of a homogenous preparation of reaction centers and their fractions offers many possibilities. Foremost, it seems to us to provide a promising model system for the study of the assembly and mechanism of an electron transport unit.

The rod-like shape of the reaction centers (see Fig. III-3) makes it possible to align them by flow technique methods, thereby, enabling one to study optical and EPR spectra of oriented molecules. This could yield information concerning hitherto unknown anisotropies and the spatial relation of the chromophores and free radicals with respect to the axis of the reaction center.

The encouraging results on the breaking down of the standard reaction centers into still smaller homogenous units (see footnote, p. 9) may make it possible to obtain a single crystal* of an active photochemical unit. This would open up the way towards the elucidation of its electronic structure, the determination of its three-dimensional structure and its exact chemical composition.

The question whether the protein-chlorophyll complex undergoes a conformational change during the photochemical act could be investigated by spin labeling techniques (to be discussed in the next section) and by high resolution NMR experiments.

Another, more biological, question concerns itself with the "architecture" of the reaction center with respect to the membrane and the entire bacterium. One possible approach involves the use of antibodies (see, also, Sec. IV-D) prepared to react specifically with reaction centers or their fractions (L. A. Steiner, 1968; G. Nicholson, 1968). It is hoped that the antibodies will preferentially attach themselves to the reaction centers inside the bacterium. Their location can be determined with the electron microscope by using labeled antibodies (Singer and Schick, 1961). The label (ferritin), by virtue of its high iron content, is relatively opaque to the electron beam and therefore shows up very well in the electron microscope.

References—Section III

1. E. R. Andrew, *Nuclear Magnetic Resonance*, Cambridge Univ. Press, p. 19, 1955.
2. W. Arnold and R. K. Clayton, *Proc. Nat. Acad. Sci.*, (U.S.) **46**, 769 (1960).
3. H. Beinert and G. Palmer, *Adv. Enzymology*, **27**, 105 (1965).
4. Bolton Cost and Frenkel *Arch. Biochem. Biophys.* **126** 383 (1968).

* Single crystals of a chlorophyll-protein complex have been obtained by Olson (1966). They, unfortunately, do not contain the active site.

22*

5. Bolton, Clayton and Reed, *Photochem. Photobiol.*, **9**, 209 (1969).
6. M. Calvin and P. B. Sogo *Science*, **125**, 499 (1967).
7. A. Carrington and A. D. McLachlan, *Introduction to Magnetic Resonance*, Harper and Row, New York, (1967).
8. B. Chance and N. Nishimura, *Proc. Nat. Acad. Sci.*, (U.S.) **46**, 19 (1960).
9. R. K. Clayton, *Molecular Physics in Photosynthesis*, Blaisdell Publ. Co., New York (1965).
10. Commoner, Heise, and Townsend, *Proc. Nat. Acad. Sci.*, (U.S.) **42**, 710 (1956).
11. Commoner, Kohl, and Townsend, *Proc. Nat. Acad. Sci.*, (U.S.) **50**, 638 (1963).
12. D. DeVault and B. Chance, *Biophys. J.*, **1**, 825 (1966).
13. L. N. M. Duysens, *Transfer of Excitation Energy in Photosynthesis*, thesis, Utrecht, (1952).
14. Duysens, Huiskamp, Vos, and Van der Hart, *Biochim. Biophys. Acta,* **19**, 188 (1956).
15. Feher, Isaacson, and McElroy, unpublished results, 1967.
16. Felton, Dolphin, Borg, and Fajer, *J. Amer. Chem. Soc.*, **91**, 196 (1969).
17. G. Gingras and Jolchine, *Progress in Photosynthetic Research*, edited by H. Metzner Tübingen, (1969), in press.
18. J. C. Goedheer, *Biochim. Biophys. Acta*, **38**, 389 (1960).
19. P. Hemmerich, *Proc. Roy. Soc.*, A**302**, 335 (1968).
20. M. D. Kamen, *Primary Processes in Photosynthesis*, Academic Press, N. Y. (1963).
21. Ke, Vernon, Garcia, and Ngo, *Biochemistry* **7**, 311 (1968).
22. M. Klein, personal communication, 1968.
23. Kohl, Townsend, Commoner, Crespi, Dougherty, and Katz, *Nature*, **206**, 1105 (1965).
24. Loach, Androes. Maksim, and Calvin, *Photochem. Photobiol.*, **2**, 443 (1963).
25. P. A. Loach and D. L. Sekura, *Photochem. Photobiol.*, **6**, 381 (1967).
26. McElroy, Feher, and Mauzerall, *Biochim. Biophys. Acta*, **172**, 180 (1969a).
27. McElroy, Feher, and Mauzerall, unpublished results, 1969b.
28. G. L. Nicolson, personal communication, 1968.
29. J. M. Olson, *The Chlorophylls*, edited by L. P. Vernon and G. R. Seely, Academic Press, N. Y., (1966), p. 413.
30. W. W. Parson, *Biochim. Biophys. Acta.*, **131**, 154 (1967).
31. W. W. Parson, *Biochim. Biophys. Acta*, **153**, 248 (1968).
32. W. D. Reed and R. K. Clayton, *Biochem. & Biophys. Res. Comm.*, **30**, 471 (1968).
33. W. D. Reed, personal communication, 1969.
34. G. W. Robinson, in *Energy Conversion by the Photosynthetic Apparatus*, Brookhaven Symposia in Biology, No. 19; available from: National Bureau of Standards, U. S. Dept. of Commerce, Clearinghouse for Federal Scientific and Technical Information, 1967.
35. Ruby, Kuntz, and Calvin, *Proc. Nat. Acad. Sci.*, (U.S.) **51**, 515 (1964).
36. R. H. Ruby, University of California Rad. Lab. Report, UCRL-16492, 1966.
37. R. H. Ruby, personal communication, 1967.
38. Sauer, Dratz, and Coyne, *Proc. Nat. Acad. Sci.*, (U.S.) **61**, 17 (1968).
39. L. I. Schiff, *Quantum Mechanics*, McGraw-Hill 1955, N. Y., p. 94.
40. S. J. Singer, and A. F. Schick, *J. Biophys. Biochem. Cyt.* **9**, 519 (1961).
41. L. A. Steiner, personal communication, 1968.
42. C. Sybesma, and C. F. Fowler, *Proc. Nat. Acad. Sci.*, (U.S.) **61**, 1443 (1968).
43. Thornber, Olson, Williams, and M. L. Clayton, *Biochim. Biophys. Acta*, **172**, 351 (1969).
44. J. P. Thornber, and J. McElroy, unpublished results, (1969).
45. C. B. Van Niel, *Cold Spring Harbor Symp. Quant. Biol.*, **3**, 138 (1935).
46. E. C. Weaver, *Ann. Rev. Plant Physiol.*, **19**, 283 (1968).
47. K. Weber and M. Osborn, *J. Biol. Chem.*, **244**, 4406 (1969).

IV Spin Labeled Biomolecules

A Introduction

In a previous set of lectures, you have heard from Dr. Shulman how NMR can be used to solve some problems in biological systems. Since all biological molecules have protons with a nuclear magnetic moment ready to be flipped by a magnetic field, NMR techniques can be applied to a large number of systems. For EPR, on the other hand, one needs a molecule with an electronic magnetic moment (spin) and this is harder to come by. Most molecules have paired up electronic spins and are therefore diamagnetic, the exception being free radicals (see Sec. III) and molecules which incorporate atoms with unfilled inner shells (see Sec. II).

In order to enhance the utility and scope of EPR experiments, one can try to make the biomolecule of interest paramagnetic by attaching a tailor-made molecule with an unpaired spin to it. This procedure is known as *spin labeling*. The label can then serve both as an indicator of the behavior of the biomolecule and as a probe to explore the structure of the biomolecule itself. The general philosophy of labeling experiments is not new. Many different physical phenomena, besides EPR (e.g., optical absorption, fluorescence, the Mossbauer effect) have been used to monitor labeled molecules. Spin labels in biomolecules were introduced by H. M. McConnell and his coworkers about four years ago (Ohnishi and McConnell, 1965; Stone, Buckman, Nordio, and McConnell, 1965) and have been reviewed recently by Griffith and Waggoner (1969), and Hamilton and McConnell (1968).

B The Requirements to be Fulfilled by a Spin Label and the Information that can be Obtained from it

By definition, a spin label has to be paramagnetic and capable of attachment to a biomolecule. It is desirable that it be stable and that by suitable chemistry the attachment be made to specific sites. It is important that the spin label should not interfere with the function of the biomolecule and that its perturbation on the biomolecular structure be kept to a minimum.

Besides these chemical requirements, there are also some resonance requirements that have to be met. Since the desired information has to be contained in the resonance spectrum, it is necessary that at least some of the EPR parameters (e.g., g value, hyperfine interaction, relaxation times) be sensitive to the static and/or time-dependent environment of the spin label.

To be more specific, let us give some examples of the environmental changes that might be detected with spin labels. The g value and hyperfine interactions may be sensitive to the degree to which the environment is polar or ionic. If the EPR parameters are anisotropic one may determine whether a biomolecular structure is ordered or not and what the orientation of the spin label is with respect to the structure. If the spin label is not stationary, the anisotropy allows one under certain circumstances to gain insight into the time dependence of the motion of the spin label. If the motion is sterically hindered by the structure of the biomolecule, a change in conformation of the biomolecule may be detectable. If the spin label is rigidly attached to the biomolecule, the motion of the biomolecule can be studied.

The above are some of the problems that we shall be treating in this section. But before we embark on them, let us first discuss the nature of the spin labels that are used.

C The Nitroxide Label

1 The Chemistry

The spin labels which up to now have been almost exclusively used are derivatives of the simple nitroxide free radical, shown in Fig. IV-1a (Hoffman and Henderson, 1961). A simple label called TEMPO (2,2,6,6 tetramethylpiperidine-1-oxyl) is shown in IV-1b. Other labels can be derived from structures like those shown in Fig. IV-1c, d where R represents different chemical groups depending on the problem to be investigated (e.g., ionic groups, long hydrophylic chains, steroids, etc.). It is via R that the spin label is attached to the biomolecule. A list of many spin labels and their chemical properties can be found in the review articles of McConnell, Griffith, and Waggoner (1969) and Hamilton, McConnell, and Griffith (1968).

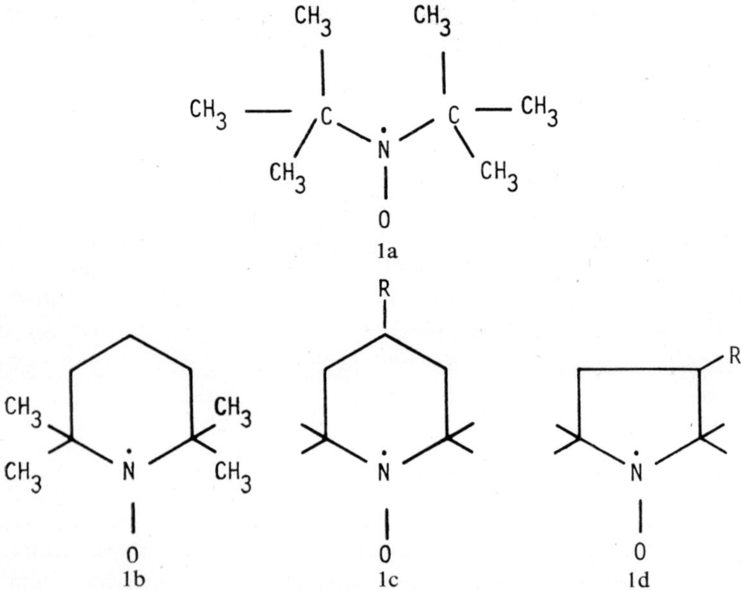

Fig. IV-1. Basic Structures of the Nitroxide free radical.

2 The Static Spin Resonance Parameters

We next discuss the spin resonance parameters of the nitroxide free radical. The odd electron, by virtue of which the nitroxide is a free radical, spends most of its time (80–90%) in a $2p\pi$ atomic orbital on the nitrogen (Hamilton, McConnell, 1968). This is shown in Fig. IV-2, where it is assumed that the nitrogen, oxygen, and the two carbon atoms are coplanar. The

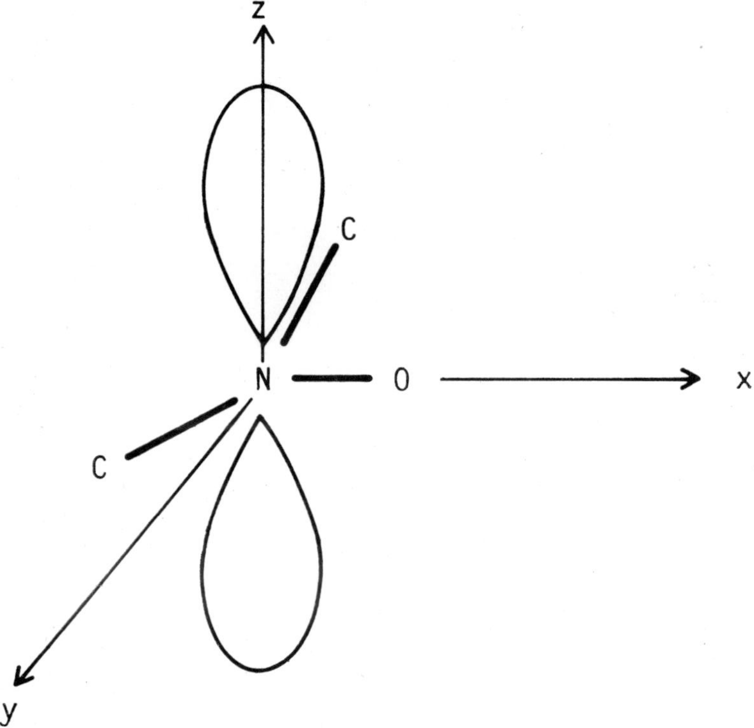

Fig. IV-2. Structure of the Nitroxide Radical.

fact that the electron is mostly in a $p\pi$ orbital gives rise to a large anisotropic hyperfine interaction of nearly axial symmetry. Similarly, the electronic g value is expected to be anisotropic. If we assume that the axes of the hyperfine and g tensor coincide, we can write the spin Hamiltonian in the principal axis system as

$$\mathscr{H} = \beta(g_x S_x H_x + g_y S_y H_y + g_z S_z H_z) + A_x I_x S_x + A_y I_y S_y + A_z I_z S_z$$

where the nuclear Zeeman term as well as spin–spin interactions between the molecules have been neglected. The only way to find out how well this spin Hamiltonian represents the physical situation is to try to fit the experimentally observed spectrum to it. In order to get the values of the parameters $g_x, g_y, g_z, A_x, A_y, A_z$, it is necessary to obtain the spectra from oriented molecules, i.e., molecules embedded in a single crystal.

The single crystal work was performed by Griffith, Cornell and McConnell (1965). They used a host crystal of tetramethyl-1,3-cyclobutaneodione (Fig. IV-3) into which a small amount of the free radical (IV-1a) was incorporated.

Spectra were obtained with the external magnetic field pointing along the three principal axes of the nitroxide free radical. The experimental results are shown in Fig. IV-4. Each spectrum shows three lines characteristic of a nucleus (N^{14}) with spin $I = 1$ ($2I + 1$ lines). The values of the EPR parameters are shown in Table IV-I.

TABLE IV-I. Values of the EPR Parameters of the Nitroxide Free Radical IV-1 (Griffith, *et al.*, 1965).

g_x g_y g_z	A_x A_y A_z	g_0 g_0
Exp. Error $\pm.0003$	In Gauss	
2.0089 2.0061 2.0027	$7.1 \pm .5$ $5.6 \pm .5$ 32.0 ± 1.5	$2.0060 \pm .0002$ $15.1 \pm .5$
In Single Crystals ← ———— (see Fig. IV-4a, b, c) ————→		In Solution ← —— see Fig. IV-4d —— →

3. The Spectrum in Solution

We have just discussed the EPR parameters of the nitroxide label when it is incorporated into a single crystal. However, most biomolecules do not come as single crystals ready to be labeled. We must therefore inquire what happens when the spin labels assume random orientations. We can distinguish two limiting cases:

In the first, the molecules are "frozen in", i.e., their orientations are random but time-independent. Under these conditions the spectrum will be a superposition of spectra like IV-4a, b, c. The resulting lines are broadened and the whole spectrum has a rather smeared out appearance. These are referred to in the literature as rigid glass, powder, or polycrystalline spectra (see Fig. IV-5d).

In the second limiting case, the spin labels are free to tumble rapidly enough to average out the anisotropies and thus produce again a sharp spectrum of three lines* with an average g value

$$g_0 = \frac{1}{3}(g_x + g_y + g_z)$$

---

* Recently Calvin, *et al.* (1969) investigated the use of biradical spin labels in which a pair of nitroxide radicals are interconnected. If the exchange interaction between the two unpaired electrons is sufficiently strong, they will "see" the hyperfine field of both nitrogen nuclei and give rise to a five-line spectrum (the combined spin of the nitrogen nuclei is 2, i.e., one observes $2I + 1 = 5$ lines). Since the exchange interaction depends strongly on the distance between the two sites and also on the environment, the spectra of biradicals may contain information that is absent in the spectra of monoradicals.

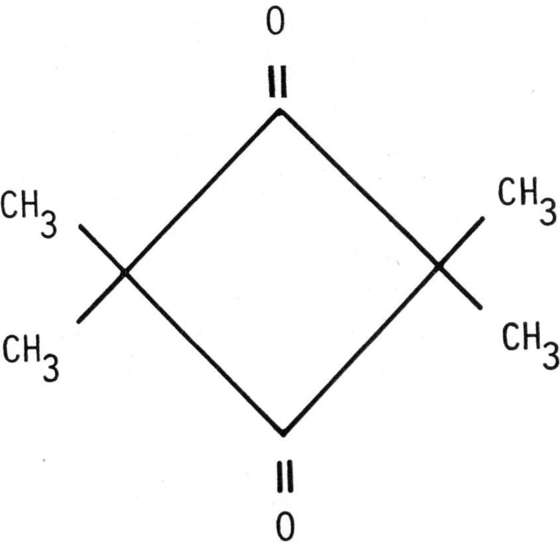

Fig. IV-3. Compound used as host crystal for the nitroxide radical.

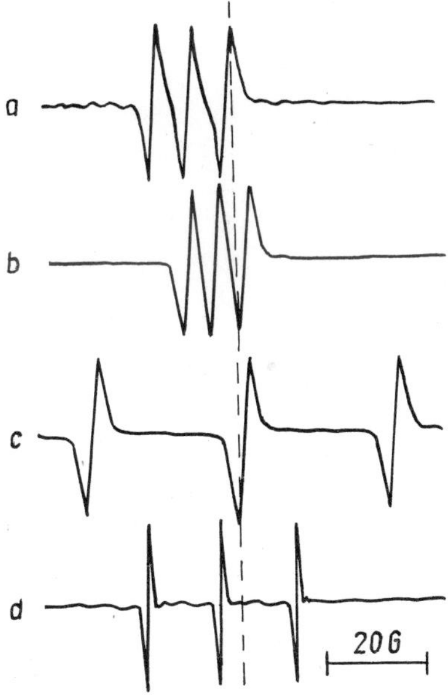

Fig. IV-4. 9 GHz spectra of the nitroxide radical IV-1a. IV-4a, b, c show spectra obtained along the three principal axes of the radical. IV-4d shows spectrum obtained from 10^{-5} M nitroxide dissolved in di-t-butyl ketone. Dotted line represents $g = 2.0036$. (After Griffith and Waggoner, 1969).*

* Reprinted from *Accounts of Chem. Res.*, **2** (1969) 17.

and an average hyperfine splitting

$$a_0 = \frac{1}{3}(A_x + A_y + A_z).$$

The spectrum obtained from the nitroxide radical under these conditions is shown in Fig. IV-4d. The observed EPR parameters a_0 and g_0 agree within the experimental error with the single–crystal values and are shown in Table IV-1.

What do we mean by "rapidly enough" in the above case? Suppose the axis of a molecule with an anisotropic g value changes slowly from the z to the x direction. The precession frequency of the electron spin then changes by an amount $\Delta\omega = (g_z - g_x)\,\mu H/\hbar$ and the observed line width will then be approximately $\Delta\omega$. Similarly, for a molecule with an anisotropic hyperfine interaction, $\Delta\omega \sim (A_z - A_x)/\hbar$. If, now, the molecule tumbles from the z to the x direction in a time τ_c that is shorter than $1/\Delta\omega$, the spins don't "have a chance" to exhibit the full change in the precessional frequency and the line will be motionally narrowed to a value $\Delta\omega_M$ given by (Anderson & Weiss, 1953)

$$\Delta\omega_M \simeq (\Delta\omega)\,(\Delta\omega \cdot \tau_c) \simeq \Delta\omega \cdot \left(\frac{\Delta\omega}{\Delta\omega_T}\right).$$

Thus the line has narrowed from its powder-pattern value $\Delta\omega$ by the ratio $\Delta\omega/\Delta\omega_T$, where $\Delta\omega_T$ is the tumbling frequency of the molecule.*

Now let us estimate the time τ_c for the nitroxide radical in liquids and see how it compares with the difference in the precessional frequencies of the spins. Physically, the rotational correlation time τ_c represents a characteristic time it takes the molecule to tumble through an appreciable angle. It was first used by P. Debye (1929) in his theory of dielectric relaxation and by Blumbergen, Pound, and Purcell (1948) in their classic NMR paper. The expression for τ_c for a sphere of radius a is

$$\tau_c = \frac{4\pi\eta a^3}{3kT}$$

where η is the viscosity of the medium and kT the thermal energy. For $a = 3 \times 10^{-8}$ cms. and $\eta = 10^{-2}$ poise (H_2O), one obtains $\tau_c \simeq 10^{-11}$ sec. For the nitroxide free radical the values of $\Delta\omega$ obtained from its g and hyperfine anisotropies are $\sim 2 \times 10^8$ and 4×10^8 sec^{-1}, respectively. Since $\tau_c \sim 1/\Delta\omega$, we expect to observe a motionally narrowed spectrum, as indeed is the case (see Fig. IV-4d). If we put the nitroxide radical into a high viscosity liquid such as glycerol ($\eta = 10$ poise), τ_c would increase to 10^{-8} secs. and we would have $\tau_c > 1/\Delta\omega$ and observe a broadened spectrum. Similarly,

---

* This expression is clearly only an approximation. For very short τ_c the residual line width has to be taken into consideration.

if we were to attach the nitroxide label rigidly to a protein with $a_0 = 30$ Å, we would find again a τ_c of 10^{-8} sec.

The above ideas can easily be tested experimentally by varying the viscosity (and hence τ_c) of the liquid in which the label is dissolved. Figure IV-5 shows the experimental traces (Griffith & Waggoner, 1959) of the nitroxide radical (compound IV-1a) dissolved in ethylene glycol. The spectra span the two limiting cases of very rapid motion (Fig. IV-5a) and of a rigid glass (Fig. IV-5d).

The spectra for intermediate tumbling rates (Fig. IV-5b, c) are more complex but, in principle, they contain the information for calculating the rotational correlation time τ_c. This is not a trivial problem and has been treated theoretically by several authors (McConnell, 1956; Kivelson, 1957, 1960; Freed and Fraenkel, 1963). More recently a computer program for the nitroxide free radical has been developed (Itzkowitz, 1967). It fits the experimental spectra with a single relaxation time. If the motion of the label is not isotropic, it cannot be described by a single relaxation time and the problem becomes more complicated (Hubbel and McConnell, 1969).

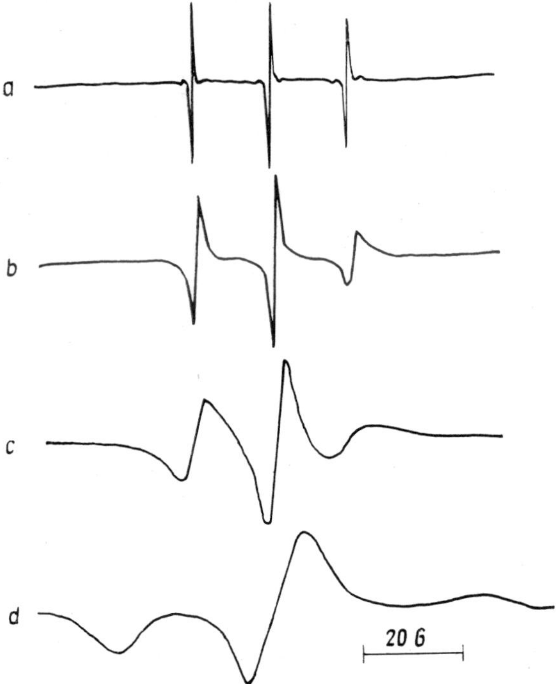

Fig. IV-5. 9 GHz ESR spectra of the nitroxide radical (compound IV-1a) dissolved in ethylene glycol at: a.) 25°C, b.) −25°C, c.) −80°C, d.) −150°C. (Driffith & Waggoner, 1969).*

* Reprinted from *Accounts of Chem. Res. 2* p. 17 (1969).

                                    G. FEHER

One interesting feature of the spectrum of the nitroxide label in solution
is that it is not symmetrical with respect to the central line. The reason for
this is that both the g value and the hyperfine splitting are anisotropic. This
can be easily understood from the hypothetical two-line spectrum shown in
Fig. IV-6.

In this section we talked exclusively about the nitroxide radical, but in
fact any molecule whose spectrum depends on the environment can, in
principle, be a useful spin label. For instance, the simple ion Mn^{++} could be
used: its spectrum exhibits six well-resolved hyperfine lines in water and
changes drastically when the Mn^{++} ion is adsorbed to a biomolecule.

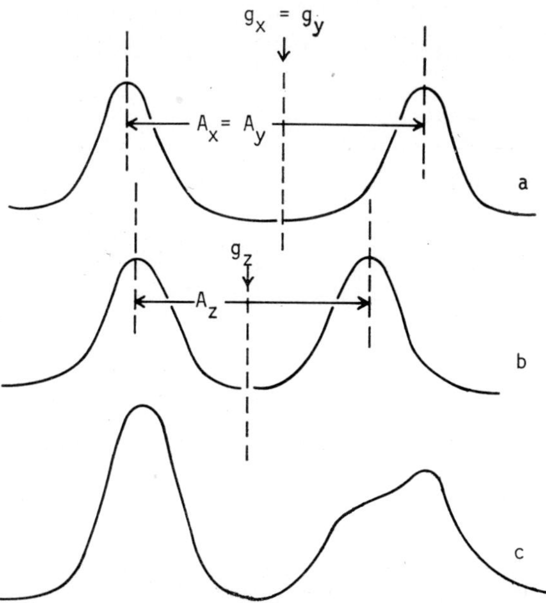

Fig. IV-6. Hypothetical two-line spectrum illustrating the reason why the resulting
spectrum c will be asymmetric.

As we mentioned in the introduction, techniques other than EPR have
been used in labeling experiments. We shall end this section by discussing
one of them, the technique of fluorescence depolarization (introduced by
G. Weber, 1952) which has been successfully used to measure τ_c. In this
technique the incident light is linearly polarized and absorbed by a chromophore (i.e., a chemical group that absorps light) attached to the macromolecule. The degree of polarization of the re-emitted fluorescence radiation is monitored. If the molecule has changed its direction appreciably
between the absorption and emission process, which lasts about 10^{-9}
to 10^{-8} sec, the polarization will be destroyed. From a knowledge of the
fluorescent life time and the degree of polarization of the emitted light, the

value for τ_c can be obtained. The main advantage of optical techniques over EPR is their greater sensitivity, i.e., one can work with smaller concentrations. EPR methods, on the other hand, are capable of providing more detailed information and can, in principle, cover a larger range of τ_c.

4 The Effect of the Solvent on the EPR Parameters

It has been found that the hyperfine interaction and g value of the nitroxide radical in different solvents show a small monotonic dependence on the ionic character of the liquid (Briere, Lemaine, and Rasset, 1965; Kawamura, Matsurami, and Yonezawa, 1967). The experimental results of Kawamura, *et al.* are presented in Table IV-II.

TABLE IV-II. Effect of solvents on the EPR parameters and optical absorption of D-t-butyl Nitroxide (Compound IV-1a). After Kawamura, *et al.* (1967).

Solvent	g_0	a_0	Optical Absorption $\lambda_{Max}(n \rightarrow \pi^*)$ [mμ]
n-Hexane	$2.00614 \pm 2 \times 10^{-5}$	$14.85 \pm .08$	466
Methanol	$2.00579 \pm 2 \times 10^{-5}$	$15.85 \pm .01$	443
Water	$2.00556 \pm 1 \times 10^{-5}$	$16.75 \pm .04$	424

(Ionic ↓)

From the above Table, we see that the more ionic the solvent the larger the spin density on the nitrogen (i.e., the larger a_0) and the smaller the g shift. Also, the optical absorption of the nitroxide radical has been found to vary monotonically, as indicated in the Table.

Although these "chemical" shifts are small, they can be used to identify the character of the environment of the label (see Sec. IV-D2). The shifts, unfortunately, also make it difficult to obtain accurate, absolute values of the correlation time τ_c, since the EPR parameters used from the single crystal work are only approximately valid for solutions. However, errors made in the determination of the absolute values of τ_c are of negligible consequence in most applications.

Fluorescence labels again offer an alternate way of obtaining information on the hydrophylic (i.e., ionic) versus hydrophobic character of the binding site. (For a review, see Edelman and McClure, 1968). In this case the quantum yield of the fluorescence decreases and the wave length of emission increases with increasing ionic character of the solvent.

D Application to Specific Problems

1 Antibodies

a General Background

Antibodies are proteins produced in vertebrates as a defense against invasion by foreign substances called antigens. Antigens that are most effective in eliciting an immune reaction (i.e., produce a large number of specific antibodies) are large molecules such as proteins or polysaccharides. Small molecules like the nitroxide label discussed before, are unable to elicit antibody formation by themselves. Is it then possible to obtain antibodies that are specific to small chemical groups like the nitroxide radical? The answer is fortunately in the affirmative. When a small labeling molecule—called a hapten—is covalently attached to an appropriate macromolecule and injected into an animal, the antibodies formed in response to it will include molecules with sites specific to the hapten. The antibodies so produced will then be able to bind the label specifically. In the language of the enzymologist one can perhaps view the antibodies as a tailor-made protein (enzyme) capable of binding a model substrate—the hapten. (Of course, with antibodies and haptens the binding is not followed by catalysis.)

Let us briefly review what is known about the structur of an antibody (Porter, 1967; Edelman and Gall, 1969). It consists of four polypeptide chains held together by disulfide bonds ($S - S$), as illustrated schematically in Fig. IV-7. The two light chains are identical and have a molecular weight of 20,000 ($\sim$220 amino acid residues). The two heavy chains are also identical with a molecular weight of 50,000 ($\sim$440 residues). From an

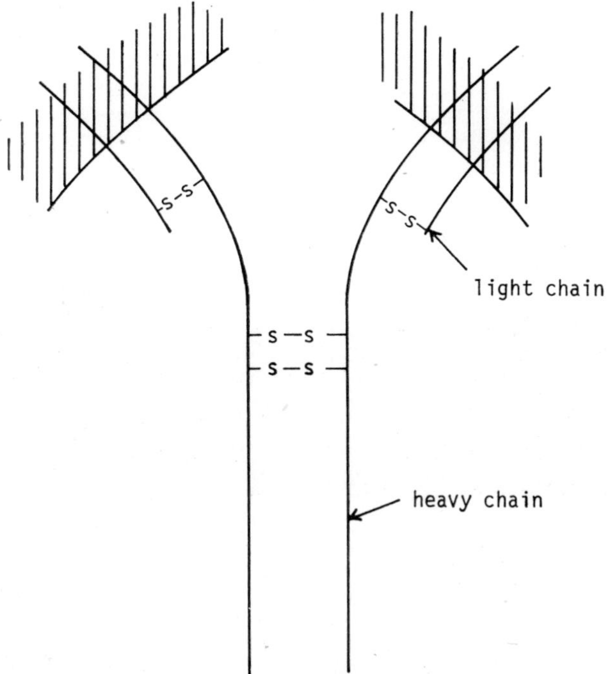

Fig. IV-7. Schematic representation of an antibody. The active site is located within the crosshatched area.

analysis of the amino acid sequence, it has been determined that antibodies possess a region with a constant basic structure common to all and a smaller variable section (see cross-hatched area in Fig. IV-7) which differs from antibody to antibody.* The huge number of different antibodies specific to the large variety of antigens can easily be accounted for by the variable section. The active sites must, of course, be associated with these variable sections. Therefore, each antibody has two active sites which are the minimum number required to form an interlocking structure (a "clump") with the invading antigens. (The antigens have usually many sites of attachment).

There are several intriguing questions which so far have not been answered. For example: What is the mechanism producing the large number of variations? Is there one gene that codes for the common section and a large number of genes that code the variable section? Or do the variations arise from genetic recombination, or perhaps from mistakes in the transcription process? And what is the feedback mechanism responsible for enhancing the population of the antibodies that are specific to the invading antigen? Unfortunately, these are questions that EPR does not seem particularly suited to answer. However, a question on a more molecular level which needs to be answered concerns the structure of the antibody site. So far, X-ray analysis has not solved this problem and until it does so, a physical method like EPR has a chance to shed some light on this problem.

b Binding Studies

Shortly after the nitroxide labeling technique was introduced, Stryer and Griffith (1965) applied it to the study of the interaction of dinitrophenyl nitroxide (see Fig. IV-8) with antibodies specific to the dinitrophenyl group. The latter group serves an additional useful function in these studies; it quenches (i.e., reduces) the fluorescence of the amino acids tryptophane and tyrosine in the antibody. This effect provides an independent quantitative tool to measure the binding constants of the hapten (Velick, Parker, and Eisen, 1960).

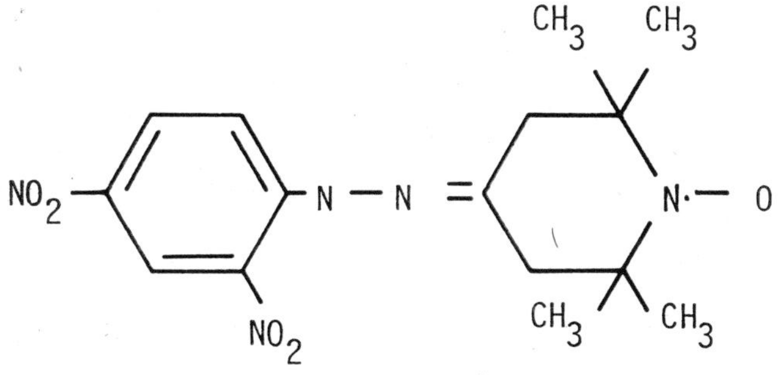

Fig IV-8. The hapten Dinitrophenyl nitroxide used in the study of Stryer and Griffith (1965).

* This picture is slightly oversimplified, but is adequate for our present purpose.

The EPR results on the hapten-antibody system are shown in Fig. IV-9. One clearly sees the immobilization of the free radical when it is bound to the antibody (compare with Fig. IV-5). Figure IV-9b was obtained under conditions of an excess of antibodies. At higher hapten concentrations, there will be free haptens in the solutions and one obtains a superposition of the two traces IV-9a and b. These results were used to obtain a binding constant whose value is in agreement with the one obtained by the fluorescence quenching method. Also, it was found that two haptens bind to one antibody, which is the expected result from the structure of antibodies (see Fig. IV-7).

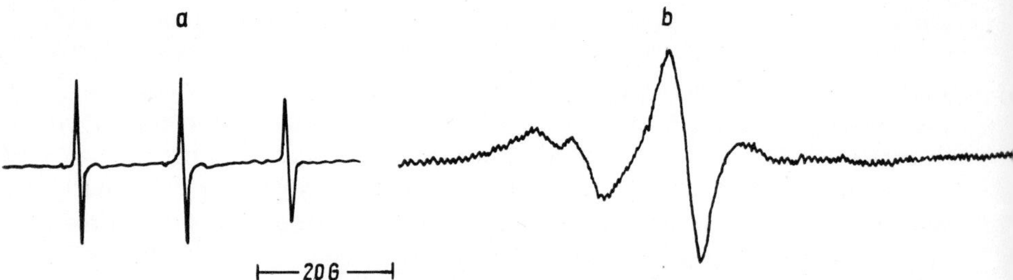

Fig. IV-9. EPR spectra of dinitrophenyl nitroxide. a.) in aqueous solution without antibody. b.) in aqueous solution containing antidinitrophenyl antibodies. The spectrometer sensitivity for trace *b* is ten times higher than for a. After Stryer and Griffith (1965).*

In order to obtain the correlation time τ_c, one should fit the spectrum of IV-9b with a theoretical spectrum for a given value of τ_c. Since this work was performed before a computer program was available, the authors resorted to an indirect comparison method. A molecule (dansyl nitroxide, see Fig. IV-10) was prepared which incorporated both an EPR (nitroxide) probe and an optical (dansyl) probe. The latter was used to determine τ_c by means of fluorescence depolarization as described in the previous section.

This double probe was now introduced into a liquid of such a viscosity that the shape of its EPR spectrum matched the hapten-antibody spectrum of Fig. IV-9b. Under this condition, τ_c of the double probe equalled τ_c of the hapten-antibody complex. The fluorescence depolarization method was then used to measure τ_c of the double probe. A value of 36×10^{-9} sec was obtained. This value is about 5 times smaller than the values obtained on antibody-like molecules by other methods (Krause and O'Konski, 1963). These findings were interpreted to mean that the combining site has a high (although not complete) degree of natural rigidity. The observed reduction in τ_c was ascribed to the presence of a small rotational flexibility of the probe relative to the antibody. This clearly points to a weakness common to all labeling methods that try to obtain reliable values of τ_c of

* Reprinted from *Proc. Nat. Acad. Sci.* (U.S.), *54*, p. 1785 (1965).

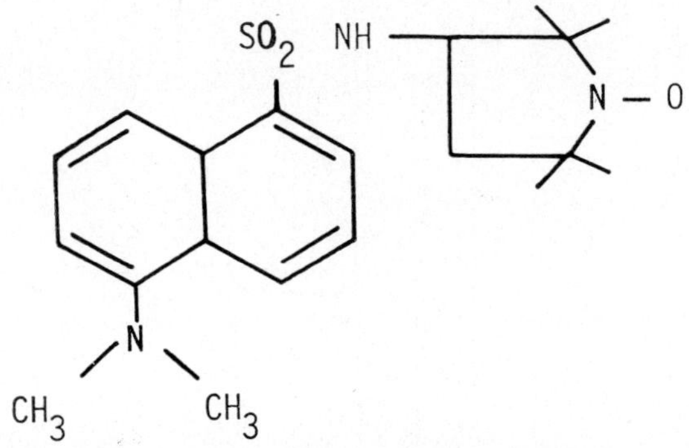

Fig. IV-10. The dansyl nitroxide double probe used in the work of Styer & Griffith (1965).

macromolecules: If the labels are not rigidly attached to the macromolecule, one studies the relative motion of the label rather than the motion of the molecule of interest.

The labeling results described above could have been (and for the most part, have been) obtained by other known physical techniques. These studies should therefore be taken in the spirit of a pioneering effort to establish the applicability of the spin labeling technique.

c The Structure of the Active Site

Electron-microscope studies of antibody-hapten complexes by Valentine and Green (1967) indicated that the active site is located inside a "crevice" of the antibody molecule at a distance of about 12.5 Å from its "outside surface." Hsia and Piette (1968) set out to measure this distance in antibodies in solution by using the spin labeling method. Their approach is schematically illustrated in Fig. IV-11. They prepared antibodies against the dinitrophenyl group to which the nitroxide spin label was attached via a hydrocarbon chain of variable length. When the total effective length of the hapten molecule $(d + H)$ is smaller than the crevice dimension, the label is expected to be immobilized; when the length exceeds the crevice dimensions, the nitroxide radical will be partially free to rotate, thereby reducing the correlation time τ_c. The change of τ_c at the critical length $(H + d)$ will then be reflected in the EPR spectrum as explained before.

The experimental results of Hsia and Piette clearly bear these expectations out. They are reproduced in Fig. IV-12, which shows the variation of τ_c with effective hapten length $H + d$. From the break in the curve the length of the crevice is deduced to be between 9 and 11 Å.

The values of τ_c were again obtained by a comparison of the EPR spectrum with a model compound in solutions of different viscosities. However, it should be noted that in this investigation the absolute values of τ_c are unimportant. It is the break in the curve (i.e., the relative values of τ_c) that is of significance.

23

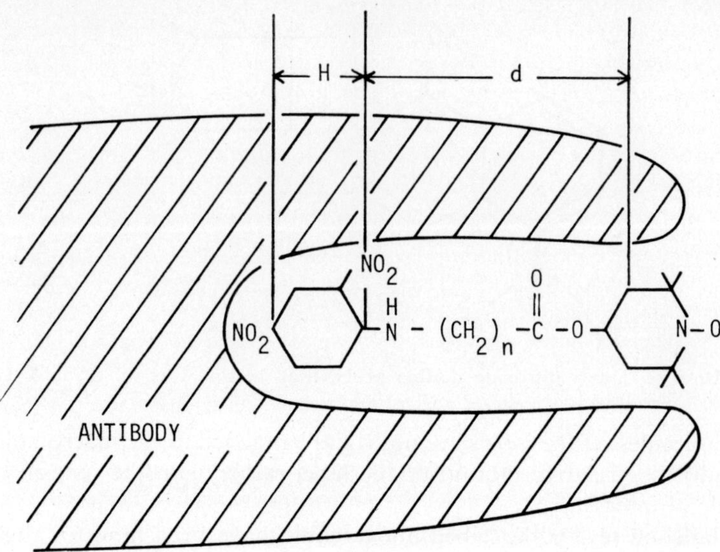

Fig. IV-11. Schematic representation of the antibody site and the spin labeled antibody used by Hsia and Piette (1968)* to measure the length of the "crevice".

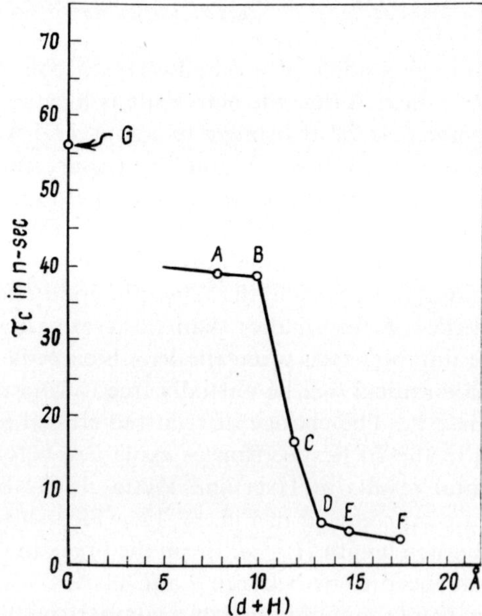

Fig. IV-12. Plot of τ_c versus hapten length $d + H$ (see Fig. IV-10) after Hsia and Piette (1968).*

* Reprinted from *Archives of Biochemistry and Biophysics,* **129,** 296, by Academic Press, Inc. (1969).

One interesting aspect of the antibody-hapten interaction is the heterogeneity in the values of the binding constants (Eisen, Siskind, 1964). It is very difficult to correlate these with physical or chemical differences (Steiner, Lowey, 1966). It would be of great interest to find out the underlying structural differences between antibodies having a high and low binding constant. Hsia and Piette (1968) mentioned having seen differences between the EPR spectra of antibodies with high and with low binding constants; they attribute them to differences in the effective depth of the "crevice". This point seems worth following up.

Another interesting question deals with the possibility of conformational changes of the antibody when it binds the antigen. For this purpose a spin label has to be attached to the antibody in the vicinity of, but not at, the active site. Preliminary results with an iodoacetamide spin label have shown this to be feasible (Steiner and Feher, 1969).

The ideas discussed above should also be applicable to the study of the active sites in enzymes. A spin labeled substrate for d-chymotrypsin has been prepared by Berliner and McConnell (1966).

2 Membranes

This section needs very little introduction since the topic of membranes has been covered by Dr. Luzzati in his lectures.

a Micelles

Molecules that possess a polar (hydrophylic) and a non-polar (hydrophobic) end aggregate above a certain critical concentration into entities called micelles. Figure IV-13 shows a schematic representation of a micelle of sodium dodecyl sulfate. The polar groups are on the outside in contact with the aqueous phase whereas the hydrophobic groups are buried inside the micelle. Such an aggregate can be regarded as a very simple model system of a biological membrane.

A striking property of a micelle solution is its solubilizing property. For example, the solubility of dinitrophenyl-nitroxide (see Fig. IV-8) in a 5% solution of NaDS is about three orders of magnitude greater than in water. The nature of the detailed mechanism of solubilization is, however, not well understood.

If one assumes a "static" interaction between the micelle and the solubilized molecule, one can distinguish three kinds of associations (Waggoner, Griffith, and Christensen, 1967): The molecule can point radially into the micelle with the hydrophylic end sticking out or it can be buried inside the micelle or adsorbed on its surface. In the last two cases, the two ends of the molecule would be subjected to the same environment.

In order to test these models, Waggoner, *et al.* (1967) used the double labeled molecule dinitrophenyl-nitroxide (Fig. IV-8). The phenyl group served as an optical probe and the nitroxide end as a spin probe. Both of

23*

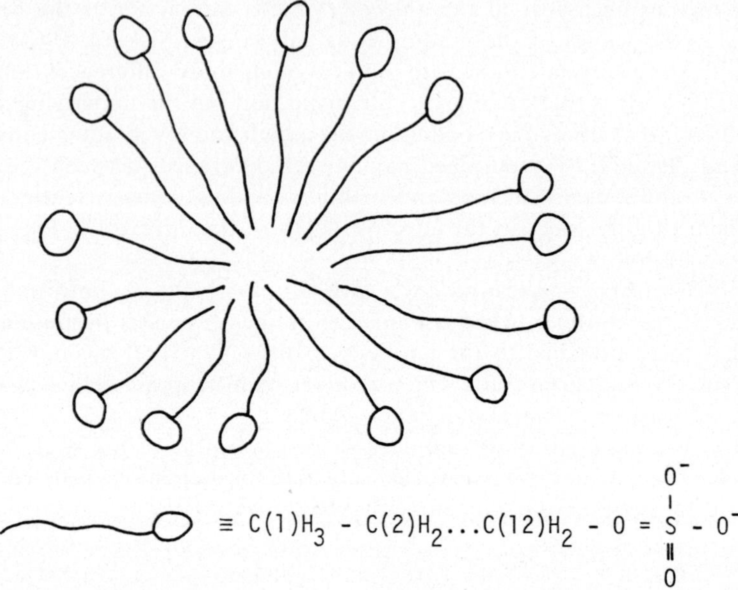

Fig. IV-13. Schematic representation of a micelle of sodium dodecyl sulfate (NaDS).

these probes are sensitive to the nature of the environment (polar versus non-polar) as discussed in Section IV-C4.

The experimental values of the hyperfine coupling constants and optical absorption maxima in the presence of NaDS micelles and in "calibrating" solutions of H_2O and dodecane are listed in Table IV-III. It is clearly seen from these values that the average environment of the probes in the presence of micelles lies much closer to the water phase than to the hydrocarbon phase. By performing a crude interpolation between the water and dodecane system, one finds that the environment of *both ends* of the molecule corresponds approximately to 80% that of water and 20% of dodecane. This is definitely inconsistent with the model in which the molecule is embedded

TABLE IV-III. Hyperfine couplings and optical absorption maxima of dinitrophenyl-nitroxide in an aqueous solution, dodecane and in the presence of NaDS micelles. After Waggoner, Griffith and Christensen (1967).

	In H_2O	In 5% NaDS	In Dodecane
Nitroxide hyperfine coupling (Gauss)	$16.16 \pm .05$	$15.72 \pm .05$	$14.30 \pm .05$
Optical Absorption maxima (nm)	369 ± 1	364 ± 1	344 ± 1

inside the micelle. Furthermore, since the results indicate that both ends of the molecule are in the same environment, the model in which the molecule is radially incorporated is also eliminated. This is a bit surprising since from an energetics point of view, one is inclined to favor that model. Is then the third model, in which the molecule is adsorbed to the surface of the micelle, correct?

Before answering that question, let us look at the correlation times τ_c obtained by Waggoner, *et al.* The calculated value of τ_c in water (using the relation given in Sec. IV-C-3) is 1.6×10^{-10} sec. The value of τ_c for a micelle with a radius of 22 Å (Mysels and Princen, 1959) is expected to decrease to 1.1×10^{-8} sec. The experimentally determined value of τ_c in the micelle solution is, however, 6×10^{-10} sec, i.e., 20 times shorter than the value expected if the spin label were rigidly attached to the micelle.

The conclusion one is forced to accept from these correlation time studies is that the static model cannot adequately explain the incorporation of the foreign molecules. The solubilization process is more likely a dynamic one in which the attachment and detachment of the molecules proceed at a rapid rate.*

The above work was extended by Waggoner, Keith, and Griffith (1968) using spin labels with a long hydrocarbon chain resembling the hydrophobic part of the NaDS molecule. They again found a much shorter correlation time for the spin label in the micelle solution than would have been expected from a static model.

b Phospholipid Layers

A step closer to "real" biological membranes are model systems made up up of phospholipid layers. In the unit membrane model the phospholipids are postulated to be aligned in a bimolecular leaflet. A lipid spin label introduced into such a structure could then be used to report on its organization; for example, it could easily distinguish between an ordered and a random structure.

Libertini, *et al.* (1969) prepared films of lecithin multilayers into which they introduced different nitroxide spin labels. The structure of a lipid spin label (stearic acid) is shown in Fig. IV-14. EPR spectra were obtained with the magnetic field either parallel or perpendicular to the surface of the glass slide which supported the lecithin films. The observed spectra were distinctly different in the two directions pointing to an ordered structure of the layer. A quantitative analysis of the EPR spectra indicated that either the structure is not completely ordered or that the spin labels are free to execute a considerable motion in preferred directions. The data could be phenomenologically fitted by assuming a gaussian distribution of the orientations of the nitroxide molecules.

Hubbell and McConnell (1969) used a steroid label (see Fig. IV-15) in another phospholipid preparation (phosphotidyl serine). They found a

* The possibility that the molecule is adsorbed on the surface of the micelle with a high degree of flexibility at the nitroxide end is not completely ruled out by these experiments. This alternative, however, seems unlikely in view of the fact that both ends are exposed to the same environment.

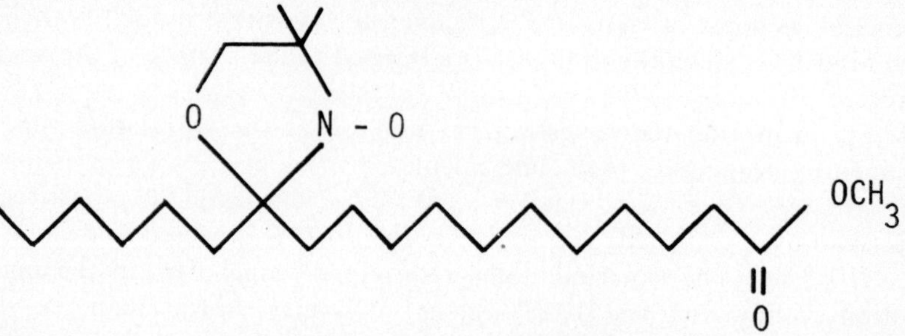

Fig. IV-14. One of the lipid spin labels (stearic acid) used by Libertini *et al.* (1969).

correlation time τ_c of 10^{-7}–10^{-8} sec. This corresponds to a relatively high degree of motion of the label and is taken as evidence for the liquid nature of the hydrophobic region (Luzzati, *et al.*, 1966).

In summary, the conclusion arrived at from the spin labeling studies is that the lipid phase is a partially ordered structure which still retains some "liquid" properties.*

It may be worth pointing out two potentially useful spin labels for the protein part of a protein-lipid multilayer system (Luzzati, 1969). These are cytochrome and myoglobin which (see Sec. II), with their large *g* anisotropies, could be utilized to explore the order in this phase.

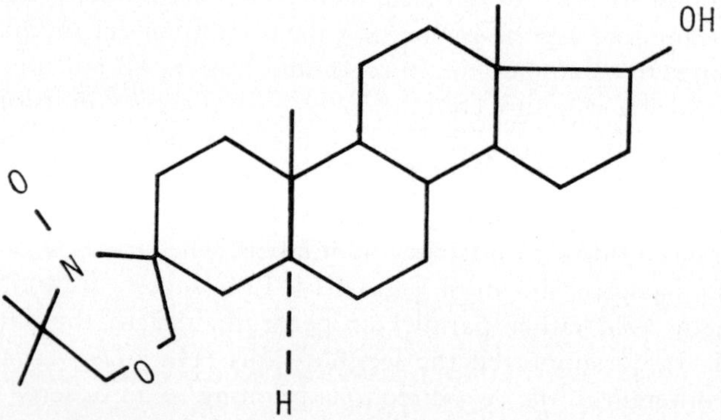

Fig. IV-15. Steroid label used by Hubbell and McConnell (1969).

c Biological membranes

A large variety of biological membrane preparations were investigated by Hubbell and McConnell (1968, 1969). They included nerve fibers from rabbits and lobsters, skeletal muscle fibers, mitochondrial membranes, human erythrocytes. The steroid label (see Fig. IV-15) was easily incorporated into all of these preparations. All the EPR spectra could be resolved into

---

* There is no contradiction in having an ordered structure with liquid properties as exemplified by the existence of liquid crystals. (e.g. Gould, 1967).

two parts. One arising from a free-tumbling species (label in solution) and the other from a partially immobilized label having a correlation time of 10^{-7}–10^{-8} sec. The latter is attributed to spin labels inside the hydrophobic part of the membrane. The relatively fast correlations time points again to the liquid nature of the lipid phase.

Some of the observed spectra showed an anisotropic motion of the label. This has been attributed to some structural features of the membrane-steroid system; for example, the cylindrical shape of the label and the anchoring of the OH group of the label to the polar regions of the lipid.

Hubbell and McConnell (1968, 1969) also investigated the effect of different chemicals on the immobilization of the label, i.e., on the "fluidity" of the lipid region. They found that cholesterol and gramicidin-S increased the immobilization whereas butanethiol and ethylbenzene increased the mobility of the label. Sandberg and Piette (1968) found that chlorpromazine reduced the mobility of a spin label in erythrocyte membranes. Koltover, *et al.* (1968) studied nitroxide labels in mitochondrial membranes and report a change in EPR spectra on addition of oxidative substrates. They interpret their findings as a conformational change during electron transport. This is an important claim that warrants substantiation by further experiments.

In all the above discussions the question of the degree of interference of the artificially introduced spin label with the "native" structure looms in the background. This problem could be overcome by feeding an organism a spin-labeled diet and hoping that the organism will survive and incorporate it to a measurable degree. Keith, Waggoner, and Griffith (1968) were succesful in growing Neurospora Crassa (the common bread mold) in the presence of nitroxide labeled fatty acid. The spin label was taken up by the organism and was found in the mitochondrial neutral lipids, free fatty acids and phospholipids.

3 Conformational Changes in Hemoglobin
a General discussion

I am sure that you have heard a great deal in the previous lectures of Drs. Changeux, Blow, and Shulman about cooperative—(allosteric)—interactions and their implications to hemoglobin. So I can be brief about that large and interesting topic. In the allosteric model (Monod, Changeux, Jacob, 1963) the binding of a small molecule (the effector) is postulated to produce a conformational change in the protein (an allosteric transition) which affects the affinity for the binding of a substrate at a different site of the molecule.* The importance of such a scheme in regulating biochemical activities is quite obvious.

---

* For those of you who are engineering-minded, let me compare this to a vacuum tube (or transistor) in which a small charge (voltage) on the grid affects the charge flow (current) in a different part of the structure. In this analogy, the conformational change corresponds to a change in the pattern of the electric lines of force brough about by the addition of the charges.

In hemoglobin, both the effector and the substrate are the oxygen molecule, i.e., the binding of one oxygen molecule will affect the binding affinity of a subsequent oxygen molecule. One thus obtains a cooperative effect which exhibits itself in a highly nonlinear relationship between the oxygen uptake and the oxygen pressure (one obtains a so-called sigmoidal curve). Note that hemoglobin has 4 subunits ($\alpha_1\alpha_2\beta_1\beta_2$), each of which can take up an oxygen molecule (see Sec. II).

The question to be answered is: What is the nature and mechanism of the interaction that gives rise to the observed cooperative effect? Since the distance between the heme groups is ~ 25 Å, it is very unlikely that *direct* long range interactions can account for the cooperativity (see also Sec. II-G2). Two theories have been advanced for "indirect" interactions, one by Monod, Wyman, and Changeux (1965) (MWC) and the other by Koshland, Nemethy, and Filmer (1966) (KNF). We shall not discuss them in detail here, but try to pick out some relevant distinguishing features which can be subjected to an experimental test. In KNF's theory, the interaction between the subunits is of importance, whereas, MWC's theory can predict the cooperativity even in the absence of contact interactions between subunits. In their theory, the equilibrium between species with different conformations is a function of the degree of oxygenation. Both theories are, of course, plausible and it is up to nature to decide which mechanism to pick for a given system.

Since the mechanism of cooperativity hinges on a conformational change, this problem is a natural target for X-ray, NMR, and spin-labeling studies. All of these tools have been applied to the problem and it is gratifying to see that they are in essential agreement on the mechanism of operation. In the next section we present the spin-labeling results of McConnell's group.

b Spin-Labeling Results

The correlation time τ_c of the hemoglobin tetramer is too slow to affect the resonance spectra of attached spin labels. These spectra, therefore, will be dictated by the motion of the spin label with respect to the hemoglobin molecule. This motion, as was pointed out before, depends on the conformation of the protein in the vicinity of the spin label.

Ogawa and McConnell (1967) prepared the spin label shown in Fig. IV-16, which attaches to the sulphur of the cysteine at positions 93 of the β-chain. From the X-ray work of Perutz and coworkers (1968), the β-93 position is located near the outside surface of the β-subunit. The spin label does not attach itself to the α-chain. The α and β chains were separated and EPR spectra were obtained from both the β-subunits and the reassembled $\alpha_2\beta_2$ tetramers. Another important handle in the investigation was the blocking of the heme groups of either the α or β chains by CN^- which prevents the uptake of oxygen.

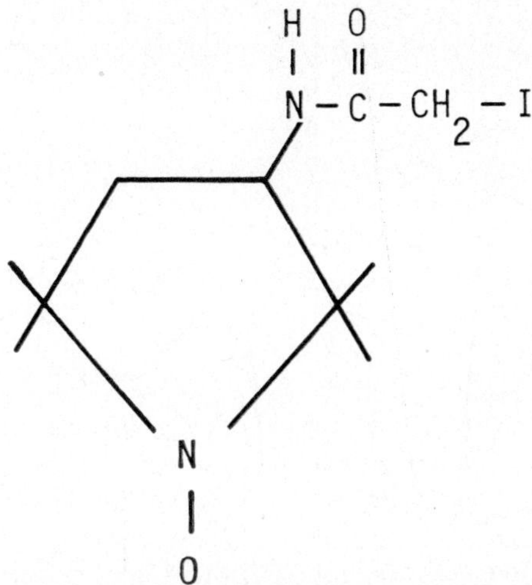

Fig. IV-16. Spin label used in the hemoglobin work of Ogawa and McConnell (1967).

The spin labeling results of Ogawa and McConnell (1967, 1968) which are relevant to the cooperative effect, can be summarized as follows:

i) The oxygenation of the isolated β-subunits produces a marked conformational change.

ii) The oxygenation of the tetramers also produces a marked conformational change which, however, is different from the change observed in isolated subunits.

iii) When the β-chains in the tetramer are blocked by CN^-, the uptake of oxygen by the α-chains does not result in an observed spectral change of the β-93 label.

iv) The spectra of tetramers with different degrees of oxygenation show a well defined cross-over (isosbestic) point as shown in Fig. IV-17. This indicates that the β-chains* can exist only in two states of conformation.

The above findings show that the conformational change produced upon oxygenation of the β-chain propagates to the β-93 position, i.e., to the outer region of the β-subunit. This result alone points to the likely importance of the outer surface, i.e., the contact area between subunits. This supposition is further strengthened by the altered conformational change in the tetrameric form (i.e., the importance of neighboring contacts). The strongest evidence against the MWC theory comes from the fact that oxygenation of the α-chains is not accompanied by a conformational change in the β-chains (as was mentioned before the MWC theory predicts that the degree of oxygenation should affect the number of β-chains undergoing a conformation

---

* Strictly speaking, one can only infer from these experiments the conformational changes near the β-93 position.

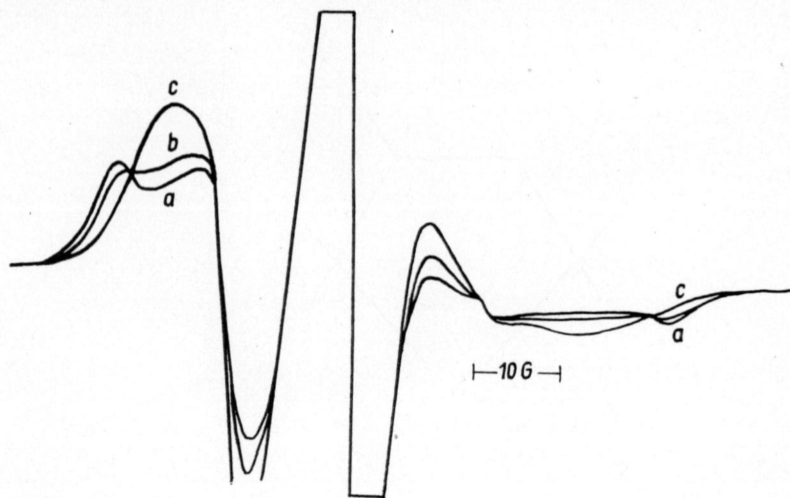

Fig. IV-17. EPR spectra of spin labeled horse hemoglobin with different degrees of oxygenation a.) completely oxygenated c.) completely deoxygenated. After Ogawa and McConnell (1967).*

change). The observation of an isosbestic point† is consistent with the fact that oxygenation of the α-chain does not produce an observable effect.

The above findings are in complete accord with the X-ray studies of Perutz, *et al.* (1968) and the NMR studies of Shulman and his group (1969).

Let us briefly summarize the model for the cooperative binding of oxygen that emerges from the experimental results: The oxygenation of the heme causes a conformational change within the subunit. This change is transmitted to the "surface", i.e., to the contact area with its neighboring subunits. This is an energetically costly process since the conformational change causes a mismatch at the contact area. The neighboring subunit is now "eager" to bind an oxygen molecule since its conformational change will produce a re-matching (or at least an improved matching) of the contact areas. One can thus physically see how one oxygen molecule enhances the affinity for the uptake of a second oxygen molecule.

In conclusion, let us point out some of the features of the spin-labeling technique. It is applicable to both single crystals and solutions, and therefore constitutes a rather unique tool in investigating conformational changes in both of these states (McConnell, Deal, and Ogata, 1969). Under favorable conditions, spin labels can detect very small conformational changes. In one case at least, structural changes that were too small to observe by X-rays have been reported (McConnell, *et al.*, 1969). The nature

---

* Reprinted from *Proc. Nat. Acad. Sci.*, *61*, Hol. (1967).

† With a different spin label, Ogawa, McDonnell, and Horwitz (1968) find a small deviation from the isosbestic point. This they interpret to mean that this spin label is located very close to the α-chain.

of the changes observed by spin labeling cannot, however, be interpreted on an atomic picture. In this respect, X-rays, of course, have no equal. In the hemoglobin work, for instance, the spin labeling work leaned heavily on the X-ray work in determining the position of the spin label. Finally, spin labels can perturb the structure of the macromolecule under investigation and therefore have to be used judiciously. Fortunately, in many cases the perturbation is either very small or does not enter into the picture at all.

References—Section IV

1. P. W. Anderson and P. R. Weiss, *Rev. Mod. Phys.*, **25**, 269 (1953).
2. J. L. Berliner and H. M. McConnell, *Proc. Nat. Acad. Sci.*, (U.S.) **55**, 708 (1966).
3. N. Bloembergen, E. M. Purcell, and R. V. Pound, *Phys. Rev.*, **73**, 679 (1948).
4. R. Briere, H. Lemaine, and A. Ranat, *Bull. Soc. Chim. France* 3273, (1965).
5. Calvin, Wang, Entine, Gill, Ferruti, Harpold, and Klein, *Proc. Nat. Acad. Sci.* (U.S.) **63**, 1 (1969).
6. P. Debye, *Polar Molecules, Chemical Catalog Co.*, New York, 1929, Chapter V.
7. G. M. Edelman and W. O. McClure, *Accounts of Chem. Res.*, **1**, 65 (1968).
8. G. M. Edelman and W. E. Gall, *Ann. Rev. Biochem.*, **38**, 699 (1969).
9. H. N. Eisen and G. W. Siskind, *Biochemistry*, **3**, 996 (1964).
10. J. H. Freed and G. F. Fraenkel, *J. Chem. Phys.*, **39**, 326 (1963).
11. R. F. Gould, Editor: Ordered Fluids and Liquid Crystals, *Advances in Chemistry* **63**, Amer. Chem. Soc., N. Y. (1967).
12. O. H. Griffith, D. W. Cornell, and H. M. McConnell, *J. Chem. Phys.*, **43**, 2909 (1965).
13. O. H. Griffith and A. S. Waggoner, *Accounts of Chem. Res.*, **2**, 17 (1969).
14. C. L. Hamilton and H. M. McConnell in *Structural Chemistry and Molecular Biology*, A. Rich and D. Davidson, editors, W. H. Freeman and Co., San Francisco (1968), p. 115.
15. A. K. Hoffmann and A. T. Henderson, *J. Am. Chem. Soc.*, **83**, 4671 (1961).
16. J. C. Hsia and L. H. Piette, *Arch. Biochim. Biophys.*, **129**, 296 (1969).
17. W. L. Hubbell and H. M. McConnell, *Proc. Nat. Acad. Sci.*, (U.S.) **61**, 12 (1968).
18. W. L. Hubbell and H. M. McConnell, to be published, 1969.
19. M. S. Itzkowitz, *J. Chem. Phys.*, **46**, 3048 (1967).
20. T. Kawamura, S. Matsunami, and T. Yonezawa, *Bull. Chem. Soc.* (Japan) **40**, 1111 (1967).
21. A. D. Keith, A. S. Waggoner, and O. H. Griffith, Proc. Nat. Acad. Sci (U.S.) **61**, 819 (1968).
22. D. Kivelson, *J. Chem. Phys.*, **27**, 1087; (1960) J. Chem. Phys. 33, 1094 (1957).
23. V. K. Koltover, M. G. Goldfield, L. Ya. Hendel, E. G. Rozantzev, *Biochim. Biophys. Res. Comm.*, **32**, 421 (1968).
24. E. E. Koshland, G. Nemethy, and D. Filmer, *Biochemistry* **5**, 365 (1966).
25. S. Krause and C. T. O'Konski, *Biopolymers*, **1**, 503 (1963).
26. L. J. Libertini, A. S. Waggoner, P. C. Jost, and O. H. Griffith, to be published, 1969.
27. Vl. Luzzati, Abstracts of Biophysical Society (13th Annual) Meeting, Los Angeles. It was also a pleasure to discuss this point with Dr. Luzzati in the course of these lectures 1969.
28. H. M. McConnell, *J. Chem. Phys.* **25**, 709 (1956).
29. H. M. McConnell and C. L. Hamilton, *Proc. Nat. Acad. Sci.*, (U.S.) **60**, 776 (1968).
30. W. McConnell, Deal, and R. T. Ogata, *Biochemistry*, to be published (1969).
31. J. Monod, J. P. Changeux, and F. Jacob, *J. Mol. Biol.*, **6**, 306 (1963).

32. J. Monod, J. Wyman, and J. P. Changeux, *J. Mol. Biol.*, **12**, 88 (1965).
33. K. Mysels and L. Princen, *J. Phys. Chem.* **63**, 1696 (1959).
34. S. Ogawa and H. M. McConnell, *Proc. Nat. Acad. Sci.*, (U.S.) **58**, 19 (1967).
35. S. Ogawa, H. M. McConnell, and A. Horwitz, *Proc. Nat. Acad. Sci.*, (U.S.) **61**, 401 (1968).
36. S. Ohnishi and H. M. McConnell, *J. Am. Chem. Soc.*, **87**, 2293 (1965).
37. M. F. Perutz, M. Muirhead, J. M. Cox, and L. Cl. G. Goaman, *Nature*, **219**, 131 (1968). (This article contains the relevant references to earlier work.
38. R. R. Porter, *Scientific American*, October, p. 81 (1967).
39. H. E. Sandberg and L. H. Piette, *Agressologie*, **9**, 59 (1968).
40. Shulman, Ogawa, Wüthrich, Yamane, Peisach, and Blumberg, *Science*, **165**, 251 (1969).
41. L. A. Steiner and S. Lowey, *J. Biol. Chem.*, **241**, 231 (1966).
42. L. A. Steiner and G. Feher, unpublished results, 1969.
43. T. J. Stone, T. Buckman, P. L. Nordin, and H. M. McConnell, *Proc. Nat. Acad. Sci.* (U.S.) **54**, 1010 (1965).
44. L. Stryer and O. H. Griffith, *Proc. Nat. Acad. Sci.*, (U.S.) **54**, 1785 (1965).
45. R. C. Valentine and M. Green, *J. Mol. Biol.*, **27**, 615 (1967).
46. S. F. Vclick, C. W. Parker, and H. N. Eisen, *Proc. Nat. Acad. Sci.* (U.S.) **46**, 1470 (1960).
47. A. S. Waggoner, O. H. Griffith, and C. R. Christensen, *Proc. Nat. Acad. Sci.*, (U.S.) **57**, 1198 (1967).
48. A. S. Waggoner, A. D. Keith, and O. H. Griffith, *J. Phys. Chem.* **72**, 4129 (1968).
49. G. Weber, *Biochem. J.*, **51**, 155 (1952).

Concluding Remarks

At the outset of these lectures, we defined our goal: "...to give you some feeling for the field of EPR and its application to biology." Now, after 12 lectures, let's look back to see what has been accomplished, and briefly summarize the material that has been covered.

The first part (I) of the lectures dealt with the basic principles of EPR which some of you, I am sure, considered "a necessary evil" at best. Not much can be said about it. I still believe that it was necessary; one cannot appreciate the potentialities of a tool if one does not know its limitations and the ground rules.

In the remainder of the lectures we discussed several applications of EPR to problems in biology. In Part II we spoke about molecules whose paramagnetism arose from an unfilled d-shell, Part III dealt with free radical species, and Part IV covered the use of "manufactured" free radicals (spin labels) designed to extend the applicability of EPR to biomolecules that are diamagnetic.

No attempt was made to survey whole fields but in each part I tried to concentrate on a few examples in order to demonstrate in each case what kind of information EPR is capable of providing. Let us now get down to bare essentials and extract, from those examples chosen, the types of information that can be obtained with EPR.

The recurring theme in the discussion of heme proteins (Part II) was the *elucidation of the electronic structure* from the parameters of the EPR spectrum; the oxidation state of the iron, the strength and symmetry of the crystal field as determined by its ligands, the details of the wave function—all these leave their imprint on the spectrum. We also showed how EPR has been used as a *complementary tool to X-ray diffraction* in determining the orientation of the heme planes, and how a small standard deviation in their angular distribution can be obtained from the line width.

In the treatment of the primary processes in photosynthesis (Part III), we demonstrated how EPR can be used in the *identification of a free radical species*. Such an identification is often accomplished via the hyperfine interaction which serves as an effective fingerprint of the molecule. Unfortunately, the signals observed in bacterial photosynthesis do not show resolved hyperfine lines, and indirect methods had to be amployed to establish the chemical identity of the free radical. The *quantitative determination of free radical concentration* was used to show that only one bacteriochlorophyll was oxidized by each incident photon. Finally, the *time-dependence of the free radical concentration* served as a powerful tool in establishing the role of the radical in the primary process.

The last lectures (Part IV) dealt with spin labels as probes in the determination of the *dynamic behavior of macromolecules* and their *structure*. It is important to note that structural studies can be made not only on molecules that form single crystals but also on molecules that are in solution (see, for instance, the work on the active site in antibodies). In this respect EPR offers a definite advantage over X-rays. In spin labeled hemoglobin the observed *conformational changes* (or lack of them) were used to discriminate between different theoretical models of the cooperative oxygenation effect. Also, it was possible to obtain information about the *nature of the environment* of the spin label that was embedded in membranes and other structures.

In the above summary I tried to show some possible uses of EPR. I hope that you will keep them in the back of your mind and that sooner or later an opportunity will present itself where you will want to use this technique. Good luck in this enterprise!

Propriétés Optiques des Biopolymères

G. Weill

Centre de Recherches des Macromolécules, Strasbourg

G. Weill

PROPRIÉTÉS OPTIQUES DES BIOPOLYMÈRES

I Introduction

La publication à quelques mois de distance, au cours de l'année 1954, de la structure hélicoïdale des polypeptides et de l'acide deoxyribonucléique a été rapidement suivie d'études visant à rechercher si ces structures, fortement stabilisées par des liaisons hydrogènes, se maintenaient en solution. Le rôle trés vite reconnu de la structure secondaire et tertiaire dans la fonction biologique des biopolymères a conduit à un énorme effort pour mettre au point des méthodes permettant d'identifier ces structures, de mettre en évidence des changements aussi fins que possible et d'interpréter leurs caractéristiques conformationnelles et thermodynamiques. Deux séries de méthodes complémentaires ont été mises en jeu.

— les méthodes classiques d'étude de la morphologie d'ensemble des macromolécules (viscosité, sédimentation, diffusion de la lumière, moments dipolaires, biréfringence électrique et biréfringence d'écoulement).

— les méthodes optiques essentiellement sensibles à la structure locale; infra rouge, spectres d'absorption, pouvoir optique rotatoire.

Alors que la première serie de méthodes permettait de montrer que la structure globale des polypeptides et de l'acide deoxyribonucleique était compatible avec les structures observées a l'état solide par diffraction des rayons X (hélice de Pauling et Corey) (double hélice de Crick et Watson) et mettaient en évidence l'existence de brusques changements de conformation en fonction de la température, du pH ou du solvant, trois séries d'observations relatives aux propriétes optiques ont ouvert la voie à un domaine de recherches où l'interaction constante entre les prévisions de la théorie, le progrès des techniques de mesure et les nouveaux résultats expérimentaux a permis de faire de l'étude des propriétés optiques l'un des moyens les plus puissants d'étude des biopolymères.

Rappelons ces trois observations

a) Le spectre d'absorption des acides nucléiques et des polypeptides en solution, dans leur forme rigide, n'est pas égal a la somme des absorptions des "chromophores" constituants. Ils présentent en particulier une forte "hypochromicité" et dans le cas des polypeptides un dédoublement de la bande d'absorption.

b) Le pouvoir optique rotatoire des polypeptides est nettement supérieur à celui des aminoacides constituants. Il présente de plus une dispersion anormale, n'obéissant plus, comme pour les aminoacides, à une équation de Drude à un terme.

c) ces anomalies disparaissent pratiquement dans les conditions où les études morphologiques indiquent une désorganisation de la structure.

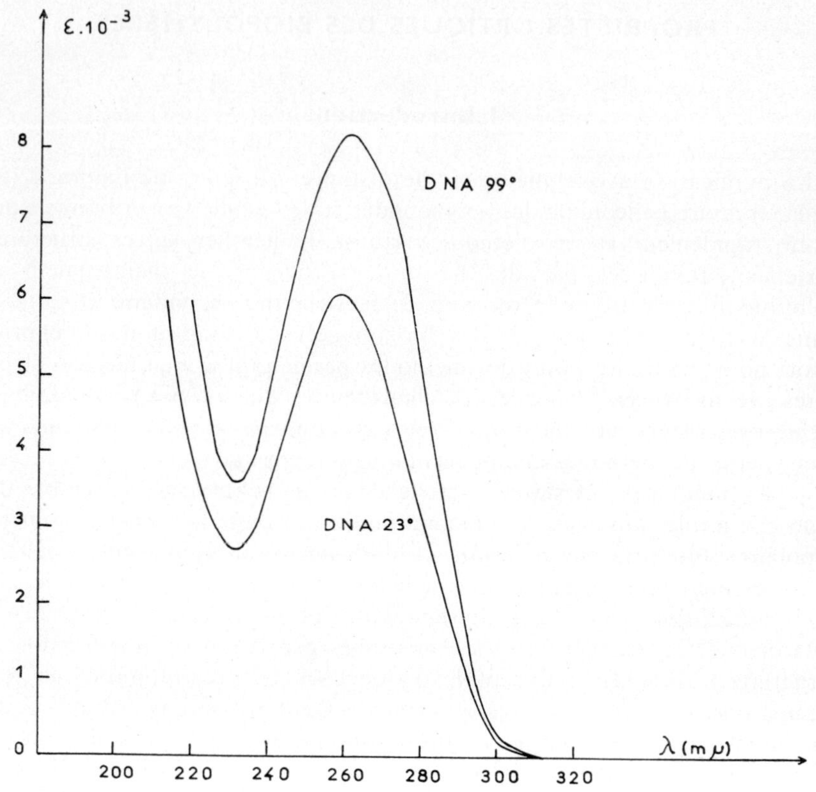

Fig. 1. Spectres d'absorption du DNA dans la forme hélice (23°) et dans la forme désordonnée (99°).

L'interprétation théorique de ces anomalies liées à la formation d'aggrégats de chromophores a été rapidement donnée dans ses grandes lignes grâce aux travaux de Moffitt, Kirkwood, Simpson, Tinoco qui se placent tous dans le cadre de la théorie quasi statique de l'interaction lumière-matière et développent dans ce cadre une théorie de perturbation au premier ordre. Elle permet de prévoir de nombreux nouveaux phénomènes (polarisation des bandes d'absorption, signe des bandes de dichroïsme circulaire) et d'interpréter les propriétés optiques de nombreux polymères naturels ou de synthèse. L'importance relative des différents termes de perturbation et leurs effets qualitatifs sur les différentes caractéristiques optiques (déplacements des maxima, hypochromicité, conservation de la force rotatoire ...) ont fait cependant pendant plusieurs années l'objet de controverses théoriques, se traduisant par plusieurs dizaines d'articles reprenant le problème dans différents formalismes: formalisme classique d'oscillateurs couplés, formalisme de susceptibilités géneralisées, formalisme de Hartree-Fock dépendant du temps. Cette floraison d'approches théoriques s'explique par l'existence de plusieurs points de vue et motivations pour l'étude des propriétés optique des polymères correspondant à

a) la recherche de la relation entre les propriétés optiques et la conformation géométrique. L'accent est mis sur les méthodes qui permettent le calcul des propriétés optiques d'une conformation donnée à partir des grandeurs observables sur le chromophore isolé: fréquences des transitions, nature, grandeur et direction des moments de transition, tenseur de polarisabilité;

b) l'étude détaillee du cristal a une dimension. Les polymères helicoidaux offrent en effet l'exemple d'un cristal lineaire, particulièrement commode pour tester les méthodes théoriques applicables aux cristaux moléculaires a trois dimensions. Il faut en effet remarquer que pour un cristal a une dimension le nombre de voisins varie comme r alors que l'interaction à plus longue distance présente qui est l'interaction dipolaire varie comme r^{-3}.

Les sommes sur les interactions convergent donc rapidement sans que l'on soit obligé de tenir compte des potentiels retardés.

c) l'étude du couplage vibrationnel et des conditions d'applicabilité à l'ensemble de la molécule de la séparation de Born-Oppenheimer (couplage fort, couplage faible, couplage trés faible) et ses conséquences en ce qui concerne le transfert d'énergie. Ce problème a de fortes implications du point de vue biologique dans le domaine de la photosynthèse et de la vision, dans celui des dommages causés aux biopolymères par les radiations, et éventuellement dans la délocalisation d'états excités réactifs.

Ce cours se place esentiellement dans la première perspective qui s'est révélée jusqu à présent la plus fructueuse. Nous en consacrerons néanmoins une partie à la troisième qui laisse actuellement ouverts de nombreux champs de recherche théorique et expérimentale.

II Rappels sur l'Interaction Lumière Matière

A Théorie classique

1 Grandeurs fondamentales caractérisant l'absorption et la dispersion

La résolution des équations de Maxwell pour une onde de fréquence angulaire ω se propageant dans un milieu caracterisé par une permittivité electrique complexe $\varepsilon' - i\varepsilon''$ est donnée par

$$E = E_0 \exp - Kx \exp i\omega \left(t - \frac{xn}{c} \right)$$

G. WEILL

où K et n sont lies à ε' et ε'' par

$$2n^2 = \varepsilon' + (\varepsilon'^2 + \varepsilon''^2)^{1/2}$$

$$\frac{2c^2}{\omega_0^2} K^2 = -\varepsilon' + (\varepsilon'^2 + \varepsilon''^2)^{1/2} \qquad \text{(II-A-1)}$$

ε' et ε'' sont directement liés a la polarisabilité des molecules du milieu. Si l'on assimile dans le modèle le plus simple, une molécule à un oscillateur harmonique d'équation

$$m \frac{d^2r}{dt^2} + k_1 \frac{dr}{dt} + k_2 r = eE_0 \exp i\omega t$$

le moment induit dans la molécule par le champ électrique E est $\mu = (\alpha' - i\alpha'') E$ où

$$\alpha' = \frac{m(\omega_0^2 - \omega^2)\,e^2}{m^2(\omega_0^2 - \omega^2)^2 + k_1^2\omega^2}$$

$$\alpha'' = \frac{k_1\omega e^2}{m^2(\omega_0^2 - \omega^2) + k_1^2\omega^2} \qquad\qquad \alpha'' = \frac{k_1}{m}\,\frac{\omega}{\omega_0^2 - \omega^2}\,\alpha'. \quad \text{(II-A-2)}$$

La puissance moyenne dissipée par un tel oscillateur est donnée par

$$P = \tfrac{1}{2}\omega_0\alpha'' E_0^2. \qquad \text{(II-A-3)}$$

Le coefficient d'absorption molaire ε d'une solution de tels oscillateurs de concentration molaire cest donné par

$$\varepsilon = \frac{4\pi\mathcal{N}\omega\alpha''}{2303c}. \qquad \text{(II-A-4)}$$

Une molécule réelle peut etre assimilée à un nombre d'oscillateurs à chacun desquels on associe une "force d'oscillateur" F_i caracteristique du mode d'oscillation de fréquence propre ω_i. La partie réelle de la polarisabilité se met alors loin des bandes d'absorption, sous la forme

$$\alpha' = \frac{e^2}{m}\,\sum_i \frac{F_i}{(\omega_2^2 - \omega^2)}. \qquad \text{(II-A-5)}$$

En intégrant (II-A-4) sur la bande d'absorption associée à la fréquence ω_i en tenant compte de la relation (II-A-2) où trouve que la force d'oscillateur associée au mode considéré est proportionnelle à l'aire sous la courbe d'absorption $\varepsilon(v)$

$$F_i = \frac{2303c}{\pi\mathcal{N}e^2} \int_{\text{bande}} \varepsilon(v)\,dv. \qquad \text{(II-A-6)}$$

On tient en géneral compte pour calculer F_i d'une correction de champ interne de Lorentz dans un solvant d'indice n_0 et l'on écrit

$$F_i = \frac{9n_0}{(n_0^2 + 2)^2} \frac{2303c}{\pi \mathcal{N} e^2} \int \varepsilon(v) \, dv.$$

En exprimant v en cm^{-1} on a

$$F_i = 4{,}319 \; 10^{-9} \frac{9n_0}{(n_0^2 + 2)^2} \int \varepsilon(v) \, dv.$$

La connaissance de toutes les bandes d'absorption c'est à dire de tous les F_i permet en principe de calculer α' à n' importe quelle fréquence. En introduisant (II-A-6) dans (II-A-5) et en tenant compte de (II-A-4) on obtient

$$\alpha' = \frac{2}{\pi} \int_0^{\infty} \frac{v' \alpha''(v') \, dv'}{v'^2 - v^2}. \qquad \text{(II-A-7)}$$

Cette expression est la forme particulière pour la polarisabilité de la relation générale de Kramers-Kronig qui lie la partie réelle et la partie imaginaire de la réponse (susceptibilité) d'un système à une perturbation. La relation (II-A-7) et la relation réciproque

$$\alpha''(v) = -\frac{2v}{\pi} \int_0^{\infty} \frac{\alpha'(v') \, dv'}{v'^2 - v^2} \qquad \text{(II-A-8)}$$

jouent une rôle important dans le calcul des propriétés optiques des polymères à partir des données observables sur les chromophores isolés.

Dans le modèle utilisé seule a été prise en considération pour obtenir les équations matérielles l'interaction dipolaire électrique — les termes d'ordre supérieur ne contribuent que de manière négligeable à l'absorption. Il est parfois nécessaire de les faire intervenir dans les transitions interdites.

Bien que l'interaction du champ magnétique et en particulier l'interaction dipolaire magnétique soit de plusieurs ordres de grandeur inférieur à l'interaction dipolaire électrique, elle joue un rôle considérable dans certaines transitions et dans le pouvoir optique rotatoire. La raison en apparaitra plus clairement en théorie quantique, lorsque on pourra comparer les propriétés des opérateurs dipolaire électrique et dipolaire magnétique. Ce dernier est associé au moment dipolaire magnétique d'une charge e animée d'une vitesse dr/dt par la relation

$$\boldsymbol{m} = \frac{e}{2c} \boldsymbol{r} \wedge \frac{d\boldsymbol{r}}{dt} = \frac{1}{2c} \boldsymbol{r} \wedge \frac{d\boldsymbol{\mu}}{dt}. \qquad \text{(II-A-9)}$$

En terme de modèles classiques, l'existence d'un tel moment est liée au mouvement non linéaire de l'électron.

2 Grandeurs fondamentales caractérisant le pouvoir optique rotatoire et le dichroisme circulaire

La rotation du vecteur électrique à travers un milieu matériel s'interprète par une différence d'indice de réfraction pour la lumière circulairement polarisée droite ou gauche. D'après les relations de Kramers-Kronig ceci implique qu'il existe pour certaines bandes d'absorption de la molécule une différence de coefficient d'absorption pour la lumière circulairement polarisée gauche ou droite. Pour un milieu d'épaisseur L caractérisé par des indices de réfraction n_G et n_D et des indices d'absorption K_G et K_D on définit:

— la rotation

$$\varphi = \frac{\pi \nu}{c} [n_G - n_D] L \qquad \text{(II-A-10)}$$

ν étant la fréquence de l'onde électromagnétique et c la vitesse de la lumière.

— l'ellipsicité θ définie par

$$\tan \theta = \text{th} \left(\frac{K_G - K_D}{4} L \right) \qquad \text{(II-A-11)}$$

cette quantité ayant été longtemps la seule facilement mesurable.

On définit, pour les solutions, des grandeurs molaires dont les unités peu homogènes (choix d'une longueur unité de 1 décimètre) sont imposées par la tradition

la rotation molaire en degrés/(decimetre $\times$ mole)

$$[\varphi] = \frac{18}{\pi} 10^3 \, \varphi \, \frac{L}{c} \qquad \text{(II-A-12)}$$

l'ellipsicité molaire

$$[\theta] = \frac{18}{\pi} 10^3 \theta \, \frac{L}{c} . \qquad \text{(II-A-13)}$$

Cette dernière grandeur est de plus en plus remplacée par la différence des absorption molaires ε_G et ε_D pour la lumière circulairement polarisée gauche et droite; dans l'approximation des petites ellipsicités

$$[\theta] \sim 2303 \frac{18}{4\pi} (\varepsilon_G - \varepsilon_D). \qquad \text{(II-A-14)}$$

On définit parfois sous le nom de facteur de dissymétrie le rapport

$$2 \Delta\varepsilon / \varepsilon_G + \varepsilon_D . \qquad \text{(II-A-15)}$$

On peut montrer qu'il suffit d'introduire des équations matérielles de la forme

$$D = \varepsilon E - g \frac{\partial H}{\partial t}$$

$$B = \mu H + g \frac{\partial E}{\partial t} \qquad \text{(II-A-16)}$$

pour que la résolution des équations de Maxwell fournisse deux indices différents pour la lumière circulairement polarisée droite et gauche.

$$n_D = \varepsilon^{1/2} - 2\pi v g$$

$$n_G = \varepsilon^{1/2} + 2\pi v g. \qquad \text{(II-A-17)}$$

Au niveau des équations microscopiques ceci implique des moments electriques et magnetiques induits de la forme.

$$\mu = \alpha E - \frac{\beta}{c} \frac{\partial H}{\partial t}$$

$$m = \delta H - \frac{\beta}{c} \frac{\partial E}{\partial t}. \qquad \text{(II-A-18)}$$

(Le modèle phenoménologique le plus simple capable d'entrainer de telles relations consiste à contraindre les électrons à se déplacer sur une trajectoire hélicoidale.) On obtient alors par un calcul tout a fait analogue à celui utilisé pour obtenir la formule de Clausius Mosotti.

$$g = 4\pi \mathcal{N} \frac{\beta}{c} \frac{\varepsilon + 2}{3}. \qquad \text{(II-A-19)}$$

Il est intéressant de noter que les valeurs expérimentales des rotations molaires impliquent que le terme correctif ne représente en fait que de 10^{-5} à 10^{-6} du terme principal.

$$[\varphi] \sim 200^0/\text{dm} \cdot \text{mole} \to \beta \sim 4 \cdot 10^{-34}$$

$$\to \frac{\beta/c\, \partial H/\partial t}{\alpha E} = \frac{\omega \beta H_0}{\alpha c E_0} = \frac{2\pi\beta}{\lambda \alpha} \sim 10^{-5} - 10^{-6}$$

$$\alpha \sim 10^{-23} - 10^{-24}\ \text{cm}^3$$

pour
$$\lambda \sim 5\ 10^{-5}\ \text{cm}.$$

Il ne représente qu'un effet du second ordre lié a la propagation du champ sur les dimensions finies de la molécule (modèle de Kuhn).

L'application des relations de Kramers-Kronig à la réponse du système au champ électromagnétique implique qu'existent entre la rotation et le dichroisme circulaire des relations de la forme.

$$\phi(v) = \frac{2v^2}{\pi} \int_0^\infty \frac{[\theta]_{v'}}{v'(v'^2 - v^2)}\, dv'. \qquad \text{(II-A-20)}$$

Loin des bandes d'absorption $[\phi(v)]$ se réduit a une somme de terme pris sur les bandes d'absorption de la forme

$$[\phi(v)] = \frac{2v^2}{\pi} \sum_i \frac{\displaystyle\int_{\text{bande } i} [\theta]_{v'}/v'\, dv'}{v_i'^2 - v^2}. \qquad \text{(II-A-21)}$$

On définit de manière analogue à la force d'oscillateur une force rotatoire proportionnelle à

$$\int_{bande} \frac{[\theta]v'}{v'}\,dv'$$

$$R_i = \frac{3hc}{32\pi^3 \mathcal{N}}\,2303 \int (\varepsilon_G - \varepsilon_D/)\,dv. \qquad \text{(II-A-22)}$$

Ri est souvent donné pour des raisons qui apparaitront dans la théorie quantique en unites de μ_0/μ_D (définies par Moffitt) où μ_0 est le magnéton

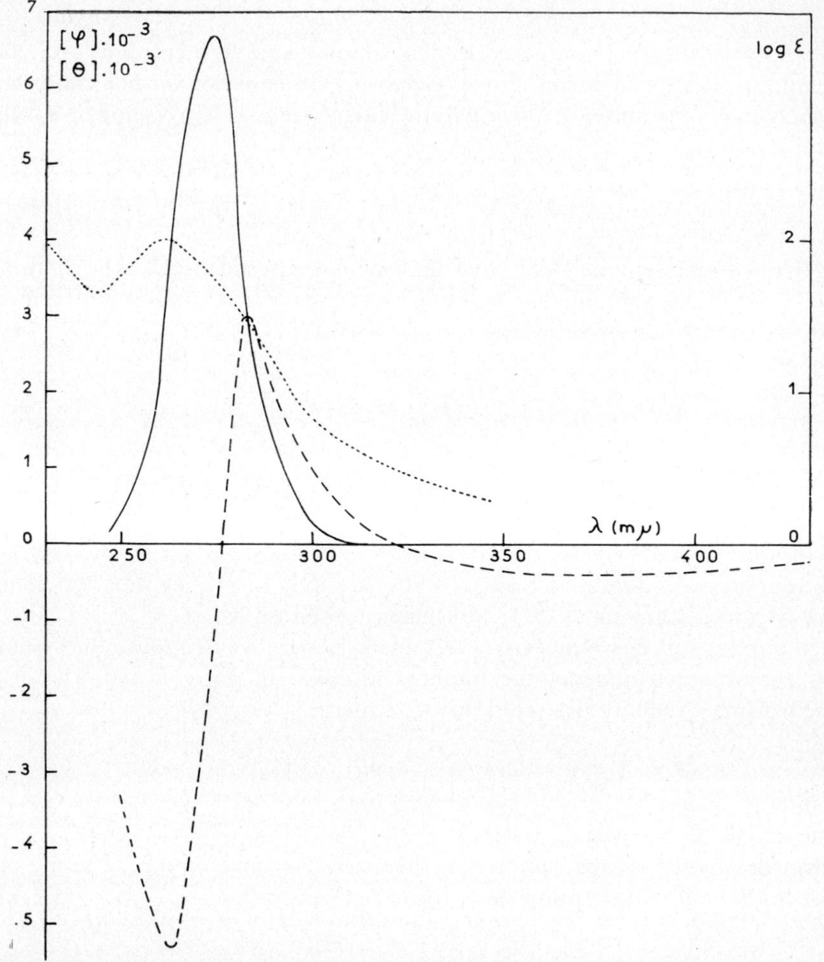

Fig. 2. Courbes d'absorption molaires (. . .) d'ellipsicité molaire θ (—) et de rotation molaire φ (---) pour un composé présentant un dichroisme circulaire positif.

de Bohr et μ_D le Debye. Loin des bandes d'absorption $[\varphi]$ s'écrit donc comme une somme de termes de la forme

$$[\phi] = K \sum_i \frac{R_i \lambda_i^2}{\lambda^2 - \lambda_i^2}\,.$$

où K est une constante.

Cette formule n'est évidemment plus valable à proximité des bandes d'absorption où $[\phi]$ présente une dispersion anormale analogue à celle observée sur la polarisabilité; on peut introduire phénomenologiquement un facteur d'amortissement pour rendre compte de l'allure de cette dispersion anormale dans la région d'une bande présentant un dichroisme circulaire. On donne à l'allure de cette dispersion le nom "d'effet Cotton" et on le caractérise souvent par la longueur d'onde de ses extrema, de son centre de symétrie et par son amplitude. Le signe de l'effet Cotton est lié à celui de la force rotatoire.

B Théorie quasi statique de l'interaction lumière matière

Le traitement quantique le plus simple de l'interaction lumière matière consiste à traiter de manière classique l'énergie d'interaction du champ électromagnétique avec les moments de la distribution des charges électroniques et nucléaires et d'utiliser cette énergie comme hamiltonien de perturbation. La résolution de l'équation de Schroedinger dépendant du temps fournit alors une combinaison linéaire des fonctions d'onde non perturbées dont les coefficients dépendant du temps fournissent la probabilité de transition de l'état O à l'état a sous l'influence de la perturbation. On obtient ainsi facilement l'expression quantique de la force d'oscillateur.

$$F_{ia} = \frac{8\pi^2 m}{3he^2}\, \nu_{0a} |\mu_{0a}|^2 \qquad \text{(II-B-1)}$$

ou μ_{0a} est le moment dipolaire électrique de transition

$$\mu_{0a} = \langle O\, |\mu|\, a \rangle \qquad \text{(II-B-2)}$$

en utilisant la notation

$$\langle O\, |Op|\, a \rangle = \int \psi_0^* \,|Op|\, \psi_a \, d\tau$$

pour un opérateur Op. On notera que d'après (II-A-6) μ_{0a} est directement mesurable par intégration sur la bande correspondant à une transition électronique.

$$|\mu_{0a}|^2 = \frac{3he^2}{8\pi^2} \frac{2303\,c}{\pi \mathcal{N} e^2} \int \frac{\varepsilon(\nu)}{\nu}\, d\nu. \qquad \text{(II-B-3)}$$

Rappelons également que si μ_{0a} est connu on en déduit la probabilité d'émission spontanée et donc le temps de vie de l'état excité en l'absence de processus de désactivation non radiatif

$$\tau_0 = \frac{3hc^3}{64\pi^4 \, \nu_{0a}^3} \, \frac{1}{|\mu_{0a}|^2}$$

(le temps de vie de fluorescence effectif est égal à $\tau_0\phi$ où ϕ est le rendement quantique de fluorescence). Rosenfeld a montré que si l'on utilise le potentiel vecteur pour écrire l'interaction du champ electromagnétique avec le système de charges et que l'on tient compte de la variation du potentiel retardé sur les dimensions de la molécule il s'introduit bien un deuxième terme dans l'expression du moment électrique induit, proportionnel à dH/dt. On en tire par comparaison avec les expressions classiques l'expression quantique de la force rotatoire.

$$R_a = \mathrm{Im} \, [\langle O \,|\boldsymbol{\mu}|\, a\rangle \, \langle a \,|\boldsymbol{m}|\, O\rangle \qquad\qquad \text{(II-B-4)}$$

partie imaginaire du produit du moment dipolaire électrique par le moment dipolaire magnétique de transition.

Les expressions (II-B-1) et (II-B-4) ont d'importantes conséquences

a) elles indiquent certaines règles de symétrie sur les fonctions d'onde des états entre lesquels le moment dipolaire électrique ou magnétique de transition est différent de zéro. En particulier si la molécule possède un centre ou un plan de symétrie les deux moments de transition s'excluent mutuellement et la molécule ne peut posséder d'activité optique.

b) On peut montrer en sommant les forces d'oscillateur que $\sum\limits_i F_i = N$ où N est égal au nombre total d'électrons de la molécule (cette démonstration implique cependant que le champ électromagnétique soit considéré comme uniforme sur la molécule). C'est la règle dite de Thomas-Kuhn.

c) On montre en sommant sur les forces rotatoires

$$\sum_a R_a = \mathrm{Im} \sum_a \langle O \,|\boldsymbol{\mu}|\, a\rangle \, \langle a \,|\boldsymbol{m}|\, O\rangle$$

$$= \mathrm{Im} \, \langle O \,|\boldsymbol{\mu} \cdot \boldsymbol{m}|\, O\rangle$$

$$\equiv O \qquad\qquad \text{(II-B-5)}$$

puisque $\boldsymbol{\mu} \cdot \boldsymbol{m}$ est une observable dont la partie imaginaire est identiquement nulle.

d) Il est important de réaliser que certaines transitions peu intenses en absorption (transitions dipole magnétique permises) peuvent acquérir dans un champ asymétrique une grande activité optique. Ce effet ressortira sur le facteur de dissymétrie.

Dans une molécule, les règles de sélection sur μ et m ne s'excluent pas. Les perturbations dues au milieu environnant peuvent perturber les fonctions d'onde et mélanger par exemple des transitions électriquement et magné-tiquement permises de sorte que le produit devienne différent de zéro. Trois types de perturbation ont spécialement ete envisagés[8]

— distributions électroniques asymétriques
— les perturbations dues à une champ statique asymétrique (théorie de Condon)
— les perturbations dues au couplage dynamique des réponses du système au champ électromagnétique externe. L'expression quantique du couplage se rammène facilement à une expression dont le sens physique se traduit par une asymétrie du champ interne au niveau du chromophore. C'est sur cette théorie de Kirkwood que sont basées par exemple les règles semi-quantitatives donnant le signe du dichroïsme circulaire du chromophore carbonyle en fonction de la distribution de la polarisabilité des substituants dans l'espace (règle des octants).

III Propriétés Optiques des Polymères

A Definition du modèle

1 Le modèle de molécule dans la molécule

Le problème essentiel que nous nous posons est en fait celui des modifi-cations spectroscopiques apportées par le passage d'un groupe présentant certaines transitions dans le visible et 1' *UV.* de l'état "monomère" a l'état "polymère". Il est implicitement admis que le "chromophore" ne perd pas son individualité. Ceci est essentiellement vrai pour les aggrégats et les cristaux moléculaires et applicable aux polymères dans la mesure où les transitions du visible et de 1' *UV.* n'affectent que des transitions entre niveaux d'électrons π ou n qui ne participent pas en première approxi-mation aux liaisons chimiques. Il est alors possible de séparer le polymère en un certain nombre de groupes identiques ou non, présentant ou non des absorptions dans le domains *UV.* visible et se répetant au long de la structure polymérique. Cette approche que l'on peut qualifier de modèle de systèmes indépendants ou de molécules dans la molécule (suivant Simp-son[9]) implique que le recouvrement entre les fonctions d'onde mises en jeu dans les transitions optiques et d'autres orbitales du polymère peut être considéré comme négligeable. Les interactions entre groupes seront alors limitées à des interactions électrostatiques entre les systèmes de charges constituant chaque groupe. Les groupes qui n'absorbent pas dans le domaine *UV*-visible ne seront connus que par leur tenseur de polarisabilité; en ce sens ils jouent, pour les "chromophores", un rôle identique à celui de molécules de solvant auquelles les liaisons chimiques confèrent neanmoins une distribution géometrique particulière et connue autour de chaque chromophore.

2 Fonctions d'ondes perturbées[10, 11, 12]

Si l'on suppose connues les fonctions d'onde de chaque groupe il est facile d'écrire, pour le modèle ci dessus les fonctions d'ondes du polymère Soient ϕ_0, ϕ_a, ϕ_b, ... les fonctions d'onde de l'état fondamental et des états excités $a, b, ...$ d'un groupe isolé. On se servira de ces fonctions d'onde comme bases pour le calcul des fonctions d'onde perturbées, l'hamiltonien du système s'écrivant comme la somme de l'hamiltonien des groupes non perturbées et d'un hamiltonien de perturbation de type purement électrostatique

$$H = \sum_i H_i + \sum_i \sum_{j>i} V_{si,\,tj}$$

$$V_{si,\,tj} = e^2 \sum_s \left[\underbrace{\sum_t 1/r_{is,\,jt}}_{\text{electrons}} - \underbrace{\sum_t Z_{jt}/r_{is,\,jt}}_{\text{noyaux}} \right] \qquad \text{(III-A-1)}$$

où i et j indexent les différents groupes du polymères et s et t les particules chargées (electrons et noyaux) à l'intérieur de chacun des groupes.

L'effet du potentiel V de perturbation sera de mélanger les fonctions d'onde non perturbées du polymère qui sont, avec nos hypothèses sur l'absence d'échange entre groupes, de simples produits des fonctions d'onde de chacun des groupes. Les fonctions d'onde non perturbées nécessaires à un développement en perturbation au premier ordre sont limitées aux produits de fonctions d'onde contenant 1 et 2 groupes dans un état différent de l'état fondamental. Nous considérons dans les fonctions d'onde caractéristiques de l'état fondamental à l'ordre 0

$$\psi_0^0 = \prod_i \phi_{i0} \qquad \text{(III-A-2)}$$

— d'un état excité possédant un seul groupe excité

$$\psi_{ia}^0 = \frac{\phi_{ia}}{\phi_{i0}} \prod_j \phi_{j0} \qquad \text{(III-A-3)}$$

— d'un état excité possédant deux groupes excités

$$\psi_{ia,\,jb} = \frac{\phi_{ia}\phi_{jb}}{\phi_{i0}\phi_{j0}} \prod_R \phi_{R0} \qquad \text{(III-A-4)}$$

En réalite s'il existe dans le polymère n groupes identiques, chaque niveau correspondant à un groupe excité est n fois dégénéré et les fonctions d'onde correctes sont des combinaisons linéaires de (III-A-4). Pour le premier état excité d'un type donné de groupe en particulier

$$\psi_{AK} = \sum_{i=1}^n C_{iAK}\,\psi_{ia}^0 \qquad \text{(III-A-5)}$$

Les valeurs des C_{iAK} dans les n combinaisons linéaires peuvent souvent se déduire des symétries du système. Ils obéissent de toutes manières aux relations

$$\sum_{i=1}^{n} C_{iAK} C_{iAK}^{*} = 1$$

$$\sum_{k=1}^{n} C_{iAK} C_{jAK}^{*} = 0 \qquad \text{(III-A-6)}$$

qui tiennent à leur caractère de composantes d'une matrice unitaire de rotation.

Les fonctions d'onde perturbées au premier ordre s'écrivent alors.

État fondamental

$$\psi_0^1 = \psi_0^0 - \sum_i \sum_{j \neq i} \sum_a V_{i0a, j00} \, \psi_{ia}^0 / h\nu_a$$

$$- \sum_i \sum_{j > i} \sum_a \sum_b V_{i0a, j0b} \, \psi_{ia, jb}^0 / h(\nu_a + \nu_b) \qquad \text{(III-A-7)}$$

État excité AK

$$\psi_{AK}^1 = \sum_{i=1}^{n} C_{iAK} \Big\{ \psi_{ia}^0 + \sum_{j \neq i} V_{i0a, j00} \, \psi_0^0 / h\nu_a$$

$$- \sum_{j \neq i} \sum_{b \neq a} Y_{i0a, j0b} \, \psi_{jb}^0 / h(\nu_b - \nu_a) - \sum_{j \neq i} \sum_{b \neq a} V_{iab, j00} \, \psi_{ib}^0 / h\nu_{jb} - \nu$$

$$\text{(III-A-8)}$$

Dans cette expression ν_a est la fréquence de la transition oa.

$$V_{iab, jcd} = \sum_{j \neq i} \int \varphi_{ia} \, \varphi_{jc} \, |V| \, \varphi_{ib} \, \varphi_{ja} \, d\tau \qquad \text{(III-A-9)}$$

et l'on a omis un terme $\Sigma_j \Sigma_k \Sigma_{b,c \neq a} V_{i0, jb, kc, ia, j0, k0} \psi_{jb, kc}^0 / h(\nu_+ \nu_c - \nu_0)$ qui ne contribue pas dans notre approximation aux grandeurs des opérateurs à calculer qui sont — l'énergie des niveaux
— le moment électrique de transition, son carré et la force d'oscillateur
— le moment magnétique de transition
— la force rotatoire.

Il est clair que le calcul de chacun de ces opérateurs conduit formellement à un grand nombre de termes puisque ψ_0^1 contient 3 termes et ψ_{AK}^1 4 termes. L'intérêt est alors de regrouper ces termes en fonction de leur niveau d'approximation, de leur signification physique particulière, des conséquences qualitativement différentes qu'elles entrainent, de leur importance quantitative, de la possibilité de les évaluer à partir de grandeurs observables: moments de transition, tenseur de polarisabilité ... ou calculables à partir des fonctions d'onde des groupes isolés. C'est dans cet esprit que sera conçu la suite de cet exposé et c'est pour arriver à ce résultat que nous examinerons la forme et la signification des différents élements de matrice de l'opérateur V qui interviennent dans les termes de perturbation.

3 *Nature et expression du potentiel d'interaction*

a) Si les dimensions du groupe sont petites devant les distances entre les groupes il est naturel de développer l'interaction en termes de multipoles et de ne garder que les termes dipolaires. V_{ij} prend alors la forme du potentiel d'interaction dipole dipole.

$$V = \mu_i T_{ij} \mu_j \tag{III-A-10}$$

ou μ_i et μ_j sont les opérateurs moment dipolaire electrique des groupes i et j et T_{ij} le tenseur d'interaction dipolaire ecrit sous forme dyadique

$$T_{ij} = \frac{1}{R_{ij}^3} \left[1 - 3\frac{R_{ij} : R_{ij}}{R_{ij}^2} \right] \tag{III-A-11}$$

Les différents termes d'interaction apparaissant dans (III-A-7) et (III-A-8) s'expriment alors en fonction des seuls moments permanents et moments de transition des groupes i et j.

$$V_{i0a,j00} = \mu_{i0a} T_{ij} \mu_{j00}$$

$$V_{i0a,j0b} = \mu_{i0a} T_{ij} \mu_{j0b} \tag{III-A-12}$$

$$V_{iab,j00} = \mu_{iab} T_{ij} \mu_{j00}$$

qui sont des grandeurs mesurables sur les groupes isolés. C'est la raison pur laquelle cette approximation reste utilisée dans des cas où dimensions des groupes et dimensions intergroupes deviennent comparables. On utilise neanmoins souvent dans ce cas une approximation de monopoles.

b) Monopoles permanents et monopoles de transition: la densité électronique dans les différents états du groupe est distribuée sur certains atomes du squelette du groupe (en genéral les atomes possédant une orbitale π puisque le calcul de ces monopoles est fait a partir des seuls électrons π de la molécule) de manière à ce que la distribution soit en accord avec les valeurs observées des moments permanents de ces états et des moments de transitions entre ces états. Cette distribution est généralement réalisée à partir de calculs semi-empiriques des orbitales moleculaires.

$V_{si, jt}$ prend alors la forme

$$V_{si,tj} = \sum_s \sum_t \frac{\varrho_s^i \varrho_t^j}{R_{si'tj}} \tag{III-A-13}$$

Nous devons alors examiner et classer les différents termes d'interaction suivant qu'ils concernent:

— 2 résidus excités au même niveau: $V_{ia,ja}$. Ces termes correspondent aux interaction résonantes. Ils interviennent dans la levée de dégénérescence des états AK.

— 1 résidu excité et 1 résidu non excité: $V_{i0a, j00}$ correspondant aux perturbation apportées par le champ des dipoles statiques dans les propriétés du groupe.

— 1 résidu excité à l'état a et 1 résidu excité à l'état b: $V_{i0a, j0a}$. Ces termes caractérisent l'influence des mouvements électroniques de fréquence propre differents de ν_a sur le mouvement de fréquence ν_a dans le residu i.

Il ne faut également pas oublier que la théorie quasi statique de l'interaction lumière-matière rammène un problème dépendant du temps à un problème de probabilité de transition entre niveaux stationnaires. On ne s'étonnera donc pas de voir par la suite que les termes de perturbation qui caractérisent le couplage résonant ou non, entre mouvements électroniques dans deux résidus i et j se laissent interpréter physiquement comme un problème de champ local.

B Interactions résonantes: Effets excitoniques

Ne garder parmi les termes de perturbation que ceux relatifs à la transition oa revient en fait à lever la dégénérescence sur les fonctions d'onde d'ordre 0. Les fréquences de transition, forces dipolaires et forces rotatoires des transitions de l'état fondamental aux n niveaux de la bande excitonique ainsi formée sont alors donnés immédiatement par

$$\nu_{AK} = \nu_{0a} + \sum_{i=1}^{n} \sum_{j \neq i} C_{iK} C_{jK} V_{ij}/h$$

$$D_{AK} = \boldsymbol{\mu}_{AK} \cdot \boldsymbol{\mu}_{AK} = \sum_{j=1}^{n} C_{jK} \boldsymbol{\mu}_j \cdot \sum_{j=1}^{n} C_{jK} \boldsymbol{\mu}_j \quad \text{(a)}$$

$$R_K = \text{Im} \left[\sum_{j=1}^{n} C_{jK} \boldsymbol{\mu}_j \right] \left[\sum_{j=1}^{n} C_{jK} \left(\frac{\pi \nu_{0a} i}{c} \right) \right. \quad \text{(b)}$$

$$\left. (\boldsymbol{R}_j \wedge \boldsymbol{\mu}_j) + \boldsymbol{m}_j \right] \qquad \text{(c)} \qquad \text{(III-B-1)}$$

où l'on a fait usage de l'expression (II-A-9) du moment magnétique.

Le calcul de ces grandeurs est possible des que l'on connait:

— les dipoles ou monopoles de transition associés à la transition étudiée dans le chromophore considéré

— la géométrie de la molécule. On calcule en effet alors les termes

— V_{ij} et l'on obtient les coefficients C_{iK} en résolvant l'équation séculaire.

$$\sum_{i=1}^{n} (C_{iK} V_{ij} - E_K \delta_{ij}) = 0 \qquad \text{(III-B-2)}$$

où les énergies E_{AK} sont comptées à partir de l'énergie E_a de l'état non perturbé. Elles sont données par les solutions de

$$\begin{vmatrix} V_{11} - E & V_{21} & & \cdots & V_{n1} \\ V_{12} & V_{22} - E & V_{32} & \cdots & V_{n2} \\ \vdots & & & & \\ V_{in} & & & & V_{nn} - E \end{vmatrix} = 0 \qquad \text{(III-B-3)}$$

Par la suite, et pour que nos calculs puissent prendre une forme analytique simple permettant un examen des résultats nous spécialiserons notre étude à deux cas

a) celui d'un dimère

b) celui d'une hélice ayant des interactions limitées au plus proches voisins (suivant Bradley, Tinoco et Woody).[13]

Ils nous permetteront d'obtenir toutes les caractéristiques de la théorie excitonique et même des comparaisons avec l'expérience dans le cas des polynucléotides où l'approximation du plus proche voisin est raisonable (ce qui n'est pas le cas pour les polypeptides).

Il pourrait paraitre tentant pour un polymère en hélice de symétrie connue de déduire les C_{iK} de considérations de symétrie. Ceci exige d'introduire une condition de réentrance dans la matrice d'ordre n. Cette approximation, introduite initialement par Moffitt ne cause pas de difficultés en ce qui concerne l'absorption, mais introduit une erreur sur le pouvoir optique rotatoire dans la mesure où cet effet est lié a la variation du potentiel vecteur sur les dimensions de la molécule.[14] Mead a noté[15] que l'introduction de la condition de réentrance conduit à des erreurs dans tous les phénomenes liés à la vitesse finie de propagation, par suite de fait que la condition de réentrance est également supposée vérifée pour le champ de radiation. Imaginons en effet une particule contrainte à osciller de manière harmonique, elle rayonnera un flux d'énergie à travers tout surface qui entoure son domaine d'oscillation. Imposer un champ périodique sur l'une des surfaces impose également que le vecteur de Poiynting soit aussi périodique donc qu'aucune énergie ne soit globalement rayonnée.

1 Effets du couplage excitonique sur les spectres d'absorption et d'émission

a) Cas d'un dimère:

Dans le cas d'un dimère les deux combinaisons linéaires correspondent aux combinaisons symétriques et antisymétriques des fonctions d'onde des deux chromophores.

$$\psi_{A1} = \frac{1}{\sqrt{2}} \left(\varphi_{1a}\varphi_{20} + \varphi_{10}\varphi_{2a} \right)$$

$$\psi_{A2} = \frac{1}{\sqrt{2}} \left(\varphi_{1a}\varphi_{20} - \varphi_{10}\varphi_{2a} \right) \qquad \text{(III-B-4)}$$

L'energie des niveaux s'écrit alors

$$E_{A1} = E_0 + V_{1aa,200} + V_{10a,2a0}$$

$$E_{A2} = E_0 + V_{1aa,200} - V_{10a,2a0} \qquad \text{(III-B-5)}$$

Le terme $V_{1aa,200}$ est due à l'interaction entre les moments permanents. Il est compensé en général par un terme trés peu différent à l'état fondamental ($V_{100,200}$) et le glissement de fréquence qui lui est dû peut être généralement négligé. Les deux niveaux sont distants de deux fois l'énergie résonante qui mesure le couplage dynamique entre les deux niveaux. La position des énergies des états A 1 et A 2 par rapport à l'état non perturbé dépend du signe de l'énergie de résonance: si V est positif (interaction répulsive) c'est la combinaison symétrique qui a l'énergie la plus grande, si V est négatif (interaction attractive) la combinaison symétrique a l'énergie la plus basse. Le moment de transition de l'état fondamental vers l'état 1 est égal a la somme, vers l'état 2 à la différence vectorielle des moments de transition des groupes 1 et 2.

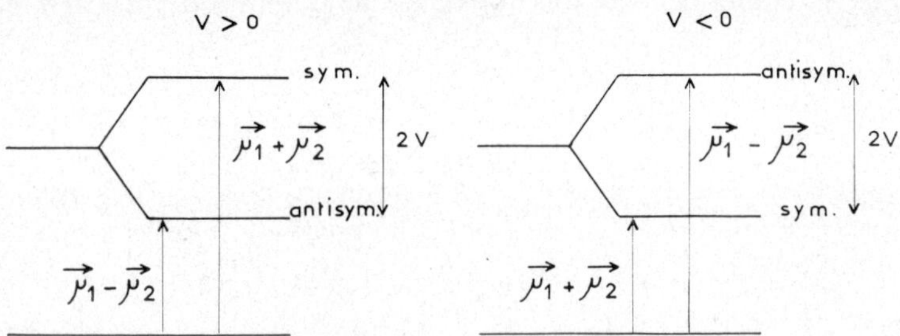

Fig. 3. Dédoublement des niveaux d'énergie du à l' interaction résonante d'énergie V dans un dimère; μ_1 et μ_2 sont les moments de transition des deux chromophores. Leur somme et leur différence donnent les probabilités de transition vers le niveau respectivement symétrique et antisymétrique.

Si les deux moments de transition sont parallèles, seule la transition vers le niveau symétrique sera permise. Si elle correspond à un déplacement vers le bleu de la transition et si il *n'y* a pas, pour chaque groupe, de niveau excité d'énergie inférieure aux niveaux présentant une dédoublement excitonique, on peut s'attendre à voir apparaître un déplacement en fluorescence accompagné d'un changement de rendement, l'émission ayant lieu à partir du niveau antisymétrique pour lequel la transition dipolaire électrique vers l'état fondamental est interdite.

b) Cas d'un polymère hélicoidal dans l'approximation du plus proche voisin

Nous supposerons les résidus disposés le long d'une hélice ayant P résidus par tour (pour simplifier ou prendra P entier). La résolution de l'équation séculaire fournit les E_{AK} et les C_{iAK} sous forme analytique à partir de la résolution du déterminant simplifié.

$$\begin{vmatrix} V_{11} - E & V_{ij} & 0 & 0 \ldots 0 \\ V_{ij} & V_{22} - E & V_{ij} & 0 \ldots 0 \\ & & & \\ 0 & 0 & 0 \ldots V_{ij} & V_{nn} - E \end{vmatrix} = 0$$

$$E_K = E_0 + V_{iaa,j00} + 2V_{ij} \cos \frac{\pi K}{n + 1}$$

on trouve

$$C_{jK} = \sqrt{\frac{2}{n + 1}} \sin (\pi Ki/n + 1) \qquad \text{(III-B-5)}$$

– La bande excitonique a une largeur égale à $4V_{ij}$, le niveau $K = 1$ correspondant suivant le signe de V_{ij} au niveau d'énergie le plus bas ($V < 0$) ou le plus haut ($V > 0$).

– Pour calculer les forces dipolaires des transitions $0 \rightarrow AK$ de l'état fondamental vers chacun des niveau excitoniques on forme

$$D_{AK} = \sum_i \sum_j C_{iAK} C_{jAK} \boldsymbol{\mu}_{i0a} \cdot \boldsymbol{\mu}_{j0a}$$

Pour notre modèle hélicoïdal on calcule le produit scalaire $\boldsymbol{\mu}_{i0a} \cdot \boldsymbol{\mu}_{j0a}$ à l'aide des composantes $\mu_{\parallel}$ et $\mu_{\perp}$ du moment de transition parallèle et perpendiculaire à l'axe de l'hélice.

$$\boldsymbol{\mu}_i \cdot \boldsymbol{\mu}_j = \mu_{\perp}^2 \cos \left[\frac{2\pi}{P} (j - i) \right] + \mu_{\parallel}^2 \qquad \text{(III-B-7)}$$

En développant on obtient

$$\frac{D_{AK}}{n\mu_{0a}^2} = \frac{2}{n(n + 1)} \left\{ \frac{\sin \dfrac{\pi K}{n + 1} \sin \left(\dfrac{\pi K}{2} - \dfrac{(n + 1)\pi}{P} \right)}{\cos \dfrac{\pi K}{n + 1} - \cos \dfrac{2\pi}{P}} \right\}^2 \left(\frac{\mu_{\perp}}{\mu} \right)^2$$

$$+ \frac{2}{n(n + 1)} \left\{ \frac{\sin \dfrac{\pi K}{n + 1} \sin \dfrac{\pi K}{2}}{\cos \dfrac{\pi K}{n + 1} - 1} \right\}^2 \left(\frac{\mu_{\parallel}^2}{\mu^2} \right) \qquad \text{(III-B-8)}$$

On peut à partir de cette équation

– obtenir les règles de sélection et les positions des maxima des bandes d'absorption polarisées parallèlement et perpendiculairement à l'axe de l'hélice qui correspondent respectivement aux deux termes de l'équation

(III-B-8). La règle de sélection en fonction de K n'est identique pour les deux polarisations que si $P = 1$ (hélice dégénérée). La valeur de K pour laquelle le premier terme est maximum est $K = 1$ alors que celle qui rend le deuxième terme maximum est $K = 2\,(n + 1)/P$. Cette valeur annulant simultanément le numérateur et le dénominateur dans le 2e terme de (III-B-8) on effectue un développement limité qui indique que la force dipolaire est donnée pour cette valeur de K, dans la limite de N élevé par

$$\left(\frac{D_{AK}}{N\mu^2}\right)_{K=\frac{2(n+1)}{P}} = \frac{1}{2}\,\frac{\mu_\perp^2}{\mu^2}$$

le reste $\frac{1}{2}(\mu_\perp^2/\mu^2)$ de la force dipolaire associée à la polarisation $\perp$ étant distribué sur les niveaux voisins. Ce résultat est très important par la suite pour l'interprétation du pouvoir optique rotatoire des hélices. Dans la limite de N grand on calcule de la même manière que

$$\left(\frac{D_{AK}}{N\mu^2}\right)_{K=1} = 0{,}809\,\frac{\mu_\parallel^2}{\mu^2}$$

La transition polarisée parallèlement doit donc avoir un bord d'absorption assez raide.

Le déplacement des maxima des raies est donc, pour la transition polarisée

$$\Delta v_\parallel = (2V_{ij} \cos \pi/n + 1)/h$$

et pour celle polarisée perpendiculairement

$$\Delta V_\perp = \left(2V_{ij} \cos \frac{2\pi}{P}\right)/h \qquad\text{(III-B-9)}$$

La bande polarisee $//$ est toujours la plus déplacée.

– Conservation de la force dipolaire et règle de Thomas Kuhn.
Si l'on forme la somme

$$\sum_k v_{AK}\mu_{OAK}\,|^2/nv_{0a}\mu_{0a}^2$$

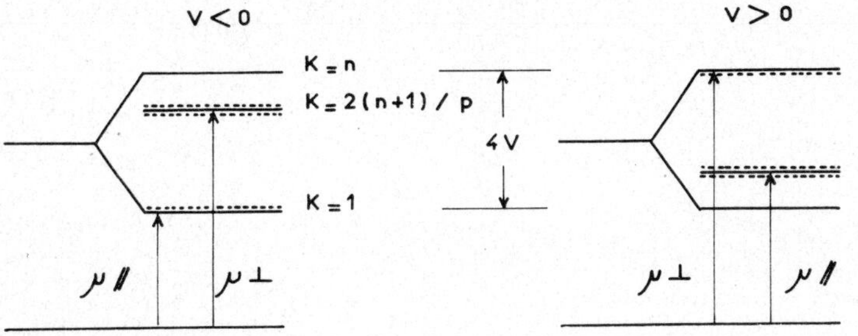

Fig. 4. Schématisation de la bande excitonique et des transitions permises pour un polymere en hélice ayant P monomeres par tour, l'interaction V étant supposée limitée au plus proche voisin.

on retrouve numériquement un résultat très voisin de 1. Ce résultat peut etre prévu dans le cadre de la règle de Thomas-Kuhn, puisque nous avons implicitement raisonné comme si chaque chromophore possédait uniquement une transition; ce résultat à pourtant fait l'objet de controverses théoriques[16,17,18,19] qui n'ont finalement été résolues dans le sens d'une confirmation de la validité de la règle de Thomas-Kuhn que dans le cadre de méthodes qui abandonnent l'approximation quasi statique au profit de méthodes de Hartree-Fock dépendant du temps.[20]

– Spectres d'émission: les considérations développées pour le dimère s'appliquent encore au polymère en particulier dans le cas où $\mu_\parallel = 0$ et dans les cas où $\mu_\parallel \neq 0$ mais $V_{ij} > 0$. Dans tous les cas on doit s'attendre à une diminution du rendement de fluorescence pouvant aller jusqu'à une inhibition totale, avec augmentation de la probabilité de croisement vers des états triplets avec augmentation de la phosphorescence.[21] Il peut apparaitre à ce niveau de l'exposé que les effets excitoniques ont des conséquences qualitatives suffisamment claires pour qu'elles permettent de remonter de manière univoque à la géometric des groupes en interaction. S'il en est bien ainsi dans certains cas il faut en fait se rappeler que

– les effets du premier ordre qui doivent conduire à de nouveaux glissements de fréquence et à l'apparition d'hypo et d'hyperchromicite vont venir en pratique compliquer les phénomènes

– toutes les transitions ont été supposées infiniment étroites. On reviendra plus loin sur le problème des valeurs relatives des glissements de fréquence par rapport à la largeur de la raie, c'est à dire aux problèmes de couplage fort ou faible qui conditionnent en réalité la valeur de V_{ij}.

2 *Effects du couplage excitonique sur le dichroïsne circulaire et le pouvoir optique rotatoire*

a) Cas du dimère

L'introduction des fonctions d'onde (III-B-4) dans l'expression (III-B-1) (c) donne directement

$$R_{1,2} = +, (-) \frac{\pi \nu_{0a}}{2c} r_{12} \cdot (\boldsymbol{\mu}_{10a} \wedge \boldsymbol{\mu}_{20a})$$

$$= +, (-) \frac{\pi \nu_{0a}}{2c} r_{12} \cdot \mu_{0a}^2 \sin \phi_1 \cos \theta_2 \qquad \text{(III-B-10)}$$

où θ et ϕ sont les orientations de μ dans un système de coordonnées spheriques où r_{12} est suivant l'axe des x et μ_1 dans le plan xy. On constate que le dichroisme circulaire consistera en deux bandes égales et de signe contraire satisfaisant ainsi à la règle de sommation. On peut s'étonner de ce que R

augmente avec r_{12}. Mais il faut tenir compte de la largeur de la bande de dichroisme circulaire, comparable à celle de la bande d'absorption qui conduit à un recouvrement de plus en plus grand des deux bandes dont le dédoublement diminue rapidement lorsque r_{12}, augmente. Ce recouvrement partiel rend la comparaison entre la théorie et l'expérience difficile lorsque le dédoublement devient inférieur à la largeur da la bande d'absorption (couplage faible). L'influence de la somme des deux forces rotatoires sur la dispersion du pouvoir optique rotatoire devient également négligeable.

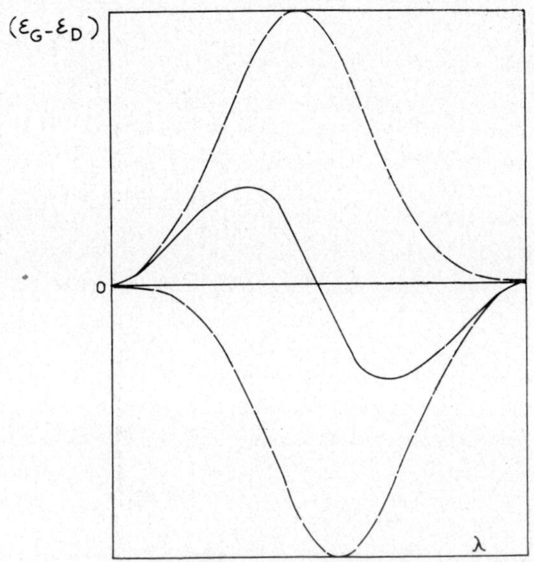

Fig. 5. Schématisation de la compensation partielle entre deux bandes de dichroisme circulaires égales et de signe opposé lorsque le dédoublement des bandes est petit devant leur largeur.

b) Cas du polymère hélicoidal dans l'approximation des plus proches voisins

La force rotatoire associée à la transition $0 \rightarrow AK$ s'écrit

$$R_{AK} = \frac{\pi a}{c} \, v_{0a}\mu_{\parallel} \cdot \mu_t \left\{ [\sum C_{iAK}]^2 - \left[\sum C_{iAK} \cos \frac{2\pi}{P} i \right]^2 \right.$$

$$\left. - \left[\sum C_{iAK} \sin \frac{2\pi}{P} i \right]^2 \right\} + \frac{\pi z}{c} \, v_{0j}\mu_{\text{T}}^2$$

$$\times \left\{ \sum_i C_{iAK} \sin \frac{2\pi}{P} i \sum_j jC_{jAK} \cos \frac{2\pi}{P} j - \sum C_{iAK} \cos \frac{2\pi i}{P} \sum jC_{jAK} \sin \frac{2\pi_j}{P} \right\}$$

$$(\text{III-B-11})$$

où a est la distance de μ à l'axe de l'hélice, z la translation élémentaire faisant passer d'un monomère au suivant, μ_t la composante tangentielle de μ.

En remplaçant les C_{iAK} par leurs valeurs on peut montrer à partir de cette formule

– que $\Sigma R_{AK} = 0$ ce qui découle du même argument que celui utilisé pour affirmer la validité de la régle de Thomas-Kuhn.

– que R_{AK} peut se décomposer en deux parties: $R\|$ qui correspond à une propagation de la lumière $\|$ à l'axe de l'hélice (E change progressivement de direction en raison de la rotation) et $R \perp$ qui correspond à une propagation de la lumière perpendiculairement à l'axe de l'hélice. $R \perp$ est associé à la présence d'une composante du moment $\|$ à l'axe de l'hélice. Pour un polymère infiniment long il se met sous la forme[22]

$$R_\perp = \frac{\pi a}{2c}\, v_{0a}\mu_\| \cdot \mu_t \left[\frac{D_{K\|}}{\mu_\|^2} - \frac{2D_{K\perp}}{\mu_\perp^2} \right]$$

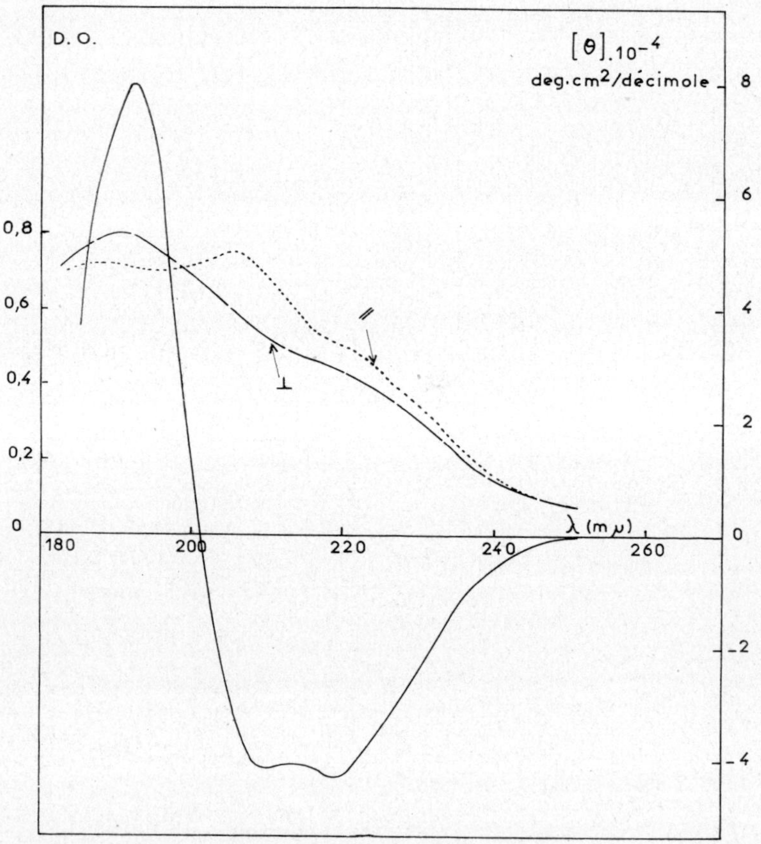

Fig. 6. Mise en évidence par dichroisme linéaire sur un film étiré du dédoublement de la raie d'absorption des polypeptides. La courbe en trait plein donne le dichroisme circulaire d'une solution du même polypeptide.

et présente deux bandes égales et oppostes de dichroisme circulaire centrées sur $v_\parallel$ et $v_\perp$, les fréquences d'absorption associées aux deux polarisations. Si $\mu_\parallel = 0$, alors les deux composantes de $R_\perp$ disparaissent — la présence de deux bandes de dichroïsme égales et de signes opposés conduit comme dans le cas du dimère à une dispersion anormale.

$R_\parallel$ correspond au dichroïsme circulaire centré sur $v_\perp$. Il y correspond des bandes de dichroïsme circulaire associées a un petit nombre de valeurs de K de part et d'autre de $K = 2(N + 1)/P$ le signe de R étant différent pour les valeurs inférieures ou supérieures de K. Il y a géneralement recouvrement des bandes. Mais les termes excitoniques conduisent à un dichroïsme circulaire conservatif. Dans la théorie originale de Moffitt, l'introduction de la condition de réentrance conduisait à des règles de sélection limitées à deux valeurs de K. $R_\parallel$ devenait alors identiquement nul et ne contribuait pas à la dispersion du pouvoir optique rotatoire.

C Interactions non résonantes

La prise en considération d'interactions entre les moments de transition relatifs à la transition $0 \to a$ dans i et $0 \to b$ dans j (où $b \neq a$) conduit à utiliser pour le calcul par la suite les fonctions d'onde au premier ordre [ou plus exactement les termes que nous avons conservé dans (III-A-7 et 8)]. Nous conserverons l'interaction V_{ij} sous sa forme dipolaire et nous effectiverons la plupart des calculs sur la somme des contributions de la bande excitonique. Ceci revient à étudier le cas où il n'y a pas dégénérescence, et à supprimer $\sum_k C_{iAK}$ dans l'expression. (On a vu que dans la plupart des cas les largeurs de bande étaient comparables à la largeur de la bande d'absorption du monomère isolé). Seules les transitions UV et visible étant généralement connues on fera un large usage de la relation (II-A-5) pour exprimer les termes d'interaction avec les transitions situées dans l'UV lointain à l'aide du tenseur des polarisabilités de chacun des groupes dans l'UV. Celui ci s'obtient en retranchant du tenseurs mesuré dans le visible par effet Kerr et diffusion anisotrope de la lumière[23] la contribution des moments de transition accessibles à l'étude spectroscopique et en supposant une dispersion normale en $1/\lambda^2$ loin des bandes d'absorption. On peut espérer, à cette approximation, calculer alors les effets du premier ordre sur les fréquences d'absorption, la force d'oscillateur et la force rotatoire.

1 Glissements de fréquence au premier ordre

Le calcul des fréquences de transition au premier ordre met en évidence une certain nombre de termes correspondant à la variation des forces de van der Vaals – London entre l'état fondamental et l'état excité. On peut distinguer[24]:

Un terme electrostatique contenant

– l'interaction des moments permanents de i et j

– l'interaction des la polarisabilité de i avec le moment permanent de j

$$h\Delta v = (\boldsymbol{\mu}_{iaa} - \boldsymbol{\mu}_{i00}) \sum_{j \neq i} [T_{ij}\boldsymbol{\mu}_{j00} - \tfrac{1}{2} T_{ij}\alpha_j T_{ij}\boldsymbol{\mu}_{i00}]$$

$$- \tfrac{1}{2}(\alpha_{iaa} - \alpha_{i00}) \sum_{j \neq i} [T_{ij}\boldsymbol{\mu}_{j00} \cdot \boldsymbol{\mu}_{j00}T_{ji}] \qquad \text{(III-C-1)}$$

Un terme de London

$$h\Delta v = \sum_{j \neq i} \sum_{a \neq 0} \sum_{b \neq j} (\mu_{i0a}T_{ij}\mu_{j0b})^2/h(v_{0a} + v_{0b})$$

$$- \sum_{j \neq i} \sum_{b \neq 0,a} (\mu_{i0a}T_{ij}\mu_{j0b})^2/h(v_{0b} - v_{0a})$$

$$- \sum_{j \neq i} \sum_{b \neq 0,a} \sum_{c \neq 0} (\mu_{iab}T_{ij}\mu_{j0c})^2/h(v_{0b} + v_{0c} - v_{0a}) \qquad \text{(III-C-2)}$$

On a déjà insisté sur la difficulté qu'il y avait à utiliser ces expressions puisque en pratique la Σ_j doit également contenir les molécules de solvant. De fait ces glissements de fréquence sont analogues à des effets de solvant. Il faut néanmoins faire remarquer que l'on ne pourra pas se contenter de prévoir qualitativement le glissement à partir de comparaisons avec le comportement du chromophore dans des solvants de polarité différente: la distribution anisotrope des segments du polymère et leur anisotropie propre jouent un role prépondérant comparé à la moyenne sur toutes les orientations du solvant qui joue pour le groupe isolé en solution. (C'est ainsi que l'étude des spectres différentiels des proteines au cours de changements conformationnels est difficilement interprétable en terme de plus ou moins grande exposition au solvant).

2 Hypo et hyperchromicité:

L'expression de la force d'oscillateur intégrée sur tous les niveaux excitoniques s'écrit

$$\sum_k v_{0AK} \, |\mu_{0AK}|^2 = \sum_{k=1}^{n} \sum_{i=1}^{n} C_{iAK} \{v_{i0a} \, |\mu_{i0a}|^2$$

$$- \sum_{i=1}^{n} \sum_{j \neq i} \sum_{b \neq a} \frac{4V_{i0a,\,j0b} \, |\boldsymbol{\mu}_{i0a}| \cdot |\boldsymbol{\mu}_{j0b}| \, v_{i0a}v_{j0b}}{h(v_{0b}^2 - v_{0a}^2)}$$

$$- \sum_{i=1}^{n} \sum_{j \neq i} \frac{2V_{i0a,\,j00} \, |\boldsymbol{\mu}_{i0a}| \, (\boldsymbol{\mu}_{iaa} - \boldsymbol{\mu}_{i00})}{h}$$

$$- \sum_{i=1}^{n} \sum_{j \neq i} \sum_{b \neq a} \frac{2V_{iab,\,j00}(\boldsymbol{\mu}_{i0a}) \, (\boldsymbol{\mu}_{i0b}) \, v_{0a}}{h(v_{0b} - v_{0a})}$$

$$+ \sum_{i=1}^{n} \sum_{j \neq i} \frac{[vV_{iaa,\,j00} - V_{i00,\,j00}] \, \boldsymbol{\mu}_{i0a} \cdot \boldsymbol{\mu}_{i0a}}{h} \qquad \text{(III-C-3)}$$

Le premier terme donne aprés sommation $nv_{0a}|\mu_{0a}|^2$. Il est donc commode de définir l'hypochromicite comme

$$H = 1 - \frac{F_a}{nf_a}$$

F_a force d'oscillateur du polymère
f_a force d'oscillateur du chromophore isolé

On peut en général négliger les termes dépendant des différences de moments permanents de l'état fondamental et de l'état excité et le quatrième terme qui est petit devant le second. Il reste alors dans l'approximation dipolaire

$$H = \frac{-4 \sum_i \sum_{j \neq i} \sum_{b \neq a} \dfrac{\mu_{i0a}T_y\mu_{j0b} \cdot \mu_{i0a} \cdot \mu_{j0b}v_{i0a}v_{j0b}}{h(v_{0b}^2 - v_{0a}^2)}}{\sum_i v_{i0a}\mu_{i0a} \cdot \mu_{i0a}}$$

$$= -4 \sum_{j \neq i} \sum_{b \neq a} \frac{v_{0b}|\mu_{0b}|^2}{h(v_{0b}^2 - v_{0a}^2)} (e_iT_ye_j) \, e_i \cdot e_j \qquad \text{(III-C-4)}$$

où ei et ej sont les vecteurs unitaires dans la direction des moments de transition μ_{i0a} et μ_{j0b}. On peut remplacer $v_{0b}\mu_{0b}^2$ par son expression en fonction de la force d'oscillateur F_{0a}, ou de la polarisabilité α_{0b}, qui lui est associé pour obtenir

$$H = -\frac{3e^2}{2\pi^2 m} \sum_{j \neq i} \sum_{b \neq a} \frac{f_{0b}}{v_{0b}^2 - v_{0a}^2} (e_iT_{ij}e_j) \, e_ie_j$$

$$= -2 \sum_{j \neq i} \sum_{b \neq j} \alpha_{0b}(e_iT_{ij}e_j) \, e_i \cdot e_j \qquad \text{(III-C-5)}$$

Si l'on ne connait que le tenseur des polarisabilités on pourra alors effectuer le calcul en projetant suivant la direction e_i ; on a alors.

$$H = -2 \sum_{j \neq i} |\alpha(v_{0a})| \cdot e_i \frac{1 - 3\cos^2\phi_{ij}}{R^3ij} \qquad \text{(III-C-6)}$$

où ϕ_{ij} est l'angle e_i, R_{ij}

L'écriture de l'hypochromicité sous la forme (III-C-6) met également en évidence l'interprétation physique de l'hypochromisme comme un effet de champ local.[25] Le champ crée au niveau du groupe i par le dipole induit en j s'ecrit

$$E_j = -\alpha(v_{0a}) \, (T_{ij}e_j) \, (e_j \cdot E_0) \qquad \text{(III-C-7)}$$

et l'énergie absorbée par le groupe dans le polymère est liée à l'énergie absorbée par le chromophore isolé par

$$1 - H = \left[\frac{\mu_{i0a}}{\mu_{ia0}} \cdot \frac{(E_0 + \sum E_j)}{E_0}\right]^2 \sim 1 + \frac{2\sum E_j}{E_0}$$

$$= 1 - 2 \sum_j \alpha(e_iT_{ij}e_j) \, e_i \cdot e_j$$

identique a la relation (III-C-5). Les deux aspects du problème (emprunt d'intensité, "intensity borrowing" du à la perturbation qui mélange les états propres — champ local) sont strictement équivalents mais le second a le mérite de mettre directement en évidence la base physique des phénomènes et de la relier à d'autres phénomènes qui permettent d'accéder au champ interne (biréfringences, dépolarisation de la lumière diffusée).[26] C'est ainsi que l'anisotropie apparente des bases dans le DNA mesurée par biréfringence d'écoulement est inférieure à sa valeur a l'état isolé car on ne mesure pas: $\alpha - \beta$ mais $(\alpha E_\parallel - \beta E_\perp)/E_0$. Comme $\beta > \alpha$ mais $E_\perp < E_\parallel$ puisque le champ interne $\perp$ est inférieur au champ moyen, on retrouve un effet analogue à l'hypochromicité. La signification qualitative du terme géometrique intervenant dans (III-C-5) apparait ainsi clairement. On peut en principe déduire assez rapidement de l'anisotropie de la distribution de la polarisabilité autour d'un groupe dans un polymère le signe des effets à attendre: Ainsi deux molécules aromatiques placées l'une au dessus de l'autre manifesteront obligatoirement une certaine hypochromicité, les composantes de la polarisabilité dans le plan étant bien supérieures à celles hors du plan et $e_i T_{ij} e_j$ étant >0 (cas du DNA).

3 *Effet sur le pouvoir optique rotatoire* (Rotational Borrowing)[27]

Nous nous placerons comme précédemment dans le cas d'une transition non dégénérée ou de la somme sur tous les niveaux excitoniques. La force rotatoire associée à la transition s'ecrit alors:

$$R_{0a} = \sum_{i=1}^{n} \mathrm{Im}\,(\boldsymbol{\mu}_{i0a} \cdot \boldsymbol{m}_{ia0}) \tag{a}$$

$$-2 \sum_{j \neq i} \sum_{b \neq a} \frac{\mathrm{Im}\,[V_{i0a,\,j0b}(\boldsymbol{\mu}_{i0a} \cdot \boldsymbol{m}_{jb0} \cdot v_{0a} + \boldsymbol{\mu}_{j0b} \cdot \boldsymbol{m}_{ia0} v_{0b})]}{h(v_{0b}^2 - v_{0a}^2)} \tag{b}$$

$$-2 \sum_{j \neq i} \sum_{b \neq a} \mathrm{Im}\, \frac{[V_{iab,\,j00}(\boldsymbol{\mu}_{i0a} \cdot \boldsymbol{m}_{ib0} + \boldsymbol{\mu}_{i0b} \cdot \boldsymbol{m}_{ia0})]}{h(v_{0b} - v_{0a})} \tag{c}$$

$$-\sum_{j \neq i} \sum_{b \neq a} \mathrm{Im}\, \frac{[V_{i0b,\,j00}(\boldsymbol{\mu}_{i0a} \cdot \boldsymbol{m}_{iab} + \boldsymbol{\mu}_{iab} \cdot \boldsymbol{m}_{ia0})]}{h v_{0b}} \tag{d}$$

$$-\sum_{j \neq i} \mathrm{Im}\, \frac{[V_{i0a,\,j00}(\boldsymbol{\mu}_{iaa} - \boldsymbol{\mu}_{i00}) \cdot \boldsymbol{m}_{ia0}]}{h(v_{0a})} \tag{e}$$

$$-\frac{2\pi}{c} \sum_{j \neq i} \sum_{b \neq a} \mathrm{Im}\, \frac{[V_{i0a,\,j0b}(v_{0a} \cdot v_{0b})(\boldsymbol{R}_j - \boldsymbol{R}_i) \cdot (\boldsymbol{\mu}_{i0b} \wedge \boldsymbol{\mu}_{i0a})]}{h(v_{0b}^2 - v_{0a}^2)} \tag{f}$$

$$(III\text{-}C\text{-}8)$$

Il est difficile de discuter de l'effet de l'ensemble des termes. Nous chercherons donc à évaluer leur importance en nous aidant de cas où l'importance réelle de chacun des termes s'est trouvée suffisamment grande pour pouvoir être mise en evidence. Une première remarque évidente est que toute interprétation correcte du dichroisme circulaire nécessite une connaissance détaillée des transitions, même les moins intenses du point de vue absorption, leur influence pouvant devenir prédominante dans le cas du pouvoir optique rotatoire et du dichroisme circulaire.

a) Le terme (a) est simplement le pouvoir rotatoire des groupes isolés.

b, c, d, e) sont les termes qui impliquent le mélange des états par la perturbation statique (termes c, d, e) ou dynamique (terme b). On remarquera de plus que les termes, c, d, e, font appel aux moments de transition d'un *même résidu* alors que le terme b fait appel aux moments de transition de *plusieurs residus*. Or dans de nombreux cas, la symétrie des groupes isolés est assez grande pour que dans le domaine UV — visible les transitions électriques soient perpendiculaires aux transitions magnétiques (cas des nucleotides). Enfin le dénominateur de (d) et (e) est trés superieur à celui de (c). Les termes (c) (d) et (e) ont été étudiés en détail par Schellman[28] qui a en particulier étudié en terme de théorie des groupes les symétries des perturbations conduisant à des valeurs non nulles de ces termes pour un chromophore de groupe de symétrie donné. L'importance de ces termes, qui correspondent à la possibilité d'induire du pouvoir optique dans un groupe unique sous l'effet d'un potentiel statique asymétrique, mise en evidence initialement par Condon, a été montrée dans le cas de la transition $n \to \pi$ des polypeptides par Shellmann et Oriel.[29] L'importance du terme (b) dans ces mêmes polypeptides a été récemment montrée (sous le nom de mécanisme $\mu \to m$) par Bayley, Nielsen et Schellmann.[30]

f) Le terme f correspond à la théorie de la polarisabilité de Kirkwood. On peut le considérer comme un terme du à l'asymétrie du champ interne. Il apparait même dans le cas où chaque groupe isolé a une symétrie telle qu'aucune transition n'y soit dipole magnétique permis.

C'est le terme en principe le plus directement relié à la geométrie de l'hélice et celui qui a été considéré dans la première explication théorique du pouvoir optique rotatoire des polypeptides.[31]

IV COUPLAGE FORT, FAIBLE, TRES FAIBLE — INFLUENCE SUR LE SPECTRE EXCITONIQUE ET LES TRANSFERTS D'ENERGIE

A Aspect dynamique de l'exciton [32, 33, 34]

En écrivant la fonction d'onde d'un état excité du polymère sous forme de combinaison linéaire de états excités localisés sur chacun des résidus nous impliquons que l'énergie se délocalise sur tout le polymère. Dans la mesure où il y a délocalisation de l'énergie sans délocalisation de charges on a à faire à un exciton de Frenkel. L'aspect dynamique du problème s'obtient en résolvant l'equation de Schroedinger dependant du temps. Les fonctions d'ondes dépendant du temps s'obtiennent en multipliant les C_{jAK} obtenus dans le cas stationnaire par $\exp(-iE_{AK}t/\hbar)$. On peut alors mettre C_{jK} sous la forme

$$C_{jK} = c(K)\exp(iK_j)\exp\left(-i\frac{E_{AK}}{\hbar}t\right) \qquad \text{(IV-A-1)}$$

La fonction d'onde réprésentative d'une excitation limitée dans une région de l'espace s'écrit alors comme un paquet d'onde centré sur la valeur K_0 de K et dont les fréquences couvrent l'intervalle $K_0 + \Delta K$, $K_0 - \Delta K$. La fonction d'onde dependant du temps s'écrit alors

$$\psi_{K_0}(t) = \frac{1}{\sqrt{N}}\sum_{j=1}^{n}\psi_{ja}^{0}\int_{K_0-\Delta K}^{K_0+\Delta K}c(K)\exp\left[i\left(K_j - \frac{E_{AK}}{\hbar}t\right)\right]dK \qquad \text{(IV-A-2)}$$

En développant E_K aux alentours de E_{K_0}

$$E_K = E_{K_0} + \left(\frac{\partial E}{\partial K}\right)_{K_0}(K - K_0) \qquad \text{(IV-A-3)}$$

ψ_{K_0} s'écrit

$$\psi_{K_0} = \frac{1}{\sqrt{N}}\sum_{j=1}^{n}\psi_{ja}^{0}\exp\left[i\left(K_{0j} - \frac{E_{K_0}}{\hbar}t\right)\right].$$

$$\left\{2c(K_0)\frac{\sin\left[\left(j - \frac{1}{h}\frac{\partial E_K}{\partial K}t\right)\Delta K\right]}{\left(j - \frac{1}{\hbar}\frac{\partial E_K}{\partial K}t\right)}\right\} \qquad \text{(IV-A-4)}$$

L'expression entre accolades représente le facteur d'amplitude de l'onde. L'extension dans l'espace de cette onde est $\Delta_j = 2\pi/\Delta K$. Au temps t la position du paquet d'onde, correspondant à un maximum du facteur d'amplitude est donnée par

$$j = \frac{1}{\hbar}\left(\frac{\partial E_K}{\partial K}\right)_{K=0}t = -\frac{2V}{\hbar}t\sin K_0 \qquad \text{(IV-A-5)}$$

ce qui représente une migration avec un temps de passage d'un groupe à l'autre

$$\tau = \frac{\hbar}{2V\sin K_0} \; \# \; \frac{h}{8V} \qquad \text{(IV-A-6)}$$

en prenant la moyenne sur $\sin K_0$ pour tenir compte de la distribution uniforme des excitations sur toutes les valeurs possibles de K. On aurait egalément pu obtenir ce resultat ou son ordre de grandeur à partir du simple principe d'incertitude.

$$\tau \cdot \text{largeur bande excitonique} = h$$

$$\tau = h/4V$$

1. Couplage fort:

Pour une valeur de $V \sim 1000 \text{ cm}^{-1}$ (de l'ordre des largeurs des bandes d'absorption des groupes isoles) $\tau \sim 10^{-14} - 10^{-15}$ sec. Ce temps τ est court devant la période de vibration des molécules et devant la période des vibrations du réseau. Il est donc licite d'appliquer à l'ensemble du réseau la separation de Born-Oppenheimer. On se trouve dans le cas du *couplage fort* et c'est avec cette hypothèse implicite que tous nos calculs sur la structure du spectre excitonique ont été faits.

2. Couplage Faible:

Si τ devient de l'ordre de grandeur des périodes de vibration des modes des molécules isolées, l'interaction résonante ne concerne plus l'ensemble de la force d'oscillateur associée à une transition électronique. On doit alors traiter le problème sans recourir à la condition de séparabilité de Born-Oppenheimer pour l'ensemble du réseau. On se trouve dans le cas du *couplage faible*. L'effet du *couplage faible* et du couplage intermédiaire sur les spectres d'absorption n'a réellement été traité que pour les dimères.[35] Il semble que les conditions d'application du couplage fort ($V \gg h\nu$ vibration) soient moins sévères qu'on ne pouvait le prévoir, ce qui est en accord avec les résultats expérimentaux obtenus sur le polymères puisque les théories de couplage fort permettent de calculer dans le cas des polypeptides le déplacement des bandes alors que la largeur de la bande excitonique est d'une largeur comparable à la largeur de la bande d'absorption du chromophore isolé. Le couplage faible produit, du point de vue spectroscopique, une redistribution entre les différentes composantes vibrationnelles de la bande correspondant à la transition électronique considérée. Du point de vue du transfert d'énergie l'interaction V doit être calculée à l'aide des fonctions d'onde complètes, c'est à dire contenant leur partie vibrationnelle. L'énergie de résonance à considérer ne sera plus celle calculée à partir du moment de transition total de la bande électronique, elle sera multipliée pas un facteur S_{vw}^2 où

$$S_{v0} = \langle \chi'_v | \chi_0 \rangle \tag{IV-A-7}$$

est l'intégrale de recouvrement vibrationnel entre la fonction d'onde χ'_v du niveau vibrationnel V de l'ètat excité du residu i et χ'_0 la fonction d'onde du niveau vibrationnel o de l'état fondamental. En première approximation

$$\tau = \frac{h}{8VS_{v0}^2} \qquad \text{(IV-A-8)}$$

et S_{v0}^2 peut être pris comme l'interaction résonnante entre les moments de transition associés à une raie vibrationnelle de la bande électronique. Les valeurs de V à utiliser sont ainsi 10 à 100 fois plus faible que celles tirées du calcul d'interaction résonnante entre les moments de transition totaux de la raie.

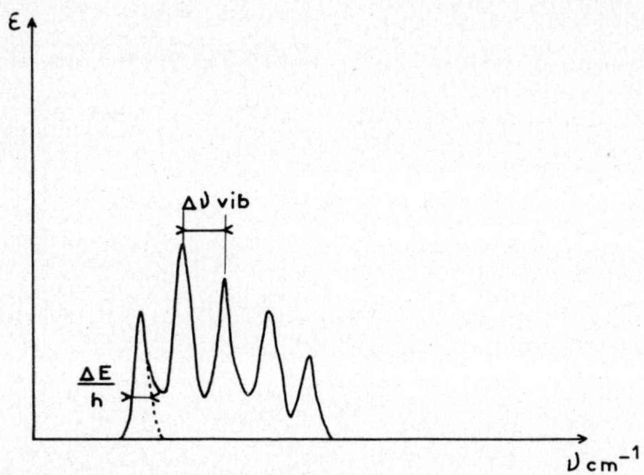

Fig. 7. Schématisation de l'énergie vibrationelle $h\nu_{vib}$ et de l'élargissement $\Delta E/h$ d'une raie vibrationelle servant a définir les limites du couplage fort, faible et très faible.

B Couplage très faible

Le couplage des vibrations moléculaires avec les phonons conduit à un élargissement des raies. Le largeur ΔE de la raie vibrationnelle est reliée par le principe d'incertitude au temps de vie de l'état excitonique initial τ_c par

$$\Delta E \approx h/\tau_c \qquad \text{(IV-B-1)}$$

La largeur ΔE s'observe sur les raies d'emission et les valeurs de τ_c sont de l'ordre de 10^{-12} sec. Dans ces conditions le temps de transfert peut être supérieur au temps de vie de l'état excitonique initial de sorte que le mouvement de l'excitation ne peut plus se représenter comme une onde excitonique mais comme une diffusion au hasard de l'énergie aprés relaxation vibrationnelle de l'état localement excité avec une constante de diffusion donnée par:

$$D = \tau_c \langle v^2 \rangle \qquad \text{(IV-B-2)}$$

ou v est la vitesse de transfert de l'excitation donnée par (IV-A-5) en tenant compte du facteur S^2

$$v = \frac{2VS^2}{\hbar^2} \sin K_0$$

$$D \# \tau_c \frac{2V^2S^4}{\hbar^2} \qquad \text{(IV-B-3)}$$

Cette diffusion correspond à un transfert entre états excités localisés. Ceux ci peuvent être de même nature ou différents. Förster a étudié en détail ce mecanisme de transfert et montré comment obtenir pour 2 molécules une expression de V^2S^4 en fonction des caracteristiques d'absorption et d'émisson des chromophores isolés et de leur disposition respective.[33] La probabilité de transfert est donnée par

$$\frac{1}{\tau} = \frac{9 \ln 10}{128\pi^5 n_0{}^4 \, \mathcal{N}} \left[e_i T_{ij} e_j \right]^2 \frac{1}{\tau_0} \int_0^\infty \frac{\varepsilon(v) f(v)}{v^4} \, dv \qquad \text{(IV-B-4)}$$

$\varepsilon(v)$ est le spectre du coefficient d'absorption molaire

$f(v)$ la distribution spectrale normée à l'unité dans l'échelle des nombres d'onde v de la courbe d'emission de l'accepteur, τ_0 la durée de vie de fluorescence en l'absence de tout processus non radiatif qui se calcule à partir du spectre d'absorption par la relation donnée au paragraphe II B.

Ce mécanisme de transfert qui est $\alpha \, 1/R^6$ intervient au moins chaque fois que l'excitation est finalement piégée par une impureté. Le calcul des distances R_0 telles que la probabilité de transfert soit egale à 1 pendant la durée de vie de fluorescence pour des valeurs raisonnables des constantes d'absorption et d'émission conduit à des valeurs comprises entre 10 et 50 Å. Ce mécanisme au moins doit donc toujours permettre une certaine délocalisation de l'énergie. Un moyen très simple de la mettre en evidence dans les solutions rigides et dans les polymères consiste à étudier la polarisation de l'émission. De nombreuses expériences de transfert ont été menées taut sur les polynucléotides que sur les protéines. La distinction entre les mécanismes est en général difficile dans la mesure où l'on utilise un piège pour lequel le transfert direct est possible. Ainsi dans le cas du transfert des bases du DNA à un colorant inséré [36] on sait:

a) que le temps de localisation de l'énergie sur une base est $< 10^{-12}$ sec sinon on aurait une certaine probabilité de transition spontanée donc de fluorescence

b) que l'on doit d'aprés les résultats de dichroisme circulaire être dans le cas d'un couplage intermédiaire (évaluation de la force rotatoire conservative)

c) que le transfert est effectif sur quelques bases au moins. (environ 20). On ne peut distinguer clairement entre couplage faible et couplage très faible.

L'existence d'une délocalisation à l'état triplet dont les expériences d'inhibition par les ions paramagnétiques prouvent l'étendue indique que l'approximation utilisée (non recouvrement des orbitales) est probablement en défaut. Il ne semble pas qu'il y ait cependant une influence très grande sur les spectres. Par contre, l'existence même d'un bande excitonique permet de comprendre l'augmentation de l'efficacité de l'"intersystem crossing". (L'existence d'une emission d'excimères pour certains dinucléotides indique également que les transferts de charge jouent, au moins à l'état excité, un rôle important). L'étude des transferts à l'état triplet a surtout été effectué sur les polynucléotides où l'on peut détecter par phosphorescence et RPE le site émetteur.

V PROPRIÉTES OPTIQUES ET PROBLÈMES D'INTÉRÊT BIOLOGIQUE

Il n'est pas question ici de développer de manière exhaustive l'application qui a été faite des méthodes spectroscopiques aux biopolymères ou aux systèmes biologiques. Les progrés de l'instrumentation ont conduit actuellement à privilégier le dichroisme circulaire qui contient potentiellement le maximum d'information. Son interprétation n'est cependant possible que si l'on possède assez d'information sur la nature, l'intensité et la polarisation des transitions du chromophore isolé et sur l'identification des bandes d'absorption du polymère. En particulier l'attribution des glissements des maxima d'absorption à des effets excitoniques ou à des effets de force de dispersion est de première importance; (elle est généralement faite à partir de mesures de dichroïsme linéaire). Nous donnerons dans ce qui suit quelques résultats et lignes de recherches d'intérêt actuel.

A Problèmes conformationnels[37,38]

1 Polypeptides et proteines:

L'étude de l'absorption et du dichroisme circulaire des différentes structures que peuvent présenter les polypeptides de synthèse (helice α droite ou gauche, chaine statistique, structure β parallèle ou antiparallèle, polyproline I et II) a conduit à un accord semi quantitatif entre la théorie et l'expérience. La position et le signe des bandes de D.C. sont maintenant correctement attribués pour les composantes excitoniques $\pi \to \pi^*$ et pour la transition

$n \to \pi^*$. Leur proximité permet de rassembler leur effet sur la dispersion du pouvoir optique rotatoire sous forme d'une somme de deux termes de Drude centrés à 193 $m\mu$ et 225 mμ.[39]

$$[\varphi] = \frac{A_{193}\lambda^2{}_{193}}{\lambda^2 - \lambda^2{}_{193}} + \frac{A_{225}\lambda^2{}_{225}}{\lambda^2 - \lambda^2{}_{225}} \qquad \text{(V-A-1)}$$

Cette formule permet d'exprimer la dispersion du pouvoir optique rotatoire des protéines et de déterminer par intrapolation des valeurs de A_{193} et A_{225} avec les valeurs obtenues sur des polypeptides totalement hélicoidaux ou totalement désordonnés le taux d'helicité des proteines globulaires, qui peut être comparé aux valeurs tirées des études cristallographiques ou aider à la résolution des clichés de RX. La méthode basée sur l'expression (V-A-1) présente plusieurs avantages par rapport à la méthode de Moffitt-Yang basée sur un développement en série de (V-A-1) sous la forme

$$[\varphi] = \frac{a_0\lambda_0^2}{\lambda^2 - \lambda_0^2} + \frac{b_0\lambda_0^4}{(\lambda^2 - \lambda_0^2)^2} \qquad \text{(V-A-2)}$$

En particulier la cohérence des résultats obtenus à partir de A_{193} et A_{225} permet d'assurer qu'il n'existe pas de contribution appréciable de structures différentes de l'helice α ou de la chaine, et la méthode est peu sensible aux effets dus aux solvants alors que la seule valeur de b_0 donne un renseignement beaucoup plus discutable sur le taux d'helicité. La découverte dans un nombre croissant de cas d'effets Cotton induits dans les chromophores des amino acides aromatiques (tyrosine, tryptophane, phenylalanine) rend neanmoins plus sûre une analyse directe du D.C. La possibilité d'étudier une bande de D.C. induit dans une chaine latérale est d'un grand interét lorsque le chromophore fait partie du site de fixation spécifique d'une enzyme[40] ou pour étudier les modes de fixation de l'hème dans les hémoproteines.[41] L'étude des glissements de fréquence des transitions de ces groupes peut renseigner sur la polarité de leur environnement tandis que les transferts tyrosine — tryptophane determinés par la mesure des spectres d'action de la fluorescence et de la polarisation de fluorescence peut renseigner sur la proximité et l'orientation relative de ces résidus.[42] L'étude des transferts à l'état singulet et triplet peut également servir à identifier les interactions de certains residus du site actif d'un enzyme avec son substrat.

Les propriétés optiques fournissent donc un moyen d'étude privilégié des transitions dénaturation-renaturation en liaison avec les propriétés biologiques.

2 Polynucléotides et acides nucléiques

Alors que le DNA présente un spectre de D.C. conservatif les polynucléotides et les RNA présentent généralement un spectre non conservatif. L'interprétation de ces différences en terme de formation de doubles hélices,

26

d'inclinaison des plateaux de base, ou d'influence du sucre reste encore controversée. L'incertitude relative aux modèles et qui repose en partie sur une connaissance insuffisante des transitions dans les bases puriques et pyrimidiques[43] ne permet pas de conclusion définitive sur la structure des RNA solubles non plus que sur les DNA et RNA des virus et des bacterio- phages dans l'edifice nucléoprotéique (en particulier lorsque le DNA est replié de maniere compacte dans la tête du phage).

L'hypochromocité du DNA et des polynucléotides en double ou triple hélice fournit un moyen d'étude de la fusion qui s'est revélée utile.

– Pour l'étude de la formation de structures à deux brins (p. ex. Poly *A* + poly *U*) et de leur fusion

– Pour l'étude thermodynamique de l'influence de sels, de colorants inter- calés, de métaux, de proteines sur la stabilité du DNA

– Pour l'analyse de Felsenfeld, de la fusion en fonction de la compo- sition.[44]

3 Systèmes plus complexes

L'étude du D.C. de membranes semble avoir atteint une bonne repro- ductibilité et conduit à des résultats peu différents pour des membranes d'origine assez différentes mais ne permet pas encore l'interprétation en terme de structure de la membrane.

Les propriétés optiques de la chlorophylle dans les constituants des chloroplastes indiquent une structure quasi cristalline d'un fraction des molécules de chlorophylle qui permettrait le transfert rapide d'énergie dans l'acte primaire de la photosynthèse.

B Problèmes photochimiques et radiochimiques

1 Polynucléotides et acides nucléiques[45]

Les acides nucléiques comptent parmi les constituants de la cellule les plus sensibles aux actions des rayonnements. De nombreuses évidences indiquent que les modifications photochimiques ou radiochimiques se produisent au niveau de certaines bases après une délocalisation de l'énergie. Certaines études commencent à mettre en parallèle les modifications physicochimiques (dimérisation de la thymine) et la perte de l'activité transformante; d'autres travaux ont mis en évidence la protection contre certains effets photochimiques par les systèmes connus pour servir de piège à l'excitation (colorants intercalés).

2 Protéines

L'effet des recepteurs photoniques et le devenir de l'énergie d'excitation optique dans les proteines reste beaucoup plus hypothétique bien que de nombreux effets photobiologiques aient été signalés. Dans les appareils photosynthétiques et dans la vision où les transferts d'énergie jouent un rôle capital dans l'acte primaire, le rôle d'eventuels états excités des proteines reste mal connu.

VI Conclusion

On peut admettre que le cadre théorique de l'interprétation des spectres des biopolymères est actuellement suffisamment developpé pour que l'on puisse espérer tirer largement partie des techniques spectroscopiques pour analyser les structures et transitions conformationnelles d'intérêt biologique. A cet intérêt analytique s'ajoute une deuxième question: les niveaux excités révélés par la spectroscopie jouent-ils un rôle dans les processus biologiques? Si la réponse est évidente pour les systèmes photorécepteurs elle est beaucoup plus ambigue dans le cas des systèmes fonctionnant dans le noir cellulaire. Des niveaux à quelques eV sont ils peuplables à partir de processus chimiques? L'existence de phénomènes de chimio et de bioluminescence accompagnant en particulier les réactions d'oxydo reduction peuvent permettre de penser que c'est possible. Les phénomènes de transfert observés, à l'état triplet notemment, peuvent alors conduire à une délocalisation réactionnelle. (Il faut noter à ce propos la découverte récente de "fissions excitoniques" qui fournit un nouveau processus d'interconversion singulet → triplet.[46]) Il est enfin nécessaire de signaler que l'interaction de plusieurs molécules modifiant le fonctionnement de la cellule (mutagènes, inhibiteurs...) avec les biopolymères se traduit en spectroscopie par l'apparition de bandes à transfert de charge qui peuvent traduire certains mécanismes fondamentaux.

Bibliographie

Le but essentiel des références citées est d'ouvir la voie à une bibliographie plus complète. Aussi donnons nous en tête quelques références relatives aux compte-rendus de symposium dont une large part a été consacrée aux propriétés optiques des polymères. Les autres références ont été choisies dans la mesure où le cours adopte des méthodes ou mentionne des résultats dont les détails pourront être trouvés dans l'article cité.

A Symposiums

1. Radiation Research, (Exciton Symposium) **20**, 53 (1963).
2. *Polyamino acids, Polypeptides and Proteins*, (U. Stahmann ed.) Wisconsin Press, Madison (1962).
3. *Biopolymers Symposia*, no 1 (1963).

4. Molecular Biophysics, (Eds. B. Pullmann et M. Weissbluth) *Ac. Press*, New York, 1965.
5. *Conformation of Biopolymers* (Ed. G. N. Ramachandran) *Ac. Press*, New York, 1967.
6. *J. Chimie Physique*, **65**, 1 (1968).

B Théorie

7. v. par exemple Kauzmann, *Quantum Chemistry*, Ac. Press, New York, 1957.
8. v. par exemple E. U. Condon, *Rev. Mod. Phys.*, **9**, 432 (1937).
9. W. T. Simpson, *JACS*, **77**, 6164 (1955).
10. I. Tinoco Jr., *J. Chem. Phys.*, **33**, 1332 (1960) erratum **34** 1067 (1961).
11. I. Tinoco Jr., *J.A.C.S.*, **82**, 4785 (1960) erratum **84**, 5047 (1961).
12. W. Rhodes, *J.A.C.S.*, **83**, 3609 (1961).
13. D. R. Bradley, I. Tinoco, and R. W. Woody, *Biopolymers*, **1**, 239 (1963).
14. W. Moffitt, D. Fitts, et J. G. Kirkwood, *PNAS*, **43**, 723 (1957).
15. C. A. Mead dans (1) p. 102.
16. H. C. Bolton et J. J. Weiss, *Nature*, **135**, 666 (1962), **197**, 1296 (1963).
17. R. K. Nesbet, *Mol. Phys.*, **41**, 393 (1964).
18. H. DeVoe, *Nature*, **4-197**, 1295 (1963).
19. J. Thiery, *J. Chem. Phys.*, **43**, 553 (1965).
20. A. Mac Lachlan et Ball, *Mol. Phys.*, **8**, 581 (1964).
21. M. Kasha dans (1) p. 64.
22. I. Tinoco, R. W. Woody, et D. F. Bradley, *J. Chem. Phys.*, **38**, 1317 (1963).
23. C. G. Le Fevre et R. W. Le Fevre, *J. Chem. Soc.*, 2750 (1955).
24. I. Tinoco Jr., A. Halpern, et W. T. Simpson dans (2) p. 97.
25. H. de Voe dans (3) p. 251.
26. G. Weill, C. Hornick, et S. Stoilov dans (6) p. 185.
27. I. Tinoco Adv. in *Chem. Phys.*, **9**, 113 (1967).
28. J. A. Schellman, *J. Chem. Phys.*, **44**, 55 (1966).
29. J. A. Schellman et P. Oriel, *J. Chem. Phys.*, **37**, 2114 (1962).
30. P. M. Bailey, E. B. Nielsen, et J. A. Schellman, *J. Phys. Chem.*, **73**, 228 (1969).
31. D. Fitts et J. G. Kirkwood, *PNAS*, **43**, 1046 (1957).
32. M. Kasha dans (1) p. 53.
33. Th. Förster, *Modern Quantum Chemistry*, Vol. III Ed. O. Sinanoglu, Ac. Press, 1965.
34. R. Voltz, *Radiation Research Reviews*, **1**, 301 (1968).
35. v. p. exemple M. Garcia Sucre, F. Geny, et R. Le Fevre, *J. Chem. Phys.*, **49**, 458 (1968).
36. G. Weill et M. Calvin, *Biopolymers*, (4) p. 286–291.

C Applications

— une revue bibliographique des applications jusqu'en 1964 est donnée par Tinoco dans (4) p. 286—291.

37. S. Beychock, *Ann. Review of Biochem.*, p. 437, 1968.
38. W. B. Gratzer et D. A. Cowburn, *Nature*, **222**, 426 (1969).
39. E Schechter, J. P. Carver, et R. Blout dans (6) p. 118.
40. M. Goodman et C. Toniolo, *Biopolymers*, **6**, 1673 (1968).
41. E. Schechter et P. Saludjan, *C. R. Ac. Sc.*, **264**, 1501 (1967).
42. S. V. Konev, *Fluorescence and Phosphorescence of Proteins and Nuclei Acids*. Plenum Press, N. Y., 1967.
43. C. A. Bush et H. A. Scheraga, *Biopolymers*, **7**, 395 (1969).
44. C. Felsenfeld et G. Sandeen, *J. Mol. Biol.*, **5**, 587 (1962).
45. M. Gueron et R. G. Schulman, *Ann. Review of Biochem.*, **37**, 571 (1968).
46. W. Galley et L. Stryer, *P.N.A.S.*, **60**, 108 (1968).

Intramolecular Forces and Protein Structure

S. Lifson

The Weizmann Institute

S. Lifson

INTRAMOLECULAR FORCES AND PROTEIN STRUCTURE

Introduction

What do we know at present, and what are the ways to enrich our knowledge, about the forces which determine the structure and specificity of function of proteins? Looking backward one may observe three major landmarks in the history of our understanding of the problem. The first of these is the suggestion by L. Pauling of the α-helix and a few other regular structures as the predominant conformations in proteins [Pauling *et al.* PNAS **37**, 205, 241 (1951)]. It opened a wide field of research into the conformations of proteins and protein analogues which is still far from being exhausted, almost two decades later. As it happens often in science, the impact of Pauling's ideas tilted the balance of scientific interest for some time to the point of leading many to overemphasize the importance of the α-helix in protein structure.

The second landmark to be mentioned here is the success of Kendrew, Perutz and their coworkers [see Blake *et al.* Proc. Roy. Soc. **B167**, 365 (1963), Perutz *et al.* Nature **219**, 131 (1968) and references therein] in obtaining the conformations of myoglobin and haemoglobin by X-ray methods, thus offering a direct insight into the detailed structure of proteins.

The third landmark, whose importance seems to be not always fully appreciated, is the success of Anfinsen and coworkers to restore the native conformation and specific activity of an enzyme after it has been first converted into a random coil by reducing all its $S - S$ bonds and breaking all intramolecular hydrogen bonds, [see C. B. Anfinsen, Harvey Lectures, Series **61**, Acad. Press, N. Y. (1967)]. These experiments showed that the native conformation of a protein molecule is an equilibrium property, determined by the physico-chemical properties of the primary structure of the polypeptide chain and by its interaction with the solvent, rather than by some particular conditions prevailing during its biosynthesis.

It thus became natural and even tempting to ask: what are the forces determining the native conformations of proteins? Is it possible to describe quantitatively the effect of intramolecular forces on equilibrium structure? How can one account for the effect of the solvent on this structure? And could one calculate the forces acting between enzymes and their substrates, to obtain an understanding of the relation between structure and function of proteins?

Statistical Mechanics of Order-Disorder

Several roads have been tried in order to come nearer to answer these questions. One was the study of the statistical mechanics of order-disorder equilibria in polypeptides, related to the denaturation and reformation of proteins structure.

Indeed it has been shown (see de Gennes' lecture at this school) that the transition between the ordered structure of an extended α-helix and the disordered form of the random coil can be a sharp transition, within a narrow range of temperature or solvent composition. This appears to resemble the denaturation of proteins which occur within a narrow range of temperature change. The sharpness of the transition is due its cooperative nature. On the one hand it requires three consecutive amino-acid residues to be simultaneously in the α-helical conformation to form one α-helical hydrogen bond. On the other hand it takes three consecutive α-helical hydrogen bonds to be broken simultaneously in order to allow a residue inside a helical sequence to achieve conformational freedom. Thus the nucleations of both the ordered and disordered states are less probable than their propagation, which is the basis for the cooperative behaviour and sharpness of the transition [Bixon & Lifson, Biopolymers **5**, 509 (1967)].

The cooperative behaviour of transition of a homopolypeptide (i.e. whose units are chemically identical) may be represented by two parameters, the equilibrium constants of nucleation and propagation respectively. One might hope therefore, that if we knew these parameters for the chains of all 20 amino-acids, we should be able to infer, in principle, the order-disorder equilibrium of a protein. This is, however, far from being the case. On the one hand, most proteins possess a tertiary structure in which non-bonded Van der Waals forces, solvent interactions and hydrogen bonds other than α-helical, are of major importance. On the other hand, the sequence of amino acid residues along the primary chain of each protein is specifically determined to give the protein such structure and stability as is required by its biological function. In this connection it is interesting to observe that random sequences of amino-acids in a polypeptide chain have been shown to have shallow transitions even though their corresponding homopolymers have sharp transitions, if the transition temperatures are different for the different homopolymers [Fink & Crothers, Biopolymers **6**, 863 (1968); Lehman, Proc. of IUPAB Conf. on Statistical Mechanics, ed. Tak, Benjamin, N. Y. (1967)]. Obviously, the primary structure of a protein is not a representative sample of a random sequence. Out of the effectively infinite number of ways in which 20 amino acids may be combined to form long polypeptide chains, only those did survive through geological ages of natural selection, which fitted best the specific requirements of their biological functions. It seems that the delicate balance of stability and variability exhibited by the sharpness of the denaturation process plays a significant role in the biological functions of proteins.

Mechanical-Geometric Calculation of Allowed Conformations

Another road to the study of protein structure, was that followed by Liquory, Ramachandran, Scheraga and Flory and their coworkers, who tried to calculate the equilibrium conformations of proteins and polypeptide by mechanical-geometric consideration. Let us start here with the description of the elementary ideas as followed by Ramachandran and his group [Ramachandran and Sasisekharan, Adv. Protein Chem. **23**, 283 (1968)].

Each peptide unit in the chain is considered as a structure with fixed bonds lengths and bond angles, the values of which have been derived from careful X-ray studies of amino acids and small peptides. The conformation of the chain is determined by the values of the torsional angles of rotation around the bonds which form the main chain of the protein. Starting from the amino end, the main chain is denoted by indexing its atoms as (for notations see Edsall *et al.* 2 Mol. ibid. **15**, 339 (1966); Subcommission on polypeptide notations J. C. Kondrew, Chairman, in preparation)

$$N_1 - C_1^{\alpha} - C_1' - N_2 - C_2^{\alpha} - C_2' - \ldots$$

The torsional angles ϕ_i and ψ_i of rotation around the $N_i - C_i^{\alpha}$ and $C_i^{\alpha} - C_i'$ bonds respectively are assumed to have complete freedom of rotation, while the $C_i' - N_{i+1}$ bond is assumed to be rigidly fixed as a result of its partial double bond character, with its torsional angle mostly $\omega = 180°$, i.e. the C^{α} atoms on the two sides of the $C' - N$ bond in the trans position, or $\omega = 0$ (cis) in some special cases.

The values of the pair of torsional angles (ϕ_i, ψ_i) are classified into two distinct classes. The class of allowed conformations comprises those values for which the Van der Waals radii of the various atoms constituting the peptide residue do not overlap. The class of "disallowed" conformations represent those conformations which are forbidden by steric hindrances due to overlap of some V.d.W. radii. This description is similar to what can be obtained from space-filling atomic models. However, by using computers to calculate inter-atomic distances as functions of ϕ_i and ψ_i, it is possible to scan with high precision even large and complex molecular geometrics.

The calculations are best derived by the use of transformation matrices (Jeffreys & Jeffreys, Methods of Mathematical Physics p. 122 Cambridge Univ. Press, London & N. Y. 1956). One fixes a Cartesian coordinate system in each atom in a direction uniquely specified by the relative position of that atom and two adjacent atoms. All these coordinate systems are then transformed to coincide into one common system. For example, if the atoms of a chain are enumerated as 1, 2, ... i, ..., one may fix the coordinate system of the ith atom with the x-axis along the vector bond $\mathbf{l}_{i+1}$ (from atom i to $i + 1$), the z-axis in the direction $\mathbf{l}_{i+1} \times \mathbf{l}_i$, and the y-axis in the $(\mathbf{l}_i, \mathbf{l}_{i+1})$ plane (to complete a right-handed coordinate system). It is easy to verify that if θ_i is the supplementary bond angle (i.e. the angle between $\mathbf{l}_i$ and $\mathbf{l}_{i+1}$) and ϕ_i is the torsional angle (the angle between the planes $(\mathbf{l}_{i-1}, \mathbf{l}_i)$ and $(\mathbf{l}_i, \mathbf{l}_{i+1})$) then a rotation of the ith coordinate system by θ_i around its z-axis followed by a rotation by $-\phi_i$ around the new x-axis will transform the ith coordinate system into the $(i - 1)$th one. The matrix representation of these transformations are simply

$$\Theta_i = \begin{pmatrix} \cos\Theta_i & \sin\Theta_i & 0 \\ -\sin\Theta_i & \cos\Theta_i & 0 \\ 0 & 0 & 1 \end{pmatrix} \qquad \Phi_i = \begin{pmatrix} 1 & 0 & 0 \\ 0 & \cos\phi_i & -\sin\phi_i \\ 0 & \sin\phi_i & \cos\phi_i \end{pmatrix}$$

and the combined transformation is $T_i = \Phi_i\Theta_i$. By successive such transformations one may obtain all vectors $\mathbf{l}_i$ expressed in one Cartesian coordinates system fixed in one of the atoms; the Cartesian coordinates of any atom is then given as the sum of bond vectors connecting the origin with that atom.

The results of such calculations of "allowed conformations" are conveniently represented by what became to be know as conformational maps, or "Ramachandran diagrams". They represent the contour lines in a (ϕ, ψ) plane which separate the class of allowed conformations from that of the forbidden ones.

Similar calculation have been made with the non-bonded interactions represented by the 6–12 or 6-exp potential [see A. M. Liquori, Quart. Rev. Biophys. **2**, 65 (1969)] and with dipole–dipole interactions [D. A. Brant & P. J. Flory, J. Am. Chem. Soc. **87**, 663, 2791 (1965)] and flexibile bond angles [see H. A. Scheraga, Adv. Phys. Org. Chem. **6**, 103 (1968)]. The main contribution of all these calculations was to indicate that there are continuous regions in the (ϕ, ψ) plane which are different from the strictly defined α-helix but may have low enough energy to be accessible for protein conformations. Also they gave us a better idea of the relative conformational freedom of different amino-acid residues.

Yet these calculations are still inadequate for two reasons: First, the energy of intramolecular interactions is not really known quantitatively, and the functions used by various authors differ widely, being at most rough estimates. Any systematic error in intramolecular forces, being comulative, may lead to erroreous predictions of protein conformations. Second, the conformation of proteins are determined by thermodynamic rather than mechanical equilibria, where the free energy of protein and surrounding solvent is at minimum, which is not adequately represented by seeking the minimum of the assumed energy functions used in those calculations.

Furthermore, a molecule as large and complex as a protein possesses an enormous number of local metastable equilibrium conformations, and rough mechanical calculations may wrongly estimate their relative energy and stability, and therefore may not necessarily recognize the native conformation even when such a conformation is suggested among many others by the computer output.

Thus conformational calculations are incapable at present to predict protein conformations. They may, however, be applied to refine the X-rav measurements of protein coordinates. The resolution of the X-ray method is limited to about 2–3 Å, and the amount of labor increases rapidly with higher resolution. It is therefore necessary to use some refinement procedures, based on other available information on bond lengths, bond angles and the primary structure of the protein chain [Diamond, Acta Cryst. **21**, 253 (1966)].

Here the conformational calculation may be used to advantage (Levitt and Lifson, J. Mol. Biol.). Starting from rough estimates of the atomic coordinates as obtained from the X-ray analysis and the knowledge of the primary structure, these can be refined by calculating the nearest conformation of minimal energy. Even though the energy functions used in such calculations are too rough to produce the overall equilibrium structure of the protein, they are sufficient to correct any wrong estimates of bond lengths and bond angles, and allow for the inherent flexibility of the molecule. The overall three dimensional structure of the protein is retained in spite of the weaknesses in the available energy functions, by imposing a restriction on the calculated atomic coordinates, to prevent them from moving too far away from the measured coordinates. Such a restriction, in the form of a weak fictitious harmonic force, drags the calculated atom mildly towards the initial X-ray coordinates and prevents systematic deviations like swelling, shrinking or distorsions of the protein as a whole, while allowing local accommodation of better bond lengths, bond angles and interatomic distances.

Intramolecular Interactions and the Consistent Force Field

What can be done to obtain a more reliable approximation of the intramolecular forces in proteins? It seems reasonable to assume that if we would know better the intramolecular forces acting in organic molecules much simpler than proteins but made of the same atoms and chemical bonds as those which form proteins, we might be able to transfer this knowledge to the study of proteins.

Fortunately, there is at present a growing interest in the study of intra-molecular interactions and their effect on conformations and other properties of organic molecules [see Williams, Stung and Schleyer, Ann. Rev. Phys. Chem. **9**, 531 (1968)]. The advent of high-speed computers with large storage capacities made it possible to apply energy calculations to large families of molecules and to examine the correspondence of such calculations to a large body of experimental data.

The basic assumption underlying such calculations is that the ground state energy of a large molecule is, to a good approximation, additively composed of elementary functions of bond lengths, angles and torsions as well as interatomic distances between non-bonded atoms; and that these functions are transferable among all molecules which possess the corresponding groups of atoms and chemical bonds to which these functions are attributed.

In order to see in detail the relation between the conformational energy of a polyatomic molecule and the various molecular properties, let us examine the Taylor expansion of its conformational energy. Let $V(\mathbf{r})$ denote the conformational energy of the molecule (i.e. its Born-Oppenheimer energy surface), $\mathbf{r}$ being a multidimensional vector which represents the molecular conformation (either in Cartesian or in internal coordinates), and let $\mathbf{r}_0$ denote an equilibrium conformation. The Taylor series

$$V(\mathbf{r}) = V(\mathbf{r}_0) + \nabla V \cdot \delta \mathbf{r} + \tfrac{1}{2} \delta \mathbf{r} \cdot F \cdot \delta \mathbf{r} + \ldots$$

has the important property that each of the first few terms of the expansion is directly related to a measurable molecular property. The first term represents the ground state molecular energy which, together with the energy of vibrations rotations and translations, corresponds to the thermodynamically measurable molecular energy. The second term must vanish for any arbitrary deviation $\delta \mathbf{r}$ from equilibrium, therefore $\mathbf{r}_0$ is the solution of the set of equations $\nabla V(\mathbf{r}) = 0$. The third term represents the potential energy of harmonic vibrations related to infrared and Raman spectra as well as to the vibrational energy. The forth and fifth terms can be related to the unharmonicity of molecular vibrations.

The above considerations can be used to test the reliability of any description of $V(\mathbf{r})$ as a sum of elementary energy functions of bond length, angles etc. One chooses a set of trial functions and calculates from these functions and their derivatives the various observable properties of a family of molecules to which these functions belong; one then fits the energy parameters of these functions by the method of least squares to give optimal agreement with all the corresponding experimental data. When the best fit is found not to be good enough, new trial functions are tested and those which improve significantly the agreement with experiment are prefered. Actually the test is so severe that energy functions such as used in the mechanical-geometric calculations of protein conformations must fail. However, such failures may be instructive, if their causes are properly analyzed, and indeed may be used as a starting point for a systematic selection of better energy functions.

The important point in such "consistent force field" (CFF) calculations is that properties depending on different derivatives of the energy functions, and belonging to different molecules are calculated consistently from the same set of energy functions, and that fitting of energy parameters is related objectively to the whole range of experimental data. In order to derive consistent force fields for all the various intramolecular interactions in proteins, it is necessary to make a systematic study of many families of organic molecules. The groups around peptide bond which form the backbone of the protein and the groups which constitute the various side chains of the different amino-acids are related to various families of organic compounds as their corresponding analogues. Among these, the family of alkanes stands out as the simplest, in the sense that it is comprised by only C—H and C—C bonds, and as one of the richest in experimental information. In this family, the cycloalkane rings are of particular interest, because the requirement of closing a ring imposes restrictions on the bond angles and torsional angles, shifting them from their intrinsic equilibrium values. If the corresponding changes of the values of the energy functions and their derivatives are all correlated with experiment, the study of families of ring molecules becomes a valuable source of information on the variability of the energy as a function of internal coordinates. Results of the application of the consistent force field method to the study of cyclo- and n-alkanes [Lifson & Warshel, J. Chem. Phys. **49**, 5116 (1968)] have led already to a number of interesting conclusions. The Lennard Jones 6–12 potential was found insufficient to represent intramolecular non-bonded interactions, while Coulomb interactions between residual charges appeared to play an important role. The difference between the mechanical and thermodynamical concepts of molecular energy of the equilibrium conformation was found to play a major role in the study of excess enthalpies of cycloalkane rings. The mechanical concept relates the excess enthalpy, as measured by calorimetry, to the strain energy imposed by ring-closure alone. Actually it has been found that the contribution of vibrations, as well as rotations and translations in the gas phase, are very important, and without them one gets wrong values for the strain energies, and cannot account consistently for the excess enthalpies of cyclopentane and medium rings (cycloheptane through cyclodedecane).

The extension of consistent force field calculations to the analysis of the properties of the amide group is of particular interest from the point of view of protein structure. Consistent force field calculations on N-methyl-acetamide and related linear trans-amide together with ring molecules with cis-amides of the lactam family (Warshel, Levitt and Lifson), now in progress, indicate the feasibility of the method to study more complex systems, and its usefulness as a tool for comprehensive and consistent analysis of molecular properties. It is still early to predict how much will such studies contribute to our ultimate goal of correlating structure and functions of protein on the energetic level. However, valuable information is accumulated along the road, which will hopefully deepen our understanding of intra- and inter-molecular forces.

Acknowledgment

The Author acknowledges the help of Professor Jean Thiery whose lecture notes were invaluable in preparing this manuscript.

Phase Transitions in One-Dimensional Systems

C. Kittel

University of California

C. KITTEL

PHASE TRANSITIONS IN ONE-DIMENSIONAL SYSTEMS*

There are several one-dimensional model systems for which well-defined phase transitions are found under conditions not included in proof by Landau and Lifshitz[1] of the impossibility of phase transitions in one dimension. Among the models are:

a) A ferromagnet in the mean field approximation.[2]

b) A gas with the long range Kac interaction.[3]

c) The one-dimensional Nagle[4] analogue of the ferroelectric phase transition in potassium dihydrogen phosphate.

d) For several special models, the unwinding transition in DNA and the helix to random coil transition in the helical polypeptides.[5]

To have a phase transition in one dimension, it is sufficient either that the interparticle interaction have infinite range or that a class of configurations of the system have an infinite energy. To understand this latter category it is helpful to analyze one of the model systems in terms of the density of states, $\mathscr{D}(E)$, of the entire infinite system. We make the Ansatz that

$$\mathscr{D}(E) = C^E = \exp\left(E \log C\right),\tag{1}$$

with C a constant. The partition function is

$$Z = \int_0^\infty dE\,\mathscr{D}(E)\,e^{-E/\tau} = \int_0^\infty dE\,\exp\left[E(\log C - 1/\tau)\right],\tag{2}$$

which is discontinuous at the critical point

$$\tau_c = \frac{1}{\log C}.\tag{3}$$

For $\tau < \tau_c$ the integral (2) converges; for $\tau > \tau_c$ the integral diverges, and to obtain meaningful thermodynamic results we should let the number of particles (or the upper limit of the integral) become infinite only after the calculation of thermal averages.

The Ansatz (1) may seem artificial. We know, for example, that for a system of N free particles the density of states is proportional essentially to $E^{3N/2}$, which is quite different than (1). But the result (1) follows for the single-ended molecular zipper,[5] a problem in which some interactions are strong, although of short range. In the zipper problem each link is assigned a degeneracy G when the link is open. The energy required to

* Supported by the National Science Foundation.

open p successive links is $E = p\varepsilon$ and the degeneracy of this configuration is

$$G^p = G^{E/\varepsilon} = (G^{1/\varepsilon})^E. \tag{4}$$

The analogy with (1) is complete, for now

$$\mathscr{D}(E) = \frac{1}{\varepsilon}(G^{1/\varepsilon})^E, \tag{5}$$

and the critical temperature is given from (3) as

$$\tau_c = \frac{\varepsilon}{\log G}. \tag{6}$$

The degeneracy G of an open link in the zipper problem may appear to introduce three-dimensional aspects, as might arise if the degeneracy arises from the rotational freedom of an open link. But the degeracy might also be imagined to arise from internal vibrations of an open link. In fact, the statistical mechanics of the problem tells us that G is an effective degeneracy given by

$$G \equiv \exp\left[(f_c - f_0)/\tau\right], \tag{7}$$

where f_c, f_0 is the internal free energy of a link when closed or open, respectively.

The hamiltonian which reproduces the energy level scheme of the zipper model is

$$\mathscr{K} = \tfrac{1}{2}(1 + \sigma_1)\,\varepsilon$$
$$+ \lim_{J\to\infty}\left[\sum_{p=2}^{N-1} \tfrac{1}{2}(1 + \sigma_p)\tfrac{1}{2}\{\varepsilon + J + (\varepsilon - J)\sigma_p\} + \tfrac{1}{2}J(1 + \sigma_N)\right],$$

where σ has the values ± 1. This expression does not include the degeneracy factor G.

References

1. L. Landau and E. Lifshitz, *Statistical physics*, Addison-Wesley, 1958.
2. In this approximation the effective interaction does not involve the dimensionality of the system, for the interaction is proportional to the total magnetic moment. The exact solution for an infinite range interaction is discussed by C. Kittel and H. Shore, *Phys. Rev.*, **138**, A1165 (1965).
3. M. Kac, G. E. Uhlenbeck, and P. C. Hemmer, *J. Math. Phys.*, **4**, 216 (1963).
4. J. F. Nagle, *American J. Phys.*, **36**, 1114 (1968).
5. Several references are given by C. Kittel, *American J. Phys.*, **37**, 917 (1969). This article is reprinted herewith by permission.

Conformations et Mouvements des Acides Nucleiques

P.-G. de Gennes

Service de Physique des Solides, Orsay

P.-G. DE GENNES

CONFORMATION ET MOUVEMENTS DES ACIDES NUCLEIQUES

L'essentiel de ce cours se trouve dans les références suivantes:

Birshtein-Ptitsyn, *Conformations of macromolecules*, Wiley, New York, 1966.
P. J. Flory, *Statistical Mechanics of Chain Molecules*, Wiley, New York, 1969.
Marmur *et al.*, *Prog. Nucleic and Research*, **1**, p. 231, Ac. Rev. N. Y.
Crothers-Zimm, *Journ. Mol. Bio.* **9**. 1 (1964).
Inman-Baldwin, *Journ. Mol. Bio.*, **8**, 453 (1964).
Crothers, *Journ. Mol. Bio* , **9**, 712 (1964).
De Gennes, *Biopolymers*, **6**, 715 (1968).
Spatz, Crothers, *Journ. Mol Bio.*, **42**, 191 (1969).
Massie, Zimm, *Biopolymers*, **7**, 475 (1969).
Studier, *Journ. Mol. Bio*, **41**, 189, 199 (1969).

Table des Matières

G. WEILL

ACKNOWLEDGEMENT

The authors and the publisher wish to express their thanks to the copyright holders for permission to reproduce the following material:

ACADEMIC PRESS, INC.
J. C. Hsia, L. H. Piette, *Archives of Biochemistry and Biophysics*, vol. **129** (1969), p. 296.
V. Luzzati, *X-Ray Diffraction Studies of Lipid-Water Systems*, *Biol. Memb.* (1969), Ed. D. Chapman.
P. Karlson, *Introduction to Modern Biochemistry*, p. 192.
D. M. Greenberg, *Metabolic Pathways* (1967) 3rd Edition, vol. **1**, p. 159.

ALMQUIST AND WISKELL PUBL.
Nobel Symposium 11, *Symmetry and Function of Biological System at the Macromolecular Level*, edited by Engström and Strandberg.

AMERICAN ASSOCIATION FOR THE ADVANCEMENT OF SCIENCE
R. G. Shulman, S. Ogawa, K. Wuthrich, T. Yamane, J. Peisach, W. E. Blumberg, The Absence of "Heme-Heme" Interactions in Hemoglobin, *Science*, **165**, 251–257, (1969).

AMERICAN CHEMICAL SOCIETY
O. H. Griffith and A. S. Waggoner, *Accounts of Chem. Res.*, **2**, 17, (1969).

AMERICAN JOURNAL OF PHYSICS
C. Kittel, *Phase Transition of a Molecular Zipper*, Sept. 1969.

ANNUAL REVIEWS, INC.
E. P. Cohen, Mechanism of Immunity, *An. Rev. of Microbiology*, **22**, 284, (1968).

J. & A. CHURCHILL LTD.
L. H. Pereira da Silva, H. Eisen, Genetic Regulation of Early Functions in Bacteriophage, *Ciba Symposium Bacterial Episomes and Plasmids*, 1969.

FREEMAN AND CO. PUBLISHERS
J. Changeux, The Control of Biochemical Reactions, *Scientific American*, **212**, 4, (1965), pp. 36–45.

HIROKAWA PUBLISHING CO.
Watari, Hayashi, Morimoto, Kotani, *Magnetic Resonance in Biological Systems*, Tokyo, (1968) Ed. S. Fujiwara and L. H. Piette, p. 128.

IMPERIAL CHEMICAL INDUSTRIES LTD.
M. F. Perutz, *Endeavour*, **26**, 4 (1967) p. 4.

JOURNAL DE PHYSIQUE
J. Charvolin et P. Rigny, Résonance Magnétique Nucléaire du Deutéron dans les Phases Mésomorphes du Système Laurate de Potassium, Eau Lourde, *Colloque sur les Cristaux Liquides*, Montpellier, juin 1969.

MACMILLAN (JOURNALS) LTD.
Kendrew, Dickerson et al., *Nature* **185**, 422 (1960).
T. Gulik-Krzywicki, E. Shechter, M. Faure, V. Luzzati, Interactions of Proteins and Lipids, Structure and Polymorphism of Protein-Lipid-Water Phases, *Nature*, (1969).

NATIONAL ACADEMY OF SCIENCES
S. Ogawa and M. McConnell, *Proc. Nat. Acad. Sci.*, **58**, 19 (1967).
L. Stryer and O. H. Griffith, *Proc. Nat. Acad. Sci.*, **46**, 1470, (1965).

PERGAMON PRESS LIMITED
H. Chantrenne, *The Biosynthesis of Protein*, Oxford (1961), pp. 9 & 29.

PRENTICE HALL
V. Luzzati, T. Gulik-Krzywicki, A. Tardieu, E. Rivas, and F. Reiss-Husson, Lipids and Membranes, *Symposium Molecular Basis of Membrane Function*, (1968).

THE ROYAL SOCIETY
H. Chantrenne, *Proc. Roy. Soc.* (*London*) **B 167**, (1967), p. 379 & 381.
Bennett, Gibson, and Ingram, *Proc. Roy. Soc.* (*London*), **A 240** (1957), p. 67.

JOHN WILLEY & SONS, INC.
E. Conn and P. K. Stumpf, *Outlines of Biochemistry*, 2nd ed. (1966), p. 368.

DATE DUE